高等教育安全工程系列“十一五”规划教材

化工安全

主　编　蒋军成
参　编　喻健良　潘旭海

机械工业出版社

化工生产过程由于涉及危险化学品数量多、生产工艺要求苛刻，以及生产装置的大型化、连续化和自动化，一旦发生事故，后果将极其严重。因此，安全问题在化工生产过程中占据着非常重要的位置。

本书在编写过程中，从火灾爆炸的基础理论、危险化学品安全、化工系统危险源辨识及评价、典型工艺过程安全技术、压力容器安全设计、危险化学品的泄漏扩散及化工企业现代安全管理7个方面进行了阐述。

本书旨在为高等院校安全工程、化学工程专业本科生提供系统性较强的教材，同时也可作为从事化学工业、石油化学工业的生产、储运、科研、设计、安全、监察等专业人员和管理人员的参考书。

图书在版编目(CIP)数据

化工安全/蒋军成主编. —北京：机械工业出版社，2008.8(2025.6重印)
(高等教育安全工程系列“十一五”规划教材)
ISBN 978-7-111-24513-1

Ⅰ.化… Ⅱ.蒋… Ⅲ.化学工业—安全技术—高等学校—教材 Ⅳ.TQ086

中国版本图书馆CIP数据核字(2008)第095996号

机械工业出版社(北京市百万庄大街22号 邮政编码100037)
责任编辑：冷 彬 版式设计：霍永明 责任校对：王 欣
封面设计：张 静 责任印制：张 博
固安县铭成印刷有限公司印刷
2025年6月第1版第9次印刷
169mm×239mm ·25印张·476千字
标准书号：ISBN 978-7-111-24513-1
定价：49.80元

电话服务
客服电话：010-88361066
010-88379833
010-68326294

网络服务
机 工 官 网：www.cmpbook.com
机 工 官 博：weibo.com/cmp1952
金 书 网：www.golden-book.com
机工教育服务网：www.cmpedu.com

前　言

化学工业生产过程涉及物质品种很多，且绝大部分是易燃、易爆、有毒、有腐蚀的化学危险品，同时生产条件又十分苛刻，大部分反应均在高温、高压、低温、低真空度下进行，这些使化工生产具有重大的潜在危险性。随着科学技术的发展和为了提高劳动生产率、降低单位产品的建设成本和生产成本，化工生产装置的大型化以及高度的自动化、连续化是目前化工生产装置发展的趋势。但是一旦发生事故，其后果是极其严重的。因此，安全问题在化工生产过程中占据着非常重要的位置。

本书在编写过程中，从燃烧与爆炸的基础理论、危险化学品安全、化工系统危险源辨识及评价、典型工艺过程安全技术、压力容器安全设计、危险化学品的泄漏扩散及化工企业现代安全管理7个方面进行了阐述，争取做到内容系统，既注重理论知识的传授，也注重实践经验的总结。

本书旨在为高等院校安全工程、化学工程专业本科生提供系统性较强的教学用书，同时也可作为从事化学工业、石油化学工业的生产、储运、科研、设计、安全、监察等专业人员和管理人员的参考资料。

本书第1、2、3、8章由南京工业大学蒋军成教授编写，第4、6章由大连理工大学喻健良副教授编写，第5、7章由南京工业大学潘旭海副教授编写。本书由蒋军成教授主编并统稿。

本书在编写过程中，安全工程专业教材编审委员会积极组织专家对本书的编写大纲和书稿进行审纲和审稿工作，与此同时得到了许多专家、同仁的关心与指点，在此向他们表示衷心的感谢。

由于作者水平有限，书中难免存在缺点和不足之处，恳请广大读者批评指正。

作　者

目　　录

第 1 章

绪 论

1.1 化学工业的生产与安全

1.1.1 化学工业生产的特点

化学工业是运用化学方法从事产品生产的工业。它是一个多行业、多品种、历史悠久、在国民经济中占重要地位的工业部门。化学工业作为国民经济的支柱产业，与农业、轻工、纺织、食品、材料、建筑及国防等部门有着密切的联系，其产品已经并将继续渗透到国民经济的各个领域。中国的化学工业经过几十年的发展，目前已形成相当的规模，如硫酸、合成氨、化学肥料、农药、烧碱、纯碱等主要化工产品的产量均在世界上名列前茅。

1. 生产涉及的危险品多

化工生产使用的原料、半成品和成品种类繁多，且绝大部分是易燃、易爆、有毒、有腐蚀的化学危险品。这给生产中对这些原材料、燃料、中间产品和成品的贮存和运输都提出了特殊的要求。

2. 化工生产要求的工艺条件苛刻

有些化学反应在高温、高压下进行，有的要在低温、高真空度下进行。例如，由轻柴油裂解制乙烯而生产聚乙烯的生产过程中，轻柴油在裂解炉中的裂解温度为800℃，裂解气要在深冷（-96℃）条件下进行分离，纯度为99.99%的乙烯气体要在294MPa压力下聚合，才能制成聚乙烯树脂。

3. 生产规模大型化

近几十年来，国际上化工生产采用大型生产装置是一个明显的趋势。以化肥为例，20世纪50年代合成氨的最大规模为6万t/年，60年代初为12万t/年，60年代末达到30万t/年，70年代发展到50万t/年，如今已发展到100万t/年以上。乙烯装置的生产能力也从20世纪50年代的10万t/年，发展到70年代的60万t/年，到目前已经达到并突破100万t/年，最高达到108万

t/年。

采用大型装置可以明显降低单位产品的建设投资和生产成本，有利于提高劳动生产率。因此，世界各国都在积极发展大型化工生产装置。当然，也不是说化工装置越大越好，这里涉及技术经济的综合效益问题。

4. 生产方式日趋先进

现代化工企业的生产方式已经从过去的手工操作、间断生产转变为高度自动化、连续化生产；生产设备由敞开式变为密闭式；生产装置由室内走向露天；生产操作由分散控制变为集中控制，同时也由人工手动操作发展到计算机控制。

1.1.2 化学工业生产的危险因素

美国保险协会(AIA)对化学工业的317起火灾、爆炸事故进行调查，分析了主要和次要原因，把化学工业危险因素归纳为以下九个类型。

1. 工厂选址

主要因素包括：①易遭受地震、洪水、暴风雨等自然灾害；②水源不充足；③缺少公共消防设施的支援；④有高湿度、温度变化显著等气候问题；⑤受邻近危险性大的工业装置影响；⑥邻近公路、铁路、机场等运输设施；⑦在紧急状态下难以把人和车辆疏散至安全地。

2. 工厂布局

主要因素包括：①工艺设备和贮存设备过于密集；②有显著危险性和无危险性的工艺装置间的安全距离不够；③昂贵设备过于集中；④对不能替换的装置无有效防护；⑤锅炉、加热器等火源与可燃物工艺装置之间距离太小；⑥有地形障碍。

3. 结构

主要因素包括：①支撑物、门、墙等不是防火结构；②电气设备无防护措施；③防爆通风换气能力不足；④控制和管理的指示装置无防护措施；⑤装置基础薄弱。

4. 对加工物质的危险性认识不足

主要因素包括：①在装置中原料混合，在催化剂作用下自然分解；②对处理的气体、粉尘等在其工艺条件下的爆炸范围不明确；③没有充分查明因误操作、控制不良而使工艺过程处于不正常状态时的物料和产品的详细情况。

5. 化工工艺

主要因素包括：①没有足够的有关化学反应的动力学数据；②对有危险的副反应认识不足；③没有根据热力学研究确定爆炸能量；④对工艺异常情况检测不够。

6. 物料输送

主要因素包括：①各种单元操作时对物料流动不能进行良好控制；②产品的标示不完全；③风送装置内的粉尘爆炸；④废气、废水和废渣的处理；⑤装置内的装卸设施。

7. 误操作

主要因素包括：①忽略关于运转和维修的操作教育；②没有充分发挥管理人员的监督作用；③开车、停车计划不适当；④缺乏紧急停车的操作训练；⑤没有建立操作人员和安全人员之间的协作体制。

8. 设备缺陷

主要因素包括：①因选材不当而引起装置腐蚀、损坏；②设备不完善，如缺少可靠的控制仪表等；③材料的疲劳；④对金属材料没有进行充分的无损探伤检查或没有经过专家验收；⑤结构上有缺陷，如不能停车而无法定期检查或进行预防维修；⑥设备在超过设计极限的工艺条件下运行；⑦对运转中存在的问题或不完善的防灾措施没有及时改进；⑧没有连续记录温度、压力、开停车情况及中间罐和受压罐内的压力变动。

9. 防灾计划不充分

主要因素包括：①没有得到管理部门的大力支持；②责任分工不明确；③装置运行异常或故障仅由安全部门负责；④没有预防事故的计划，或即使有也很差；⑤遇有紧急情况未采取得力措施；⑥没有实行由管理部门和生产部门共同进行的定期安全检查；⑦没有对生产负责人和技术人员进行安全生产的继续教育和必要的防灾培训。

瑞士再保险公司统计了化学工业和石油工业的102起事故案例，分析了上述九类危险因素所起的作用，表1-1为统计结果。

表1-1 化学工业和石油工业的危险因素在事故发生中所占比例

类别	危险因素	危险因素的比例(%)	
		化学工业	石油工业
1	工厂选址问题	3.5	7.0
2	工厂布局问题	2.0	12.0
3	结构问题	3.0	14.0
4	对加工物质的危险性认识不足	20.2	2.0
5	化工工艺问题	10.6	3.0
6	物料输送问题	4.4	4.0
7	误操作问题	17.2	10.0
8	设备缺陷问题	31.1	46.0
9	防灾计划不充分	8.0	2.0

由表1-1可知，设备缺陷问题是第一位的危险，若能消除此项危险因素，则化学工业和石油工业的安全就会获得有效改善。在化学工业中，“4”和“5”两类危险因素占较大比例。这是由以化学反应为主的化学工业的特征所决定的。在石油工业中，“2”和“3”两类危险因素占较大比例。石油工业的特点是需要处理大量的可燃物质，由于火灾、爆炸的能量很大，所以装置的安全间距和建筑物的防火层不适当时就会形成较大的危险。另外，误操作问题在两种工业危险中占较大比例。操作人员的疏忽常常是两种工业事故的共同原因，而在化学工业中所占比例更大一些。在以化学反应为主体的装置中，误操作常常是事故的重要原因。

1.1.3 化学工业安全生产的技术措施

安全技术措施是为消除生产过程中各种不安全、不卫生因素，防止伤害和职业性危害，改善劳动条件和保证安全生产而在工艺、设备、控制等各方面采取一些技术上的措施。安全技术措施是提高设备装置本质安全性的重要手段。“本质安全”一词源于防爆电气设备，这种电气设备没有任何附加的安全装置，完全利用本身构造的设计，限制电路在低电压和低电流下工作，防止产生高热和火花而引起火灾或引燃爆炸性混合物。设备和装置的本质安全性是指对机械设备和装置安装自保系统，即使人操作失误，其本身的安全防护系统能自动调节和处理，以保护设备和人身安全。安全技术措施必须在设备、装置和工程设计时就要予以考虑，并在制造或建设时给予解决和落实，使设备和装置投产后能安全、稳定地运转。

不同的生产过程存在的危险因素不完全相同，需要的安全技术措施也有差异，必须根据各种生产的工艺过程、操作条件、使用的物质（含原料、半成品、产品）、设备以及其他有关设施，在充分辨识潜在危险和不安全部位的基础上选择适用的安全技术措施。

安全技术措施包括预防事故发生和减少事故损失两个方面，这些措施归纳起来主要有以下几类。

1. 减少潜在危险因素

在新工艺、新产品的开发时，尽量避免使用具有危险性的物质、工艺和设备，即尽可能用不燃和难燃的物质代替可燃物质，用无毒和低毒物质代替有毒物质。这样，火灾、爆炸、中毒事故将因失去基础而不会发生。这种减少潜在危险因素的方法是预防事故的最根本措施。

2. 降低潜在危险因素的数值

潜在危险因素往往达到一定的程度或强度才能施害。通过一些方法降低它的数值，使之处在安全范围以内就能防止事故发生。如作业环境中存在有毒气体，可安装通风设施，降低有毒气体的浓度，使之达到容许值以下，就不会影响人身安全和健康。

3. 连锁

当设备或装置出现危险情况时，以某种方法强制一些元件相互作用，以保证安全操作。例如，当检测仪表显示出工艺参数达到危险值时，与之相连的控制元件就会自动关闭或调节系统，使之处于正常状态或安全停车。目前，由于化工、石油化工生产工艺越来越复杂，连锁的应用也越来越多，这是一种很重要的安全防护装置，可有效地防止人的误操作。

4. 隔离操作或远距离操作

由事故致因理论得知，伤亡事故的发生必须是人与施害物相互接触，如果将两者隔离开来或保持一定距离，就会避免人身事故的发生或减弱对人体的危害。例如，对放射性、辐射和噪声等所采取的提高自动化生产程度，设置隔离屏障，防止人员接触危险有害因素都属于这方面的措施。

5. 设置薄弱环节

在设备或装置上安装薄弱元件，当危险因素达到危险值之前这个地方预先破坏，将能量释放，防止重大破坏事故发生。例如，在压力容器上安装安全阀或爆破膜，在电气设备上安装保险丝等。

6. 坚固或加强

有时为了提高设备的安全程度，可增加安全系数，加大安全裕度，提高结构的强度，防止因结构破坏而导致事故发生。

7. 封闭

封闭就是将危险物质和危险能量局限在一定范围之内，防止能量逆流，可有效地预防事故发生或减少事故损失。例如，使用易燃、易爆、有毒、有害物质时，把它们封闭在容器、管道里面，不与空气、火源和人体接触，就不会发生火灾、爆炸和中毒事故。将容易发生爆炸的设备用防爆墙围起来，一旦爆炸，破坏能量不至于波及到周围的人和设备。

8. 警告牌和信号装置

警告可以提醒人们注意，及时发现危险因素或危险部位，以便及时采取措施，防止事故发生。警告牌是利用人们的视觉引起注意；警告信号则是利用听觉引起注意。目前应用比较多的可燃气体、有毒气体检测报警仪，既有光也有声的报警，可以从视觉和听觉两个方面提醒人们注意。

此外，还有生产装置的合理布局、建筑物和设备间保持一定的安全距离等其他方面的安全技术措施。随着科学技术的发展，还会开发出新的更加先进的安全防护技术措施。

1.2 化工安全理论及技术的发展

1.2.1 化工危险性评价和安全系统工程

化工安全工程是一门涉及范围很广、内容极为丰富的综合性学科。在过去的几十年中，化工安全的理论和技术随着化学工业的发展和各学科知识的不断深化，取得了较大进展。

国外一些大型化工企业为了防止重大的灾难性事故，提出了不少安全评价方法。这些方法的核心内容是辨识和评价危险性。所谓危险性是指在各类生产活动中造成人员伤亡和财产损失的潜在性原因，处理不当有可能发展成为事故。安全工程的目的是采取措施，使危险性发展成为事故的可能尽量减少。所以，这种评价也叫做危险性评价。危险性评价需要确定危险性发展成为事故的频率，即利用统计资料得出一定时间内危险性导致事故的次数；还需要估算出每次事故造成的损失的严重程度，即人员伤亡和财产损失的数值。两者之间的乘积称为危险率或风险率。把评价出的风险率与可接受的风险率进行比较，确定被评价对象的危险状况，并据此制定相应的安全措施。下面简略介绍几种常用的安全工程评价方法。

1. 经验系统化方法

该类方法是通过以往的事故经验把评价对象的危险性辨识出来。

（1）安全检查表法。把评价对象划分为子系统，如厂区选址、公用工程、工艺流程、设备配置、安全装置、环卫措施、人机工程、消防设施等，根据过去的经验，找出危险性所在并附以有关的规范要求，按序编制成表，在设计和生产中系统检查时应用。

（2）危险性预先分析法。在每一项工程活动之前，特别是在设计开始阶段，就对系统中的危险性类别、存在条件、导致事故的后果进行概略的分析，搞清楚潜在的危险性，以避免采用不安全的工艺技术路线、危险性高的原材料和设备等。如果必须采用时，也要考虑必要的安全措施，使危险性不至于发展成为事故。

（3）Dow 化学公司法。美国 Dow 化学公司根据工厂所用原料的物性及其危险性，结合加工工艺的一般和特殊危险性，换算成爆炸指数，然后按指数大小确定危险等级，并据此确定在建筑结构、消防设施、电器仪表、控制方法等方面的要求。目前，广泛采用的是该公司《火灾、爆炸危险性指数评价方法》第7版。

2. 系统解剖分析法

当开发化学工业新工艺、新建或改建装置时，对其中的危险性还没有足够的认识，这时需要对系统进行解剖，研究各个组成部分的作用及其发生故障时对系统的影响。英国帝国化学公司(ICI)开发的危险性可操作研究方法采用的就是系统解剖的方法。其主要内容是对危险性进行严格检查，理论依据是工艺流程的状态参数(如温度、压力、流量等)一旦与设计值发生偏离，就会出现问题或发生危险。用这种方法对工艺流程进行全面考察，对其中每一阶段的工艺参数用规定好的关键词提问，提出会出现什么偏离，产生什么后果。这种方法可以充分发挥各类专业人员的知识特长，集思广益，发现工艺中的危险性。

3. 逻辑推导法

逻辑推导法是采用逻辑推理的方法辨识危险性。事件树和事故树就属于这种方法。事件树是选定一个事件作为初始事件，按照逻辑推理的方法推论其发展过程。在每个过程的节点都有两个发展方向，即成功和失败。从初始事件不断推论下去，直至找出事件发展的所有可能结果。事故树的方法则相反，它是以一个事故结果作为起始事件，通过分析找出直接原因作为中间事件。然后再找出中间事件的直接原因。这样一步步推导下去，直至找到所有的事故致因。逻辑推导法的特点是能找出凭经验辨识不出的危险性及其组合。

4. 人的失误分析法

据统计，人为失误造成的事故占事故总数的75%～90%。由于人受心理、素质、社会、家庭、环境等因素的影响，造成工作失误的原因很多。近年来为防止人的失误采取了以下3项措施：①设计安全、自动防止故障的安全设备，即使操作失误也不会发生事故；②从人机工程学的原理设计控制室和操作程序，尽量减少失误行为；③提高人的素质，采取科学的安全管理方法，防止人为失误。安全性评价可根据以上3项措施的实施情况来进行。

无论是危险性评价还是安全措施，都有多种方法，至于针对某一具体工厂，何种方法为优并无定论。只有根据实际情况选择合理的评价方法，确定优化的安全措施。

系统工程是20世纪中期兴起的一门具有重要意义的学科。随着科学技术的迅速发展，现代工业化生产的规模不断扩大，工程技术日趋复杂，系统工程的理论和方法在科学技术的许多领域得到广泛应用，对促进现代科学技术的发展发挥了重要作用。20世纪70年代以来，在安全工程和技术领域，不断地研究和应用系统工程的理论和方法，在辨识危险、预测事故、事故概率分析以及安全评价等方面，都取得了重要进展，并不断发展完善，派生出了一个新的学科——安全系统工程学。安全系统工程的开发和应用，使安全管理发生根本性的变化，把安全工程学推向一个新的高度。

安全系统工程的开发和应用始于军事装备的研究。1962年，美国发表了

"关于空军弹道导弹开发的安全系统工程"的军事说明书。1977年，美国又颁布了代号为MIL—Std—882A的军事标准《系统安全程序技术要求》。随着现代兵器的开发和原子能工业的兴起，产品的安全成为重要问题。安全系统工程在工业上的应用，初期主要用于产品安全问题，随后在安全工程和安全管理领域推广应用了安全系统工程方法，并相继产生了许多有关安全诊断和危险性评价的方法。

安全系统工程作为一种科学的方法体系，具有以下特点：①对于计划、设计、加工制造、运行等全过程中的安全技术和安全管理问题，进行系统地考虑，便于找出其中固有的和潜在的危险因素；②便于对生产系统的安全性进行定性和定量地分析评价，对事故进行预测，确定系统安全的最优方案；③便于实现安全技术的标准化和安全管理的系统化。

安全系统工程是把生产或作业中的安全作为一个整体系统，对设计、施工、操作、维修、管理、环境、生产周期和费用等构成系统的各个要素进行全面分析，确定各种状况的危险特点及导致灾难性事故的因果关系，进行定性和定量的分析和评价，从而对系统的安全性作出准确预测，使系统事故减少至最低程度。在既定的作业、时间和费用范围内取得最佳的安全效果。

1.2.2 人因工程学的应用

1.2.2.1 人因工程学的主要研究内容

人因工程学，也称人机工程学，是现代管理科学的重要组成部分。它应用生物学、人类学、心理学、人体测量学和工程技术科学的成就，研究人与机器的关系，使工作效率达到最佳状态。其主要研究内容如下：

1. 人机协作

人的优点是对工作状况有认知能力和适应能力，但容易受精神状态和情绪变化的支配。而且人易于疲劳，缺乏耐久性。机械则能持久运转，输出能量较大，但对故障和外界干扰没有自适应能力。人和机械都取其长、弃其短，密切配合，组成一个有机体，从根本上提高人机系统的安全性和可靠性，获得最佳工作效率。

2. 改善工作条件

人在高温、辐射、噪声、粉尘、昏暗、潮湿等恶劣条件下容易失误，引发事故，改善工作条件则可以保证人身安全，提高工作效率。

3. 改进机具设施

机具设施的设计应该适合人体的生理特点，这样可以减少失误行为。比如按照以上人机工程学原理设计控制室和操作程序，可以强化安全，提高工作效率。

4. 提高工作技能

对操作者进行必要的操作训练，提高其操作技能，并根据操作技能水平选评其所承担的工作。

5. 因人制宜

研究特殊工种对劳动者体能和心智的要求，选派适宜的人员从事特殊工作。

1.2.2.2 人因工程学的研究方法

人因工程学的研究广泛采用了人体科学和生物科学等相关学科的研究方法和手段，也采取了系统工程、控制论、统计学等其他学科的一些研究方法。而且本学科的研究也建立了一些独特的新方法，以探讨人、机、环境要素间复杂的关系问题。这些方法包括：测量人体各部分静态和动态数据；调查、询问、观察人在作业时的行为和反应特征；对时间和动作的分析研究；测量人在作业前后以及作业过程中的心理状态和生理指标的动态变化；观察和分析作业过程中、工艺流程中存在的问题；分析差错和意外事故发生的原因，进行模拟试验或用电子计算机进行模拟试验；运用数字或统计学的方法找出各变数之间的相互关系，以便从中得出正确的结论或发展成有关理论等。目前常用的研究方法有以下几种：

1. 实测法

实测法是借助工具、仪器设备进行测量的方法。例如人体尺寸的测量，人体生理参数的测量（能量代谢、呼吸、脉博、血压、尿、汗等），作业环境参数的测量（温度、湿度、照明、噪声、特殊环境下的失重、辐射等）。

2. 试验法

试验法是在人为设计的环境中测试试验对象的行为或反应的一种研究方法，一般在实验室进行，也可以在作业现场进行。如人对各种仪表表示值的认读速度、误读率与仪表显示的亮度、对比度、仪表指针和表盘的形状、观察距离、观察者的疲劳程度和心情等关系的研究。

3. 询问法

调查人通过与被调查人的谈话，评价被调查人对某一特定环境、条件的反应。询问法需要具备高超的技巧和丰富的经验，调查人要对询问的问题、先后顺序和具体的提法作好充分准备；对所调查的问题采取相对中立的态度；对被调查人要热情关心，建立友好的关系。这种方法能帮助被调查人整理思路，对了解被调查人过去没有认真考虑过的问题特别有效。

4. 测试法

根据研究内容，对典型生产环境中的人进行测试调查，收集其在特定环境中的反应和表现，从中分析产生的原因、差异等。测试法可根据情况，采取个体测试、小组测试或抽样测试等不同方法。

5. 观察法

通过直接或间接观察，记录自然环境中被调查对象的行为表现、活动规律，然后进行分析研究。其技巧在于能客观地观察并记录被调查者的行为而不受任何干扰。根据调查目的，可事先让被调查者知道调查内容，也可不让其知道而秘密进行。有时也可借助摄影或录像等手段。

6. 模拟和模型试验法

由于机器系统一般比较复杂，因而在人机系统研究时常采用模拟法。它是运用各种技术和装置的模拟，对某些操作系统进行逼真地试验，可得到所需要的更符合实际的数据的一种方法。例如训练模拟器、各种人体模型、机械模型以及计算机模拟等。因为模拟器或模型通常比所模拟的真实系统价格便宜得多，而又可以进行符合实际的研究，所以得到较多的应用。

7. 分析法

分析法是在通过上述各种方法获得一定的资料和数据后采用的一种研究方法。目前人机工程学常采用如下几种分析法：

（1）瞬间操作分析法。生产过程一般是连续的，人和机之间的信息传递也是连续的。但要分析这种连续传递的信息比较困难，因而只能用间歇性的分析测定法，对操作者和机械之间在每一间隔时刻的信息进行测定后，再用统计推理的方法加以整理，从而获得人机系统的有益资料。

（2）知觉与运动信息分析法。由于外界给人的信息首先由感知器官传到神经中枢，经大脑处理后产生反应信号，再传递给肢体对机器进行操作，被操作的机器状态又将信息反馈给操作者，从而形成一种反馈系统。知觉与运动信息分析法就是对此反馈系统进行测定分析，然后用信息传递理论来阐明人机间信息传递的数量关系。

（3）动作负荷分析法。在规定操作所必须的最小间隔时间的条件下，采用电子计算机技术来分析操作者连续操作的情况，从而可推算操作者工作的负荷程度。另外，对操作者在单位时间内工作负荷进行分析，也可获得用单位时间的作业负荷率来表示操作者的安全工作负荷。

（4）频率分析法。对人机系统中的机械系统使用频率和操作者的操作动作频率进行测定分析，可以获得作为调整操作人员负荷参数的依据。

（5）危象分析法。对事故或近似事故的危象进行分析，特别有助于识别容易诱发错误的情况，同时也能方便地查找出系统中存在的而又需用复杂的研究方法才能发现的问题。

（6）相关分析法。在分析方法中，常常要研究两种变量，即自变量和因变量。用相关分析法能够确定两个以上的变量之间是否存在统计关系。利用变量之间的统计关系可以对变量进行描述和预测，或者从中找出合乎规律的东西。由于统计学的发展和计算机的应用，使相关分析法成为人机工程学研究的一种常用方法。

1.2.3 化工安全理论和技术的新进展

近几十年来，在安全技术领域广泛应用各个技术领域的科学技术成果，在防火、防瀑、防中毒，防止机械装置破损，预防工伤事故和环境污染等方面，都取得了较大发展，安全技术已发展成为一个独立的科学技术体系。对安全的认识不断深化，实现安全生产的方法和手段日趋完善。

1. 设备故障诊断技术和安全评价技术迅速发展

随着化学工业的发展，高压技术的应用，对压力容器的安全监测变得极为重要。无损探伤技术得到迅速发展，声发射技术和红外热像技术在探测容器的裂纹方面，断裂力学在评价压力容器寿命方面都得到了重要应用。

危险性具有潜在的性质，在一定条件下可以发展成事故，也可以采取措施抑制其发展。所以危险性辨识成为重要问题。目前，国内外积极推行的安全评价技术，就是在危险性辨识的基础上，对危险性进行定性和定量评价，并根据评价结果采取优化的安全措施。

2. 监测危险状况、消除危险因素的新技术不断出现

危险状况测试、监视和报警的新仪器不断投入应用。不少国家广泛采用了烟雾报警器、火焰监视器。感光报警器、可燃性气体检测报警仪、有毒气体浓度测定仪、噪声测定仪、电荷密度测定仪和嗅敏仪等仪器也相继投入使用。

消除危险因素的新技术、新材料和新装置的研究不断深入。橡胶和纺织行业已有效地采用了放射性同位素静电中和剂，在烃类燃料和聚合物溶液中，抗静电添加剂已投入使用。压力、温度、流速、液位等工艺参数自动控制与超限保护装置被许多化工企业所采用。

3. 救人灭火技术有了很大进展

许多国家在研制高效能灭火剂、灭火机和自动灭火系统等方面取得了很大进展。如法国研制的含有玻璃纤维的弹性软管，能耐800℃的高温，当人在软管中迅速滑落时，不会灼伤，手和脸部的皮肤也不会擦伤。

4. 预防职业危害的安全技术有了很大进步

在防尘、防毒、通风采暖、照明采光、噪声治理、振动消除、高频和射频辐射防护、放射性防护、现场急救等方面都取得了很大进展。

5. 化工生产和化学品储运工艺安全技术、设施和器具等的操作规程及岗位操作法更加规范

化工设备设计、制造和安装的安全技术规范不断趋于完善，管理水平也有

了很大提高。

思考题

1. 为什么说安全在化工生产中有着重要的作用？
2. 预防事故的安全技术措施主要有哪几类？
3. 常见的安全工程评价方法有哪几类？并举出有代表性的安全评价方法。
4. 什么是安全系统工程学？其特点是什么？
5. 人因工程学的研究内容和研究方法是什么？

第 2 章

燃烧与爆炸理论基础

2.1 燃烧及燃烧条件

2.1.1 燃烧概述

燃烧是可燃物质与助燃物质(氧或其他助燃物质)发生的一种发光发热的氧化反应。在化学反应中，失掉电子的物质被氧化，获得电子的物质被还原。所以，氧化反应并不限于同氧的反应。例如，氢在氯气中燃烧生成氯化氢，并伴有光和热的发生；金属和酸反应生成盐也是氧化反应，但没有同时发光发热，所以不能称做燃烧；灯泡中的灯丝通电后同时发光发热，但并非氧化反应，所以也不能称做燃烧。只有同时发光发热的氧化反应才被界定为燃烧。

2.1.2 火三角

燃烧的本质因素是燃料、氧化剂和引燃源。这些因素通过如图 2-1 所示的

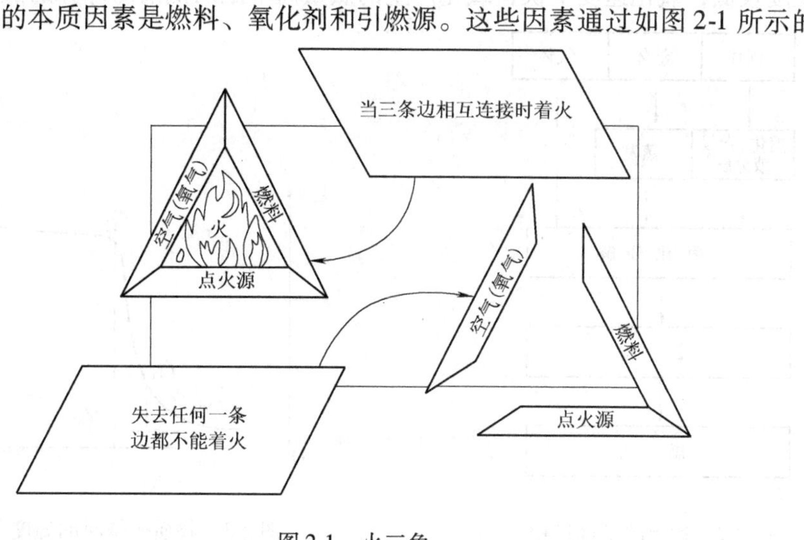

图 2-1 火三角

火三角进行了阐明。这三个因素就是通常所说的燃烧三要素。

当燃料、氧化剂和引燃源处于所需要的水平时，燃烧就会发生。这意味着如果：①没有燃料或燃料的量不够；②没有氧化剂或氧化剂的量不够；③引燃源的能量不足以引发燃烧时，火灾是不会发生的。也就是说，燃烧三要素仅仅是燃烧发生的必要条件，而不是充分条件。

2.2 燃烧过程

可燃物质的燃烧一般是在气相中进行的。由于可燃物质的状态不同，其燃烧过程也不相同。

气体最容易燃烧，燃烧所需要的热量只用于本身的氧化分解，并使其达到着火点。气体在极短的时间内就能全部燃尽。

液体在火源作用下，先蒸发成蒸气，而后氧化分解进行燃烧。与气体燃烧相比，液体燃烧消耗更多的热量，因为部分热量用于使液体蒸发为蒸气。

固体燃烧有两种情况：对于硫、磷等简单物质，受热时首先熔化，而后蒸发为蒸气进行燃烧，无分解过程；对于复杂物质，受热时首先分解生成气态和液态产物，而后气态产物和液态产物蒸气着火燃烧。

各种物质的燃烧过程如图 2-2 所示。从图中可知，任何可燃物质的燃烧都经历氧化分解、着火、燃烧等阶段。物质燃烧过程的温度变化如图 2-3 所示。$T_{初}$ 为可燃物质开始加热的温度。初始阶段，加热的大部分热量用于可燃物质的熔化或分解，温度上升比较缓慢。温度到达 $T_{氧}$，可燃物质开始氧化。由于温度较低，氧化速度不快，氧化产生的热量尚不足以抵消向外界的散热。此时

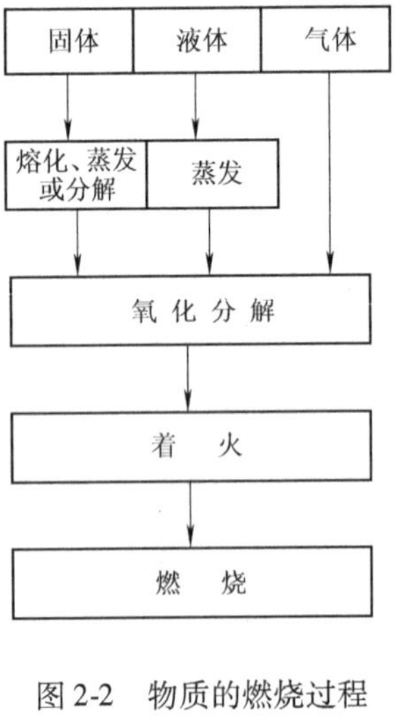

图 2-2 物质的燃烧过程

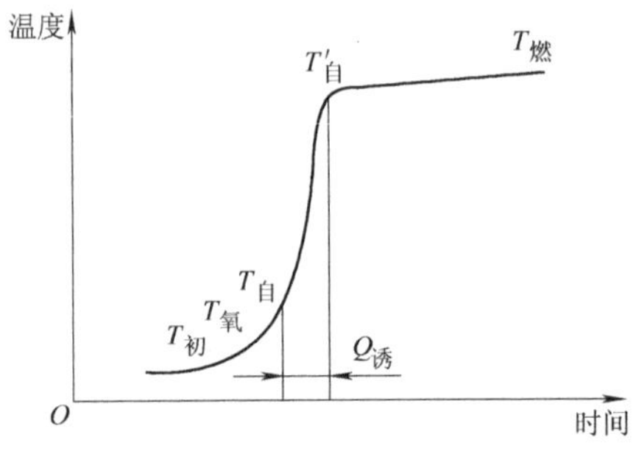

图 2-3 物质燃烧时的温度变化

若停止加热，尚不会引起燃烧。如继续加热，温度上升很快，到达 $T_{自}$，即使停止加热，温度仍自行升高，到达 $T'_{自}$ 就着火燃烧起来。这里，$T_{自}$ 是理论上的自燃点，$T'_{自}$ 是开始出现火焰的温度，为实际测得的自燃点。$T_{燃}$ 为物质的燃烧温度。由 $T_{自}$ 到 $T'_{自}$ 间的时间间隔称为燃烧诱导期，或着火延滞期，在安全上有一定实际意义。

2.3　燃烧的形式

可燃物质和助燃物质存在的相态、混合程度和燃烧过程不尽相同，其燃烧形式是多种多样的。

2.3.1　均相燃烧和非均相燃烧

按照可燃物质和助燃物质相态的异同，可分为均相燃烧和非均相燃烧。均相燃烧是指可燃物质和助燃物质间的燃烧反应在同一相中进行，如氢气在氧气中的燃烧，煤气在空气中的燃烧。非均相燃烧是指可燃物质和助燃物质并非同相，如石油（液相）、木材（固相）在空气（气相）中的燃烧。与均相燃烧比较，非均相燃烧比较复杂，需要考虑可燃液体或固体的加热以及由此产生的相变化。

2.3.2　预混燃烧和扩散燃烧

可燃气体与助燃气体燃烧反应有预混燃烧和扩散燃烧两种形式。可燃气体与助燃气体预先混合而后进行的燃烧称为预混燃烧。可燃气体由容器或管道中喷出，与周围的空气（或氧气）互相接触扩散而产生的燃烧，称为扩散燃烧。预混燃烧速度快、温度高，一般爆炸反应属于这种形式。在扩散燃烧中，由于与可燃气体接触的氧气量偏低，通常会产生不完全燃烧的炭黑。

2.3.3　蒸发燃烧、分解燃烧和表面燃烧

可燃固体或液体的燃烧反应有蒸发燃烧、分解燃烧和表面燃烧几种形式。

蒸发燃烧是指可燃液体蒸发出的可燃蒸气的燃烧。通常液体本身并不燃烧，只是由液体蒸发出的蒸气进行燃烧。很多固体或不挥发性液体经热分解产生的可燃气体的燃烧称为分解燃烧。如木材和煤大都是由热分解产生的可燃气体进行燃烧。而硫磺和萘这类可燃固体是先熔融、蒸发，而后进行燃烧，可视为蒸发燃烧。

可燃固体和液体的蒸发燃烧和分解燃烧，均有火焰产生，属火焰型燃烧。当可燃固体燃烧至分解不出可燃气体时，便没有火焰，燃烧继续在所剩固体的

表面进行，称为表面燃烧。金属燃烧即属表面燃烧，无气化过程，无须吸收蒸发热，燃烧温度较高。

此外，根据燃烧产物或燃烧进行的程度，还可分为完全燃烧和不完全燃烧。

2.4 燃烧种类及特征参数

燃烧可以分为闪燃、着火、自燃和爆炸四个种类。

2.4.1 闪燃及闪点

液体表面都有一定量的蒸气存在，由于蒸气压的大小取决于液体所处的温度，因此，蒸气的浓度也由液体的温度所决定。可燃液体表面的蒸气与空气形成的混合气体与火源接近时会发生瞬间燃烧，出现瞬间火苗或闪光，这种现象称为闪燃。闪燃的最低温度称为闪点。可燃液体的温度高于其闪点时，随时都有被火点燃的危险。

闪点这个概念主要适用于可燃液体。某些可燃固体，如樟脑和萘等，也能蒸发或升华为蒸气，因此也有闪点。闪点是用来描述液体火灾爆炸危险性的主要参数之一。

闪点可使用如图 2-4 所示的开杯闪点测定仪来确定。需要测定的液体置于开杯中。使用温度计测量液体温度，使用本生灯(煤气灯)加热液体。在可移动的短棒的末端点燃形成微弱的火焰。加热期间，短棒在敞开的液池上方来回缓慢地移动。最终达到某一温度，在该温度液体挥发出足够多的可燃性蒸气，并产生瞬间的闪燃火焰。首先发生这一现象的温度称为闪点。需要注意的是，在闪点处，仅仅产生瞬间火焰；较高一点的温度称为燃点，在该点产生连续的火焰。

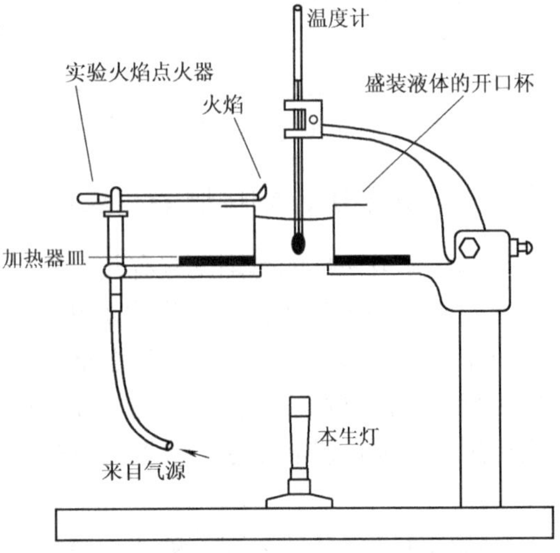

图 2-4 Cleveland 开杯闪点测定示意图

开杯闪点测定过程存在的问题是开杯上方的空气流动可能会改变蒸气浓度而使实验测定的闪点值偏高。为了防止出现这些情况，更多新式的闪点测定方法都采用闭杯法。对于这种仪器，在杯的顶部有一个需要手工打开的小门。液体放在预先加热的杯中，并停留一段时间。随后打开这个小门，液体暴露于火焰中。闭杯闪点测试法通常使实验测定的闪点值偏低。

值得引起注意的是，不同资料来源的闪点数据常有一些出入，这是因为在测定闪点时存在如下一些影响因素：

1. 点火源的大小与离液面的距离

点火火焰过大，由于点火能量大，测得试样的闪点值偏低。可燃液体蒸气在液面上有一个浓度梯度（开杯式更为显著），火源距离液面越近，测得试样的闪点值就越偏低，因此测试时点火火焰大小及离液面的距离应恒定。

2. 加热速率

加热过快，液相温度梯度较大，导致液面上试样蒸气分布不均，测得的闪点值偏高。

3. 试样的均匀程度

在测试过程中，试样要进行搅拌，否则试样浓度不均（温度也不均），影响测定数值。

4. 试样的纯度

能溶于水的试样，随水分含量的增高，闪点升高。

5. 测试容器

用闭杯式时，试样蒸气不散失，故测得的闪点值要比开杯式测得的数值低。因此，在用开杯式闪点测定仪时，环境的气流变化要小，尽可能用屏风遮挡，即便使用闭杯式测试时，也应避免盖子不必要的开启。

6. 大气压力的影响

在1个大气压以下，测得的闪点值偏低；在大于1个大气压时，测得的闪点值偏高。因此，在测试时要按实际气压进行温度修正。

2.4.2 着火及燃点

可燃物质在空气充足的条件下，达到一定温度与火源接触即行着火，移去火源后仍能持续燃烧达5min以上，这种现象称为点燃。点燃的最低温度称为着火点。可燃液体的着火点高于其闪点5～20℃。但闪点在100℃以下时，两者往往相同。在没有闪点数据的情况下，也可以用着火点表征物质的火灾爆炸危险程度。

2.4.3 自燃及自燃点

在无外界火源的条件下，物质自行引发的燃烧称为自燃。自燃的最低温度称为自燃点。物质自燃有受热自燃和自热自燃两种类型。

2.4.3.1 受热自燃

受热自燃是当有空气或氧气存在时，可燃物虽未与明火直接接触，但在外部热源的作用下，由于传热而使可燃物温度上升，达到自燃点而着火燃烧。物质发生受热自燃取决于两个条件：一是要有外部热源；二是有热量积蓄的条件。在化工生产中，由于可燃物料靠近或接触高温设备、烘烤过度、油浴温度过高、机械转动部件润滑不良而摩擦生热、电气设备过载或使用不当造成温升而加热等，都有可能造成受热自燃的发生。

2.4.3.2 自热自燃

自热自燃是某些物质在没有外部热源作用下，由于物质内部发生的物理、化学或生化过程而产生热量，这些热量在适当的条件下会逐渐积聚，以致使物质温度升高，达到自燃点而着火燃烧。引起自热自燃也是有一定条件的。其一，必须是比较容易产生反应热的物质。例如，那些化学性质不稳定的容易分解或自聚合并发生放热反应的物质，能与空气中的氧作用而产生氧化热的物质，以及由发酵而产生发酵热的物质等。其二，此类物质要具有较大的比表面积或是呈多孔隙状，如纤维、粉末或重叠堆积的片状物质，并有良好的绝热和保温性能。其三是热量产生的速度必须大于向环境散发的速度。满足了这三个条件，自热自燃才会发生。

因此预防自热自燃的措施，也就是要设法防止这三个条件的形成。

物质自热自燃有如下几种类型：

1. 由于氧化热积蓄引起的自燃

油脂类的自燃主要是含有大量不饱和脂肪酸的甘油脂，如亚麻油、桐油、棉籽油等，当其双键在空气中氧化时会放出较高的热量。油脂类自燃与其所处条件有关，含油破布、棉纱、木屑等由于有很大氧化表面能引起自热自燃，而油脂盛于容器中或倒出成薄膜状时不会自燃。

煤的自热自燃是由于煤的氧化与吸附作用的结果，尤以氧化为主。

金属硫化物如硫化铁极易自燃。在硫化染料、二硫化碳、石油炼制与某些气体燃料的生产中，由于设备受腐蚀而生成的硫化铁，在接触空气时，便有可能引起自燃。

硫化铁类的自燃主要是在常温下发生氧化：

$$FeS_2 + O_2 \longrightarrow FeS + SO_2$$

$$FeS + \frac{3}{2}O_2 \longrightarrow FeO + SO_2$$

$$2FeO + \frac{1}{2}O_2 \longrightarrow Fe_2O_3$$

$$Fe_2S_3 + \frac{3}{2}O_2 \longrightarrow Fe_2O_3 + 3S$$

在化工生产中，由于硫化氢的存在使生成硫化铁的机会较多，如设备发生腐蚀：

在常温下　　$2Fe(OH)_3 + 3H_2S \longrightarrow Fe_2S_3 + 6H_2O$

在310℃以上　　$2H_2S + O_2 \longrightarrow 2H_2O + 2S$

$$FeS + S \longrightarrow FeS_2$$

$$Fe_2O_3 + 4H_2S \longrightarrow 2FeS_2 + 3H_2O + H_2\uparrow$$

上列反应均为放热反应，因此极易自燃。

2. 由分解发热而引起的自燃

积蓄分解热而引起自燃的物质有硝化棉、赛璐珞等以及有机过氧化物。由于化学不稳定性，硝化棉即使在常温下也会产生微量的NO气体，NO在空气中氧化为NO_2，NO_2又起着促进硝化棉分解的自催化作用，加速硝化棉的分解。硝化棉分解放热，使温度进一步提高，当达到180℃时，就会自燃起火，引起爆炸性燃烧。乙醇(或异丙醇)可以吸收因分解而生成的NO或NO_2，使硝化棉失去自催化作用，从而提高了硝化棉的稳定性。所以市售的或储存的硝化棉应浸润在乙醇或异丙醇混合液中，防止处于干燥状态，以免发生自燃。

3. 由于聚合热、发酵热引起的自燃

在高分子工业中，对具有较高化学活性的单体，在聚合时由于反应失控，在储存时由于未加入阻聚剂或加入量不足或存在促聚作用的物质，使聚合作用自发进行，放出大量聚合热，又互为因果，使温度升高，聚合加速，放出更大量的热量，使系统压力升高，造成容器或管道破裂，泄漏出来的物质遇空气而自燃。如环氧丙烷、丁二烯等均有可能由于聚合热的产生而引发爆炸和自燃。

未经充分干燥的木屑、麦草等由于水分的存在，植物因细菌活动放出热量，在散热条件不良时，热量聚积而使温度上升，达到自燃点而引发燃烧。

4. 由于化学品混合接触而引起的自燃

某些化学品与空气接触或者在互相混合时发热而引起自燃。属于这一类的物质在储存、运输、制造或使用时，有可能引起火灾事故，这种物质又可分为三类：

(1) 接触空气而自行燃烧的物质。这类物质大都自燃点较低，与空气接触会迅速氧化发热而引起自燃，如黄磷、磷化氢等。黄磷的自燃点低，约为30℃，遇空气强烈氧化，很快使温度升到自燃点而自燃。因此，必须把黄磷储存在有水的密闭的容器中。

(2) 接触水分能引起自燃的物质。属于这一类的物质有碱金属钾、钠及磷化钙、硼氢化物等，遇水反应：

$$B_2H_6 + 6H_2O \longrightarrow 2H_3BO_3 + 6H_2\uparrow$$

在反应中析出氢，同时放出反应热，导致氢气自行燃烧。

还有某些金属硅化物，如 Mg_2Si、Fe_2Si 等，在水汽的作用下析出氢化硅，氢化硅在空气中能自行着火燃烧，其反应如下：

$$Mg_2Si + 4H_2O \longrightarrow 2Mg(OH)_2 + SiH_4$$

（3）相互混合引起自燃的物质。属于这一类的物质很多，如压缩氧、氯、溴、硝酸、过氧化钠、高锰酸钾、铬酐、氯酸盐、漂白粉等，大都为氧化剂。当它们遇到有机物时就能因反应放热而自行燃烧。乙炔、氢、甲烷等与氯在光能作用下能剧烈燃烧并析出游离碳，如：

$$C_2H_2 + Cl_2 \longrightarrow 2HCl + 4C$$

2.4.3.3 自燃点的测定及影响因素

用自燃点(引燃温度)测试仪可测定可燃液体或气体的引燃温度(自燃点)。

由引燃机理知，自燃点(引燃温度)不是一个恒定的物理常数，是随一系列条件的变化而变化的。其影响因素如下：

1. 可燃物浓度的影响

可燃气体(蒸气)—空气混合气有各种配比，在可燃极限范围内，其组分为化学计算量时，自燃点最低。

2. 压力的影响

压力越高，自燃点越低；压力越低，自燃点越高。表 2-1 给出了汽油在不同压力下测得的自燃点。

表 2-1 汽油自燃点与压力的关系

压力/MPa	自燃点/℃	压力/MPa	自燃点/℃
0.1	480	1.5	290
0.5	350	2.0	280
1.0	310	2.5	250

3. 容器影响

试样容器的直径、材质以及表面的物理状态对自燃点的测定值有影响。容器的直径越小，越易散热，自燃点便越高。不同的容器材质对自燃点也有影响。如汽油在铁管中测得的自燃点是 680℃，在石英管中测得的是 585℃，而在铂坩埚中测得的是 390℃。

4. 添加剂或杂质的影响

含有过氧基化合物的烃类试样，自燃点会降低；而含卤素或卤代烷，则对烃类燃烧起抑制作用。

5. 固体物质的粉碎度对自燃点的影响

粉碎度越细，粒径越小，其自燃点越低，见表 2-2。

表2-2 不同粒度硫铁矿的自燃点

筛子网眼尺寸/mm	自燃点/℃	筛子网眼尺寸/mm	自燃点/℃
0.20～0.15	406	0.10～0.086	400
0.15～0.10	401		

对于受热分解后，析出气体的固体物质，析出物越多，自燃点越低。

2.4.4 爆炸

爆炸是物质发生急剧的物理、化学变化，在瞬间释放出大量能量并伴有巨大声响的过程。在爆炸过程中，爆炸物质所含能量的快速释放，变为对爆炸物质本身、爆炸产物及周围介质做功的压缩能或运动能。物质爆炸时，大量能量在极短的时间、有限体积内突然释放并聚积，造成高温高压，对邻近介质形成急剧的压力突变并引起随后的复杂运动。爆炸介质在压力作用下，表现出不寻常的运动或机械破坏效应以及爆炸介质受振动而产生的音响效应。

爆炸常伴随发热、发光、高压、真空、电离等现象，并且具有很大的破坏作用。爆炸的破坏作用与爆炸物质的数量和性质、爆炸时的条件以及爆炸位置等因素有关。如果爆炸发生在均匀介质的自由空间，在以爆炸点为中心的一定范围内，爆炸力的传播是均匀的，并使这个范围内的物体粉碎、飞散。

爆炸的威力是巨大的。在遍及爆炸起作用的整个区域内，有一种令物体震荡、使之松散的力量。爆炸发生时，爆炸力的冲击波最初使气压上升，随后气压下降使空气振动产生局部真空，呈现出所谓的吸收作用。由于爆炸的冲击波呈升降交替的波状气压向四周扩散，从而造成附近建筑物的震荡破坏。

化工装置、机械设备、容器等爆炸后，变成碎片飞散出去会在相当大的范围内造成危害。化工生产中属于爆炸碎片造成的伤亡占很大比例。爆炸碎片的飞散距离一般可达到100～500m。

爆炸气体扩散通常在爆炸的瞬间完成，对一般可燃物质不致造成火灾，而且爆炸冲击波有时能起灭火作用。但是爆炸的余火，会点燃从破损设备中不断流出的可燃液体蒸气而造成火灾。

爆炸属于一种特殊的燃烧形式。火灾和爆炸之间的主要区别是能量释放的速度。火灾中能量释放很慢，而爆炸释放能量很快，通常是微秒级的。火灾也可能由爆炸引起，爆炸也可能由火灾引起。

能量释放速率影响事故后果的一个很好的例子就是通常的汽车轮胎。轮胎中的压缩空气含有一定的能量，如果能量通过喷嘴缓慢释放，轮胎就会无害地缩小；如果轮胎突然破裂，轮胎内的所有能量迅速释放，就会导致很危险的爆炸。

2.5 燃烧机理

2.5.1 活化能理论

物质分子间发生化学反应，首先的条件是相互碰撞。在标准状态下，单位时间、单位体积内气体分子相互碰撞约10^{28}次。但相互碰撞的分子不一定发生反应，而只有少数具有一定能量的分子相互碰撞才会发生反应，这种分子称为活化分子。活化分子所具有的能量要比普通分子超出一定值。这种超过分子平均能量的定值，可使分子活性化并参加反应，使普通分子变为活化分子所必需的能量称为活化能。

活化能的概念可用图2-5说明，纵坐标表示所研究系统分子能量，横坐标表示反应过程。若系统由状态Ⅰ转变为状态Ⅱ，由于状态Ⅰ的能量大于状态Ⅱ的能量，所以该过程是放热的，其反应热效应等于Q_V，即状态Ⅰ与状态Ⅱ的能级差。状态K的能级大小相当于使反应发生所必需的能量，所以状态K的能级与状态Ⅰ的能级之差等于正向反应活化能(ΔE_1)，状态K与状态Ⅱ的能级之差等于逆向反应活化能(ΔE_2)，ΔE_1与ΔE_2之差($\Delta E_1-\Delta E_2$)等于反应热效应。

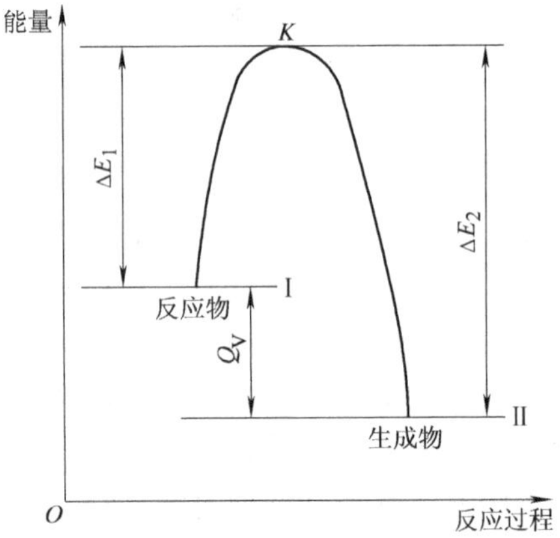

图2-5 活化能理论示意图

2.5.2 过氧化物理论

气体分子在各种能量(热能、辐射能、电能、化学反应能等)作用下可被活化。在燃烧反应中，首先是氧分子在热能作用下活化，被活化的氧分子形成过氧键—O—O—，这种基团加在被氧化物分子上而成为过氧化物。此种过氧化物是强氧化剂，不仅能氧化形成过氧化物的物质，而且也能氧化其他较难氧化的物质。

如在氢和氧的反应中，先生成过氧化氢，而后是过氧化氢再与氢反应生成H_2O。其反应式如下：

$$H_2+O_2\longrightarrow H_2O_2$$
$$H_2O_2+H_2\longrightarrow 2H_2O$$

在有机过氧化物中，通常可看作是过氧化氢 H—O—O—H 的衍生物，即在其中有1个或2个氢原子被烷基所取代而成 H—O—O—R。所以过氧化物是可燃物质被氧化的最初产物，是不稳定的化合物。能在受热、撞击、摩擦等情况下分解甚至引起燃烧或爆炸。如蒸馏乙醚的残渣中常由于形成过氧乙醚（$C_2H_5—O—O—C_2H_5$）而引起自燃或爆炸。

在饱和碳氢化合物中，甲烷最稳定，只有在400℃以上才发生氧化，乙烷在400℃时就强烈氧化，已烷在300℃以上，正辛烷在250℃时就已发生氧化。一般芳香烃氧化温度比饱和碳氢化合物要高，如苯要在500℃以上才发生氧化反应。

2.5.3　链锁反应理论

根据链锁反应理论，气态分子间的作用，不是两个反应分子直接简单作用得到最后生成物，而是由一连串的反应组成的。该反应只要一经引发生成自由基，就会相继发生一系列基元反应。先由自由基（活性基团）与另一分子起作用，从而产生新的自由基和产物，新的自由基又迅速参与反应。如此下去，直到反应物消耗殆尽，或通过外加因素使链中断而停止反应。链锁反应通常分直链反应与支链反应两大类。氯和氢反应是典型的直链反应，其基元反应机理如下：

链的引发　$Cl_2 \longrightarrow 2Cl\cdot$

链的传递　$\begin{cases} Cl\cdot + H_2 \longrightarrow HCl + H\cdot \\ H\cdot + Cl_2 \longrightarrow HCl + Cl\cdot \end{cases}$

链的终止　$\begin{cases} H\cdot + Cl\cdot \longrightarrow HCl \\ Cl\cdot + Cl\cdot \longrightarrow Cl_2 \\ H\cdot + H\cdot \longrightarrow H_2 \end{cases}$

氢和氧反应是典型的支链反应。在支链反应中，链发生分支生成多于一个的自由基，使反应变得更为复杂。反应机理如下：

链的引发　$\begin{cases} H_2 + O_2 \longrightarrow 2HO\cdot \\ H_2 + M \longrightarrow 2H\cdot + M \end{cases}$

链的传递　$\begin{cases} HO\cdot + H_2 \longrightarrow H\cdot + H_2O \\ H\cdot + O_2 \longrightarrow O\cdot + HO\cdot \\ O\cdot + H_2 \longrightarrow H\cdot + \cdot OH \\ H\cdot + O_2 + M \longrightarrow HO_2\cdot + M \\ HO_2\cdot + H_2 \longrightarrow H_2O + HO\cdot \end{cases}$

链的终止
$$\begin{cases}2H\cdot \longrightarrow H_2 \\ H\cdot + \cdot OH \longrightarrow H_2O \\ H\cdot + H\cdot \longrightarrow H_2\end{cases}$$

任何链锁反应都由三个阶段组成，即链的引发、链的传递和链的终止。

大多数碳氢化合物的燃烧反应进行得比较缓慢，因为碳氢化合物的燃烧是一种退化的支链反应，即新的链环要依靠中间生成物分子的分解才能发生，且分子结构越复杂其反应机理也越复杂。

2.6 燃烧速度及热值

物质的燃烧速度在本质上是由可燃物和氧发生化学反应的能力决定的，可燃物和氧的反应能力越强，燃烧速度越快。

2.6.1 可燃气体的燃烧速度

可燃气体燃烧不需要像可燃固体、可燃液体那样经过熔化、蒸发等过程，所以燃烧速度较快。可燃气体燃烧速度随其结构和组成的不同而异，简单的可燃气体，如氢气燃烧只需受热、氧化等过程；而复杂气体，如天然气则需经过热分解和氧化过程才开始燃烧。因此，简单构成的可燃气比复杂可燃气燃烧速度快。

在可燃气体燃烧中，不同的燃烧方式，其燃烧速度也不同。扩散燃烧速度取决于气体的扩散速度；而预混燃烧速度则取决于燃烧的化学反应速度。一般情况下，预混燃烧速度要比扩散燃烧速度快得多。

燃气燃烧速度可以用火焰传播速度来衡量，所以火焰传播速度被称为气体的燃烧速度。

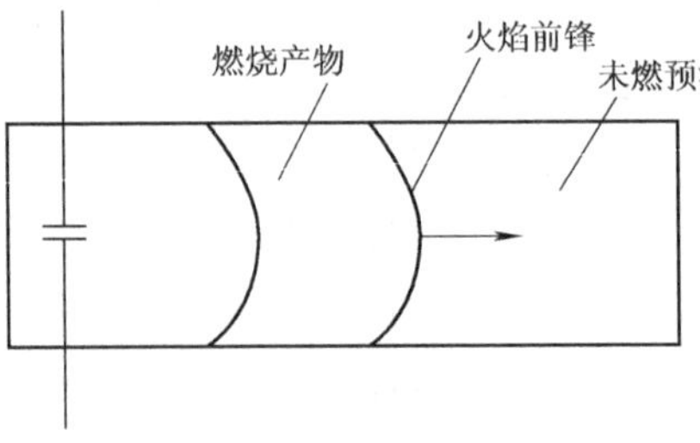

图 2-6 长管中的火焰传播

按燃气运动状态的不同，有层流和紊流状态之分。对层流状态的燃气，火焰传播速度可在一根长玻璃管中装入可燃混合气进行测定。在玻璃管一端点火，这时可见火焰薄层（火焰前锋）从点火端移向预混未燃气的另一端，直到可燃气体全部燃烧完毕，如图 2-6 所示。在试验玻璃管中火焰前锋的法向指向未燃气体，由于未燃气体是静止的，所以火焰的位移速度就是火焰的传播速度。若火焰前锋在时间间隔 dt 的位移为 ds，则位移速度 u 为

$$u=\frac{ds}{dt} \tag{2-1}$$

式中，u 为火焰位移速度(m/s)；t 为时间(s)；s 为位移(m)。

一些可燃气体与空气混合气在 ϕ25.4mm 管中测得的火焰传播速度列于表 2-3 中。

表 2-3 一些可燃气体与空气混合气的火焰传播速度

气体名称	最大火焰传播速度/(m/s)	体积分数(%)	气体名称	最大火焰传播速度/(m/s)	体积分数(%)
氢	4.83	38.5	丁烷	0.82	3.6
一氧化碳	1.25	45.0	乙烯	1.42	7.1
甲烷	0.67	9.8	炼焦煤气	1.70	17.0
乙烷	0.85	6.5	焦碳发生煤气	0.73	48.5
丙烷	0.82	4.6	水煤气	3.10	43

注：管径为25.4mm。

影响可燃混合气体火焰传播速度的因素很多，主要有混合气性质、混合气成分、混合气原始压力和温度等。

各种烃类与空气组成的混合气，由于结构和分子量(相对分子质量,下同)的不同，其火焰传播速度不同。炔烃的火焰传播速度最快，如乙炔可达141cm/s，其次是烯烃和烷烃。当用氧代替空气时，火焰传播速度将大为提高。混合气中可燃气含量对火焰传播速度的影响如图 2-7 所示。可燃气浓度在某一最佳值时生成自由基的机会最大，使反应速度达到最大值，而偏高或偏低都使反应速度降低。

混合气的初始温度高，可以加快反应速度。图 2-8 表明了初始温度对氢—空气混合气火焰传播速度的影响。

混合气的压力对火焰传播速度影响不甚明显，当压力增大时，火焰传播速度略有降低。图 2-9 表明了压力对甲烷在空气中燃烧速度的影响。

另外，管壁的传热性能与管径的大小都影响燃烧速度。火焰传播速度一般随管径增加而加快，但当达到某一极限值时，速度就不再加快；随管径的减小，火焰传播速度也减小，当管径小到某程度时，火焰在管中就

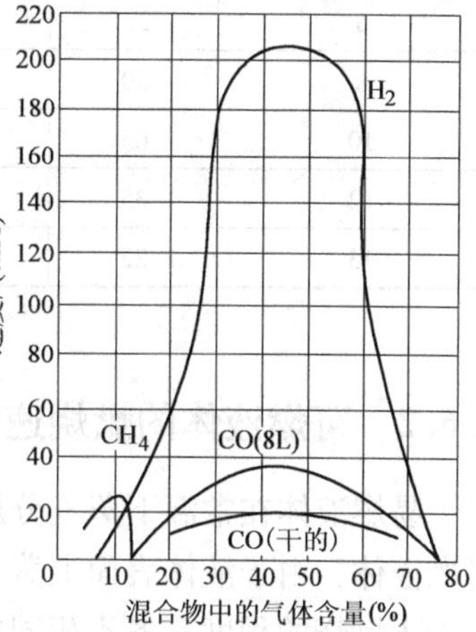

图 2-7 混合物中可燃气含量与燃烧速度的关系

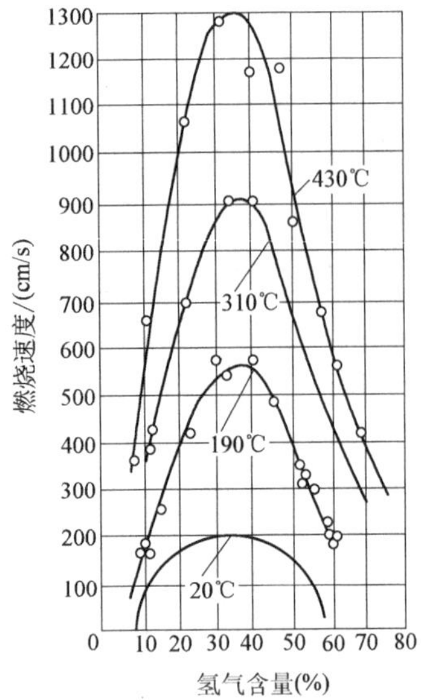

图 2-8 温度对氢在空气中燃烧速度的影响

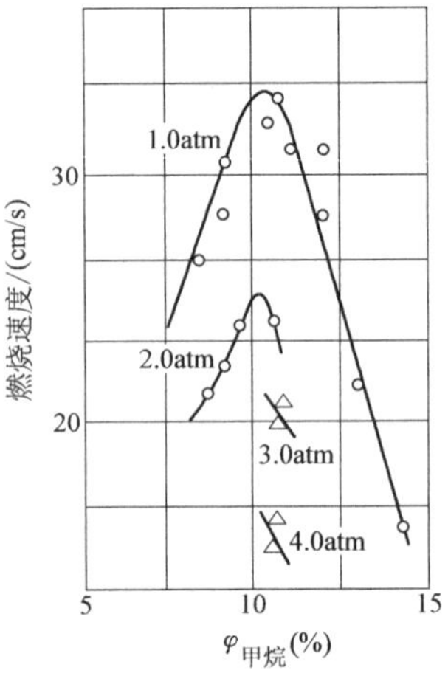

图 2-9 压力对甲烷在空气中燃烧速度的影响

不能传播，阻火器就是根据这一原理设计的。表 2-4 中的数据表明了甲烷和空气混合气在不同管径中的火焰传播速度。

表 2-4 甲烷和空气混合气在不同管径中的传播速度 （单位:cm/s）

甲烷含量(%) \ 管径/cm	2.5	10	20	40	60	80
6	23.5	43.5	63	95	118	137
8	50	80	100	154	183	203
10	65	110	136	188	215	236
12	35	74	80	123	163	185
13	22	45	62	104	130	138

2.6.2 可燃液体的燃烧速度

易燃液体在常温下蒸气分压就很高，当点火源接近时就容易着火燃烧；而可燃液体，由于液体表面上蒸气分压较低，就不易着火燃烧。因此，不同液体其着火燃烧的程度是各不相同的。

在使用中，液体的燃烧速度有两种表示方法，一种是以容器每平方米面积上每小时燃烧掉液体的质量来表示的，称液体燃烧的质量速度[$kg/(m^2 \cdot h)$]；

另一种是以每小时烧掉容器内液体的高度来表示的，称液体燃烧的直线速度(cm/h)。

液体的燃烧速度与很多因素有关，如液体的初温、储罐的直径大小、液体的热容、蒸发潜热、火焰的辐射强度、液面的高低和液体中水分的含量等。一般是初温越高，燃烧速度越快；液体的蒸发潜热越高，需要吸收较多热量才能维持燃烧时所要求的蒸气浓度；储罐中低液位比高液位的燃烧速度快；不含水的比含水的石油产品燃烧速度快。此外，风速对火焰蔓延的速度也有影响。表2-5列举了部分易燃液体的燃烧速度。

表2-5　部分易燃液体的燃烧速度

液体名称	直线燃烧速度/(cm/h)	质量燃烧速度/[kg/(m^2·h)]	相对密度
苯	18.9	165.37	0.875
乙醚	17.5	125.84	0.715
甲苯	16.08	138.29	0.86
航空汽油	12.6	91.98	0.73
二硫化碳	10.47	132.97	1.27
甲醇	7.2	57.6	0.8

2.6.3　可燃固体的燃烧速度

固体物质的燃烧速度，一般小于可燃气体和可燃液体。不同的固体物质其燃烧速度也有很大差别。石蜡、三硫化磷、松香等固体物质，其燃烧过程要经过受热熔化、蒸发、分解、氧化、着火燃烧等阶段，一般燃烧速度较慢。硝基化合物、硝化纤维及其制品，因含有不稳定的含氧基团，燃烧速度就较快。固体的比表面积越大其燃烧速度越快。

2.6.4　热值与燃烧温度

所谓热值，就是单位重量或单位体积的可燃物质完全烧尽时所放出的热量。可燃物燃烧爆炸时所能达到的最高温度、最高压力及爆炸力与物质的热值有关。

热值数据是用热量计在常压下测得的。高热值是指单位质量的燃料完全燃烧，生成的水蒸气也全部冷凝成水时所放出的热量；低热值是指单位质量的燃料完全燃烧生成的水蒸气不冷凝成水时所放出的热量。

燃烧温度实质上就是火焰温度。因为可燃物质燃烧所产生的热量是在火焰燃烧区域内析出的，因而火焰温度也就是燃烧温度。一些物质的热值和燃烧温度见表2-6、表2-7。

表 2-6　一些物质的燃烧温度

物　质	燃烧温度/℃	物　质	燃烧温度/℃
甲醇	1100	乙炔	2127
乙醇	1180	氢	2130
丙酮	1000	煤气	1600～1850
乙醚	2861	一氧化碳	1680
原油	1100	硫化氢	—
汽油	1200	天然气	2020
煤油	700～1030	石油气	2120
重油	1000	甲烷	1800
木材	1000～1177	乙烷	1895

表 2-7　可燃气体燃烧热

气　体	高发热值		低发热值	
	kcal/kg	kcal/m^3	kcal/kg	kcal/m^3
氢	33928	3052	28557	2570
乙炔	11914	13832	11499	13350
甲烷	13318	9527	11970	8562
乙烯	11916	14903	11145	13939
乙烷	12348	15680	11300	13900
丙烯	11700	20800	10940	19400
丙烷	12000	22400	11050	19950
丁烯	11560	27500	10820	25700
丁烷	11800	29000	10900	25900
戊烷	11750	35800	10850	32000
一氧化碳	2427	3034	—	—
硫化氢	4010	6100	3730	5740

注：1cal＝4.18J。

2.7　引燃源及引燃能量

2.7.1　引燃源

在化工企业里，可能遇到的点火源，除生产过程本身具有的热炉火、反应热、电火花等以外，还有维修用火、机械摩擦热、撞击火星及吸烟等。这些点火源经常是引起易燃易爆物着火爆炸的原因。

在过程工业中可能会有一些特殊的情况发生，导致不大可能避免可燃性混合物的形成。在这些情况下，需要进行详尽的安全分析，从而在可燃气体存在的每一个单元中消除所有可能的引燃源。

2.7.2 引燃能量

最小引燃能(Minimum Ignition Energy，MIE)是初始燃烧所需要的最小能量。所有可燃性物质(包括粉尘)都有最小引燃能。MIE 依赖于特定的化学物质或混合物的浓度、压力和温度。一些物质的 MIE 列于表 2-8 中。

表 2-8 部分气体的最小引燃能

化学物质	最小引燃能/mJ	化学物质	最小引燃能/mJ
乙炔	0.020	环氧乙烷	0.062
苯	0.225	(正)己烷	0.248
1,3-丁二烯	0.125	氢气	0.018
环己胺	0.223	甲烷	0.280
环丙烷	0.180	甲醇	0.140
乙烷	0.240	丁酮	0.280
乙烯	0.124	丙烷	0.250

试验数据表明：①MIE 随着压力的增加而降低；②一般情况下，粉尘的 MIE 在能量等级上比可燃气体高；③氮气浓度的增加导致 MIE 增大。

许多碳氢化合物的 MIE 大约为 0.25mJ。这与引燃源相比是很低的。例如，在地毯上行走引发的静电放电的能量为 22mJ，通常的火花塞所释放的能量为 25mJ。流体流动所引起的静电放电也具有超出可燃物质 MIE 的能量等级，也能够提供引燃源，导致爆炸。

2.8 爆炸及其分类

物系自一种状态迅速转变为另一种状态，并在瞬间以对外做机械功的形式放出大量能量的现象称为爆炸。爆炸现象一般具有如下特征：①爆炸过程进行得很快；②爆炸点附近瞬间压力急剧上升；③发出声响；④周围建筑物或装置发生振动或遭到破坏。简言之，爆炸是系统的一种非常迅速的物理或化学能量释放过程。

2.8.1 爆炸的分类

根据爆炸发生原因的不同，可将其分为物理爆炸、化学爆炸和核爆炸三大类。在研究化工、石油化工工厂防火防爆技术中，通常只谈到物理爆炸和化学爆炸，故核爆炸在本教材中不作讨论。

1. 物理爆炸

物理爆炸由物理变化所致，其特征是爆炸前后系统内物质的化学组成及化学性质均不发生变化。物理性爆炸主要是指压缩气体、液化气体和过热液体在压力容器内，由于某种原因使容器承受不住压力而破裂，内部物质迅速膨胀并释放大量能量的过程。

2. 化学爆炸

化学爆炸是由化学变化造成的，其特征是爆炸前后物质的化学组成及化学性质都发生了变化。化学爆炸按爆炸时所发生的化学变化的不同又可分为三类。

（1）简单分解爆炸。引起简单分解爆炸的爆炸物，在爆炸时并不一定发生燃烧反应。爆炸能量是由爆炸物分解时产生的。属于这一类的有叠氮类化合物，如叠氮铅、叠氮银等；乙炔类化合物，如乙炔铜、乙炔银等。这类物质是非常危险的，受轻微振动即能起爆，如：

$$PbN_6 \xrightarrow{\text{振动}} Pb + 3N_2 \uparrow$$

爆速可达5123m/s。

（2）复杂分解爆炸。这类物质爆炸时有燃烧现象，燃烧所需的氧由自身供给，如硝化甘油的爆炸反应：

$$C_3H_5(ONO_2)_3 \xrightarrow{\text{引爆}} 3CO_2 \uparrow + 2.5H_2O + 1.5N_2 \uparrow + 0.25O_2 \uparrow$$

（3）爆炸性混合物爆炸。爆炸性混合物是至少由两种以上不相联系的组分所构成的系统。混合物之一通常为含氧相当多的物质；另一组分则相反，是根本不含氧的或含氧量不足以发生分子完全氧化的可燃物质。

爆炸性混合物可以是气态、液态、固态或是多相系统。

气相爆炸，包括混合气体爆炸、粉尘爆炸、气体的分解爆炸、喷雾爆炸。液相爆炸包括聚合爆炸及不同液体混合引起的爆炸。固相爆炸包括爆炸性物质的爆炸、固体物质混合引起的爆炸和电流过载所引起的电缆爆炸等。

另外，根据爆炸速度的不同，可以将爆炸分为以下三种类型：

（1）轻爆。爆速为几十厘米每秒到几米每秒。

（2）爆炸。爆速为十米每秒到数百米每秒。

（3）爆轰。爆速为一千米每秒到数千米每秒。

2.8.2 常见爆炸基本概念

1. 机械爆炸

这是由装有高压非反应性气体的容器突然失效造成的。

2. 无约束爆炸

无约束爆炸发生在空旷地区。这种类型的爆炸通常是由可燃性气体泄漏引起的。气体扩散并同空气混合，直至遇到引燃源。无约束爆炸比受限爆炸少，因为爆炸性物质常常被风稀释到低于其爆炸下限。这些爆炸都是破坏性的，因为通常会涉及到大量的气体和较大的区域。

3. 受限爆炸

这种爆炸发生在容器或建筑物中。这种情况很普遍，并且通常导致建筑物中居民受到伤害和巨大的财产损失。两种最普通的受限爆炸情形包括：蒸气云爆炸和粉尘爆炸。

4. 蒸气云爆炸(Vapor Cloud Explosion, VCE)

化学过程工业中，大多数危险的和破坏性的爆炸是蒸气云爆炸。其发生步骤是：①大量的可燃蒸气突然泄漏出来(当装有过热液体和受压液体的容器破裂时就会发生)；②蒸气扩散遍及整个工厂，同时与空气混合；③产生的蒸气云被点燃。

发生在英格兰 Flixborough 的事故就是典型的 VCE 案例。反应器上的环己胺管线突然破裂，导致大约 30t 的环己胺蒸发。蒸气云扩散遍及整个工厂，并在泄漏发生后 45s 被未知的引燃源引燃。整个工厂被夷为平地，导致 28 人死亡。

美国在 1974～1986 年期间，总共发生 29 次蒸气云爆炸，每次事故的财产损失都介于 500 万～1000 万美元之间，平均每起事故死亡 140 人。

由于过程工厂中可燃物质存储量的增加和操作条件更加苛刻，导致 VCE 的发生次数有所增加。装有大量液化气体、挥发性的过热液体，或高压气体的任何过程都被认为是 VCE 发生的潜在源。

影响 VCE 行为的一些参数是：泄漏物质的量、物质蒸发百分比、气云引燃的可能性、引燃前气云运移的距离、气云引燃前的延迟时间、爆炸而不是火灾发生的可能性，物质临界量、爆炸效率和引燃源相对于泄漏点的位置。

研究表明：①随着蒸气云尺寸的增加，被引燃的可能性也增加；②蒸气云发生火灾比发生爆炸的频率高；③爆炸效率通常很小(燃烧能的大约 2% 转变成冲击波)；④蒸气与空气的湍流混合，以及气云在远离泄漏处被引燃都增强了爆炸的作用。

从安全的角度来说，最好的方法就是阻止物质的泄漏。不论安装了什么安全系统来防止引燃的发生，大量的可燃气云是很危险的，并且是几乎不可能控制的。

预防 VCE 的方法包括：保持较少的易挥发且可燃液体的储存量，如果容器或管线破裂，使用使闪蒸最小化的过程条件，使用分析仪器来检测低浓度的泄漏，安装自动隔断阀，以便在泄漏发生并处于发展的初始阶段时关闭系统。

5. 沸腾液体扩展蒸气爆炸（Boiling-Liquid Expanding-Vapor Explosion，BLEVE）

沸腾液体扩展蒸气爆炸是能导致大量物质泄漏的特殊类型的事故。如果物质是可燃的，就可能发生 VCE；如果物质有毒，大面积区域将遭受毒性物质的影响。对于任何一种情况，BLEVE 过程所释放的能量都能导致巨大的破坏。

当储存有温度高于大气压下的沸点的液体储罐破裂时，就会发生 BLEVE，这将导致储罐内大部分物质发生爆炸性蒸发。

BLEVE 是由于任何一种原因导致容器突然失效才发生的。通常的 BLEVE 是由火灾引起的，其步骤如下：①火灾发展到临近的装有液体的储罐；②火灾加热储罐壁；③液面以下的储罐壁被液体冷却，液体温度和储罐内压力增加；④如果火焰抵达仅有蒸气而没有液体的壁面或储罐顶部，热量将不能被转移走，储罐金属的温度上升，直到储罐失去其结构强度为止；⑤储罐破裂，内部液体爆炸性蒸发。

如果液体是可燃的，并且火灾是导致 BLEVE 的原因，那么当储罐破裂时，液体可能被引燃。沸腾的和燃烧的液体的行为如同火箭的燃料一样，将容器的碎片推到很远的地方。如果 BLEVE 不是由火灾引起的，就可能形成蒸气云，导致 VCE。蒸气也能够通过灼伤皮肤或产生毒性效应对人员造成危害。

如果 BLEVE 发生在容器内，那么仅有一部分液体蒸发；蒸发量依赖于容器内液体的物理和热力学条件。

6. 粉尘爆炸

这种爆炸是由纤细的固体颗粒的快速燃烧引起的。许多固体物质（包括常见的金属，如铁和铝）变成纤细的粉末后就成了易燃物。

7. 雾滴爆炸

当可燃液体用喷嘴雾化进入 0.28 ~ 0.76m 的开口玻璃管中，调节燃料和空气的比率，取得爆炸雾滴的浓度，并以高压放电火花点燃。对闪点为 323.9℃的花生油，其火焰能迅速传播；而闪点为 68.3℃的邻二氯苯点火后火焰传播有困难。由试验可见，可燃液体的雾滴是能够传播火焰的。

在化工、石油化工生产中由于热油管的断裂，通过闪蒸和突然冷却作用而形成大量油雾，垫片破裂、尾气带料、紧急排空等，均可能形成可燃液体的雾滴，当其遇到适当的点火源时，就有可能形成火灾或爆炸。

据报道，当雾滴直径小于 0.01mm 时，其可燃下限恰好等于该物质气相时的爆炸下限(质量分数)，即使是在温度很低、液体不挥发时也是如此。这表明，可燃液体的雾滴即使在远比其闪点低的温度下也存在着危险。当雾滴直径在0.6~1.5mm之间时，燃烧不能传播。然而，此时如果存在小直径雾滴或大雾滴被击碎，仍有可能发生危险。惰性气体、雾化水、卤代烷等的存在能对雾滴燃烧起到有效的抑制作用。

2.9　爆炸极限及计算

2.9.1　爆炸极限

可燃性气体或蒸气预先按一定比例与空气均匀混合后点燃，较缓慢的扩散过程已经在燃烧以前完成，燃烧速度仅取决于化学反应速度。在这样的条件下，气体的燃烧就有可能达到爆炸的程度。这种可燃气体或蒸气与空气的混合物，称为爆炸性混合气。这种混合气并不是在任何混合比例下都是可燃烧或爆炸的，而且混合的比例不同，燃烧的速度也不同。由试验可知，当混合物中可燃气体的含量接近化学计量浓度时，燃烧最快或最剧烈；若含量减少或增加，火焰传播速度均下降；当浓度高于或低于某一极限值时，火焰便不再蔓延。所以可燃气体或蒸气与空气(或氧)组成的混合物在点火后可以使火焰蔓延的最低浓度，称为该气体或蒸气的爆炸下限(也称燃烧下限)；同理，能使火焰蔓延的最高浓度称为爆炸上限(也称燃烧上限)。浓度在下限以下或上限以上的混合物是不会着火或爆炸的。浓度在下限以下时，体系内含有过量的空气，由于空气的冷却作用，阻止了火焰的蔓延，此时活化中心的销毁数大于产生数。同样，当浓度在上限以上时，含有过量的可燃性物质，空气(氧)不足，火焰也不能蔓延，但此时若补充空气，是有火灾或爆炸危险的。故对上限以上的可燃气(蒸气)—空气混合气不能认为是安全的。

可燃性气体(蒸气)的爆炸极限可按标准《空气中可燃气体爆炸极限测定方法》(GB/T 12474—1990)规定的方法测定。爆炸极限一般用可燃性气体(蒸气)在混合物中的体积分数φ(%)来表示，有时也用单位体积中可燃物含量来表示(g/m^3或mg/L)。

2.9.2　爆炸极限的影响因素

爆炸极限值是随多种不同条件影响而变化的，但如掌握了外界条件变化对爆炸极限的影响规律，那么在一定条件下测得的爆炸极限就有普通的参考价值，其主要的影响因素介绍如下。

1. 原始温度

爆炸性气体混合物的原始温度越高，则爆炸极限范围越宽，即下限降低而上限增高。因为系统温度升高，其分子内能增加，这时活性分子也就相应增加，使原来不燃不爆的混合物变为可燃可爆，所以温度升高使爆炸的危险性增加。甲烷爆炸极限范围随温度升高而扩大的情况如图 2-10 所示。

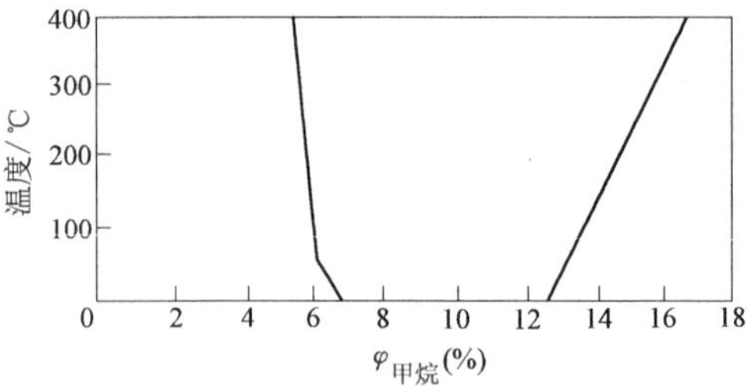

图 2-10　初始温度对甲烷爆炸极限的影响

随温度的升高，爆炸极限范围变宽。以下经验公式适用于蒸气：

$$LFL_T = LFL_{25} - \frac{0.75}{\Delta H_c}(T-25) \tag{2-2}$$

$$UFL_T = UFL_{25} + \frac{0.75}{\Delta H_c}(T-25) \tag{2-3}$$

式中，ΔH_c 是净燃烧热(kcal/mol)；T 是温度(℃)。

2. 原始压力

在增加压力的情况下，爆炸极限的变化不大。一般压力增加，爆炸极限范围扩大，且上限随压力增加较为显著。这是因为系统压力增加，物质分子间距缩小，碰撞几率增加，使燃烧的最初反应和反应的进行更为容易。压力降低，则气体分子间距拉大，爆炸极限范围会变小。待压力降到某一数值时，其上限即与下限重合，出现一个临界值；若压力再下降，系统便成为不燃不爆。因此，在密闭容器内进行负压操作，对安全生产是有利的。

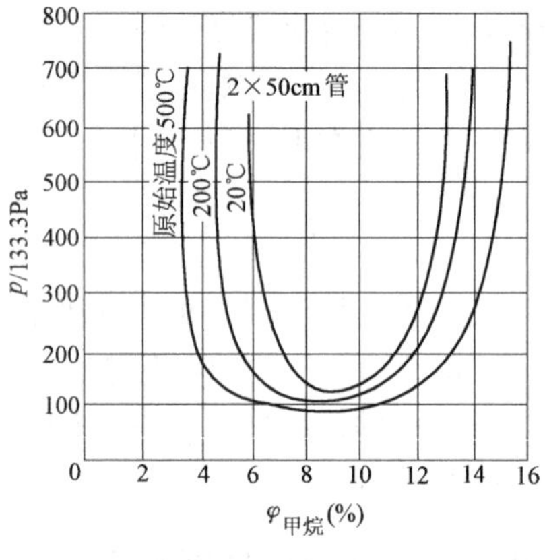

图 2-11　甲烷在减压下的爆炸极限

图 2-11 表明了甲烷—空气混合物在减压条件下的爆炸范围，由图可见，原始温度越高爆炸的临界压力越低。

压力增加对上限的影响，可用下式计算：

$$UFL_P = UFL + 20.6(\lg p + 1) \tag{2-4}$$

式中，p 是压力(MPa,绝对压力)；UFL 是燃烧上限(1atm 下燃料在空气中的体积分数(体积百分含量,下同))。

[**例2-1**]　如果物质的 *UFL* 在表压在0.0MPa下为11.0%，那么，表压在6.2MPa下的 *UFL* 是多少？

解：绝对压力 $p = (6.2 + 0.101)\text{MPa} = 6.301\text{MPa}$。由上述方程计算 *UFL*：

$$UFL_p = UFL + 20.6(\lg p + 1) = 11.0 + 20.6(\lg 6.301 + 1) = 48\%$$

3. 惰性介质

若混合物中加入惰性气体，则爆炸极限范围缩小，惰性气体的体积分数 φ 提高到某数值时，可使混合物不燃不爆。

图2-12表明了加入惰性气体(N_2、CO_2、Ar、He、CCl_4、水蒸气)对甲烷混合气爆炸极限的影响。由图可见，随惰性气体的增加对上限的影响较之对下限的影响更显著。

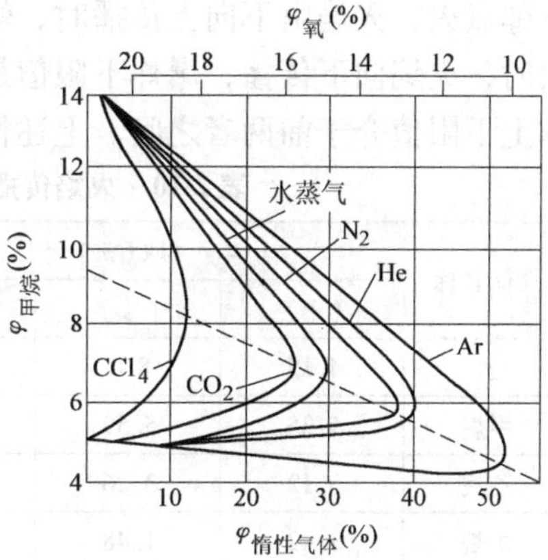

图2-12　各种惰性气体浓度对甲烷爆炸极限的影响

4. 容器

容器的大小对爆炸极限亦有影响。试验证明，容器直径越小，爆炸范围越窄。这可从传热和器壁效应得到解释。从传热来说，随容器或管道直径的减小，单位体积的气体就有更多的热量消耗在管壁上。有文献报道，当散出热量等于火焰放出能量的23%时，火焰即会熄灭，所以热损失的增加必然降低火焰的传播速度并影响爆炸极限。

器壁效应，可用链锁反应理论说明。燃烧所以能持续下去，其条件是新生的自由基数量必须等于或大于消失的自由基数。可是，随着管径的缩小，自由基与反应分子间的碰撞几率也不断减少，而自由基与器壁碰撞的概率反而不断增大。当器壁间距小到某一数值时，这种器壁效应就会使火焰无法继续。其临界直径，可按下式计算：

$$d = \sqrt[2.48]{\frac{E_{点}}{2.35 \times 10^{-2}}} \tag{2-5}$$

式中，d 是临界直径(cm)；$E_{点}$ 是某一物质的最小点火能量(J)。

5. 点火能源

爆炸性混合物的点火能源，如电火花的能量，炽热表面的面积，火源与混合物接触时间长短等，对爆炸极限都有一定影响。随着点火能量的加大，爆炸范围变宽。点火能量对甲烷—空气混合气爆炸极限的影响见表2-9。

表 2-9 标准大气压下点燃能量对甲烷与空气混合物的爆炸极限 φ 的影响（容器 $V=7L$）

点燃能量/J	$L_下$(%)	$L_上$(%)	点燃能量/J	$L_下$(%)	$L_上$(%)
1	4.9	13.8	100	4.25	15.1
10	4.6	14.2	10000	3.6	17.5

6. 火焰的传播方向（点火位置）

当在爆炸极限测试管中进行爆炸极限测定时，可发现在垂直的测试管中于下部点火，火焰由下向上传播时，爆炸下限值最小，上限值最大；当于上部点火时，火焰向下传播，爆炸下限值最大，上限值最小；在水平管中测试时，爆炸上下限值介于前两者之间。上述情况见表 2-10 所列数据。

表 2-10 火焰传播方向对爆炸极限 φ 的影响

气体名称	LFL(%)			UFL(%)		
	(↑)	(↓)	(→)	(↑)	(↓)	(→)
氢	4.15	8.8	6.5	75.0	74.5	—
甲烷	5.35	5.59	5.4	14.9	13.5	14.0
乙烷	3.12	3.26	3.15	15.0	10.2	12.9
戊烷	1.42	1.48	—	74.5	4.64	—
乙烯	3.02	3.38	3.20	34.0	15.5	23.7
丙烯	2.18	2.26	2.22	9.70	7.4	9.3
丁烯	1.7	1.8	1.75	9.6	6.3	6.0
乙炔	2.6	2.78	2.68	80.5	71.0	78.5
一氧化碳	12.8	15.3	13.6	75.0	70.5	—
硫化氢	4.3	5.85	5.3	45.5	21.3	33.50

7. 含氧量

空气中的 φ_{O_2} 为 21%，当混合气中 φ_{O_2} 增加时，爆炸极限范围变宽。由于当处于空气中爆炸的下限时，其组分中 φ_{O_2} 已很高，故增加 φ_{O_2} 对爆炸下限影响不大；而增加 φ_{O_2} 使上限显著增加，是由于氧取代了空气中的氮，使反应更易进行。某些可燃气在氧气中的爆炸极限见表 2-11。

表 2-11 某些可燃气在空气和氧气中的爆炸极限

物质名称	在空气中		在氧气中	
	UFL(%)	LFL(%)	UFL(%)	LFL(%)
甲烷	14	5.3	61	5.1

（续）

物质名称	在空气中		在氧气中	
	UFL(%)	LFL(%)	UFL(%)	LFL(%)
乙烷	12.5	3.0	66	3.0
丙烷	9.5	2.2	55	
正丁烷	8.5	1.8	49	1.8
异丁烷	8.4	1.8	48	1.8
丁烯	9.6	2.0		3.0
1-丁烯	9.3	1.6	58	1.8
2-丁烯	9.7	1.7	55	1.7
丙烯	10.3	2.4	53	2.1
氯乙烯	22	4	70	4
氢	75	4	94	4
一氧化碳	74	12.5	94	15.5
氨	28	15	79	15.5

2.9.3　爆炸极限的计算

2.9.3.1　纯净气体或蒸气爆炸极限的计算

具有爆炸危险性的气体或蒸气与空气或氧气混合物的爆炸极限，在应用时一般可查阅文献或直接测定以获得数据，也可以通过其他数据及某些经验公式计算来获得。下面介绍两种比较常用的方法。

对于许多烃类蒸气，*LFL* 和 *UFL* 是燃料化学计量浓度(C_{st})的函数：

$$LFL = 0.55C_{st} \tag{2-6}$$

$$UFL = 3.50C_{st} \tag{2-7}$$

式中，C_{st}是燃料在空气中的体积分数(体积百分含量,下同)。

大多数有机化合物的化学计量浓度，可使用通常的燃烧反应来确定，即：

$$C_mH_xO_y + zO_2 \longrightarrow mCO_2 + \frac{x}{2}H_2O$$

$$z = m + \frac{x}{4} - \frac{y}{2} \tag{2-8}$$

式中，z 的单位是摩尔(mol)。

需要进行额外的化学计算和单位变换来确定作为 z 的函数的 C_{st}：

$$C_{st} = \frac{燃料的摩尔数}{燃料的摩尔数 + 空气的摩尔数} \times 100$$

$$= \frac{100}{1+\frac{\text{空气的摩尔数}}{\text{燃料的摩尔数}}} = \frac{100}{1+\frac{1}{0.21}\times\frac{\text{氧气的摩尔数}}{\text{燃料的摩尔数}}}$$

$$= \frac{100}{1+\left(\frac{z}{0.21}\right)}$$

代入 z，得到：

$$LFL = \frac{0.55\times100}{4.76m+1.19x-2.38y+1} \tag{2-9}$$

$$UFL = \frac{3.50\times100}{4.76m+1.19x-2.38y+1} \tag{2-10}$$

另外一种方法将燃烧极限表达为燃料燃烧热的函数。对于含有碳、氢、氧、氮和硫的30种有机物，运用该方法可得到符合程度很好的结果。该关系式为：

$$LFL = \frac{-3.42}{\Delta H_c} + 0.569\Delta H_c + 0.0538\Delta H_c^2 + 1.80 \tag{2-11}$$

$$UFL = 6.30\Delta H_c + 0.567\Delta H_c^2 + 23.5 \tag{2-12}$$

式中，LFL 和 UFL 分别是燃烧上限和燃烧下限（燃料在空气中的体积分数）；ΔH_c 是燃料的燃烧热（10^3kJ/mol）。

第二种方法中预测 UFL 的公式仅适用于 UFL 为4.9%～23%的范围内。

上述两种方法的预测能力有限，对于氢的预测结果很差，对于甲烷和含碳量较高的碳氢化合物，预测结果有所提高。因此，这些方法仅被用于快速的最初估算，不应该替代实际的试验数据。

[例2-2] 估算（正）己烷的 LFL 和 UFL，将计算值同实际的试验值进行比较。

解：化学反应式为：

$$C_6H_{14} + zO_2 \longrightarrow mCO_2 + \frac{x}{2}H_2O$$

由第一种方法，通过将化学反应配平得到 m、x 和 y 的值：

$$m=6,\ x=14,\ y=0$$

计算 LFL 和 UFL：

$LFL = 0.55\times100\%/[4.76\times6+1.19\times14+1] = 1.19\%$　而实际为1.2%

$UFL = 3.5\times100\%/[4.76\times6+1.19\times14+1] = 7.57\%$　而实际为7.5%

2.9.3.2 混合气体或蒸气爆炸极限的计算

1. 混合气体中全部都是可燃气体或蒸气

这种情况下混合气体的爆炸极限用下式计算：

$$LFL_{mix} = \frac{1}{\sum_{i=1}^{n} \frac{y_i}{LFL_i}} \tag{2-13}$$

式中，LFL_i 是燃料—空气混合物中组分 i 的燃烧下限(体积百分比)；y_i 是组分 i 占可燃物质部分的摩尔百分比；n 是可燃物质的数量。同样有：

$$UFL_{mix} = \frac{1}{\sum_{i=1}^{n} \frac{y_i}{UFL_i}} \tag{2-14}$$

式中，UFL_i 是燃料—空气混合物中组分 i 的燃烧上限(体积分数)。

上述方程是 Le Chatelier 由经验得到的，并不具有普遍的适用性。Mashuga 和 Crowl 由热力学得到了 Le Chatelier 方程。公式推导显示，该方程中存在以下固有假设：①物质的热容是常数；②气体的摩尔数是常数；③纯物质的燃烧动力学是独立的，并不因其他可燃物质的存在而变化；④燃烧极限内绝热温度的上升对于所有的物质都是相同的。

这些假设对于 *LFL* 的计算是非常有效的，但是，对于 *UFL* 的计算，有效性稍有降低。

［例 2-3］ 含有体积分数分别为 0.8% 的(正)己烷、2.0% 的甲烷和 0.5% 的乙烯混合气体的 *LFL* 和 *UFL* 为多少?

解：基于可燃物质的摩尔分数的计算及 *LFL* 和 *UFL* 数据见表 2-12：

表 2-12 可燃物质的摩尔分数计算

	体积分数(%)	基于可燃物质的摩尔百分比	*LFL*(%)	*UFL*(%)
(正)己烷	0.8	0.24	1.2	7.5
甲烷	2.0	0.61	5.3	15
乙烯	0.5	0.15	3.1	32.0
全体燃烧物质	3.3	—	—	—
空气	96.7	—	—	—

由上述方程算混合气体的 *LFL* 和 *UFL*：

$$LFL_{mix} = \frac{1}{\sum_{i=1}^{n} \frac{y_i}{LFL_i}} = \frac{1}{\frac{0.24}{1.2} + \frac{0.61}{5.3} + \frac{0.15}{3.1}}$$

$$= \frac{1}{0.363} = 2.75\%$$

$$UFL_{mix} = \frac{1}{\sum_{i=1}^{n} \frac{y_i}{UFL_i}} = \frac{1}{\frac{0.24}{7.5} + \frac{0.61}{15} + \frac{0.15}{32.0}}$$

$$= 12.9\%$$

由于混合物含有0.8% +2.0% +0.5% =3.3%的可燃物质，因此是可燃的。

2. 混合气体或蒸气中含有惰性气体

这种情况下混合气体的爆炸极限用下式计算：

$$L_m = L_f \times \frac{\left(1+\frac{B}{1-B}\right)\times 100}{100 + L_f \frac{B}{1-B}} \tag{2-15}$$

式中，L_m 是含有惰性混合气体的燃烧极限(%)；L_f 是混合气体可燃部分的燃烧极限(%)；B 是惰性气体的含量(%)。

[例 2-4] 某干馏气体各成分的体积分数(即占总体积的百分含量,下同)为：C_nH_m 含 1%(爆炸范围:3.1%~28.6%)，CH_4 含 3%(爆炸范围:5%~15%)，CO 含 3%(爆炸范围:12.5%~74.2%)，H_2 含 10%(爆炸范围:4.1%~74.2%)，CO_2 含 18%，N_2 含 65%，计算爆炸极限。

解：可燃气体的体积分数为 17%；惰性气体的体积分数为 83%；在可燃气体中各组分的体积分数为：

$$C_nH_m: \frac{1}{17}=5.9\% \quad CH_4: \frac{3}{17}=17.6\% \quad CO: \frac{3}{17}=17.6\% \quad H_2: \frac{10}{17}=58.8\%$$

混合物可燃部分的 *LFL* 为

$$L'_{ml} = \frac{1}{\frac{5.9}{3.1}+\frac{17.6}{5}+\frac{17.6}{12.5}+\frac{58.8}{4.1}} \times 100\% = 4.7\%$$

混合物可燃部分的 *UFL* 为

$$L'_{mv} = \frac{1}{\frac{5.9}{28.6}+\frac{17.6}{15}+\frac{17.6}{74.2}+\frac{58.8}{74.2}} \times 100\% = 41.5\%$$

所以混合气体的 *LFL* 为

$$L_{ml} = 4.7 \times \frac{1+\frac{0.83}{1-0.83}}{100+4.7\times\frac{0.83}{1-0.83}} \times 100\% = 22.5\%$$

混合气体中的 *UFL* 为

$$L_{mv} = 41.5 \times \frac{1+\frac{0.83}{1-0.83}}{100+\frac{0.83}{1-0.83}\times 41.5} \times 100\% = 80.5\%$$

2.10 粉尘爆炸

粉尘爆炸是悬浮在空气中的可燃性团体微粒接触到火焰(明火)或电火花

等任何着火源时发生的爆炸现象。金属粉尘、煤粉、塑料粉尘、有机物粉尘、纤维粉尘及农副产品谷物面粉等都可能造成粉尘爆炸事故。

第一次有记载的粉尘爆炸发生在1785年意大利的一个面粉厂，至今已有200多年。在这200多年中，粉尘爆炸事故不断发生。随着工业现代化的发展，粉尘爆炸源越来越多；粉尘爆炸的危险性和事故数量也有所增加；据统计，1952—1979年，日本共发生209起粉尘爆炸事故，死伤总数达546人。美国在1970~1980年间有记载的工业粉尘爆炸有100起，25人在事故中丧生，平均每年因此而引起的直接财产损失为2000万美元(这还不包括粮食粉尘爆炸的损失)。据美国劳工部统计，美国在1958~1978年间发生250起粮食粉尘爆炸事故，164人死亡，其中仅1977年一年，就发生21起粮食粉尘爆炸，65人死亡，财产损失超过5亿美元。

我国粉尘爆炸事故屡有发生。1981年12月10日，黄埔港粮食筒仓发生大爆炸，7人受伤，并造成重大的经济损失。1987年3月15日，哈尔滨亚麻厂粉尘大爆炸，死伤230多人，直接经济损失上千万元。

粉尘爆炸危险性几乎涉及到所有的工业部门，常见可爆炸粉尘材料包括：

(1) 农林：粮食、饲料、食品、农药、肥料、木材、糖、咖啡等。

(2) 矿山冶金：煤碳、钢铁、金属、硫磺等。

(3) 纺织：棉、麻、丝绸、化纤等。

(4) 轻工：塑料、纸张、橡胶、染料、药物等。

(5) 化工：多种化合物粉体。

常见粉尘爆炸场所是：

(1) 室内：通道、地沟、厂房、仓库等。

(2) 设备内部：集尘器、除尘器、混合机、输送机、筛选机、打包机等。

2.10.1　粉尘基础知识

粉尘是粉碎到一定细度的固体粒子的集合体，按状态可分成粉尘层和粉尘云两类。粉尘层(或层状粉尘)是指堆积在物体表面的静止状态的粉尘，而粉尘云(或云状粉尘)则指悬浮在空间的运动状态的粉尘。

在粉尘爆炸研究中，把粉尘分为可燃粉尘和不可燃粉尘(或惰性粉尘)两类。

可燃粉尘是指与空气中氧反应能放热的粉尘。一般有机物都含有C、H元素，它们与空气中的氧反应都能燃烧，生成CO_2、CO和H_2O。许多金属粉可与空气中氧反应生成氧化物，并放出大量的热，这些都是可燃粉尘。相反，与氧不发生反应或不发生放热反应的粉尘统称为不可燃粉尘或称惰性粉尘。

在美国，通常把通过40号美国标准筛的细颗粒固体物质叫做粉尘。若为球形颗粒，则粒子直径应为425μm以下。一般认为，只有粒径低于此值的粉尘才能参与爆炸快速反应。但此粉尘定义与通常煤矿中使用的定义不同。在煤矿中，把粉尘定义为通过20号标准筛(粒径小于850μm)的固体粒子。煤矿中的实际研究表明，粒径850μm的煤粒子还可参与爆炸快速反应。

粉尘的粒度一般用筛号来衡量。各筛号相应的线性尺寸见表2-13。

表2-13 标准筛号与相应粒子线性尺寸对照表

标准筛号	线性尺寸/in	线性尺寸/μm
20	0.0331	850
40	0.0165	425
100	0.0059	150
200	0.0029	75
325	0.0017	45
400	0.0015	38

注：1in = 25.4mm。

粉尘粒度是粉尘爆炸中一个很重要的参数；粉尘的表面积比同质量的整块固体的表面积可大好几个数量级。例如，把直径100mm的球形材料分散成等效直径为0.1mm的粉尘时，表面积增加10000倍以上。表面积的增加，意味着材料与空气的接触面积增大，这就加速了固体与氧的反应，增加了粉尘的化学活性，使粉尘点火后燃烧更快。整块聚乙烯是很稳定的，而聚乙烯粉尘却可以发生激烈的爆炸，就是这个原因。

粉尘粒度是一个统计的概念，因为粉尘是无数个粒子的集合体，是由不同尺寸的粒子级配而成。若不考虑粒子的形状，也无法确定粒子尺寸。对不规则形状粒子的粒度，是通过试验来确定粒度数据的。一般是先测定单位体积中的粉尘粒子数，再称量其质量，就可以确定平均粒子尺寸。

悬浮在空间的粉尘云是一个不断运动的集合体。粉尘受重力的影响，会发生沉降，即抵消掉粒子的速度与粒度有一定的关系。粒度小于1μm的粒子的沉降速度低于1cm/s，而粒子间相互碰撞的布朗运动又阻止它们向下沉降，即抵消粒子的沉降。这种粉尘云的行为与气体一样，所以1μm以下的粉尘可以近似用气体来处理。对粒度为1～120μm的粉尘，可以相当精确地预估其沉降速度，其上限速度可达30cm/s。对425μm以上的粒子，由于比表面很小，加上沉降速度很快，一般对粉尘爆炸没有什么贡献。

粉尘粒子的形状和表面状态对爆炸反应也有较大的影响。即使粉尘粒子的平均直径相同，但若其形状和表面状态不同，其爆炸性能也不同。

2.10.2　粉尘爆炸的条件

粉尘爆炸所采用的化学计量浓度单位与气体爆炸不同。气体爆炸采用体积分数(%)表示，即燃料气体在混合气总体积中所占的体积分数；而在粉尘爆炸中，粉尘粒子的体积在总体积中所占的比例极小，几乎可以忽略，所以一般都用单位体积中所含粉尘粒子的质量来表示，常用单位是 g/m^3 或 mg/L。这样，在计算化学计量浓度时，只要考虑单位体积空气中的氧能完全燃烧(氧化)的粉尘粒子量即可。

空气中主要成分是 N_2 和 O_2，如忽略其他组分，则空气中 O_2/N_2 比例为1/3.774。空气的平均摩尔质量 $M=28.964g/mol$，即 $1m^3$ 空气中约含 $0.21m^3$ 或 9.38mol 氧。

以淀粉为例，淀粉分子式为 $C_6H_{10}O_5$，9.38mol 氧能氧化的淀粉量为：

$$\frac{9.38mol}{6}\times 162g/mol(C_6H_{10}O_5)=253g$$

即淀粉在空气中燃烧的化学计量浓度为 $253g/m^3$，其化学反应方程式可写为：

$$1.56C_6H_{10}O_5+9.38O_2+35.27N_2=9.38CO_2+7.8H_2O+35.27N_2$$

上述反应式指出，反应前气体量为44.65mol，反应后气体量为52.45mol，即反应后系统体积较反应前增加了17.5%，故相应增加了定容绝热爆炸压力。

下面估算不同浓度下粉尘粒子间距与粉尘粒子特性尺寸的比值。

对最简单的正立方粉尘粒子(见图2-13)，设其边长为 a，两粒子中心距为 L，则粉尘云浓度 C 可由下式计算：

$$C=\rho_P\left(\frac{a}{L}\right)^3 \tag{2-16}$$

式中 ρ_P 为粉尘粒子密度，g/m^3。上式也可写成：

$$\frac{L}{a}=\left(\frac{\rho_P}{C}\right)^{1/3} \tag{2-17}$$

若 $\rho_P=1g/m^3$ 或 $10^6g/m^3$，则：当 $C=50g/m^3$ 时，$L/a=27$；当 $C=500g/m^3$ 时，$L/a=13$；当 $C=5000g/m^3$ 时，$L/a=6$。

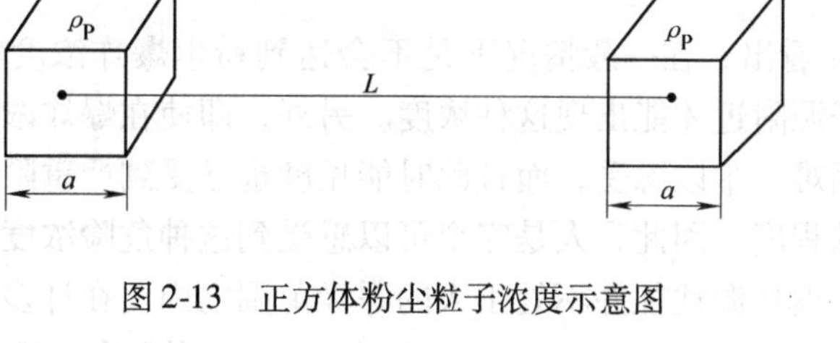

图2-13　正方体粉尘粒子浓度示意图

$50g/m^3$ 为常见粉尘的下限浓度量级（质量浓度），$5000g/m^3$ 为上限浓度量级（质量浓度）。对边长 a 为 $50\mu m$ 的粒子，在下限浓度 $50g/m^3$ 时，其粒子中心距为 1.35mm。粒子间距为 1.3mm，这时已基本上不透光。若采用 25W 灯泡照射浓度为 $40g/m^3$ 煤粉尘云，在 2m 内人眼看不见灯光。这种浓度在一般环境中是不可能达到的，只有在设备内部，如磨面机、混合机、提升机、粮食筒仓、气流输送机等内部才能遇到。在这种浓度下，一旦有点火源存在，就会发生爆炸。这种爆炸叫“一次爆炸”。当一次爆炸的气浪或冲击波卷起设备外的粉尘积尘，使环境中达到可爆浓度时，又会引起“二次爆炸”。

对于 5m 见方的房间（体积 $125m^3$），如果地面有 1mm 厚粉尘层，其堆积密度为 $500g/m^3$（0.5g/L），则粉尘总量为 12.5kg。当将其全部扬起而分布在整个室内空间时，室内粉尘云浓度可达到 $C=\frac{12.5}{125}g/m^3=100g/m^3$。这就是说，在 1mm 厚的积尘扬起后，可使室内空间达到可爆浓度。

对于直径为 D 的管道，如内壁沉积有 h(mm) 厚的粉尘层，粉尘扬起后的浓度为

$$C=\rho_b\frac{4h}{D} \tag{2-18}$$

式中，ρ_b 为堆积密度（kg/m^3）；h 为粉尘层厚度（mm）；D 为管道直径（m）。

若管道直径 $D=0.2m$，内壁积尘厚度 $h=0.1mm$，粉尘的堆积密度 $\rho_b=500kg/m^3$，则

$$C=\left(500\times\frac{4\times0.1}{0.2}\right)g/m^3=1000g/m^3$$

表 2-14 列出了几种类型的粉尘云状态，以作为参考对比。

表 2-14 几种类型的粉尘云

粉尘云浓度/(g/m^3)	含义	粉尘云浓度/(g/m^3)	含义
10~5000	粉尘的爆炸浓度	0.008~0.03	雾
0.4~0.7	粉尘风暴	0.0002~0.007	城市工业区空气
0.02~0.3	矿山空气	0.00007~0.0007	乡村和郊区空气

从表 2-14 看出，在一般情况下是不会达到粉尘爆炸浓度的，只有在极少数强粉尘粒子源附近才能出现这种浓度。另外，即使在爆炸浓度下限时，也足以使人呼吸困难，难以忍受，而且此时能见度也已受到严重限制，甚至达到伸手不见五指的程度。因此，人是完全可以感受到这种危险浓度的。但实际发生粉尘爆炸时，爆炸源往往并不处于人的呼吸范围之内。在许多情况下，它是发生在设备内部或局部点，随后这局部爆炸（一次爆炸）将地面粉尘层扬起，使

空间达到极限浓度而形成所谓的“二次爆炸”。这种二次爆炸所形成的破坏程度和范围往往比一次爆炸更严重。因此，不能单纯认为空间粉尘浓度没有达到爆炸浓度范围就是安全的，而应特别重视地面积尘被卷起的危险性。

粉尘爆炸的另一个重要条件是点火源。粉尘爆炸所需的最小点火能量比气体爆炸大一二个数量级，大多数粉尘云最小点火能量在5～50mJ量级范围。表2-15列出了一些典型的电火花能量及典型场合。

由表2-15可知，虽然粉尘云比蒸气云要求较高的最小点火能量，但总地来看，粉尘云也是很容易点火的，人体所产生的静电火花能量就可能点燃一些粉尘云。

表2-15 一些典型电火花能量及典型场合

电火花能量/J	典型场合	电火花能量/J	典型场合
0.13×10^{-3}	典型可燃蒸气的最小点火能	$(5 \sim 18) \times 10^{-3}$	人体产生的静电火花能量
5×10^{-3}	典型粉尘云的最小点火能	0.25	对人体产生电击
7×10^{-3}	起爆药叠氮化铅的点火能量	7.2	人体心脏电击阈值
0.01	典型推进剂粉尘的最小点火能量	5×10^{9}	雷电

2.10.3 粉尘爆炸的机理

粉尘爆炸是一个非常复杂的过程，受很多物理因素的影响，所以粉尘爆炸机理至今尚不十分清楚。

一般认为，粉尘爆炸经过以下发展过程，如图2-14所示。

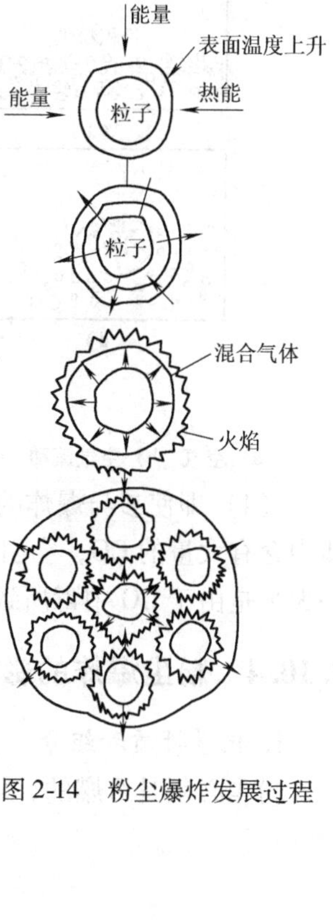

图2-14 粉尘爆炸发展过程

首先，粉尘粒子表面通过热传导和热辐射，从点源获得点火能量，使表面温度急剧升高，达到粉尘粒子的加速分解温度或蒸发温度，形成粉尘蒸气或分解气体。这种气体与空气混合后就能引起点火(气相点火)。另外，粉尘粒子本身从表面一直到内部(直到粒子中心点)，相继发生熔融和气化，迸发出微小的火花，成为周围未燃烧粉尘的点火源，使粉尘着火，从而扩大了爆炸(火焰)范围。这一过程与气体爆炸相比，由于涉及辐射能而变得更为复杂。不仅热具有辐射能，光也含有辐射能，因此在粉尘云形成过程中用闪光灯拍照是非常危险的。

上述的着火过程是在微小的粉尘粒子处于悬

浮状态的短时间内完成的。对较大的粉尘粒子，由于其悬浮时间短，不能着火，有时只是粒子表面被烧焦或根本没有烧过。

从粉尘爆炸的过程可以看出，发生粉尘爆炸的粉尘粒子尽管很小，但与分子相比还是大得多。另外，粉尘粒子的大小和形状不可能是完全一样的，粉尘的悬浮时间因粒子的大小和形状而异，因此能保持一定浓度的时间和范围是极有限的。若条件都能够满足，则粉尘爆炸的威力是相当大的；但如果条件不成立，则爆炸威力就很小，甚至不引爆。

归纳起来，粉尘爆炸有如下特点：

（1）燃烧速度或爆炸压力上升速度比气体爆炸要小，但燃烧时间长，产生的能量大，所以破坏和焚烧程度大。

（2）发生爆炸时，有燃烧粒子飞出，如果飞到可燃物或人体上，会使可燃物局部严重炭化和人体严重烧伤。

（3）如图 2-15 所示，当静止堆积的粉尘被风吹起悬浮在空气中时，如果有点燃源就会发生第一次爆炸。爆炸产生的冲击波又使其他堆积的粉尘扬起，而飞散的火花和辐射热可提供点火源又引起第二次爆炸，最后使整个粉尘存在场所受到爆炸破坏。

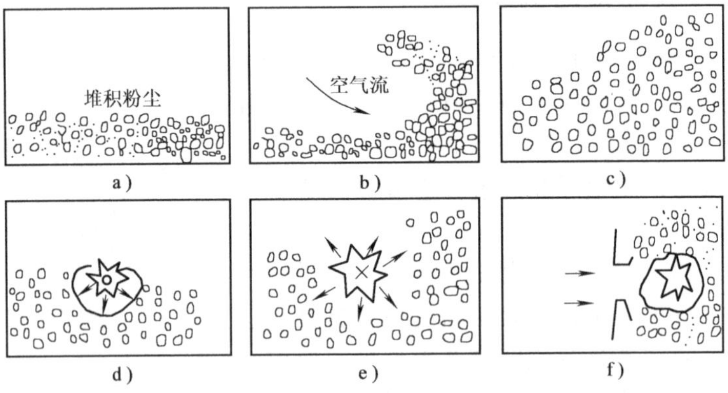

图 2-15　粉尘爆炸的扩展

a）空气　b）空气流动　c）粉末扩散　d）出现点火源　e）一次爆炸　f）二次爆炸

（4）即使参与爆炸的粉尘量很小，但由于伴随有不完全燃烧，故燃烧气体中含有大量的 CO，会引起中毒。在煤矿中因煤粉爆炸而身亡的人员中，有一大半是由于 CO 中毒所致。

2.10.4　粉尘爆炸的影响因素

1. 化学性质和组分

粉尘必须是可燃的，对含有过氧基或硝基的有机物粉尘会增加爆炸的危险性。燃烧热越高，爆炸下限浓度越低；点火能越小的物质，越易爆炸。当灰分含量在15%~30%时，则不易爆炸。当含有挥发分时，如煤含挥发分在11%以上时，极易爆炸。

2. 粒度大小及分布的影响

粉尘爆炸的燃烧反应是在粒子的表面发生的，比表面积越大，越易反应，所以粒子直径越小，越易爆炸。一般当可燃粉尘的直径大于400μm时，即使用强点火源也不能使其发生爆炸。但当粗粒子粉尘中含有一定量的细粉尘时，则可使粗、细混合粉尘发生爆炸。如甲基纤维素粉尘，当粗粉中加入5%~10%的细粉，则会引爆。

3. 可燃性气体共存的影响

使用强点火源也不爆炸的粉尘，若有可燃性气体时，其爆炸下限会下降，从而使粉尘在更低浓度下爆炸。

4. 最小点燃能量

粉尘的最小点燃能量是指最易点燃的混合物在20次连续试验时，刚好不能点燃时的能量值。最小点燃能量与粉尘的浓度、粒径大小等有关，测试条件不同则测试值也有所不同，很难得出定值。

5. 爆炸极限

粉尘与空气的混合物要像气体那样达到均匀的浓度分布是不容易的，所以测试的重现性不好，多数情况是经过统计处理后算出来的。一般工业可燃粉尘爆炸下限在20~60mg/m³之间，爆炸上限可达26kg/m³。上限浓度通常是不易达到的。表2-16列举了部分粉尘的爆炸极限。温度和压力对爆炸极限有影响，一般是温度、压力升高时，爆炸极限变宽。

表2-16 部分可燃粉尘的爆炸极限

粉尘(200目以下)	最小点火能/10^{-3}J	爆炸下限/(g/m³)	最大爆炸压力/0.1MPa
钛	10	45	5.6
铝	15	40	6.3
镁	40	20	6.6
锌	650	480	3.5
醋酸纤维素	10	25	7.7
酚醛树脂	10	25	5.6
聚苯乙烯	15	15	6.3
尿素树脂	80	70	6.0
玉蜀黍淀粉	30	40	7.7
砂糖	30	35	6.3
可可	100	45	4.3
咖啡	160	85	3.5
硫磺	15	35	5.6

6. 水分含量

对于疏水性粉尘，水对粉尘的浮游性影响虽然不大，但是水分蒸发使点火有效能减少，蒸发出来的蒸气起惰化作用，具有减少带电性的作用。锰、铝等金属与水反应生成氢，增加其危险性。对于导电性不良的物质和合成树脂粉末、淀粉、面粉等，干燥状态下由于粉尘与管壁和空气的摩擦产生静电积聚，容易产生静电火花。

2.10.5 粉尘爆炸基本参数及其试验测量方法

为了进一步了解粉尘爆炸发生及发展的过程、机制和影响因素，进行危险性评价，必须研究有关的基本参数及测定它们的试验方法。

粉尘爆炸参数的试验测定往往与所用仪器设备、试验条件、判据及定义密切相关。粉尘爆炸的所有参数，如点火温度、最低爆炸浓度(爆炸下限)、最小点火能、爆炸压力和压力上升速度等都不是物质的基本性质，它们与环境条件、测试方法和试验者设计确立的判据有关。例如，最小点火温度一般是在模拟工业实际条件的试验条件下测定的，而理论最小点火温度则定义为无限长着火延滞期下的值，这在试验中是不可能测到的。

气体爆炸的试验重复性要优于粉尘爆炸，但即使是气体爆炸，其结果也受到容器中引进能源而产生的对流的影响。而对粉尘，很难使粉尘云绝对均匀，且其均匀性随时间变化。另外，由于分散粉尘的方法不同，湍流度不同，结果也会有出入。

尽管存在以上可变因素，但文献中仍报道了许多有关粉尘点火及爆炸的特征值。其中很多数据都是模拟实际情况，或至少是与一组特别条件相一致的条件下测得的。这样的数据对工业实际具有指导作用，并可作为安全设计的依据。

下面简要介绍几种粉尘爆炸参数的实验室测定方法。

1. 点火温度

粉尘云和粉尘层的点火温度都是在 Godbert-Greenwald 炉中测定的，该装置如图 2-16 所示。

炉核是一根直径 36.5mm、长 229mm 的管子，管子使用电加热。测定粉尘云点火温度时，将室温的粉尘喷入加热后的炉核，炉核温度用热电偶测定，温度可任意调节。测定粉尘层点火温度时，粉尘放在直径 25.4mm、深 12.7mm 的容器中，再将其置于炉中段。从数控温度-时间记录中可以确定出爆炸点温度。

2. 点火能量

粉尘云最小点火能量是用已知能量的电容器放电来测定的。以放电火花击

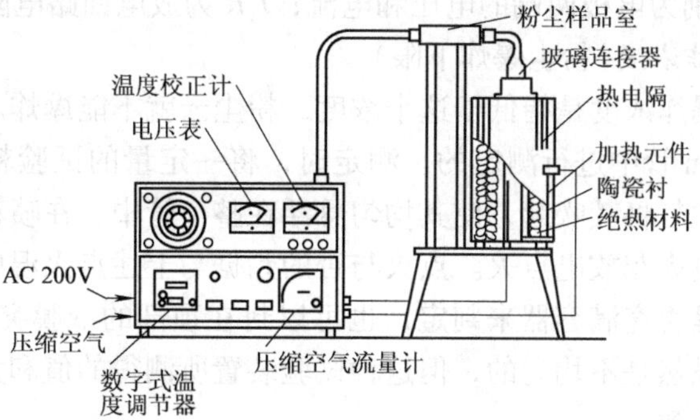

图 2-16　G-G 炉示意图

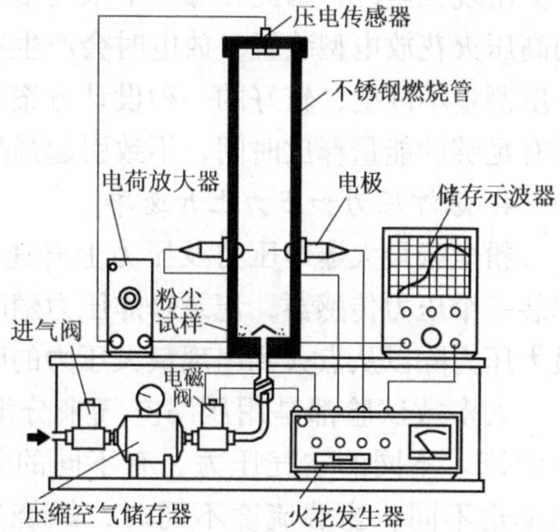

图 2-17　Hartmarm 管试验装置示意图

穿 Hartmarm（哈特曼）管中的粉尘云，而粉尘点火与否，则根据火焰是否能自行传播来判定，一般要求火焰传播至少 10cm 以上。确定最小点火能量的方法是依次降低火花能量，如在连续 10 次相同试验中无一次发火，则此时的火花能量定为该粉尘云的最小点火能量。Hartmarm 管测试装置如图 2-17 所示。

必须注意，在最小点火能量测试中应确定一组最佳参数，以使粉尘浓度、粉尘粒度、喷粉压力和喷粉与电火花产生之间的延迟时间有一个合理的匹配关系。

最小点火能量与粉尘浓度有很大的关系，而每种粉尘都有一个最易点燃的浓度，所以在测量最小点火能量之前，应首先试验测定最佳粉尘浓度。

最小点火能量常用的计算方法有两种，一是比较粗糙的方法，即按下式计算：

$$E = \frac{1}{2}CU^2 \tag{2-19}$$

此法忽略了电路中某些因素所造成的能量损失。另一种比较精确的方法是直接测出电极两端的电压和电流波形，然后以功率曲线对时间积分，求得放电火花的能量为：

$$E = \int_0^t (UI - I^2R)\,\mathrm{d}t \tag{2-20}$$

式中，U、I 分别为电极两端的电压和电流；I^2R 为放电回路电阻引起的功耗。

3. 最低爆炸浓度(粉尘爆炸下限)

所谓最低爆炸浓度是指低于这个浓度，粉尘云就不能爆炸。爆炸下限浓度也是在 Hartmarm 管中进行测定的。测定时，将一定量的试验粉尘用蘑菇头喷嘴喷出的压缩空气将其吹起，使其均匀悬浮在整个管中，在喷粉后延迟零点几秒后由连续的电火花放电点火。点火与否的判据与上述点火温度测量相同，一般是根据火焰是否充满容器来判定，也可以封在顶部的纸膜突然破裂来判别。粉尘在容器中虽然是不均匀的，但这种试验装置所测得的值和大规模试验所获得的结果颇相一致。

电火花放电点火，往往会干扰测量结果。一些研究试验表明，火花放电往往会出现无尘区，因此在爆炸下限测量中要注意点火装置的设计合理性。单纯的高压火花放电型装置，放电时会产生冲击波效应，形成局部无尘区，使下限浓度测量不准确，较好的一种设计方案是“高压击穿，低压续弧”。该方案设计有足够的能量释放时间，不致引起强烈的激波干扰。

4. 爆炸压力和压力上升速率

粉尘云最大爆炸压力及压力上升速率也可用 Hartmarm 管测量，即在管顶部装一个压力传感器，记录爆炸压力随时间变化过程，最大压力上升速率则以最大压力除以从点火到出现最大压力的时间得到。

大多数试验都是用压缩空气来分散粉尘，这导致空气引入过量，并产生湍流。不同的空气压力，有不同的氧浓度，形成的爆炸压力和压力上升速率也不同。当湍流度不同时，燃烧速度不同，压力和压力上升速率(特点是压力上升速率)也不同。因此，测量中应当保持完全一致的条件，结果才能互相比较。爆炸压力上升速率与容器的体积有很大的关系。大量试验表明，当容器体积$V \geqslant 0.04\mathrm{m}^3$ 时，粉尘爆炸压力上升速率和容器体积间存在“三次方定律”，即：

$$\left(\frac{\mathrm{d}p}{\mathrm{d}t}\right)_{\mathrm{m}} \times V^{1/3} = K_{\mathrm{st}} \tag{2-21}$$

因此，相互比较压力上升速率数据时，必须说明试验容器的体积，未说明容器体积的压力上升速率数据是没有意义的。

Hartmarm 管不适于用来测量爆炸威力参数(最大压力和最大压力上升速率)，因为它的爆炸室为管状结构，火焰很快接触冷管壁，会损失部分燃烧反应热。此外，它的点火方式和点火位置也都不利于爆炸过程的迅速成长。因此，Hartmarm 管实际测得的爆炸威力(K_{st}值)较低，不适于作为设计防爆措施的参考数据。在较小试验容器里测得的粉尘云爆炸特性值 K_{st}，不能说明大容器中爆炸时观察到的真实破坏情况，所以目前测量爆炸威力参数的试验装置正朝着大型化的方向发展。

在球形试验装置中进行的系统性粉尘爆炸试验表明，随着容器体积的增加，测得的爆炸特性值 K_{st} 也越接近于大型容器的数值(见图 2-18)，因而还存在一个与 K_{st} 极限值相应的容器体积，超过此体积时，爆炸强度不再增加。从试验数据外推估算可知，测定粉尘爆炸特性值所需要的最小容积为 16L。目前国际上普遍使用 20L 容器来测定粉尘爆炸基本参数。大量试验证实，以 20L 容器所测得的爆炸特性值 K_{st}，与用 $1m^3$ 容器所测得的结果基本相同(见图2-19)。

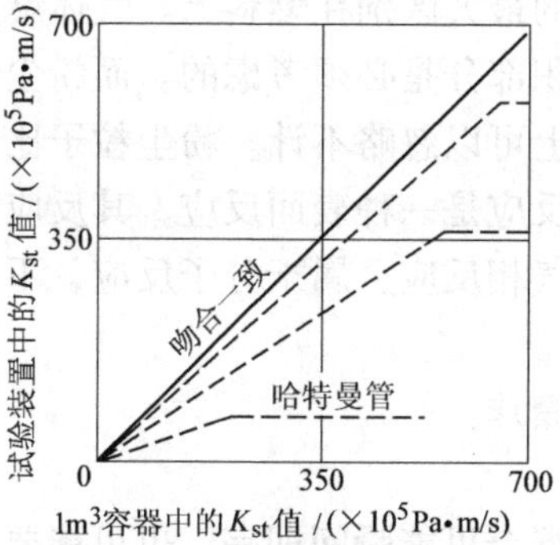

图 2-18 $1m^3$ 容器中的 K_{st} 值

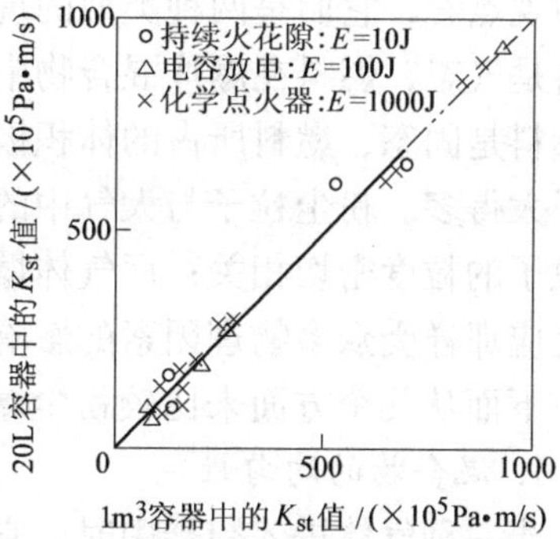

图 2-19 20L 和 $1m^3$ 容器内测得的 K_{st} 值比较

20L 粉尘爆炸试验设备如图 2-20 所示，其主体为一球形试验腔，腔体由两层不锈钢板加工而成，夹层可以通冷却水冷却。底部有粉尘入口，侧向有压缩空气或氧入口。球顶部为点火用的电极，侧向还有一个观察窗口。仪器有一个控制单元，可控制球内压力、真空度，以及从吹尘到点火的时间，以使点火发生在粉尘最佳分散状态。

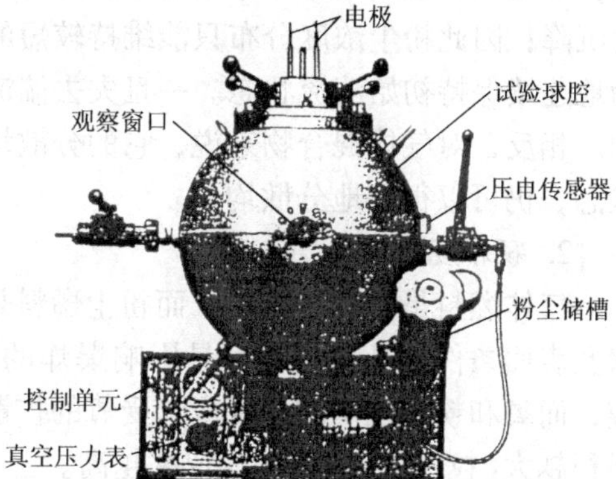

图 2-20 20L 粉尘爆炸试验装置

压力传感器的信号可输入到数字示波仪或数字波形存储仪，也可输入微机，记录并处理信号。

大多数试验都是用压缩空气来分散粉尘的。这种分散粉尘引入了空气，并产生湍流，增加压力和压力上升速率，增加燃烧所需的氧量。而空气压力越高，最大压力和压力上升速率也越高。所以对同一种材料，不同的分散系统可导致不同的压力和压力上升速率。

从试验结果来看，点火温度和爆炸下限浓度的测量比较稳定，重复性较好。但最小点火能量、最大爆炸压力及压力上升速率测定的重复性不很理想，其中以压力上升速率值的偏差最大(这是因为设备中很难得到均匀和重复的粉尘分布)。

2.10.6 粉尘爆炸和气体爆炸的比较

粉尘爆炸与气体爆炸的基本数学方程、影响因素等几乎都是相同的，从数学的观点看，它们是两种类似的现象。两者的最大区别在燃料上。气体爆炸的燃料是气态，燃料在爆炸混合物中占有的体积部分是必须考虑的。而粉尘爆炸的燃料是固态，燃料所占的体积极小，基本上可以忽略不计。粉尘粒子比气体分子大得多。粉尘粒子与大气中的氧结合的反应是一种表面反应，其反应速度与粒子的粒度密切相关；而气体爆炸反应是气相反应，属于分子反应，不像固体反应那样受众多物理因素的影响。

下面从几个方面来比较粉尘爆炸与气体爆炸。

1. 混合物的均匀性

当一种气体进入容器中时，它与大气的混合可能瞬间即完，也可能要花一定的时间。但高速穿过小孔而进入容器中的气体，可以与容器中原有的气体均匀混合，且一旦混合均匀，就不易分离，也不易分层。而粉尘喷撒入容器中时，其密度和粒子尺寸分布是很难保持均匀的。由于粉尘粒子受重力影响而发生沉降；因此粉尘浓度分布只能维持较短的时间。若要保持其均匀性，必须人为地连续保持初始湍流状态。一旦失去湍流状态，粉尘分散也就不能再保持均匀。相反，对气体混合物来说，它的分散均匀不受湍流程度影响，即使在静止状态，仍可以很好地分散均匀。

2. 颗粒度

气体燃料是由分子组成，而粉尘燃料是由固体物质组成。粉尘的粒度、形状及表面条件都是变量，都是影响爆炸的参数。气体燃料与氧反应是分子反应，而氧和粉尘粒子间的反应却受氧的扩散控制，因此与表面积密切相关，表面积越大(粒度越小)，反应速率越高。

随着粒度减小，下限爆炸浓度逐渐降低，而最大爆炸压力和最大压力上升速率则明显增大。丁大玉等人对 Al 粉粒度对爆炸参数的影响进行了系统试验，所得结果如图 2-21、图 2-22 及图 2-23 所示。

粉尘粒度对点火能量也有很大影响，一般当可燃粉尘的粒度大于 400μm 时，即使采用强点燃源也不能使粉尘发生爆炸。但如这类粗粉中混入 5%~10% 的细粉，就足以变成可爆混合物。这说明，控制粉尘粒度超

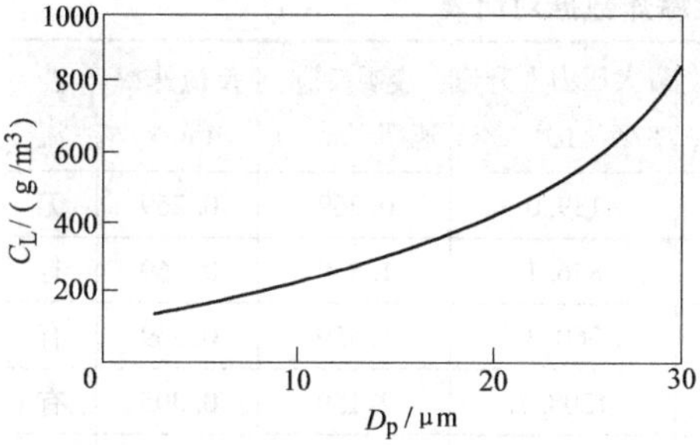

图2-21 Al粉粒度 D_p 对爆炸下限 C_L 的影响

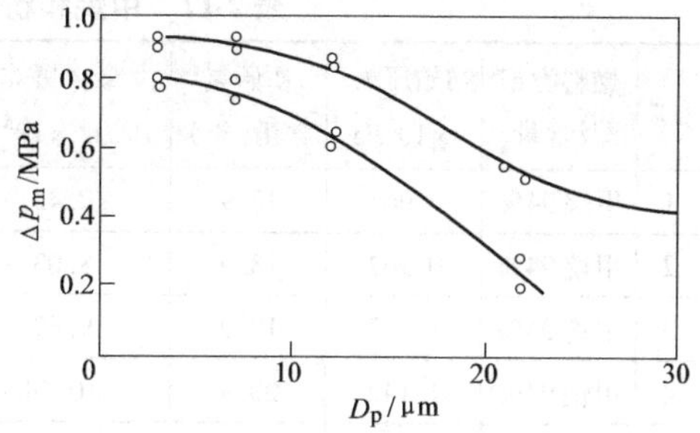

图2-22 Al粉粒度 D_p 对最大爆炸压力的影响

过极限粒度以防止爆炸的方法是不可取的，而且是危险的，因为不可避免地会有少量细粉尘形成(如由于摩擦、碰撞等引起)并混入粗粉中，这就很容易形成可爆混合物。

3. 燃料对大气的稀释

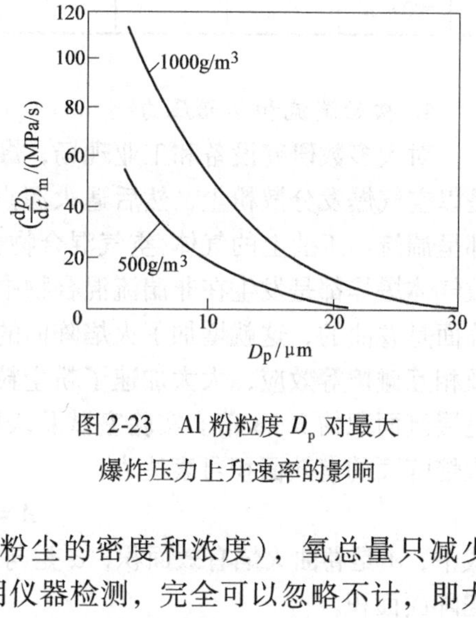

图2-23 Al粉粒度 D_p 对最大爆炸压力上升速率的影响

当气体燃料注入充满空气的容器中时，原始氧量相对减小，这种稀释作用可能是相当严重的。例如，要得到含10%甲烷的混合物而维持氧含量恒定的话，需要赶走10%的大气(空气)，或者压力要增加，但不管哪一种情况，氧含量都由原始值减少了10%。如果原始大气是空气，则最终混合物将含有18.8%的 O_2，而不是原始的20%。

然而，当粉尘燃料进入容器时，置换体积仅约0.005%(这主要取决于粉尘的密度和浓度)，氧总量只减少0.005%。这种很微量的变化甚至难以用仪器检测，完全可以忽略不计，即大气中的氧量可以认为是不变的。粉尘引入容器时，常采用压缩空气射入，以起分散作用，这样容器中的氧量反而增加了。

对气体燃料和空气混合物，当往其中加入燃料时，氧的损失可通过加入氧来补偿，但这时的气体将不再是空气，而是一种人工混合气了。

表2-17列出了在28.3L容器中甲烷和粉尘爆炸的对比数据，其中第3、4行数据分别表示有氧稀释和无氧稀释时所得爆炸压力和压力上升速率值。虽然第4行数据是计算的，但仍能说明由于初始氧含量降低而引起的爆炸参数明显下降。

表 2-17 甲烷和粉尘爆炸数据对比表

行	燃料类型及含量	初始压力/$\times10^5$Pa	初始氧含量(%)	最大爆炸压力/$\times10^5$Pa	最大压力上升速率/($\times10^5$Pa/s)	表观反应速率/(m/s)	反应速率/(m/s)	湍流
1	甲烷 94%	0.967	18.9	7.45	139.0	0.269	0.269	无
2	甲烷 94%	0.967	18.9	8.03	846.1	1.379	0.269	有
3	甲烷 94%	1.182	18.9	9.62	960.3	1.559	0.269	有
4	甲烷 94%	1.142	20.9	10.74	1208.7	2.159	0.305	有
5	玉米粉 600g/m^3	1.075	20.9	7.25	253.8	0.767	0.152	有
6	醋酸纤维 800g/m^3	1.068	20.9	7.80	190.1	0.513	0.102	有
7	匹茨堡煤 500g/m^3	1.068	20.9	7.28	101.4	0.391	0.076	有

4. *初始湍流和初始压力*

对大多数研究设备和工业现场，爆炸都是发生在空气运动的情况下，或者是以空气爆发分散粉尘，然后遇火源点火爆炸，因此最终的粉尘/空气混合物都呈湍流。工业上的气体/空气混合物也可能是湍流的；但在实验室里，大多数气体爆炸都是发生在非湍流混合物中。当湍流大气中火焰向前推进时，火焰阵面是卷曲的，这就增加了火焰阵面的有效面积。另外，由于漩涡、射流喷射及相互碰撞等效应，大大加速了粉尘粒子和氧的化学反应。湍流火焰面积可以是层流面积的 1～8 倍。实验室试验表明，如爆炸时湍流度保持不变，则卷曲火焰阵面的有效面积可表达为：

$$A=\alpha A' \tag{2-22}$$

式中，A 是卷曲火焰有效面积；α 是与湍流程度有关的常数；A' 是正常层流火焰阵面面积。

实验室和大型试验均表明，α 值范围为 1～8。一般粉尘爆炸的 α 值为 3～6。α 值可由静态和湍流可燃气/空气混合物的对比试验确定。表 2-17 中第 1、2 行甲烷/空气混合物的数据表明了湍流对压力和压力上升速率的影响，即湍流混合物最大压力值略有增加，而压力上升速率则大幅度增高（增高 6 倍）。

燃料/空气混合物的反应速度常数用 K_r 表示。对可燃气混合物，可用简单方法直接测定反应速度。但对粉尘来说，都是处于湍流状态，反应速度中已包含了湍流的影响，因此实际只能测定表观反应速度 αK_r，其中湍流因子 α 可由湍流和非湍流气体混合物的对比试验来确定。然后在已知湍流度下做粉尘试验，就可以测出反应速度。如在密闭容器中，用压缩空气吹入粉尘，则情况就变得相当复杂。因为吹入的空气产生湍流，增加了容器中的初始压力，提供的附加氧与燃料反应，这3个因素均使压力和压力上升速率增加。

从表2-17中第1、2、3行数据可以看出，甲烷/空气混合物在湍流气氛下的最大压力约比层流状态增加30%，最大压力上升速率增大约6倍。

表2-17还列出了玉米粉、醋酸纤维素和标准煤粉的爆炸数据，粉尘的反应速度 K_r 明显地小于甲烷。在大体相同的试验条件下，甲烷爆炸压力大约比粉尘爆炸压力约高50%，而前者的压力上升速率为后者的6～10倍。这也体现在表观反应速度 αK_r 上，甲烷的表观反应速度为2.159m/s，而匹茨堡煤粉为0.391m/s。甲烷的反应速度 K_r 值比粉尘燃料高2～4倍。显然，在相同的条件下，甲烷燃料能发生比粉尘燃料更严重的爆炸。

密闭容器中等温爆炸压力上升速率可由下式确定：

$$\frac{\mathrm{d}p}{\mathrm{d}t}=\frac{\alpha K_r S T_u^2 p_m^{2/3}}{V T_r^2 p_0}(p_m-p_0)^{1/3}\left(1-\frac{p_0}{p}\right)^{2/3}p \tag{2-23}$$

由于系数 $\frac{\alpha K_r S T_u^2 p_m^{2/3}}{V T_r^2 p_0}(p_m-p_0)^{1/3}$ 中除 αK_r 值外其余各项均为常数，所以用 $\frac{\mathrm{d}p}{\mathrm{d}t}$ 对 $\left(1-\frac{p_0}{p}\right)^{2/3}p$ 在对数坐标中画图，再求出斜率，即可算出 αK_r 值。

5. 爆炸浓度

显然，可燃气和可燃粉尘在空气中的爆炸浓度范围明显不同。甲烷/空气混合物的极限含量范围为5%～15%，最大爆炸威力出现在甲烷含量为9.5%～10%时。若用化学计量浓度比 φ 表示，即：

$$\varphi=\frac{C}{C_{st}} \tag{2-24}$$

其中，C_{st} 为化学计量浓度，C 为任意浓度，则甲烷下限浓度 $\varphi_t=0.52$，上限浓度 $\varphi_{st}=1.58$，最佳浓度大约为 $\varphi_m=1.1$；而匹茨堡煤粉的这3个浓度值分别为 $C_l=50\mathrm{g/m^3}$、$C_u=5000\mathrm{g/m^3}$ 和 $C_m=400\mathrm{g/m^3}$；对应的 $\varphi_l=0.4$，$\varphi_u=40$，$\varphi_m=3.2(C_{st}=125\mathrm{g/m^3})$。

表2-18列出了非湍流的甲烷/空气和湍流的匹茨堡煤粉/空气混合物的爆炸压力和压力上升速率数据。虽然试验条件由于湍流因子不同而不同，但数据表明，甲烷爆炸压力和压力上升速率的极值出现在化学计量浓度附近($\varphi_m=1.03$)，而煤粉的极值却出现在化学计量浓度的3～4倍处($\varphi_m=3.2$)，煤粉上限值5000g/m³仅仅是一近似值，因为此上限值与分散粉尘的方法有关。由上列数据看出，粉尘爆炸区别于气体爆炸的一个重要特点是前者的上、下限浓度范围极宽。

表 2-18 甲烷和煤粉爆破的有关参数

燃料浓度			初始浓度 化学计量浓度	燃烧分数	最大爆炸压力/ $\times10^5$ Pa	最大压力上升速度/($\times10^5$Pa/s) 10.07
体积分数	甲烷无湍流混合物(%)	6.0	0.63	1.00	4.29	40.29
		7.1	0.75	1.00	5.78	73.97
		7.9	0.84	1.00	6.38	114.16
		8.9	0.94	1.00	6.92	107.45
		9.4	0.99	1.00	7.05	141.02
		9.5	1.00	1.00	7.45	147.74
		9.7	1.03	0.98	7.25	130.95
		9.9	1.05	0.96	6.98	141.02
		10.1	1.07	0.94	7.25	110.80
		11.1	1.16	0.85	7.12	50.37
		12.3	1.30	0.77	6.51	23.50
		13.1	1.38	0.72	5.78	3.36
		14.1	1.49	0.68	4.50	—
质量浓度	匹茨堡煤粉湍流混合物/(g/m^3)	5	0.41	1.00	—	20.15
		10	0.81	0.50	4.70	97.37
		20	1.63	0.40	7.05	127.59
		40	3.25	0.30	7.25	100.73
		60	4.88	0.20	7.25	93.37
		80	5.50	0.15	7.12	117.52
		100	8.13	0.12	7.05	20.15
		500	4065	0.02	6.72	

6. 爆炸后大气组分

表 2-19 列出了甲烷和通过 200 号筛的匹茨堡煤粉在 Hartmarm 管中爆炸后的大气组分。甲烷试验是在初始压力为 0.96×10^5Pa 和无湍流情况下进行的。由于粉尘试验的初始压力较高，所以可利用氧含量比甲烷爆炸时要高 20%。对甲烷来说，在化学计量浓度以下，几乎所有燃料均与氧反应生成 CO_2。在高于化学计量浓度时，则生成 CO 和 H_2。而化学计量浓度为 $125g/m^3$ 的煤粉，并不是所有的氧都参与反应，甚至在煤粉浓度为 $2000g/m^3$ 时还是如此。可见粉尘爆炸中燃烧的燃料远小于气体爆炸时燃烧的燃料。

表 2-19　甲烷和煤粉爆炸后气体组分

燃料浓度		爆炸后气体组成						
		CO	CO_2	H_2	CH_4	O_2	N_2	Ar
体积分数	甲烷 8%	0	9.2	0	0.03	3.8	86.0	1.0
	甲烷 9%	0.5	10.7	0.3	0.2	0.5	86.8	1.0
	甲烷 12%	8.0	5.9	8.5	0.4	0.5	75.8	0.9
质量浓度	匹茨堡煤粉 100g/m³	0.1	3.2	0	—	17.0	78.8	0.9
	匹茨堡煤粉 200g/m³	0.7	9.1	0	—	9.6	79.6	0.9
	匹茨堡煤粉 500g/m³	2.8	12.3	1.0	0.1	3.1	79.8	0.9
	匹茨堡煤粉 1000g/m³	4.6	11.7	3.0	0.6	1.5	77.5	0.9
	匹茨堡煤粉 2000g/m³	4.0	12.2	2.3	1.1	1.5	77.8	0.9

当匹茨堡煤粉的浓度为100g/m³，即略低于化学计量浓度时，大约有19%的可用氧$\left(\frac{20.9-17.0}{20.9}\right)$参与反应。在煤粉浓度为200g/m³，即几乎两倍于化学计量浓度时，只有46%的氧参与反应。在这两种煤粉浓度下，大多数气体产物是CO_2。而在煤粉浓度为500g/m³ 以上时，气体产物主要是CO和H_2，还形成一些甲烷。

7. 点火温度

表2-20列出了一些层状粉尘和气体的点火温度。一般粉尘有两种点火温度，一种是粉尘云点火温度，一种是粉尘层点火温度。粉尘层的点火温度可用3～12mm厚的粉尘测得。经验和研究都表明，粉尘层的点火温度随粉尘层厚度增加而减小。如果厚度足够大且有氧存在，而空气循环又受限制，则粉尘有可能在环境温度下着火(自燃)。这一点可由煤堆或垃圾堆经常出现自着火的事故得到说明。除了Al、Mg因为有防潮的氧化膜不易点火外，一般粉尘层的点火温度比低分子量的气体的点火温度低得多。铁碳合金粉尘在310℃就点火，锰粉在240℃就点火。这样低的点火温度，排除了金属粉尘是在气化或挥发层点火的机制，而应是固体粒子表面氧化反应点火机制。

表 2-20　气体和粉尘层的点火温度

燃料		点火温度/℃	燃料		点火温度/℃
煤尘	Al	760	气体	甲烷	540
	Mg	490		乙烷	515
	铁碳合金	310		丙烷	450
	Pb	270		H_2	400
	Mn	240		n-戊烷	260
	焦煤	220		n-庚烷	215
	棉籽饼	200		n-辛烷	220
	豆粉	190			
	木炭	180			
	酚醛树脂	180			

2.11 爆温、爆压与爆强

2.11.1 爆炸温度和压力

由于爆炸(燃烧)速度很快，所以可设定它是在绝热系统内进行的，则爆炸后系统内物质热力学能 = 爆炸前物质热力学能 + $Q_{燃}$，即

$$\sum U_{产} = \sum U_{反} + nQ_{燃}$$

[例 2-5] 已知甲烷的燃烧热 $Q_{CH_4} = 799.14\text{kJ/mol}$，内能 $U_{CH_4} = 1.82\text{kJ/mol}$ (300K 时)，当原始温度为 300K 时，在空气中爆炸，试求爆炸的最高温度与压力。

解：写出燃烧反应方程式

$$CH_4 + 2O_2 + 2 \times 3.76N_2 = CO_2 + 2H_2O + 7.52N_2$$

求出爆炸前即 300K 时反应物的热力学能和。热力学能由表 2-21 查得。

$$\begin{aligned}\sum U_{反} &= 1 \times U_{CH_4} + 2 \times U_{O_2} + 7.52 \times U_{N_2} \\ &= [(1 \times 1.82 + 2 \times 1.49 + 7.52 \times 1.49) \times 4.484]\text{kJ} \\ &= 66.96\text{kJ}\end{aligned}$$

系统内爆炸(燃烧)产生的总能量为

$$\sum U_{反} + nQ_{燃} = 66.96 + 799.14 = 866.1\text{kJ}$$

再用试差法求爆炸后的最高温度：设爆炸后的温度为 2800K，从表 2-21 查得 2800K 时各产物的热力学能并代入下式

$$\begin{aligned}\sum U_{产} &= 1 \times U_{CO_2} + 2 \times U_{H_2O} + 7.52 \times U_{N_2} \\ &= [(1 \times 30.4 + 2 \times 24.0 + 7.52 \times 16.9) \times 4.184]\text{kJ} \\ &= 859.76\text{kJ}\end{aligned}$$

表 2-21 部分气体的热力学能/(×4.184kJ/mol)

K	H_2	O_2	N_2	CO	NO	CO_2	H_2O
300	1.440	1.486	1.489	1.489	1.611	1.658	1.786
400	1.936	1.998	1.988	1.989	2.126	2.400	2.399
500	2.436	2.530	2.491	2.496	2.650	3.229	3.032
600	2.937	3.087	3.006	3.017	3.189	4.130	3.690
700	3.441	3.667	3.534	3.555	3.846	5.090	4.381
800	3.948	4.266	4.079	4.110	4.320	6.100	5.100
900	4.460	4.881	4.640	4.683	4.912	7.150	5.846
1000	4.986	5.510	5.215	5.270	5.519	8.235	6.621
1200	6.043	6.799	6.408	6.483	6.768	10.489	8.444

（续）

K	H_2	O_2	N_2	CO	NO	CO_2	H_2O
1400	7.147	8.123	7.643	7.739	8.057	12.829	9.971
1600	8.291	9.475	8.911	9.023	9.374	15.220	11.786
1800	9.476	10.848	10.206	10.333	10.706	17.683	13.687
2000	10.697	12.244	11.520	11.662	12.056	20.166	15.656
2200	11.950	13.664	12.851	13.004	13.417	22.688	17.681
2400	13.232	15.105	14.195	14.359	14.791	25.231	19.752
2600	14.540	16.565	15.549	15.722	16.174	27.798	21.860
2800	15.872	18.049	16.913	17.093	17.566	30.382	23.999
3000	17.224	19.553	18.283	18.473	18.962	32.978	26.198
3200	18.595	21.073	19.661	19.858	20.364	35.594	28.387
3400	19.981	22.611	21.047	21.248	21.769	38.237	30.600
3600	21.382	24.166	22.437	22.643	23.179	40.890	32.846
3800	22.797	25.736	23.831	24.043	24.599	43.543	35.119
4000	24.223	27.315	25.227	25.447	26.023	46.211	37.411
4200	25.662	28.911	26.631	26.852	27.453	48.892	39.691
4400	27.109	30.519	28.039	28.262	28.889	51.587	41.975

由于所设 2800K 时产物内能之和 859.76 < 866.1(kJ)，故爆炸的实际理论温度应大于 2800K。所以要再设爆炸后温度为 3000K，则

$$\sum U_{产} = [(1\times 33.0 + 2\times 26.2 + 7.52\times 18.3)\times 4.184]\text{kJ} = 933.1\text{kJ}$$

这个值大于 866.1kJ，故爆炸后的温度应在 2800 ~ 3000K 之间。

用内插法求出理论上的最高温度为

$$T_{最高} = \left[2800 + \frac{866.1 - 859.76}{933.1 - 859.76}\times(3000 - 2800)\right]\text{K} = 2817\text{K}$$

爆炸压力可根据气体状态方程式求得

$$p_{最高} = \frac{T_{最高}}{T_0} p_0 \frac{n}{m}$$

式中，p_0 是原始压力(Pa)；T_0 是原始温度(K)；m 是爆炸前气体的物质的量(mol)；n 是爆炸后气体的物质的量(mol)。

$$p_{最高} = \left(\frac{2817}{300}\times 1.01\times 10^5\times\frac{10.53}{10.53}\right)\text{Pa} = 9.48\times 10^5\text{Pa}$$

上面计算的是甲烷在空气中按化学计量浓度完全燃烧时计算的值，又假设没有热损失，所以是最大值。如果在系统内可燃气的浓度大于或小于与空气中

氧完全反应所需的化学计量值，则爆炸时的温度和压力都将降低。

［**例 2-6**］ 计算甲烷在爆炸下限时爆炸的温度与压力。已知 $Q_{CH_4}=799.14kJ$，$T_0=300K$，$p_0=1.01\times10^5Pa$，甲烷的 $L_{下(体积分数)}=5.3\%$。

解：写出燃烧方程式，并算出反应前后系统内各物料的 φ。

	CH_4	+ O_2	+ N_2 ⟶	CO_2	+ H_2O	+ N_2	+ O_2
反应前物料含量	0.053	$0.947\times0.21=0.199$	$0.947\times0.79=0.75$				
反应后物料含量				0.053	$0.053\times2=0.106$	0.75	$0.199-0.106=0.093$

爆炸前(300K 时)反应物的热力学能和

$$\sum U_{反}=[(0.053\times1.82+0.199\times1.49+0.75\times1.49)\times4.184]kJ=6.32kJ$$

系统内爆炸(燃烧)产生的总能量

$$\sum U_{产}=\sum U_{反}+nU_{燃}=(6.32+0.053\times799.14)kJ=48.67kJ$$

用试差法求爆炸后的最高温度，设爆炸后温度为 1800K，则

$$\sum U_{产}=[(0.053\times17.68+0.106\times13.69+0.75\times10.21+0.093\times10.85)\times4.184]kJ$$
$$=46.25kJ$$

由于 46.25kJ < 48.67kJ，故再设爆炸后温度为 2000K，则

$$\sum U_{产}=[(0.053\times20.17+0.106\times15.66+0.75\times11.52+0.093\times12.24)\times4.184]kJ$$
$$=52.33kJ$$

由计算数据知 $T_{最高}$ 介于 1800 ~ 2000K 之间。用内插法求 $T_{最高}$ 为

$$T_{最高}=\left(1800+\frac{48.67-46.25}{52.33-46.25}\times(2000-1800)\right)K=1880K$$

$$p_{最高}=\frac{T_{最高}}{T_0}\times p_0\times\frac{n}{m}=\left(\frac{1880}{300}\times1.013\times\frac{0.053+0.106+0.75+0.093}{0.053+0.199+0.75}\right)Pa$$
$$=6.32\times10^5Pa$$

2.11.2 爆炸强度

可燃气体(或蒸气)和空气达到一定混合比时，燃烧速度最大。当增加或减少可燃气成分时，燃烧速度都会变小。如果把测试仪器放在密闭容器里，对这种燃烧(爆炸)过程进行压力测试的话，就可以测出瞬时爆炸压力。这时，压力上升速度$\frac{dp}{dt}$是衡量燃烧速度的尺度，也就是衡量爆炸强度的尺度(即爆炸强度)。压力上升速度的定义是，在爆炸压力—时间曲线的上升线段通过拐点引出的切线斜率，等于压力差除以时间差的商，如图 2-24 所示。

在不同的气体体积分数 φ 下重复上述试验，这样便得到了最大压力和压力上升的最大速度。图2-25示出了压力上升速率和最大爆炸压力“对气相 φ 的关系”。通常，最大压力和压力上升最大速度为可燃范围中的某个值，但不一定在同一浓度。由图2-25可见，这个例子中的爆炸极限（体积分数）为2%～8%，最大压力出现在 φ=4.5%时，最大压力上升速度出现在 φ=4%时。

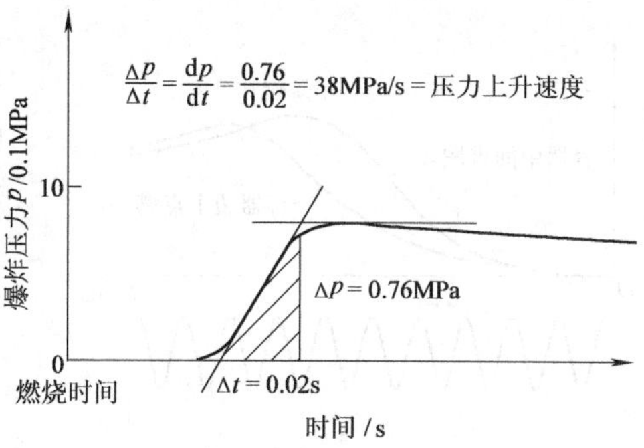

图2-24　可燃气爆炸压力上升速度值 $\frac{dp}{dt}$ 的测定

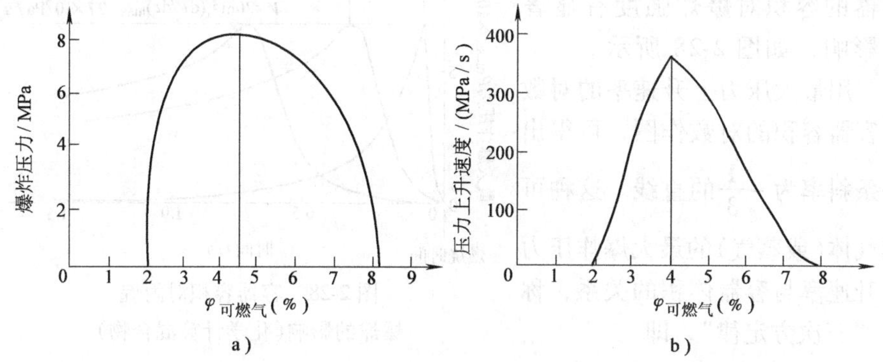

图2-25　压力上升速率和最大爆炸压力对气相浓度的关系

同理，粉尘—空气混合爆炸的爆炸特性也可以测定，但是在装置中要考虑一个样品储槽和粉末分配器，这个分配器能确保在点火之前粉末得到适当的混合。

试验表明，最大压力上升速度与点燃位置有关，如在容器中心点燃爆炸性混合气体，压力上升速度为最大；若把点燃位置移到容器边缘，由于爆炸火焰很快与器壁接触而消散了部分热量，于是压力上升速度就会减小，而爆炸压力变化不大，略有下降（见图2-26）。

常见的可燃气体（蒸气），其爆炸压力在7～8×10^5Pa（乙炔约为10×10^5Pa），基本相近。而在同样条件下，不同的可燃气（蒸气）点燃后的最大压力上升速度却是很不相同的。如氢气与甲烷气以化学当量计算量混合，在密闭容器中于同样位置点火，所测得的爆炸压力时间曲线如图2-27所示，它们的爆炸压力几乎相等，但压力上升速度，氢比甲烷要快得多。

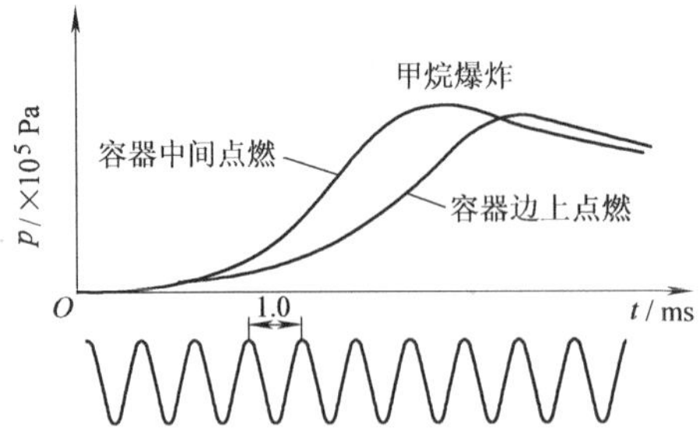

图 2-26　点燃位置对甲烷爆炸压力上升速度的影响

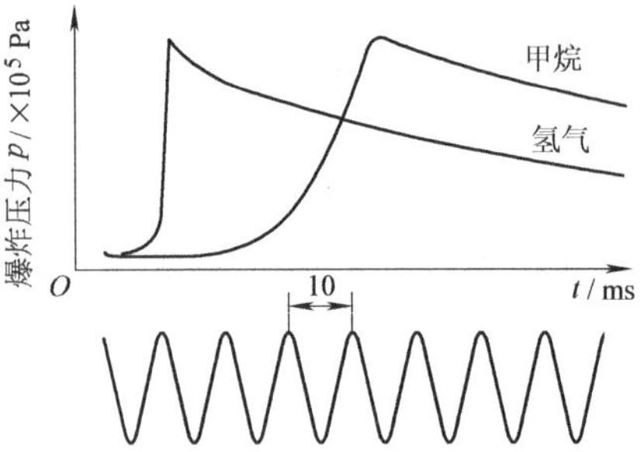

图 2-27　密闭容器中甲烷和氢气爆炸的时间过程（化学计算混合物）

试验表明，最大爆炸压力通常不受容器体积的影响，而容器的容积对爆炸强度有显著的影响，如图 2-28 所示。

用最大压力上升速率的对数对容器容积的对数作图，可得出一条斜率为 $-\dfrac{1}{3}$ 的直线。这种可燃气体（或蒸气）的最大爆炸压力上升速率与容器体积的关系，称为“三次方定律”，即

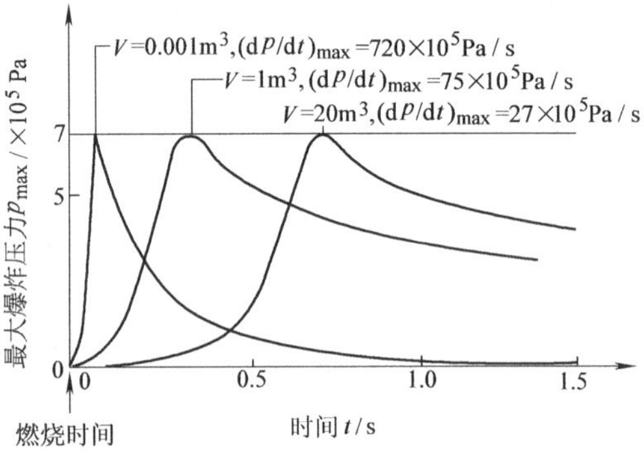

图 2-28　容器容积对丙烷爆炸的影响（化学计算混合物）

气体：
$$\left(\frac{\mathrm{d}p}{\mathrm{d}t}\right)_{\max} V^{\frac{1}{3}} = \text{常数} = K_{\mathrm{g}} \tag{2-25}$$

粉尘：
$$\left(\frac{\mathrm{d}p}{\mathrm{d}t}\right)_{\max} V^{\frac{1}{3}} = \text{常数} = K_{\mathrm{st}} \tag{2-26}$$

式中，K_{g} 和 K_{st} 分别称作气体爆炸指数和粉尘爆炸指数。表 2-22 和表 2-23 给出了某些气体和粉尘的 K_{g} 和 K_{st} 值。

表 2-22　静止状态点燃混合物时几种典型气体的 K_{g} 值

（点燃能量 $E = 10\mathrm{J}, p_{\max} = 7.4 \times 10^5 \mathrm{Pa}$）

可燃气体名称	K_{g} 值/($\times 10^5 \mathrm{Pa \cdot m/s}$)	可燃气体名称	K_{g} 值/($\times 10^5 \mathrm{Pa \cdot m/s}$)
甲烷	55	氢气	550
丙烷	75		

表 2-23　粉末的 K_g 值(强点火源)

粉末名称	最大爆炸压力 /×10^5Pa	K_g 值 /(×10^5Pa·m/s)	粉末名称	最大爆炸压力 /×10^5Pa	K_g 值 /(×10^5Pa·m/s)
聚氯乙烯	6.7~8.5	27~98	褐煤	8.1~10.0	93~176
奶粉	8.1~9.7	58~130	木粉	7.7~10.5	83~211
聚乙烯	7.4~8.8	54~131	纤维素	8.0~9.8	56~229
糖	8.2~9.4	59~165	颜料	6.5~10.7	28~344
松香粉	7.8~8.7	108~174	铝	5.4~12.9	16~750

粉尘爆炸的指数可再被细分为四个等级，见表 2-24。作为粉尘爆炸等级，可说明粉尘的爆炸强度，但并不表明粉尘的点燃灵敏度。

表 2-24　K_{st}值与粉尘爆炸等级

粉尘爆炸级	K_{st}/(×10^5Pa·m/s)	粉尘爆炸级	K_{st}/(×10^5Pa·m/s)
$S_{t\text{-}0}$	0	$S_{t\text{-}2}$	201~300
$S_{t\text{-}1}$	0~200	$S_{t\text{-}3}$	>301

三次方定律可用来估计在一个有限空间内，如建筑物或容器中爆炸所造成的后果。

$$\left[\left(\frac{\mathrm{d}p}{\mathrm{d}t}\right)_{\max} V^{\frac{1}{3}}\right]_{\text{容器中}} = \left[\left(\frac{\mathrm{d}p}{\mathrm{d}t}\right)_{\max} V^{\frac{1}{3}}\right]_{\text{实验}} \tag{2-27}$$

混合物的组成、容器的形状、容器中的混合情况、点燃源能量的大小，对 K_g 和 K_{st}均有影响，但当这些条件相同时，则爆炸指数 K_g 和 K_{st}可视为一个特定的物理常数。

因为反应过程与压力有关，所以爆炸强度特性值也受初始压力的影响。最大压力和最大压力上升速率与初始压力成直线关系，如图 2-29 所示。当初始压力超过常压时，将使最大爆炸压力、最大压力上升速度值成比例增加；压力降低到常压以下时，特性值将相应地减少，直到爆炸不至传播时为止。

在点燃丙烷—空气混合气时，如果提高初始压力到 2×10^5Pa 以上，丙烷的体积分数 φ 在 4.5%~5.5% 范围内(略高于化学计量浓度)燃烧热很高，足以使爆炸速度经过一定的加速路程之后上升到声速，引起压力上升，进一步加快燃烧过程。于是，爆炸压力和瞬时压力就异乎寻常地上升，使爆炸转变为爆轰。爆轰的范围在爆炸范围内，但要比爆炸范围窄，如图 2-30 所示。

如果加大丙烷—空气混合气的点燃源能量，可以看到与上述相似的现象。当点燃源能量为 100J 时，可以在较大的范围内(φ = 3.5%~5.5%)观察到极高

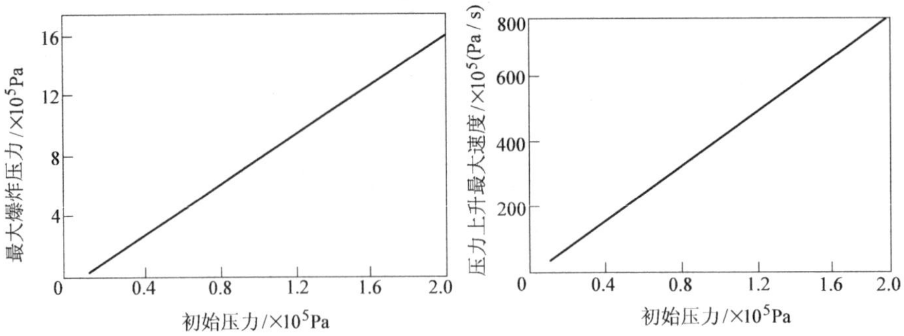

图 2-29 初始压力对最大爆炸压力和速率的影响

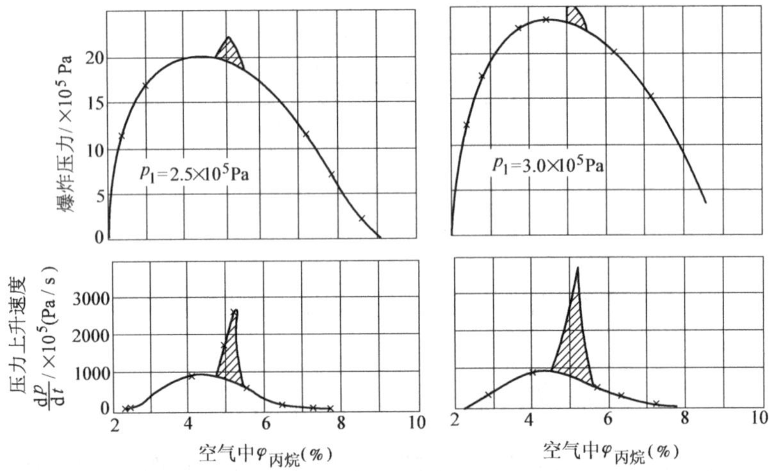

图 2-30 过高的初始压时丙烷的爆炸特性值(容器 7L/能量≥10J)

的燃烧速度。

点燃源能量对二氯甲烷爆炸特性值的影响由表 2-25 可见是很大的。

表 2-25 在不同点燃能量时二氯甲烷蒸气的爆炸特性值($V=7$L 容器,中心点燃)

点燃能量/J	最大压力/$\times10^5$Pa	最大压力上升速度/($\times10^5$Pa/s)	K_g/($\times10^5$Pa·m/s)
10		没有点燃	
65	2.2	1.5	0.29
90	3.3	9.5	1.82
110	3.6	18.4	3.12
165	4.6	25	4.80

用 10J 的火花点燃时，它是不可燃的。因此，为了识别某种可燃气体或蒸

气的可燃性，必须用相当高的点燃源能量。

对爆炸特性值的影响因素还有容器的形状、流体的流型(如湍流)、互相通过不同管径连接的容器。当点燃爆炸时，测得的爆炸特性值是有很大差异的。

2.12　火灾与爆炸防治技术

减少火灾爆炸的潜在破坏性有两种方法：即防止火灾或爆炸的发生，火灾或爆炸发生后将破坏降至最低。

2.12.1　预防静电

静电是人类很早就发现的一种现象。古代即已发现琥珀在皮毛上摩擦后能吸住纸屑或稻草球，后来又进一步发现，玻璃棒在丝绸上摩擦或硬橡胶在毛织物上摩擦都有相同的性质。现代静电在工业上的应用日趋广泛。但静电也带来危险，如静电火花放电，往往酿成火灾爆炸事故。因此，静电预防也就成为安全技术中的一个重要问题。

2.12.1.1　静电的产生

静电的产生是一个比较复杂的过程，物质是由带正电荷的原子核与带负电荷的电子所组成，由于其带电数量相等，因此呈电中性。如由于某种原因使物质获得电子而又无法失去或失去电子又得不到补充，这样就会使该物质附上了电荷，这种附着在物体上较难移动的集团电荷称之为静电。

两种物质相互摩擦产生静电，这是人们所熟知的产生静电的一种方式。根据双电层概念，在两物质紧密接触后分离，当其接触间距达到或小于 25×10^{-8}cm 时，在其接触的界面上会产生电子的转移，失去电子的物质带正电，得到电子的物质带负电。电子的转移是靠“逸出功”来实现的。所谓“逸出功”，就是一个自由电子从金属内转移到金属外所需做的功，也称为功函数，用 ϕ 来表示，单位为电子伏特(eV)。一般金属的功函数在 3～5eV 之间。如 Mg 3.65，Zn 4.24，Cu4.46，Hg4.53，Ag 4.47，W 4.67，Au 4.90，Ni 4.97，Pt 5.42。由于功函数的不同，当两金属板在紧密接触分离时就会产生电子的转移。对 A、B 两种不同金属板的 $\phi_A>\phi_B$，当紧密接触后分离，电子就会从 B 板表面转移到 A 表面，结果 A 带上负电，B 带上正电。这就是说，逸出功高者带负电(获得电子)，低者带正电(失去电子)。A、B 两金属板由于逸出功不同，当紧密接触分离后就带上了静电荷。

双电层概念不仅可解释固体与固体界面的电子转移，而且也可以说明固体与液体、固体与气体、液体与另一不相溶液体等接触引起静电的问题。此外，物质受压或受热，以及物质受到其他带电体感应等，均会产生静电。

由于物质的功函数不同，引出双电层概念，进而揭示了不同物质摩擦产生静电的极性的规律。通过试验把两种物质紧密接触时失去电子带正电的物质排在前面，带负电的排在后面从而得到一个静电带电序列表(见表2-26)。表中偏(+)端的功函数低，偏(-)端的功函数高，亦即是说处于前者的物质带正电，后者带负电。

表2-26中物质带电极性的规律是由试验测得的。在实际应用中，由于受杂质、表面氧化程度、吸附作用、接触压力、温度以及湿度的影响，其带电极性规律会稍有出入。

表2-26 静电带电序列表

(+)正电性	黏胶丝	铁	沙兰树脂
石棉	皮肤	铜	聚酯树脂
玻璃	干酪素	镍	聚丙烯腈纤维
头发	醋酸酯	黄铜	碳化钙
云母	铝	银	聚乙烯
尼龙	锌	硫磺	赛璐珞
羊毛	镉	橡胶	玻璃纸
人造纤维	铬	铂	聚氯乙烯
铅	纸	维尼纶	聚四氟乙烯
棉布	硬橡胶	聚苯乙烯	硝酸纤维
丝	麻	腈纶	(-)负电性

2.12.1.2 静电积聚的影响因素

1. 电阻率

物体产生了静电，能否积聚，关键在于物质的电阻率。电阻率有体电阻率ρ_v和表面电阻率ρ_s两种。在研究固体带静电时，用表面电阻率，即任一正方形对边之间的表面电阻，单位为Ω。研究液体带静电时，则用体电阻，即单位长度、单位面积的介质电流通过其内部的电阻，单位为Ω·cm。电阻率高的物体，导电性差，电子难以流失，自身也不易获得电子；电阻率低的物质，导电性能好，电子获得和流失均较容易。就防静电而言，如液态物质的电阻率在$10^6\sim10^8\Omega\cdot cm$数量级以下者，即使产生静电，也较易消失，不会引起危害，此种物质称为静电导体；电阻率在$10^9\sim10^{10}\Omega\cdot cm$者，有可能引起静电危害，但产生的静电量不大；电阻率在$10^{11}\sim10^{15}\Omega\cdot cm$者，极易积聚静电，危害较大，是防静电的重点；至于电阻率大于$10^{15}\Omega\cdot cm$者，不易产生静电，但若一旦产生静电，也较难消除。

汽油、煤油、苯、乙醚等电阻率在$10^{11}\sim10^{15}\Omega\cdot cm$之间，极易积聚静电。而原油、重油的电阻率低于$10^{10}\Omega\cdot cm$，一般静电问题不严重。水是静电良导体，但如少量水混合于油品中，水滴与油品相对流动也会产生静电，这样油品静电积聚就会增加。

电阻率由于测试方法、含杂质情况不同有相当出入，表2-27列出了几种常见液体的电阻率。

表2-27 几种液体的电阻率

名　称	电阻率/Ω·cm	名　称	电阻率/Ω·cm
乙烷	1.0×10^{8}	三氯乙烯	6.1×10^{11}
石油醚	8.4×10^{14}	乙醚	5.6×10^{11}
煤油	7.3×10^{14}	乙醇	7.4×10^{8}
庚烷	4.9×10^{13}	正丁醇	1.1×10^{8}
轻油	1.3×10^{14}	丙酮	1.7×10^{7}
二硫化碳	3.9×10^{13}	醋酸乙酯	1.7×10^{7}
二甲苯	3×10^{13}	甲醇	2.3×10^{8}
甲苯	2.7×10^{13}	醋酸甲酯	2.9×10^{5}
汽油	2.5×10^{13}	蒸馏水	1×10^{6}
苯	1.6×10^{13}	异丙醇	2.8×10^{9}

2. 介电常数ε

介电常数也称电容率，它同电阻率一起决定着静电产生的结果和状态。当流体的相对介电常数超过20，不论是管道连续输送还是储运，当有接地装置时都不会产生静电积聚。

3. 静电消散的半衰期$t_{\frac{1}{2}}$

静电越不容易泄漏，危险性越大。通常取带电体上静电电量泄漏到原来一半所需要的时间叫静电消散半衰期。液体的半衰期可用下式计算：

$$t_{\frac{1}{2}}=6.5\times10^{-14}\varepsilon\rho \tag{2-28}$$

对于固体带电物质，半衰期可用下式求得：

$$t_{\frac{1}{2}}=0.69RC \tag{2-29}$$

半衰期是判断静电积聚的重要参数，在有些国家根据他们的经验，规定静电半衰期$t_{\frac{1}{2}}<0.012s$的，可以认为其静电的积聚是安全的。在此条件下即使产生静电，也不致积聚起来。某些液体的介电常数ε、电阻率与半衰期的关系，列于表2-28。

表 2-28 不同液体的介电常数、电阻率与半衰期

名 称	介电常数 ε	电阻率/ρ_v	半衰期 $t_{\frac{1}{2}}$/s
己烷	1.9	1×10^{10}	1.2×10^{5}
二甲苯	2.4	3×10^{13}	4.6×10^{6}
甲苯	2.4	2.7×10^{13}	4.1×10^{6}
苯	2.3	1.6×10^{13}	2.4×10^{6}
庚烷	2.0	4.9×10^{13}	6.4×10^{6}
乙醇	25.7	7.4×10^{8}	1.2×10^{-3}
甲醇	33.7	2.3×10^{6}	5.0×10^{-6}
水	80.4	1×10^{6}	4.9×10^{-8}
异丙醇	25.0	2.8×10^{5}	4×10^{-3}

生产操作条件造成产生静电的原因除前面已提到的外，还有如输送液体的流速、管径、输送距离以及管材、管壁粗糙程度、流经弯头多少、通过过滤网密度和材质等都有关系。用帆布管、塑料管等绝缘性管道输送液体，比用金属管道产生的静电要多得多。油品含有杂质，包括水分和不同油品，在搅拌时也会产生静电。

空气中的湿度对静电积聚有很大影响。当相对湿度超过 60% 时，物体表面就会形成一层极薄的水膜，使表面电阻大为降低，成为静电的良导体，静电就不易积聚。

2.12.1.3 静电的危害

1. 引起火灾爆炸

静电引起火灾爆炸的原因是静电放电火花能量达到周围可燃物的最小点火能量。静电放电能量可用下式计算：

$$E=\frac{1}{2}QU=\frac{1}{2}CU^2 \tag{2-30}$$

式中，E 为静电放电能量(J)；Q 为电量(C)；U 为静电压(V)；C 为电容(F)。

［**例 2-7**］ 当向槽车中装苯时产生静电，测得静电压为 1000V，电容为 1.0×10^{-9}F，如发生静电放电，问放电能量能否引起苯的燃烧或爆炸？

解： $$E=\frac{1}{2}CU^2=\left(\frac{1}{2}\times1.0\times10^{-9}\times1000^2\right)\text{J}=5\times10^{-4}\text{J}$$

已知苯的最小引燃能量为 0.2mJ，上述数值大大超过了苯的最小引燃能量，所以完全可以使之爆炸。

在化工生产中，由于静电火花引起火灾爆炸事故必须具备下列条件：①要

具备产生静电的条件；②要具备产生火花放电的电位；③有能产生火花放电的条件；④放电火花有足够能量；⑤现场环境有易燃易爆混合物。以上5个条件缺一不可，因此要达到预防目的，只要消除其中一条即可防止火灾爆炸事故发生。

2. 电击伤害

人在活动过程中由于人体、衣物等均会与相接触的物体发生摩擦或相互接触分离，因而均可能产生静电，静电电压可高达数千伏甚至上万伏。当带电人体与接地导体接近时会发生放电，或带电体与人体接近时也会发生放电。这两种电击对人体的伤害程度取决于放电能量的大小，当人体电容为90pF时，不同电压下静电电击时人体的反应情况见表2-29。

表2-29　静电电击时人体的反应(人体电容为90pF)

电压/kV	能量/mJ	人体反应
1	0.045	没有感觉
2	0.18	手指外侧感觉，但不疼痛
2.5	0.281	放电部位有针刺感，轻微冲击感，但不疼痛
3	0.405	有轻微和中等针刺痛感
4	0.72	手指轻微疼痛，有较强的针刺痛感
5	1.125	手掌乃至手腕前部有电击疼痛感
6	1.62	手指剧痛，手腕后部有强烈电击疼痛感
7	2.205	手指、手掌剧痛，有麻木感
8	2.88	手掌乃至手腕前部有麻木感
9	3.645	手腕剧痛，手部严重麻木
10	4.5	整个手剧痛，有电流通过感
11	5.445	手指剧烈麻木，整个手有强烈电击感
12	6.48	由于强烈电击，整个手有强烈打击感

生产过程中产生的静电所引起的电击一般不致直接使人致命，但由此造成二次事故，如电击使人坠落或摔倒，或引起工作人员精神紧张，妨碍工作，甚至产生其他危害，是不能忽视的。

因为静电放电能量 $E=\frac{1}{2}CU^2$，所以带静电物体的电容越大或电压越高，则电击程度越严重。

人体对地电容因人体位置、姿势、鞋、地面等情况而有不同，通常在数十到数百微微法之间。人体电容与鞋底厚度的关系见表2-30。

表 2-30　人体电容与鞋底厚度的关系

鞋底厚度/mm	0.25	0.5	1.1	12.8	46	89	155
人体电容/pF	6800	2300	850	190	130	100	75

3. 妨碍生产

由于静电力的存在，影响粉体的过滤和输送；使纤维缠结、吸附尘土；静电火花使胶片感光，降低质量；使电子自动仪器受干扰，甚至使无线电通信受到破坏等。

在生产过程中易于形成高静电位的单元操作有：①高电阻率液体如二硫化碳、苯、汽油等在管道输送或自容器转注时；②压缩或液化气体，自喷嘴或裂缝喷出，尤其当含有杂质(包括乳化液或悬浮固体)时；③某些粉体在管道中输送时；④高电阻物料在搅拌、过滤、压碎、研磨、过筛时；⑤传动带传动、带输送时；⑥二物料压紧、剥离，胶片涂片时；等等。

以上操作过程均可能产生静电的大量积聚，应采取必要的防静电措施。

2.12.1.4　静电危害的预防

防止静电的危害应从限制静电的产生和积聚这两方面着手。在化工生产中预防静电事故，主要是防止由于静电火花引起的火灾爆炸事故，防止措施如下：

1. 从工艺上控制静电产生

(1) 合理设计与选材。利用静电序列表，尽可能选用相互摩擦或接触的两种物质的带电序列位置接近，以降低静电产生；或使物料与不同材料制成的设备相接触，产生不同电性的静电，以消除物料所带静电。

在有火灾爆炸危险场所，设备管道尽可能光滑平整无棱角，管径无骤变；带传动应用导电胶带，运转速度要慢，要防止过载打滑、脱落，防止胶带与胶带罩相互摩擦；输送高电阻率液体应自底部注入或自器壁缓缓流入容器内；尽量减少过滤器，并安装在管路的起端，否则还应采取其他防静电相应措施。

(2) 控制流速。对于液体物料的输送，通过控制流速可限制静电的产生。烃类油管管径与流速应满足如下关系：

$$v^2 d \leqslant 0.64 \tag{2-31}$$

式中，v 为流速(m/s)；d 为管径(m)。

不同管径的限制流速见表 2-31。

表 2-31 管径与流速的规定

管径 d/m	限制流速/(m/s)	v^2	v^2d	管径 d/m	限制流速/(m/s)	v^2	v^2d
0.01	8	64	0.64	0.20	1.8	3.24	0.648
0.025	4.9	24	0.60	0.40	1.3	1.69	0.676
0.05	3.5	12.25	0.61	0.60	1.0	1.0	0.60
0.10	2.5	6.25	0.625				

原中石化总公司规定，铁路罐(槽)车浸没装油速度应满足下式关系：$vd \leqslant 0.8$；汽车罐(槽)车浸没装油速度应满足 $vd \leqslant 0.5$ 的关系。

(3) 控制杂质和水分。在油品输送过程中，当油料带有水分时，必须将流速限制在1m/s以下，否则，将会产生危险的静电。

(4) 控制温度。当不同温度油品混和时，由于温差，出现扰动也会产生静电。

2. 泄漏导走静电

(1) 空气增湿。在工艺条件允许的情况下，增加空气相对湿度可以降低静电非导体的绝缘性。一般相对湿度在80%时几乎不带静电，在70%时就能减少带静电的危险。有学者曾对A-56号汽油在相同条件下测试：相对湿度35%~46%时，静电压1100V；50%时为500~600V；72%~75%时基本上无静电。移动带电体，在需消电处增湿产生水膜，只要保持1~2s就够了。增湿方法可采用通风系统调湿、地面洒水及喷放水蒸气等。

(2) 加抗静电剂。加入抗静电剂使静电非导体增加吸湿性或导电性，从而改变物质的电阻率，加速静电荷的泄漏。抗静电添加剂种类很多，如无机盐类的硝酸钾、氯化钾等与甘油等成膜物质配合作用；表面活性剂类的脂肪族碳酸盐、聚乙二醋等；无机半导体类的亚铜、银的卤化物等；有机半导体高分子聚合物类的高分子化合物和电解质高分子聚合物等。选用时要根据对象、目的、物料工艺状态，以及成本、毒性、腐蚀性、使用场所及有效期等进行全面考虑。

在橡胶或塑料生产中可加石墨、碳黑、金属粉末等材料制成防静电橡胶或塑料，化纤织物中加入0.2%季铵盐阳离子抗静电剂，就可使静电降到安全限度。

在传动带上涂一层工业甘油(50%)，由于吸湿使胶带表面形成一层水膜，也可达到防静电目的，但对悬浮的粉状或雾状物质，任何静电添加剂均无效果。

(3) 静电接地。静电接地是将带电物体的电荷通过接地导线迅速引入大地，避免出现高电位，这是消除对地电位差的一个基本措施。但它只能消除带电导体表面的自由电荷，对非导体的静电荷，效果是不大的。应静电接地的一般对象有：生产或加工易燃液体和可燃气体的设备及有关储罐、气柜、输送管道、闸门、通风管及以金属丝网、过滤器等；输送可燃性粉尘的管道和生产设备如混合器、过滤器、压缩气、干燥器、吸收装置、磨筛等；注油或有机溶剂设备和油槽车，包括注油栈桥、铁轨机、油桶、磅秤、加油管、漏斗、容器及装卸油的船舶等。此外，在有火灾爆炸危险的场所，或静电对产品质量、人身安全有影响的地方所使用的金属用具、门把手、盲插销、移动式金属车辆、家具以及编有金属丝的地毯也应接地。

为防止感应带电，凡有火灾爆炸危险的场所，当平行管道间距小于 10cm 时，每隔 10m 应有跨线；金属梁柱、构架与管道、金属设备、平台也应相互连接并接地。

由于不按规定接地或接地不可靠，造成的事故是不少的。静电接地要牢固紧密可靠，注意不被油漆、锈垢等所隔断。对工艺设备、管道静电接地的跨接端及引出端的位置应选在不受外力损伤、便于检查维修和与接地干线相连接的地方。

对移动设备或槽车、罐车、油轮、手推车以及其他移动容器，在其停留处，要有专门的接地装置以供移动设备接地之用。罐车、油槽车到场之后即停机刹车，关闭电路；在打开罐盖前要进行接地；注液完毕后，要停一段时间再将接地线拆除。

（4）静置存放。装料时液面电压峰值常出现在停泵后 5 ~ 10s 时间内，然后逐步衰减，其过程随油品不同而异，因此停泵后不许马上检测、取样。

对甲、乙类油品注入储罐后进行检测、取样、测温作业，中国石油化工集团总公司制定的《易燃、可燃液体防静电安全规程》具体规定了静置时间，见表 2-32。

表 2-32　油品注入储罐后的静置时间

电导率/(s/m)	储油设备容积/m^3			
	<10	10 ~ 50	50 ~ 500	500 ~ 1000
	静置时间/min			
$>10^{-6}$	1	1	1	2
$10^{-12} \sim 10^{-6}$	2	3	10	30
$10^{-14} \sim 10^{-12}$	4	5	60	120
$<10^{-14}$	10	15	120	240

3. 采用中和电荷的方法

这类方法主要是装静电消除器（也叫静电中和器）。静电中和器就是能产生相反电荷离子的装置。由于产生了相反电荷离子，物体上的静电荷得到相反符号电荷的中和，从而消除静电的危害。

静电中和器按照工作原理和结构的不同，大体上可分为感应式中和器、高压中和器、放射线中和器和离子流中和器。可根据不同生产情况选用。

4. 人体防静电

人体防静电包括接地、穿防静电鞋、防静电服以及加强防静电安全操作等。

(1) 人体防静电措施。在工作时穿防静电工作鞋，电阻应小于$1\times10^{8}\Omega$；禁止穿羊毛或化纤厚袜；穿防静电工作服或手套和帽子，不穿厚毛衣，可穿棉制品服装。在人体必须接地的场所，应有金属接地棒，当手接触时即可导走人体静电。坐着工作，可在手腕上佩带接地腕带等。

(2) 导电工作地面。产生静电场所的工作地面应是静电的导体，其泄漏电阻既要小到防止人体积聚静电，又要考虑不会由于误触动力电导致人体伤害。

导电性地面通常指电阻率在$10^{6}\Omega\cdot m$以下的材料制成的地面。表2-33所示为不同地面材料的泄漏电阻。

表2-33　不同地面材料的泄漏电阻

材料名称	泄漏电阻/Ω	材料名称	泄漏电阻/Ω
导电性水磨石	$10^{5}\sim10^{7}$	一般涂漆地面	$10^{9}\sim10^{12}$
导电性橡胶	$10^{4}\sim10^{8}$	橡胶贴面	$10^{9}\sim10^{13}$
石	$10^{4}\sim10^{9}$	木胶合板	$10^{10}\sim10^{13}$
混凝土	$10^{5}\sim10^{10}$	沥青	$10^{11}\sim10^{13}$
导电性聚氯乙烯	$10^{7}\sim10^{11}$	聚氯乙烯贴面	$10^{12}\sim10^{15}$

此外，也可用定时洒水的方法使混凝土地面、橡胶塑料贴面及油漆地面形成水膜，增加导电性。每班洒水至少1~2次，当空气相对湿度在30%以下时应多洒几次。

(3) 安全操作。在工作中尽量不做与人体静电放电有关的事，如在工作场所不穿脱衣服鞋帽等。

在有静电危险场所进行操作、巡视、检查等活动时，不得携带与工作无关的金属物品，如钥匙、硬币、手表、戒指等。在工作中应佩带好规定的劳防用品和穿防护工作服，工作有条理，动作要稳重，处理问题要果断。

2.12.2　火灾及爆炸蔓延的控制

安全生产首先应当强调防患于未然，把预防放在第一位。一旦发生事故，就要考虑如何将事故控制在最小的范围内，使损失最小化。因此，火灾及爆炸蔓延的控制在开始设计时就应重点考虑。对工艺装置的布局设计、建筑结构及防火区域的划分，不仅要有利于工艺要求、运行管理，而且要符合事故控制要求，以便把事故控制在局部范围内。

例如，出于投资上的考虑，布局紧凑为好，但这样对防止火灾爆炸蔓延不力，有可能使事故后果扩大。所以两者要统筹兼顾，一定要留有必要的防火间距。

为了限制火灾蔓延及减少爆炸损失，厂址选择及防爆厂房的布局和结构应按照相关要求建设，如根据所在地区主导风的风向，把火源置于易燃物质可能释放点的上风侧；为人员、物料和车辆流动提供充分的通道；厂址应靠近水量充足、水质优良的水源等。化工企业应根据我国《建筑设计防火规范》，建设相应等级的厂房；采用防火墙、防火门、防火堤对易燃易爆的危险场所进行防火分离，并确保防火间距。

2.12.2.1 隔离、露天布置、远距离操纵

化工生产中，因某些设备与装置危险性较大，应采取分区隔离、露天布置和远距离操纵等措施。

1. 分区隔离

在总体设计时，应慎重考虑危险车间的布置位置。按照国家的有关规定，危险车间与其他车间或装置应保持一定的间距，充分估计相邻车间建(构)筑物可能引起的相互影响。对个别危险性大的设备，可采用隔离操作和防护屏的方法使操作人员与生产设备隔离。

在同一车间的各个工段，应视其生产性质和危险程度而予以隔离，各种原料成品、半成品的储藏，亦应按其性质、储量不同而进行隔离。

2. 露天布置

为了便于有害气体的散发，减少因设备泄漏而造成易燃气体在厂房内积聚的危险性，宜将这类设备和装置布置在露天或半露天场所。如氮肥厂的煤气发生炉及其附属设备，加热炉、炼焦炉、气柜、精馏塔等。石油化工生产中的大多数设备都是在露天放置的。在露天场所，应注意气象条件对生产设备、工艺参数和工作人员的影响，如应有合理的夜间照明、夏季防晒防潮气腐蚀、冬季防冻等措施。

3. 远距离操纵

在化工生产中，大多数的连续生产过程，主要是根据反应进行情况和程度来调节各种阀门，而某些阀门操作人员难以接近，开闭又较费力，或要求迅速启闭，上述情况都应进行远距离操纵。操纵人员只需在操纵室进行操作，记录有关数据。对于热辐射高的设备及危险性大的反应装置，也应采取远距离操

纵。远距离操纵的方法有机械传动、气压传动、液压传动和电动操纵。

2.12.2.2 防火与防爆安全装置

1. 阻火装置

阻火装置的作用是防止外部火焰窜入有火灾爆炸危险的设备、管道、容器，或阻止火焰在设备或管道间蔓延。主要包括阻火器、安全液封、单向阀、阻火闸门等。

(1) 阻火器。阻火器的工作原理是使火焰在管中蔓延的速度随着管径的减小而减小，最后可以达到一个火焰不蔓延的临界直径。

阻火器常用在容易引起火灾爆炸的高热设备和输送可燃气体、易燃液体蒸气的管道之间，以及可燃气体、易燃液体蒸气的排气管上。

阻火器有金属网、砾石和波纹金属片等形式。

1）金属网阻火器，其结构如图2-31所示，是用若干具有一定孔径的金属网把中间分隔成许多小孔隙。对一般有机溶剂采用4层金属网即可阻止火焰蔓延，通常采用6～12层。

2）砾石阻火器，其结构如图2-32所示，是用砂粒、卵石、玻璃球等作为填料，这些阻火介质使阻火器内的空间被分隔成许多非直线性小孔隙，当可燃气体发生燃烧时，这些非直线性微孔能有效地阻止火焰的蔓延，其阻火效果比金属网阻火器更好。阻火介质的直径一般为3～4mm。

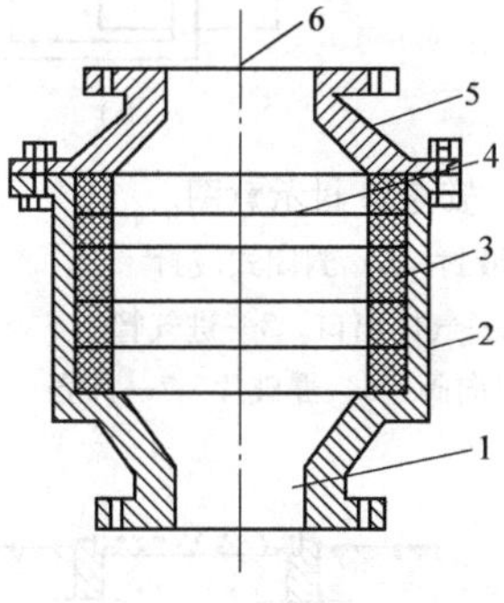

图2-31 金属网阻火器

1—进口 2—壳体 3—垫圈

4—金属网 5—上盖 6—出口

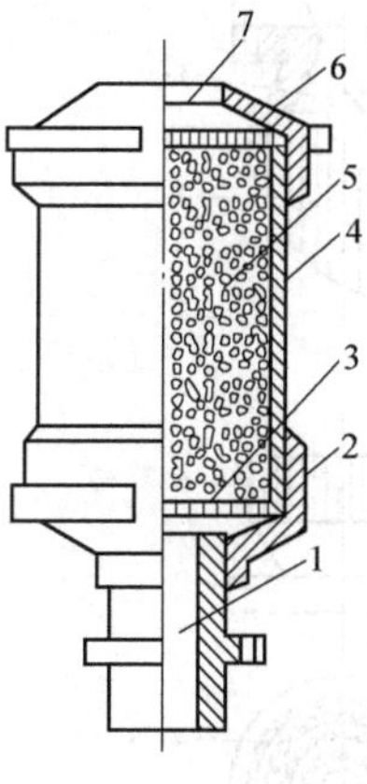

图2-32 砾石阻火器

1—进口 2—下盖 3—网格

4—壳体 5—砂粒 6—上盖 7—出口

3）波纹金属片阻火器，其结构如图2-33所示，壳体由铝合金铸造而成，阻火层由0.1～0.2mm厚的不锈钢带压制而成波纹形。两波纹带之间加一层同厚度的平带缠绕成圆形阻火层，阻火层上形成许多三角形孔隙，孔隙尺寸为

0.45～1.5mm，其尺寸大小由火焰速度的大小决定，三角形孔隙有利于阻止火焰通过，阻火层厚度一般不大于50mm。

（2）安全液封。安全液封的阻火原理是液体封在进出口之间，一旦液封的一侧着火，火焰都将在液封处被熄灭，从而阻止火焰蔓延。安全液封一般安装在气体管道与生产设备或气柜之间。一般用水作为阻火介质。

安全液封的结构形式常用的有敞开式和封闭式两种，其结构如图2-34所示。

水封井是安全液封的一种，设置在有可燃气体、易燃液体蒸气或油污的污水管网上，以防止燃烧或爆炸沿管网蔓延，水封井的结构如图2-35a、b所示。

安全液封的使用安全要求如下：

1）使用安全水封时，应随时注意水位不得低于水位阀门所标定的位置。但水位也不能过高，否则除了可燃气体通过困难外，水还可能随可燃气体一道进入出气管，每次发生火焰倒燃后，应随时检查水位并补足。安全液封应保持垂直位置。

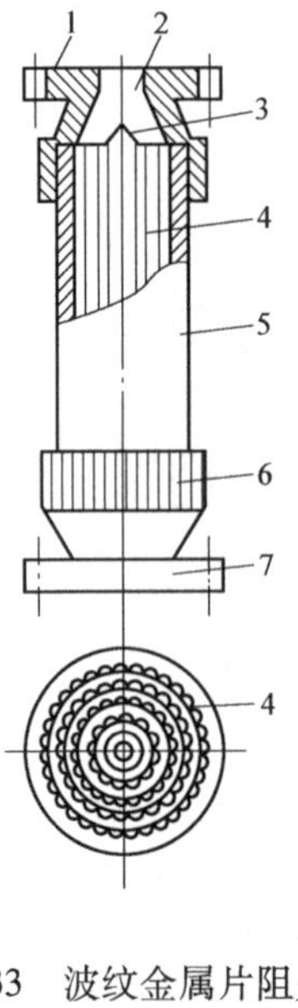

图2-33 波纹金属片阻火器

1—上盖 2—出口 3—轴芯 4—波纹金属片 5—外壳 6—下盖 7—进口

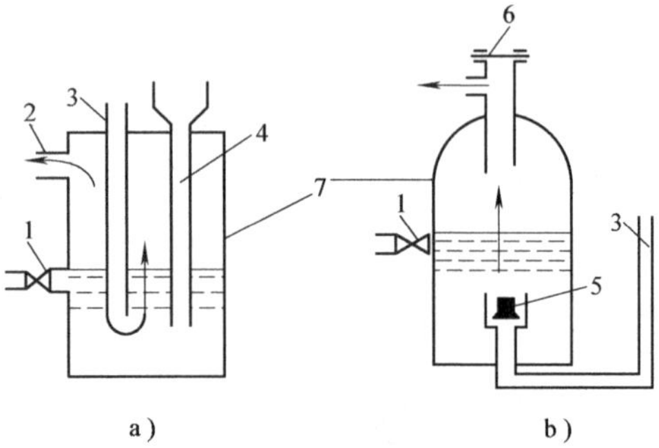

图2-34 安全液封示意图

a）敞开式液封 b）封闭式液封

1—验水栓 2—气体出口 3—进气管 4—安全管 5—单向阀 6—爆破片 7—外壳

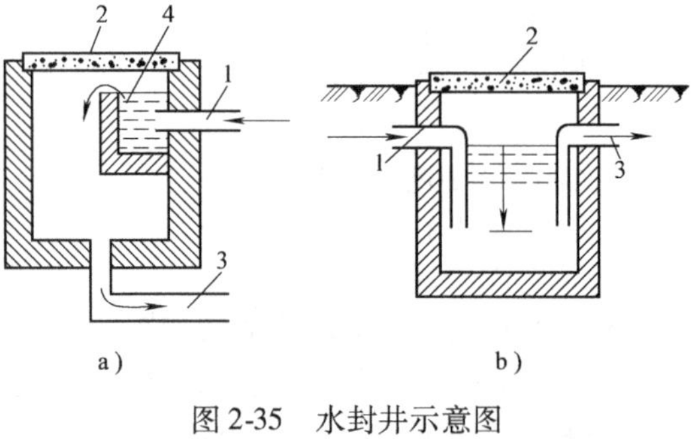

图2-35 水封井示意图

1—污水进口 2—井盖 3—污水出口 4—溢水槽

2）冬季使用安全水封时，在工作完毕后应把水全部排出、洗净，以免冻结。如发现冻结现象，只能用热水或蒸汽加热解冻，严禁用明火烘烤。为了防冻，可在水中加少量食盐以降低冰点。

3）使用封闭式安全水封时，由于可燃气体中可能带有黏性杂质，使用一段时间后容易黏附在阀和阀座等处，所以需要经常检查逆止阀的气密性。

（3）单向阀。又称止逆阀、止回阀。其作用是仅允许流体向一定方向流动，遇有回流即自动关闭。常用于防止高压物料窜入低压系统，也可用作防止回火的安全装置。如液化石油气瓶上的调压阀就是单向阀的一种。

生产中用的单向阀有升降式、摇板式、球式等，如图2-36～图2-38所示。

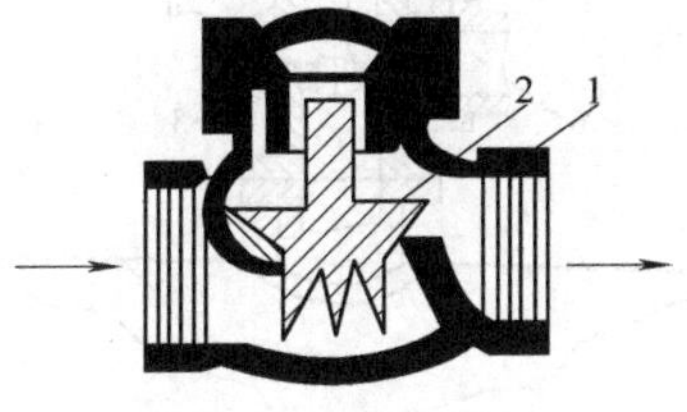

图2-36 升降式单向阀

1—壳体 2—升降阀

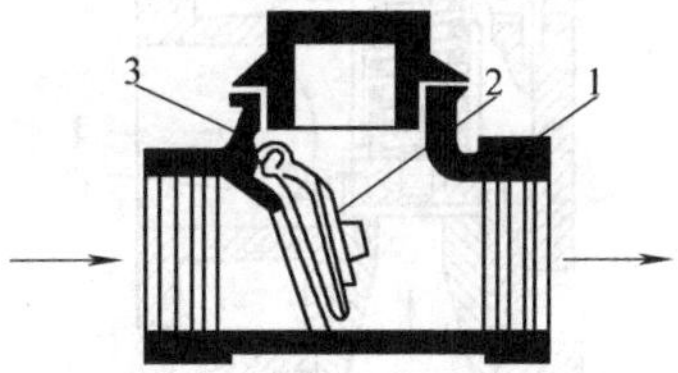

图2-37 摇板式单向阀

1—壳体 2—摇板 3—摇板支点

（4）阻火闸门。阻火闸门是为防止火焰沿通风管道蔓延而设置的阻火装置。图2-39所示为跌落式自动阻火闸门。正常情况下，阻火闸门受易熔合金元件控制处于开启状态，一旦着火，温度高，会使易熔金属熔化，此时闸门失去控制，受重力作用自动关闭。也有的阻火闸门是手动的，在遇火警时由人迅速关闭。

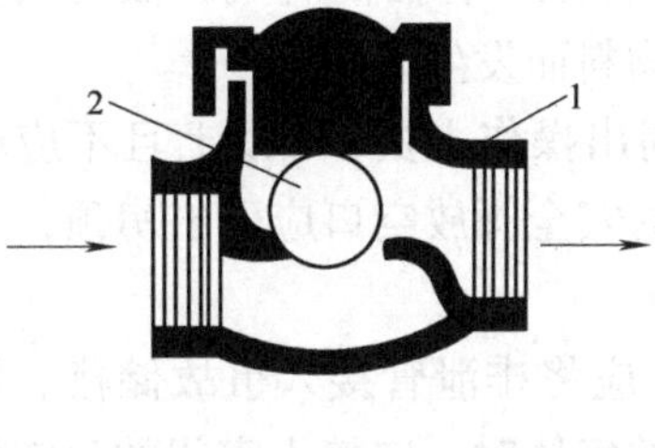

图2-38 球式单向阀

1—壳体 2—球阀

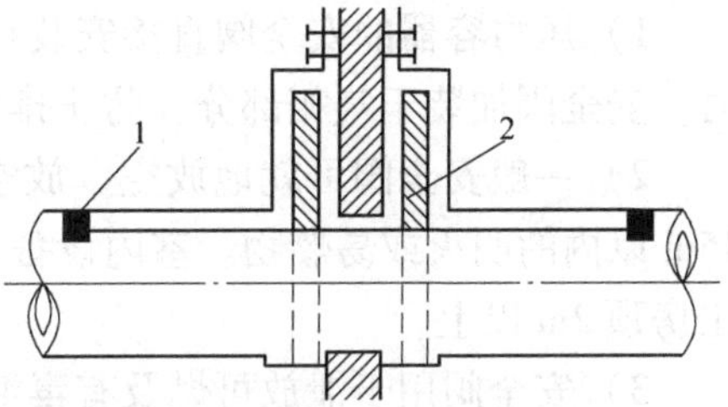

图2-39 跌落式自动阻火阀门

1—易熔合金元件 2—阻火闸门

2. 防爆泄压装置

防爆泄压装置包括安全阀、防爆片、防爆门和放空管等。系统内一旦发生爆炸或压力骤增时，可以通过这些设施释放能量，以减小巨大压力对设备的破坏或爆炸事故的发生。

（1）安全阀是为了防止设备或容器内非正常压力过高引起物理性爆炸而

设置的。当设备或容器内压力升高超过一定限度时安全阀能自动开启，排放部分气体，当压力降至安全范围内再自行关闭，从而实现设备和容器内压力的自动控制，防止设备和容器的破裂爆炸。

常用的安全阀有弹簧式、杠杆式，其结构如图2-40、图2-41所示。

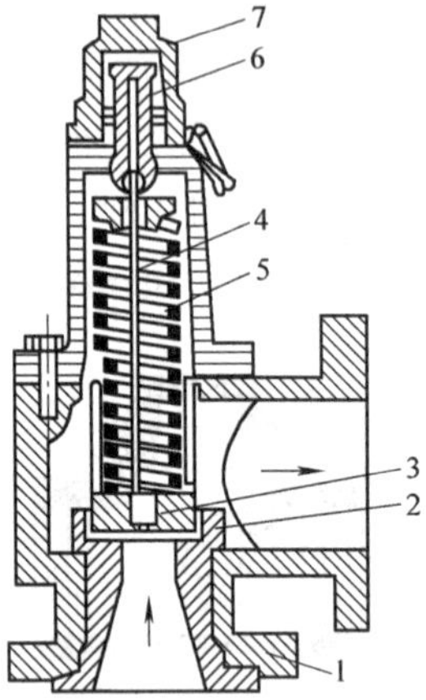

图2-40　弹簧式安全阀
1—阀体　2—阀座
3—阀芯　4—阀杆
5—弹簧　6—螺帽　7—阀盖

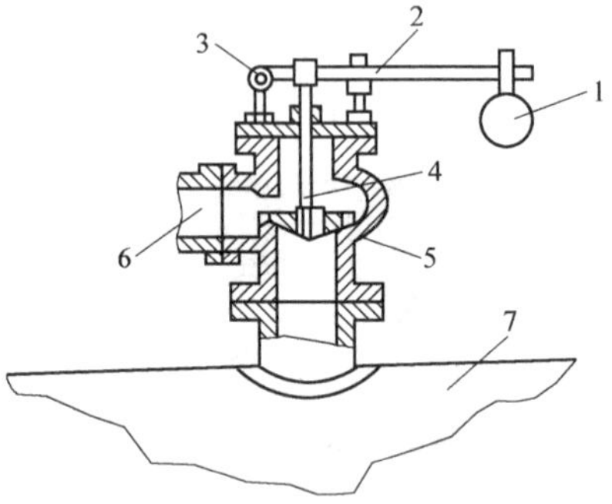

图2-41　杠杆式安全阀
1—重锤　2—杠杆
3—杠杆支点　4—阀芯
5—阀座　6—排出管　7—容器或设备

工作温度高而压力不高的设备宜选杠杆式，高压设备宜选弹簧式。一般多用弹簧式安全阀。

设置安全阀时应注意以下几点：

1）压力容器的安全阀直接安装在容器本体上。容器内有气、液两相物料时，安全阀加装于气相部分，防止排出液相物料而发生事故。

2）一般安全阀可就地放空，放空口应高出操作人员1m以上且不应朝向15m以内的明火或易燃物。室内设备、容器的安全阀放空口应引出房顶，并高出房顶2m以上。

3）安全阀用于泄放可燃及有毒液体时，应将排泄管接入事故储槽、污油罐或其他容器；用于泄放与空气混合能自燃的气体时，应接入密闭的放空塔或火炬。

4）当安全阀的入口处装有隔断阀时，隔断阀应为常开状态。

5）安全阀的选型、规格、排放压力的设定应合理。

（2）防爆片（又称爆破片）是通过法兰装在受压设备或容器上。当设备或容器内因化学爆炸或其他原因产生过高压力时，防爆片作为人为设计的薄弱环节自行破裂，高压流体即通过防爆片从放空管排出，使爆炸压力难以继续升高，从而保护设备或容器的主体免遭更大的损坏，使在场的人员不致遭受致命的伤害。

防爆片一般应用在以下几种场合：

1）存在爆燃危险或异常反应使压力骤然增加的场合。弹簧安全阀由于惯性而不适应这种情况。

2）不允许介质有任何泄漏的场合。

3）内部物料易因沉淀、结晶、聚合等形成黏附物，妨碍安全阀正常动作的场合。

凡有重大爆炸危险性的设备、容器及管道，例如气体氧化塔、进焦煤炉的气体管道、乙炔发生器等，都应安装防爆片。

防爆片的安全可靠性取决于防爆片的材料、厚度和泄压面积。

正常生产时压力很小或没有压力的设备，可用石棉板、塑料片、橡胶或玻璃片等作为防爆片；微负压生产情况的可采用 2 ~ 3cm 厚的橡胶板作为防爆片；操作压力较高的设备可采用铝板、铜板。铁片破裂时能产生火花，存在燃烧性气体时不宜采用。

防爆片的爆破压力一般不超过系统操作压力的 1.25 倍。若防爆片在低于操作压力时破裂，就不能维持正常生产；若操作压力过高而防爆片不破裂，则不能保证安全。

（3）防爆门。防爆门一般设置在燃油、燃气或燃烧煤粉的燃烧室外壁上，以防止燃烧爆炸时设备遭到破坏。防爆门的总面积一般按燃烧室内部净容积 $1m^3$ 不少于 $250cm^2$ 计算。为了防止燃烧气体喷出时将人烧伤，防爆门应设置在人们不常到的地方，高度不低于 2m。图 2-42、图 2-43 所示为两种不同类型的防爆门。

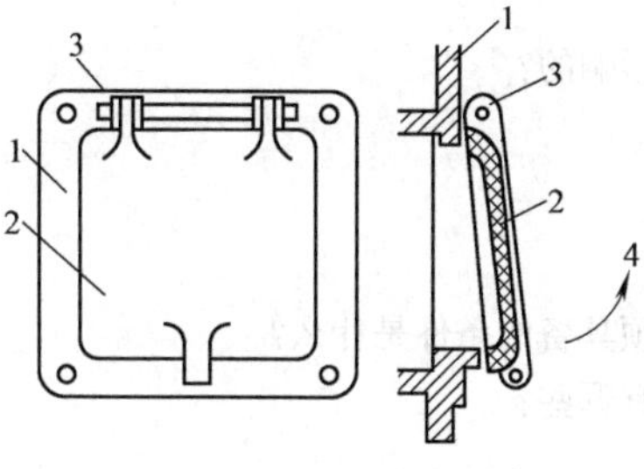

图 2-42　向上翻开的防爆门

1—防爆门的门框　2—防爆门

3—转轴　4—防爆门动作方向

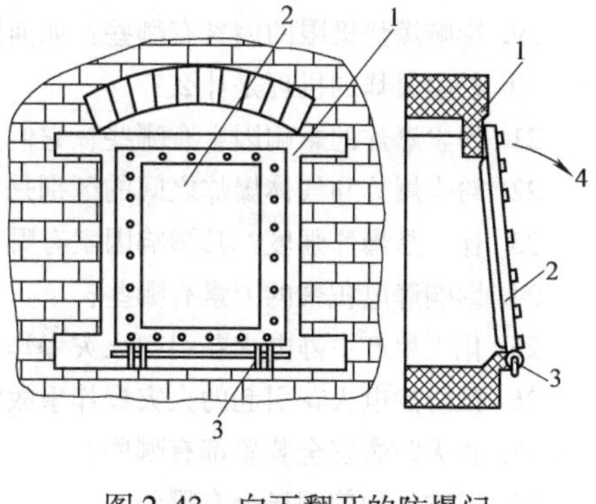

图 2-43　向下翻开的防爆门

1—燃烧室外壁　2—防爆门

3—转轴　4—防爆门动作方向

（4）放空管。在某些极其危险的设备上，为防止可能出现的超温、超压而引起爆炸的恶性事故的发生，可设置自动或手控的放空管以紧急排放危险物料。

思考题

1. 什么是燃烧？燃烧的条件是什么？
2. 为什么说燃烧三要素仅仅是燃烧发生的必要条件而不是充分条件？
3. 什么叫闪点？哪些因素可影响闪点值？
4. 什么叫自燃点？自燃点的影响因素有哪些？
5. 物质的燃烧过程是什么？
6. 什么叫着火延滞期？
7. 燃烧的形式有哪几种？
8. 引起自热自燃的热源有哪些？试举例说明。
9. 什么是爆炸？爆炸和燃烧之间的区别是什么？
10. 燃烧机理有哪几种？
11. 什么是燃烧的链锁反应理论？根据链锁反应理论，燃烧的机理是什么，并举例说明。
12. 燃气燃烧速度的主要影响因素有哪些？
13. 化工企业中常见的引燃源有哪些？
14. 什么是物理爆炸？试举例说明。
15. 什么是化学爆炸？试举例说明。
16. 什么是蒸气云爆炸？其发生步骤是什么？
17. 什么是沸腾液体扩展蒸气爆炸？其发生步骤是什么？
18. 什么叫爆炸极限，为什么可燃气与空气（或氧）的混合气在爆炸上限以上或下限以下时不会爆炸？
19. 影响爆炸极限的因素有哪些？如何影响？
20. 粉尘爆炸的机理是什么？
21. 粉尘爆炸的影响因素有哪些？它们是如何影响的？
22. 粉尘爆炸和气体爆炸之间的区别是什么？
23. 什么是爆炸强度？其影响因素有哪些？
24. 影响静电积聚的因素有哪些？
25. 化工生产中静电火花引起火灾爆炸事故必须具备的条件是什么？
26. 预防静电火花引起的火灾爆炸事故的措施有哪些？
27. 防火防爆安全装置都有哪些？
28. 爆破片的使用场合有哪些？

习题

1. 试估算甲烷和乙炔气体的爆炸极限？

2. 某混合物中各组分的体积分数以及燃烧极限见表2-34，试判断如果存在引燃源，该混合气能否爆炸？

表2-34　混合气体的组成及其燃烧极限

物质	体积分数(%)	*LFL*(%)	*UFL*(%)
乙烷	0.8	1.1	7.5
甲烷	2.0	5.0	16
乙烯	0.5	2.7	36.0
空气	96.7		

3. 某干馏气体中的成分为 C_nH_m、CH_4、CO、H_2、CO_2 和 N_2。每种气体成分的组成和在空气中的燃烧极限见表2-35。求混合气体在空气中的爆炸极限。

表2-35　干馏气体中的成分及其含量和燃烧极限

	C_nH_m	CH_4	CO	H_2	CO_2	N_2
体积分数(%)	1	3	3	10	18	65
LFL(%)	3.1	5	12.5	4.1	—	—
UFL(%)	28.6	15	74.2	74.2	—	—

4. 试计算CO—空气混合爆炸时的最高温度和压力。已知 $Q_{CO}=285.35\text{kJ}\cdot\text{mol}^{-1}$，初温为300K，原始压力为0.1MPa。

5. 试计算CO—空气混合物中CO的体积分数为20%时爆炸的理论最高温度和压力。已知初温为300K，原始压力为0.1MPa。

第 3 章

危险化学品安全基础

近些年我国化学工业得到了飞速的发展，化学品的种类和数量都大大增加，其中 80% 以上是危险品。在危险化学品生产使用、运输、储存及废弃环节，由于危险化学品的多种危害性，其安全、健康、环保问题日益突出，各类恶性事故不断发生，造成了恶劣的社会影响乃至国际影响。为此，必须了解各类危险化学品的危险性，有效控制各环节中危险化学品可能导致的后果。本章主要介绍危险化学品的基本安全知识。

3.1 危险化学品的定义及分类

3.1.1 危险化学品的定义

凡具有各种不同程度的燃烧、爆炸、毒害、腐蚀、放射性等危险特性，受到摩擦、撞击、震动、接触火源、日光曝晒、遇水受潮、温度变化或遇到性能有抵触的其他物质等外界因素的影响，因而引起燃烧、爆炸、中毒、灼伤等人身伤亡、职业危害或使财产损坏、环境污染的物质，都称为危险化学品。

化学品遍布于人类的生活和生产活动中，其中 80% 以上的化学品是危险化学品。由于危险化学品和其他许多科技成果一样是一把双刃剑，既可以造福于人类，也会由于其潜在危险给人类的生产和生活带来负面影响。例如，1984 年发生在印度博帕尔农药厂的甲基异氰酸酯泄漏事故，直接造成 2000 人死亡，几千人受伤，几万人被迫疏散，震惊世界。2005 年 11 月发生在我国吉林石化公司双苯厂苯胺硝化单元的爆炸事故，造成 6 人死亡，60 多人受伤，同时排放的污水导致松花江水体污染，甚至波及到邻国俄罗斯，产生了恶劣的社会影响和国际影响。所以必须对品种众多的危险化学品加以区分和鉴别，明确各类危险化学品的危险特性，从而有效地预防和控制危险化学品事故发生。

3.1.2　危险化学品的分类

依据中华人民共和国国家标准《常用危险化学品的分类及标志》(GB 13690—1992)，我国一般将危险化学品按其危险特性分为八大类。第一类是爆炸品，第二类是压缩气体和液化气体，第三类是易燃液体，第四类是易燃固体、自燃物品和遇湿易燃物品，第五类是氧化剂和有机过氧化物，第六类为有毒品，第七类是放射性物品，第八类是腐蚀品。这一分类方法和联合国的危险化学品分类方法基本上是一致的。

1. 第一类：爆炸品

爆炸品系指在外界作用下(如受热、受压、撞击等)，能发生剧烈的化学反应，瞬间产生大量的气体和热量，使周围压力急骤上升，发生爆炸，造成人身伤害、周围环境受到破坏的物品，也包括无整体爆炸危险，但具有燃烧、抛射及较小爆炸危险，或仅产生热、光、音响或烟雾等一种或几种作用的烟火物品。

2. 第二类：压缩气体和液化气体

压缩气体和液化气体系指压缩、液化或加压溶解的气体，并符合下述两种情况之一者：

(1) 临界温度低于50℃时，或在50℃时，其蒸气压力大于294kPa 的压缩或液化气体。

(2) 温度在21.1℃时，气体的绝对压力大于275kPa，或在54.4℃时，气体的绝对压力大于715kPa 的压缩气体；或在37.8℃时，蒸气压大于275kPa 的液化气体或加压溶解气体。

3. 第三类：易燃液体

易燃液体指闭杯闪点等于或低于61℃的单组分液体、液体混合物或含有固体物质的液体，但不包括由于其危险性已列入其他类别的液体。

4. 第四类：易燃固体、自燃物品和遇湿易燃物品

易燃固体系指燃点低，对热、撞击、摩擦敏感，易被外部火源点燃，燃烧迅速，并可能散发出有毒烟雾或有毒气体的固体，但不包括已列入爆炸品的物品。

自燃物品系指自燃点低，在空气中易发生氧化反应，放出热量，而自行燃烧的物品。

遇湿易燃物品系指遇水或受潮时，发生剧烈化学反应，放出大量的易燃气体和热量的物品。有的不需明火即能燃烧或爆炸。

5. 第五类：氧化剂和有机过氧化物

氧化剂系指处于高氧化态，具有强氧化性，易分解并放出氧和热量的物

质。包括含有过氧基的无机化合物，其本身不一定可燃，但能导致可燃物的燃烧，与松软的粉末状可燃物能组成爆炸性混合物，对热、震动或摩擦较敏感。

有机过氧化物系指分子组成中含有过氧基的有机物，其本身易燃易爆，极易分解，对热、震动或摩擦极为敏感。

6. 第六类：有毒品

该类化学品系指进入肌体后，累积达到一定的量，能与体液和器官组织发生生物化学作用或生物物理作用，扰乱或破坏肌体的正常生理功能，引起某些器官和系统暂时性或永久性的病理改变，甚至危及生命的物品。一般地，经口摄取半数致死量：固体 $LD_{50} \leqslant 500$mg/kg；液体 $LD_{50} \leqslant 2000$mg/kg；经皮肤接触24h，半数致死量 $LD_{50} \leqslant 1000$mg/kg；粉尘、烟雾及蒸气吸入半数致死量 $LC_{50} \leqslant$ 10mg/L 的固体或液体。

7. 第七类：放射性物品

该类化学品系指放射性比活度大于 7.4×10^4Bq/kg 的物品。

8. 第八类：腐蚀品

该类化学品系指能灼伤人体组织并对金属等物品造成损坏的固体或液体。对人体组织，与皮肤接触在 4h 内出现可见坏死现象；对金属物品指温度在 55℃时，对 20 号钢的均匀表面年腐蚀率超过 6.25mm/年的固体或液体。

除了根据各类危险化学品的定义确定其分类，还可以查阅国家标准《常用危险化学品的分类及标志》(GB 13690—1992)、《危险货物名录》、《危险化学品名录》(2002 年)、《有毒化学品名录》(2002 年)等确定危险化学品的所属类别。对于未列入分类明细表中的危险化学品，可以参照已列出化学性质的危险性相似的物品进行分类。

3.2 危险化学品的危险特性

不同类别的危险化学品由于其分子组成、官能团等的差别具有不同的危险特性，以下各节分别对此加以阐述。总地来说，危险化学品的主要危险特性如下：

1. 活性

所谓活性就是指易于与其他物质发生作用的特性。活性越强的物质其危险性就越大。许多具有爆炸特性、氧化特性的物质的活性都很强，活性越强的物质其危险性就越大。

2. 燃烧性

压缩气体和液化气体、易燃液体、易燃固体、自燃物品和遇湿易燃物品、氧化剂和有机过氧化物等均可能发生燃烧而导致火灾事故。

3. 爆炸性

除了爆炸品之外，压缩气体和液化气体、易燃液体、易燃固体、自燃物品和遇湿易燃物品、氧化剂和有机过氧化物等都有可能引发爆炸。

4. 毒害性

除毒害品和感染性物品外，压缩气体和液化气体、易燃液体、易燃固体等一些物质也会具有不同程度的毒性，致人中毒。

5. 腐蚀性

腐蚀性物品对人或金属会造成不同程度的腐蚀，酸和碱类物质一般都有腐蚀性。有些有机物质也有腐蚀性。

6. 放射性

放射性化学品所放出的射线对人体组织结构会造成暂时或永久性的伤害。

3.2.1　爆炸品的危险特性

爆炸物品都具有化学不稳定性，在一定的外界因素作用下，会产生猛烈的化学反应，放出巨大的能量。

爆炸品的危险特性突出表现在以下四个方面：

（1）化学反应速度极快。一般以万分之一秒的时间完成化学反应过程。

（2）爆炸时产生大量的热，能量在极短时间放出。

（3）产生大量气体，造成高压。形成的冲击波对周围建筑物有巨大的破坏性。

（4）撞击、摩擦、温度等外界条件非常敏感。

任何一种爆炸品的爆炸都需要外界供给它一定的能量即起爆能。某一爆炸品所需的最小起爆能，即为该爆炸品的敏感度。敏感度是确定爆炸品爆炸危险性的一个非常重要的标志，敏感度越高，则爆炸危险性越大。

此外，有的爆炸品还有一定的毒性。例如TNT(梯恩梯)、硝化甘油、雷汞等都具有一定的毒性。

还有些爆炸品与酸、碱、盐、金属发生反应，反应的生成物是更容易爆炸的化学品。如：苦味酸遇某些碳酸盐能反应生成更易爆炸的苦味酸盐；苦味酸受铜、铁等金属撞击，立即发生爆炸。

因此在爆炸品储运中要避免摩擦、撞击、颠簸、震荡，严禁与氧化剂、酸、碱、盐类、金属粉末和钢材料器具等混储混运。图3-1a给出了爆炸品的安全标签。

3.2.2　压缩气体和液化气体的危险特性

该类危险化学品按其性质又分为易燃气体；不燃气体；有毒气体。

易燃气体极易燃烧，与空气混合能形成爆炸性混合物。在常温常压下遇明火、高温即会发生燃烧或爆炸，如乙炔气、氢气。

不燃气体系指无毒、不燃气体，包括助燃气体，但高浓度时有窒息作用。助燃气体有强烈的氧化作用，遇油脂能发生燃烧或爆炸，如氮气、氩气和氧气。

有毒气体对人畜有强烈的毒害、窒息、灼伤、刺激作用。其中有些还具有易燃、氧化、腐蚀等性质。其毒性指标与第6类毒性指标相同，如氯气、硫化氢等。

图3-1是压缩气体和液化气体的几种安全标签。

a)　　b)　　c)　　d)

图3-1　第1类、第2类危险化学品安全标签
a）第1类　b）~d）第2类

3.2.3　易燃液体的危险特性

易燃液体按其闪点高低分为以下3种：

(1) 低闪点液体：指闭杯闪点低于 -18℃ 的液体，如乙醚，汽油，甲醇等。

(2) 中闪点液体：指闭杯闪点在 -18~23℃ 的液体，如苯乙烯。

(3) 高闪点液体：指闭杯闪点在23~61℃的液体，如轻柴油。

易燃液体具有以下一些特点：

1. 高度易燃性

遇火、受热以及和氧化剂接触时都有发生燃烧的危险，其危险性的大小与液体的闪点、自燃点有关，闪点和自燃点越低，发生着火燃烧的危险越大。

2. 易爆性

由于易燃液体的沸点低，挥发出来的蒸气与空气混合后，浓度易达到爆炸极限，遇火源往往发生爆炸。

3. 高度流动扩散性

易燃液体的粘度一般都很小，不仅本身极易流动，还因渗透、浸润及毛细现象等作用，即使容器只有极细微裂纹，易燃液体也会渗出容器壁外。泄漏后很容易蒸发，若形成的易燃蒸气比空气重，能在坑洼地带积聚，就增加了燃烧爆炸的危险性。

4. 易积聚电荷性

部分易燃液体，如苯、甲苯、汽油等，电阻率都很大，很容易积聚静电而产生静电火花，造成火灾事故。

5. 受热膨胀性

易燃液体的膨胀系数比较大，受热后体积容易膨胀，同时其蒸气压亦随之升高，从而使密封容器内部压力增大，造成“鼓桶”，甚至爆裂，在容器爆裂时会产生火花而引起燃烧爆炸。因此，易燃液体应避热存放；灌装时，容器内应留有 5% 以上的空隙。

6. 毒性

大多数易燃液体及其蒸气均有不同程度的毒性。

基于易燃液体的以上危险特性，在使用时应特别注意：①严禁烟火，远离火种、热源；②禁止使用易发生火花的铁制工具及穿带铁钉的鞋；③穿静电工作服；④佩戴劳动防护用品。

该类危险化学品的安全标识如图 3-2a 所示。

a)　　b)　　c)　　d)

图 3-2　第 3 类、第 4 类危险化学品安全标签

a) 第 3 类　b) ~ d) 第 4 类

3.2.4　易燃固体、自燃物品和遇湿易燃物品的危险性

1. 易燃固体

易燃固体是指燃点低、对热、撞击、摩擦敏感，易被外部火源点燃，燃烧迅速，并可能散发出有毒烟雾或有毒气体的固体，但不包括已列入爆炸品的物质。

其主要危险特性如下：

（1）易燃固体的主要特性是容易被氧化，受热易分解或升华，遇明火常会引起强烈、连续的燃烧。

(2) 与氧化剂、酸类等接触，反应剧烈而发生燃烧爆炸。故应特别注意易燃固体粉尘爆炸问题。

(3) 对摩擦、撞击、震动也很敏感。

(4) 许多易燃固体有毒，或燃烧产物有毒或有腐蚀性。

2. 自燃物品

自燃物品是指自燃点低，在空气中易于发生氧化反应，放出热量而自行燃烧的物品。

燃烧性是自燃物品的主要危险特性。自燃物品在化学结构上无规律性，因此自燃物质就有各自不同的自燃特性。

(1) 黄磷性质活泼，极易氧化，燃点又特别低，一经暴露在空气中很快引起自燃。但黄磷不和水发生化学反应，所以通常放置在水中保存。另外黄磷本身极毒，其燃烧的产物五氧化二磷也为有毒物质，遇水还能生成剧毒的偏磷酸。所以遇有磷燃烧时，在扑救的过程中应注意防止中毒。

(2) 二乙基锌、三乙基铝等有机金属化合物，不但在空气中能自燃，遇水还会强烈分解，产生易燃的氢气，引起燃烧爆炸。因此，储存和运输必须采用充有惰性气体或特定的容器包装，失火时亦不可用水扑救。

因此，应根据自燃物品的不同特性采取相应的储运及扑救措施。

3. 遇湿易燃物品

遇湿易燃品是指遇水或受潮时，发生剧烈化学反应，放出大量的易燃气体和热量的物品；其中有些物品不需明火即能燃烧或爆炸。

遇湿易燃物质除遇水反应外，遇到酸或氧化剂也能发生反应，而且比遇到水发生的反应更为强烈，危险性也更大。

因此，储存、运输和使用时，注意防水、防潮，严禁火种接近，与其他性质相抵触的物质隔离存放。另外，遇湿易燃物质起火时，严禁用水、酸碱泡沫、化学泡沫扑救。

该类危险化学品的安全标识如图 3-2b、c、d 所示。

3.2.5 氧化剂和有机过氧化物的危险性

1. 氧化剂

氧化剂系指处于高氧化状态，具有强氧化性，易分解并放出氧和热量的物质。包括含有过氧基的有机物，其本身不一定可燃，但能导致可燃物的燃烧；与松软的粉末状可燃物能形成爆炸性混合物，对热、震动或摩擦较为敏感。

2. 有机过氧化剂

有机过氧化物是指分子组成中含有过氧基的有机物，其本身易燃易爆、极易分解，对热、震动和摩擦极为敏感。

氧化剂具有较强的获得电子的能力，有较强的氧化性，遇酸碱、高温、震动、摩擦、撞击、受潮或与易燃物品、还原剂等接触能迅速分解，有引起燃烧、爆炸的危险。

该类危险化学品的安全标识如图 3-3 所示。

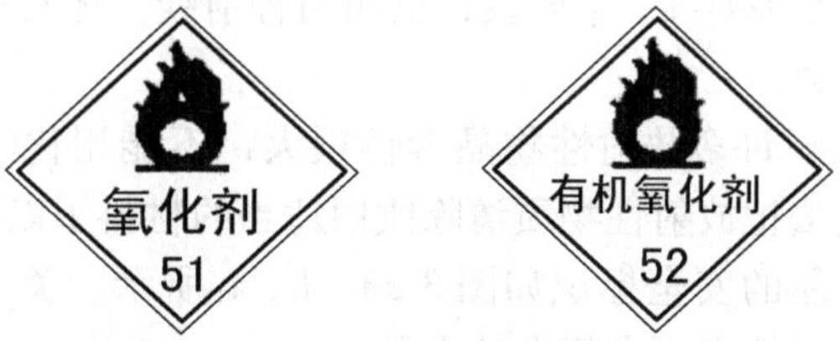

图 3-3　第 5 类危险化学品安全标签

3.2.6　毒害物品和感染性物品的危险性

1. 毒害物品

毒害物品是指其进入肌体后，会累积达到一定的量，能与体液和肌体组织发生生物化学作用或生物物理学变化，扰乱或破坏肌体的正常生理功能，引起暂时性或持久性的病理改变，甚至危及生命的物品。具体指标如下：

经口：$LD_{50}\leqslant 500$mg/kg（固体），$LD_{50}\leqslant 2000$mg/kg（液体）

经皮：$LD_{50}\leqslant 1000$mg/kg（24h 接触）

吸入：$LC_{50}\leqslant 10$mg/L（粉尘、烟雾、蒸气）

毒害品按其毒性大小又分为有害品、有毒品和剧毒品。

2. 感染性物品

感染性物品是指含有致病的微生物，能引起病态甚至死亡的物质。

该类危险化学品的安全标识如图 3-4 所示。

图 3-4　第 6 类危险化学品安全标签

3.2.7 放射性物品的危险性

本类化学品系指放射性比活度大于 7.4×10^4Bq/kg 的物品。主要危险如下：

（1）放射性。放射性物质放出的射线可分为 4 种：α 射线，也叫甲种射线；β 射线，也叫乙种射线；γ 射线，也叫丙种射线；还有中子流。各种射线对人体的危害都较大。

（2）毒性很大。许多放射性物品毒性很大，不能用化学方法中和使其不放出射线，只能设法把放射性物质清除或用适当的材料予以吸收屏蔽。

该类危险化学品的安全标识如图 3-5a、b、c 所示。关于放射性物质本书不作详细介绍，有兴趣者可参阅有关专著。

a）

b）

c）

图 3-5 第 7 类危险化学品安全标签

3.2.8 腐蚀性化学品的危险性

这类化学品按其化学性质分为酸性腐蚀品，碱性腐蚀品和其他腐蚀品。其主要危险特性如下：

（1）强烈的腐蚀性。在化学危险物品中，腐蚀品是化学性质比较活泼，能和很多金属、有机化合物、动植物机体等发生化学反应的物质。这类物质能灼伤人体组织，对金属、动植物机体、纤维制品等具有强烈的腐蚀作用。

（2）强烈的毒性。多数腐蚀品有不同程度的毒性，有的还是剧毒品。

（3）易燃性。许多有机腐蚀物品都具有易燃性，如甲酸、冰醋酸、丙烯酸等。

（4）氧化性。如硝酸、硫酸、高氯酸、溴素等，当这些物品接触木屑、食糖、纱布等可燃物时，会发生氧化反应，引起燃烧。

图 3-6 第 8 类危险化学品安全标签

腐蚀品储运时应注意容器的材料问题。图 3-6 给出了腐蚀品的安全标识。

3.3 危险化学品安全基础

3.3.1 危险化学品的安全储存

储存是危险化学品流通过程中非常重要的一个环节，处理措施不当，就会造成事故乃至重特大事故。如1994年发生在深圳清水河化学品仓库的重特大火灾、爆炸事故。因此，必须掌握危险化学品储存过程的安全基础知识。

3.3.1.1 储存分类

按照储存的形式，可以将化学品的储存分为整装储存和散装储存两类。

整装储存就是将物品装于小型容器或包件中储存。如袋装、桶装、箱装或钢瓶装等。

散装储存指的是不带外包装的净货储存。如油品储存于油罐中，液化石油气储存于大型球罐中。

按照储存方式，将危险化学品的储存分为隔离储存、隔开储存、分离储存三种方式。

隔离储存是在同一房间或同一区域内，不同的物料之间分开一定的距离，非禁忌物料间用通道保持空间的储存方式。

隔开储存指在同一建筑物或同一区域内，用隔板或墙将禁忌物料分开的储存方式。

分离储存为在不同的建筑物或远离所有的外部区域内的储存方式。

3.3.1.2 储存危险化学品分类及其火灾危险性

依据危险化学品的性质，可将储存的危险化学品分为易燃易爆性商品，毒害性商品和腐蚀性商品。其中，易燃易爆性商品又包括爆炸品；压缩气体和液化气体；易燃液体；易燃固体、自燃物品、遇湿易燃物品；氧化剂和有机过氧化剂。按化学组成和急性毒性大小，毒害品分为一级无机毒害品、一级有机毒害品、二级无机毒害品和二级有机毒害品；按化学组成和腐蚀性强度，腐蚀品分为一级无机酸性腐蚀品、一级有机酸性腐蚀品、一级无机碱性腐蚀品、一级有机碱性腐蚀品、一级其他腐蚀品、二级无机酸性腐蚀品、二级有机酸性腐蚀品、二级碱性腐蚀品、二级其他腐蚀品。

基于易燃易爆性商品的特别危险性，我国国家标准《建筑设计防火规范》(2001年版)中将易燃易爆性商品的储存火灾危险性分为甲、乙、丙、丁、戊5类。具体规定如下所述。

属于如下6种情况之一的储存，其储存火灾危险性即为甲类：

（1）闪点<28℃的液体。

（2）爆炸下限<10%的气体，以及受到水或空气中水蒸气的作用，能产生爆炸下限<10%的固体物质。

（3）常温下能自行分解或在空气中氧化即能导致迅速自燃或爆炸的物质。

（4）常温下受到水或空气中水蒸气的作用能产生可燃气体并引起燃烧或爆炸的物质。

（5）遇酸、受热、撞击、摩擦以及遇有机物或硫磺等易燃的无机物，极易引起燃烧或爆炸的物质。

（6）受撞击、摩擦或氧化剂、有机物接触时能引起燃烧或爆炸的物质。

乙类储存火灾危险性包括如下6种情况：

（1）闪点≥28℃且<60℃的液体。

（2）爆炸下限≥10%的气体。

（3）不属于甲类的氧化剂。

（4）不属于甲类的化学易燃危险固体。

（5）助燃气体。

（6）常温下与空气接触能缓慢氧化、积热不散引起自燃的物品。

丙类火灾危险性是指如下物品的储存：①闪点≥60℃的液体；②可燃固体。

丁类火灾危险性是指难燃烧物品的储存。

戊类火灾危险性指非燃烧物品的储存。

3.3.1.3 安全储存危险化学品的基本要求

危险化学品的储存涉及到许多方面的问题，不同的类别、火灾危险性、毒性、外界条件的影响等都会对储存条件提出不同的要求，以下仅为基本要求：

1. 有符合国家标准规定的储存方式、设施

符合国家标准规定的储存方式、设施主要包括：建筑物、储存地点及建筑结构的设置、储存场所的电气设施、储存场所通风或湿度调节、禁忌要求、储存方式、安全设施、报警装置等。

建筑物的设计应符合《常用危险化学品储存通则》(GB 15603—1995)、《建筑设计防火规范》(GBJ 16—87,2001年版)、《危险化学品经营企业开业条件和技术要求》(GB 18265—2000)等国家标准的规定。

禁忌要求：危险化学品应根据其性能分区、分类、分库储存。各类危险化学品不得与化学性质相抵触或灭火方法不同的禁忌物料混合储存。

储存场所通风或湿度调节：储存危险化学品的建筑必须安装通风设备，并采取设备防护措施。储存危险化学品的建筑通排风系统应设有导除静电的接地装置。通风管应采用非燃烧材料制作。通风管道不宜穿过防火墙等防火分隔

物，如必须穿过时应采用非燃烧材料分隔。

采暖：储存危险化学品建筑采暖的热媒温度不应过高，热水采暖不应超过 80℃，不得使用蒸汽采暖和机械采暖。采暖管道和设备的保温材料，必须采用非燃烧材料。

安全设施：应当按照国家标准和国家有关规定，根据危险化学品的种类、特性，在库房设置相应的监测、通风、防晒、调温、防火、灭火、防爆、泄压、防毒、消毒、中和、防潮、防雷、防静电、防腐、防渗漏、防护围堤或者隔离操作等安全设施，保证符合安全运行要求。

危险化学品专用仓库，应当符合国家标准对安全、消防的要求，设置明显标志。危险化学品专用仓库的储存设备和安全设施应当定期检测。同一区域储存两种和两种以上的不同级别的危险品时，应按最高等级危险物品的性能设置标志。

2. 仓库的周边防护距离应符合国家标准或者国家有关规定

大中型危险化学品仓库应选址在远离市区和居民区的当地主导风向的下风方向和河流下游的地域；并应与周围公共建筑物、交通干线（公路、铁路、水路）、工矿企业等保持至少 1000m 的距离。

大中型危险化学品仓库内应设库区和生活区，两区之间应有高 2m 以上的实体围墙，围墙与库区内建筑的建筑距离不宜小于 5m，并应满足围墙两侧建筑物之间的防火距离要求。

3. 有符合储存需要的管理人员和技术人员

危险化学品的储存与一般日用工业品不同，有相当大的危险性和专业性，不具备一定的基础知识就无法保证安全运营。

储存危险化学品的单位，其主要负责人必须保证本单位危险化学品的安全管理符合有关法律、法规、规章的规定和国家标准的要求，并对本单位危险化学品的安全负责。企业法定代表人或经理应经过国家授权部门的专业培训，取得合格证书方能从事经营活动。

危险化学品单位从事储存危险化学品活动的人员，必须接受有关法律、法规、规章和安全知识、专业技术、职业卫生防护和应急救援知识的培训，并经考核合格，方可上岗作业。

危险化学品仓库应设有专职或兼职的危险化学品养护员，负责危险化学品的技术养护、管理和监测工作。仓库工作人员应进行培训，经考核合格后持证上岗。

4. 健全的安全管理制度

健全的安全管理制度对危险化学品储存企业非常重要。安全管理制度要结合储存单位储存的商品类别、数量、仓库的规模、设施等情况具体确定。一般要有出入库管理制度；商品养护管理制度；安全防火责任制；动态火源的管理制度；剧毒品管理制度；设备的安全检查制度；事故调查和处理制度等。

5. 有相应的危险化学品事故应急救援预案

危险化学品单位应当制定本单位事故应急救援预案，配备应急救援人员和必要的应急救援器材、设备，并定期组织演练。危险化学品事故应急救援预案应当报设区的市级人民政府负责危险化学品安全监督管理综合工作的部门备案。

6. 符合法律、法规规定和国家标准要求的其他条件

例如，剧毒化学品以及储存数量构成重大危险源的其他危险化学品必须在专用仓库内单独存放，实行双人收发、双人保管制度。储存单位应当将储存剧毒化学品以及储存数量构成重大危险源的其他危险化学品的数量、地点以及管理人员的情况，报当地公安部门和负责危险化学品安全监督管理综合工作的部门备案。

剧毒化学品的储存单位，应当对剧毒化学品的储存量如实记录，并采取必要的保安措施，防止剧毒化学品被盗、丢失或者误售、误用；发现剧毒化学品被盗、丢失或者误售、误用时，必须立即向当地公安部门报告。

危险化学品出入库前均应按合同进行检查验收、登记，验收内容包括：商品数量、危险化学品包装、包装标志等等。

压缩气体和液体气体必须与爆炸性物品、氧化剂、易燃物品、自燃物品、腐蚀性物品隔离储存。易燃气体不得与助燃气体、剧毒气体同储；氧气不得和油脂混合储存，盛装液化气体的容器属压力容器的，必须有压力表、安全阀、紧急切断装置，并定期检查，不得超装。

易燃液体、遇湿易燃物品、易燃固体不得与氧化剂混合储存，具有还原性的氧化剂应单独存放。

有毒物品应储存在阴凉、通风、干燥的场所，不要露天存放，不要接近酸类物质。

腐蚀性物品包装必须严密，不允许泄漏，严禁与液化气体和其他物品共存。

3.3.2 危险化学品的安全运输

随着我国经济建设的迅速发展，各地工业企业对化学品、危险化学品的需求越来越多，带动了危险化学品运输业的发展。然而，危险化学品在运输过程中，由于设备缺陷、撞击、挤压、操作失误等原因，盛装易燃、易爆、有毒危险品的容器有可能被击穿或破裂，泄漏出所运输的大量易燃、易爆、有毒化学品，进而导致火灾、爆炸、中毒等重大事故发生。另外，危险化学品道路运输

车辆有时必须通过人口聚集区域，对沿途的居民、行人、车辆及设施等构成潜在的巨大威胁，一旦发生事故将会造成较大范围的人员伤亡和财产损失。例如，1978 年 7 月 11 日，西班牙巴塞罗那市一辆满载丙烷的槽车发生爆炸，致使150 人被烧死，120 多人被烧伤，100 多辆汽车和 14 座建筑物被烧毁。2000 年 10 月，我国福建省龙岩市上杭县发生一起氰化钠罐车坠落 20m 深谷的事件，造成 98 人中毒。据统计，危险化学品运输事故占危险化学品事故的 40% 以上。故危险化学品的安全运输对我国的社会稳定、安全生产有着重要作用。

3.3.2.1 一般危化品运输的基本要求

（1）托运危险物品必须出示有关证明，向指定的铁路、交通、航运等部门办理手续。

（2）危险物品的装卸运输人员，应按装运危险物品的性质，佩戴相应的防护用品；装卸应轻装轻放，严禁摔脱，不得损坏包装容器，注意安全标志等。

（3）危险物品装卸前，应对车(船)搬运工具进行必要的通风和清扫，不得留有残渣，对剧毒品的运输车船，卸车后必须洗刷干净。

（4）爆炸、剧毒、放射性、易燃液体、可燃气体等物品，必须使用符合安全要求的运输工具。

（5）运输爆炸、剧毒和放射性等物品，应指派专人押送，押运人员不得少于 2 人。

（6）运输危险物品的车辆，必须保持安全车速、车距，严禁超车、超速和强行会车。运输危险物品的行车路线，必须事先经当地公安部门批准，按指定的路线和时间运输，不可在繁华街道行使和停留。

（7）运输易燃易爆物品的机动车，其排气管应装阻火器，并悬挂“危险品”标志。运输散装固体危险物品，应根据性质采取防火、防爆、防水、防粉尘飞扬和遮阳等措施。

（8）蒸汽机车在调车作业中，对装载易燃、易爆物品的车辆，必须挂不少于 2 节的隔离车，并严禁溜放。

（9）运输危险化学品，必须配备必要的应急处理器材和防护用品。

（10）危险化学品运输单位或运输车辆必须具有有效的危险化学品运输资质。

按照国家有关部门规定对危险化学品运输资质实行认定。

3.3.2.2 剧毒化学品运输的基本要求

考虑到剧毒化学品的特殊性，剧毒化学品的运输还需满足以下基本条件：

（1）通行证：具有国务院公安部门制定的通行证。

（2）公路运输途中发生意外(被盗、丢失、流散、泄漏)等情况时，立即向当地公安机关报告，并采取一切可能的警示措施。

（3）铁路运输：符合铁道部[2002]21号文件《铁路剧毒品运输跟踪管理暂行规定》要求。

（4）水路：禁止利用内河以及其他封闭水域等航运渠道运输剧毒化学品以及国务院交通部门规定禁止运输的其他危险化学品。

3.3.3 危险化学品的安全包装

3.3.3.1 包装的作用

（1）可防止被包装的危险品因接触雨雪、阳光、潮湿空气和杂质而使产品变质，或发生剧烈的化学反应从而造成事故。

（2）可减少货物在运输过程中所受到的碰撞、震动、摩擦和挤压，使危险品在包装的保护下保持相对稳定，从而保证运输安全。

（3）可防止货物撒漏、挥发以及与性质相悖的物品直接接触而发生事故或污染运输设备。

（4）便于储运过程中的堆垛、搬运、保管，提高运载效率和工作效率。

3.3.3.2 危险品包装的分类

危险品包装通常分为三类：货物具有较大危险性，包装强度要求高；货物具有中等危险性，包装强度要求较高；货物具有的危险性小，包装强度要求一般。

3.3.3.3 危险化学品安全包装的基本要求

危险化学品的包装必须符合国家法律、法规、规章的规定和国家标准的要求。

（1）危险化学品的包装物、容器必须由专业生产企业定点生产，并经专业部门检测检验合格。重复使用的危险化学品包装物、容器在使用前，应当进行检查，并作出记录；检查记录应当至少保存2年。

（2）包装所用材质应与所装的危险品的性质相适应。危险品的包装材料要考虑危险品的各种性能，如腐蚀性、对撞击和碰撞的敏感性、活性、遇湿易燃性等，针对不同的危险品，采用不同的包装材料。例如，氢氟酸不能使用玻璃容器；铝可以作硝酸、醋酸的容器，但不能盛装其他酸。

（3）包装应具有相应的强度，其构造和封闭装置，能经受运输过程中正常的冲撞、震动、挤压和摩擦。包装应有一定的强度，以保护包装内的货物不受损失，这是一般货物的共同要求。一般说来，货物性质比较危险的，发生事故危害性较大的，其包装强度要高一些。

（4）包装的封口应与所装危险货物的性质相适应。大部分危险品的包装应封口，一般应严密不漏。但有些危险品要求封口不严密，甚至还要求设有通气孔。例如，油浸的纸、棉、绸、麻等及其制品要用透气箱包装，以保持良好的通风；而装碳化钙的铁桶应严密到不漏水、漏气，有时还在桶内充氮抑制乙炔产生。

（5）内、外包装之间应适当衬垫。运输包装有很多方式组合包装。组合包装内外应加衬垫材料，因衬垫材料有缓冲、吸附、缓解作用。

（6）危险品包装应能承受一定范围的温湿度变化，空运包装还应适应高度变化。

（7）包装的件重、规格和形式应适应运输要求。

（8）包装的外表应有规定的各种包装安全标志。为保证危险品的运输安全，使从事危险品运输、装卸、储存的有关人员在进行作业时提高警惕，以防发生危险，并在一旦发生事故时能及时采取正确的施救措施，危险品运输包装必须具备国家或政府间组织规定的“危险货物包装标志”。危险货物包装标识应正确、明显和牢固、清晰。一种危险货物同时具有两种以上性质的，应分别具有表明该货物主、副特性的主副标志。一个集合包件内具有几种不同性质的货物，所有这些货物的危险性质标志都应在集合包件的表面显示出来。

3.3.4 危险化学品安全信息

3.3.4.1 化学品安全技术说明书

化学品安全技术说明书(Chemical Safety Data Sheet,简称 CSDS)(国外也叫 MSDS)，是《工作场所安全使用化学品规定》所要求的，是一份关于化学品燃、爆、毒性和生态危害以及安全使用、泄漏应急处置、主要理化参数、法律法规等方面信息的综合性文件。作为为用户的一种服务，生产企业应随化学商品向用户提供化学品安全技术说明书，使用户明了化学品的有关危害，使用时自主进行防护，起到减少职业危害和预防化学事故的作用。

1. 安全技术说明书的主要用途

安全技术说明书作为最基础的技术文件，主要用途是传递安全信息。

2. 安全技术说明书的主要作用

（1）作业人员安全使用化学品的指导性文件。

（2）化学品生产、处置、储存和使用各环节制定安全操作规程提供技术信息。

（3）危害控制和预防措施设计提供技术依据。

（4）企业安全教育的主要内容。

3. 安全技术说明书的不同责任

生产企业既是化学品的生产商，又是化学品使用的主要用户，对安全技术说明书的编写和供给负有最基本的责任。生产企业必须按照国家法规填写符合规定要求的安全技术说明书，全面详实地向用户提供有关化学品的本企业产品的安全技术说明书。安全卫生信息，并确保接触化学品的作业人员能方便地查阅，还应负责更新本企业产品的安全技术说明书。

使用单位作为化学品使用的用户，应向供应商索取全套的最新的化学品的安全技术说明书，并评审从供应商处索取的安全技术说明书，针对本企业的应用情况和掌握的信息，补充新的内容，确保接触化学品的作业人员能方便地查阅。

经营、销售企业所经销的化学品必须附带安全技术说明书；经营进口化学品的企业，应负责向供应商、进口商索取最新的中文安全技术说明书，随商品提供给用户。

运输部门对无安全技术说明书的化学品一律不予承运。

4. 化学品安全技术说明书的内容

国家标准《化学品安全技术说明书编写规定》(GB 16483—1998)规定安全技术说明书应包括安全信息16大项近70个小项的内容，具体项目如下：

(1) 化学品及企业标识：主要包括化学品名称、生产企业、地址、电话、应急电话。

(2) 成分/组成信息：包括主要成分，对安全和健康构成危害的组分，CAS号和重量比例。

(3) 危险性概述：简要说明该化学品最重要的危害和效应，主要包括危险性类别、侵入途径、燃爆危险、健康危害、生态危害等信息。

(4) 急救措施：是指人员意外地受到化学品伤害时，所需采取的自救或互救的简要的处理方法，包括皮肤接触、眼睛接触、吸入或食入的急救措施。

(5) 消防措施：是指化学品合适的灭火介质以及消防人员个体防护等方面的信息，包括危险特性、灭火方法、灭火注意事项等。

(6) 泄漏应急处理：是指化学品泄漏后现场可采用的简单有效的应急处理措施、注意事项等。

(7) 操作处置和储存：主要是指关于操作处置和安全储存方面的信息资料，包括操作注意事项、储存注意事项等内容。

(8) 接触控制/个体防护：是指在生产、操作处置、搬运和使用化学品的作业过程中，为保护作业人员免受化学品危害而采取的防护方法和手段。

(9) 理化特性：主要是指化学品外观及理化特性等方面的信息。

(10) 稳定性和反应活性：叙述化学品的稳定性和反应活性方面的信息，包括：稳定性、禁配物、应避免接触的条件、聚合危害、燃烧(分解）产物。

（11）毒理学资料：主要提供化学品详细完整的毒理学资料。

（12）生态学资料：对可能造成环境影响的主要特性应予以描述，包括迁移性、降解性、生物累积性和生态毒性。

（13）废弃处置：提供化学品和可能具有有害化学品残余的污染包装的安全处置方法及要求。

（14）运输信息：指国内、国际化学品包装、运输的要求及运输规定的分类和编号及运输注意事项等。

（15）法规信息：提供对化学品进行危险性分类和监管的法规信息。

（16）其他信息：主要提供其他对安全有重要意义的信息，包括参考文献、填表时间、填表部门、填表人、数据审核单。

3.3.4.2 危险化学品安全标签

化学品安全标签是指危险化学品在市场上流通时应由供应者提供的附在化学品包装上的，用于提示接触危险化学品的人员的一种标识。它用简单、明了、易于理解的文字、图形表述有关化学品的危险特性及其安全处置的注意事项。

1. 安全标签的主要内容与设计

（1）名称：用中文和英文分别标明危险化学品的通用名称，名称要求醒目清晰，位于标签的正上方。

（2）分子式：用元素符号和数字表示分子中各原子数，居名称的下方，若是混合物此项可略。

（3）化学成分及组成：标出主要危险组分及其浓度或规格。

（4）编号：标明联合国危险货物编号和中国危险货物编号，分别用 UN No. 和 CN No. 表示。

（5）危险性标志：用危险性标志表示各类化学品的危险特性，每种化学品最多可选用2个标志。标志采用联合国《关于危险货物运输的建议书》和《常用危险化学品分类及标志》（GB 13690—1992）。

（6）警示词：根据化学品的危险程度和类别，用“危险”、“警告”、“注意”三个词分别进行高度、中度、低度危害的警示。当某种化学品具有一种以上的危险性时，用危险性最大的警示词。警示词位于化学名称下方，要求醒目、清晰。

（7）危险性概述：简要概述化学品燃烧爆炸危险特性、健康危害和环境危害，居警示词下方。

（8）安全措施：表述化学品在处置、搬运、储存和使用作业中所必须注意的事项和发生意外时简单有效的救护措施等，要求内容简明、扼要、重点突出。

（9）灭火：化学品为易（可）燃或助燃物质，应提示有效的灭火剂和禁用的灭火剂以及灭火注意事项；若化学品为不燃物质，此项可略。

（10）批号：注明生产日期及生产班次。

（11）提示：向生产企业索取安全技术说明书。

（12）生产厂（公司）：名称、地址、邮编、电话。

（13）应急电话：填写企业应急电话和国家化学品登记注册中心事故应急热线电话。

2. 安全标签与相关标签的协调关系

安全标签是从安全管理的角度提出的，但化学品在进入市场时还需要有工商标签、运输时还需有危险货物运输标志。为使安全标签和工商标签、运输标志之间减少重复，可将安全标签所要求的 UN 编号和 CN 编号与运输标志合并；将名称、化学成分及组成、批号、生产厂（公司）名称、地址、邮编、电话等与工商标签的同样内容合二为一，使 3 种标签有机地融合，形成一个整体，降低企业的生产成本。在某些特殊情况下，安全标签可单独印刷。3 种标签合并印刷时，安全标签应占整个版面的 1/3 ~ 2/5。

（1）安全标签的责任。

1）生产企业。必须确保本企业生产的危险化学品在出厂时加贴符合国家标准的安全标签到危险化学品每个容器或每层包装上，使化学品供应和使用的每一阶段均能在容器或包装上看到化学品的识别标志。

2）使用单位。使用的化学危险品应有安全标签，并应对包装上的安全标签进行核对。若安全标签脱落或损坏时，经检查确认后应立即补贴。

3）经销单位。经销的危险化学品必须具有安全标签，进口的危险化学品必须具有符合我国标签标准的中文安全标签。

4）运输单位。对无安全标签的危险品一律不能承运。

（2）安全标签的使用。标签应粘贴、挂拴（喷印）在化学品包装或容器明显位置。多层包装运输，原则要求内外包装都应加贴（挂）安全标签，但若外包装上已加贴安全标签，内包装是外包装的衬里，内包装上可免加贴安全标签；外包装为透明物，内包装的安全标签可清楚地透过外包装看到，外包装可免加标签。

（3）注意事项。标签应由生产厂（公司）在货物出厂前粘贴、挂拴（喷印）。出厂后若要改换包装，则由改换包装单位重新粘贴、挂拴（喷印）标签。标签的粘贴、挂拴（喷印）应牢固、结实，保证在运输、储存期间不脱落。盛装危险化学品的容器或包装，在经过处理并确认无任何危险性后，方可撕下标签，否则标签应予以保留。

思考题

1. 危险化学品分为哪几类？每一类危险化学品的危险特性是什么？
2. 危险化学品安全储存的基本要求有哪些？
3. 危险化学品安全运输的基本要求有哪些？
4. 危险化学品包装的基本安全要求有哪些？
5. 处置危险化学品的基本安全要求有哪些？
6. 安全技术说明书都包括哪些内容？它的作用是什么？
7. 生产企业、使用单位、销售单位和运输单位的安全标签上分别有什么责任？

第 4 章

化工系统危险源辨识及评价

4.1 危险源辨识

4.1.1 概述

在化工生产中，从原料、中间体到成品，大都具有易燃、易爆、毒性等化学危险性；化工工艺过程复杂多样化，高温、高压、深冷等不安全因素很多，这些化工危险大都具有潜在的性质，即存在着“危险源”。危险源就是危险出现的根源，是导致伤亡事故发生的不安全因素。危险源在一定的条件下可以发展成为“事故隐患”，而事故隐患继续失去控制，则转化为“事故”的可能性会大大增加。因此，可以得到以下结论，即：危险失控可导致事故；危险受控能获得安全。为了控制危险源，首先必须辨识危险源，评价危险源导致事故的危险性，寻求控制危险源的方法和措施。危险源辨识就是观察生产过程中的各种危险因素，掌握危险情况，对危险性进行分析思考来认识危险，所以在辨识危险源的过程中要进行危险性分析。

长期以来，人们在安全工作实践中不断探索危险源辨识和控制的原则和方法，如事故频发倾向概念(Accident Proneness)，海因里希(W. H. Heinrich)事故因果连锁论，吉布森(Gibson)和哈登(Haddon)提出的能量意外释放理论，佐藤吉信(Sato)建立的A-C模型(Action Change and Action Chain)，以及故障树分析等系统安全分析、评价方法，用于系统危险源辨识，指导采取危险源控制措施。

4.1.2 危险辨识的主要内容

危险辨识过程中，应坚持“横向到边、纵向到底、不留死角”的原则，对以下方面存在的危险因素与危害因素进行辨识与分析：

(1) 厂址及环境条件。从厂址的工程地质、地形、自然灾害、周围环境、气象条件、资源交通、抢险救灾支持条件等方面进行分析。

（2）厂区平面布局。

1）总图：功能分区（生产、管理、辅助生产、生活区）布置；高温、有害物质、噪声、辐射、易燃、易爆、危险品设施布置；工艺流程布置；建筑物、构筑物布置；风向、安全距离、卫生防护距离等。

2）运输线路及码头：厂区道路、厂区铁路、危险品装卸区、厂区码头。

（3）建（构）筑物。结构、防火、防爆、朝向、采光、运输（操作、安全、运输、检修）、通道、开门、生产卫生设施。

（4）生产工艺过程。物料（毒性、腐蚀性、燃爆性）温度、压力、速度、作业及控制条件、事故及失控状态。

（5）生产设备、装置。

1）化工设备、装置：高温、低温、腐蚀、高压、振动、关键部位的备用设备、控制、检修和故障、失误时的紧急异常情况。

2）机械设备：运动零部件和工件、操作条件、检修作业和误操作。

3）电气设备：断电、触电、火灾、爆炸、误运转和误操作、静电、雷电。

4）危险性较大设备、高处作业设备。

5）特殊单体设备、装置：锅炉房、乙炔站、石油库、危险品库等。

（6）粉尘、毒物、噪声、振动、辐射、高温、低温等有害作业部位。

（7）管理设施、事故应急抢救设施和辅助生产、生活卫生设施。

（8）劳动组织生理、心理因素和人机工程学因素等。

4.1.3　危险源辨识程序

危险源辨识的程序分为辨识方法及辨识单元的划分、辨识和危害后果分析两大步骤，为应急预案的制定和实施提供了依据。

4.1.3.1　危险源辨识方法及辨识单元的划分

危险源辨识方法包括以下几类：

1. 直观经验法

该种方法适用于有可供参考的先例，有以往经验可以借鉴的危险源辨识过程，不能应用在没有参考先例的新系统中。

（1）对照分析法。对照分析法是对有关标准、法规、检查表或依靠分析人员的观察能力，借助其经验和判断能力，直观地对分析对象的危险因素进行分析的方法。其优点是简便、易行，缺点是容易受到分析人员的经验、知识和占有资料局限等方面的限制。

（2）类比推断法。类比方法是利用相同或相似的工程作业条件的经验以及安全的统计来类比推断评价对象的危险因素。它也是实践经验的积累和总结。对那些相同的企业，它们在事故类别、伤害方式、伤害部位、事故概率等方面极其相近，作业环境的监测数据、尘毒浓度等方面也具有相似性，它们遵循相同的规律，这就说明其危险有害因素和导致的后果是完全可以类推的。因此新建的工程项目可以考虑借鉴现有同类规模和装备水平的同类企业，依此辨识危险源，具有较高的置信度。

（3）专家评议法。专家评议法是一种吸收专家参加，根据事物的过去、现在及发展趋势，进行积极的创造性思维活动，对事物的未来进行分析、预测的方法。它的实质是集合了专家的经验、知识和分析、推理能力，特别是对同类装置进行类比分析，辨识危险源的方法。此种方法对专家素质的要求较高，一般应有专业、安全、评价、逻辑、管理等方面的专家组成专家小组共同进行。

2. 系统安全分析方法

系统安全分析方法常用于复杂系统的分析，已渐渐形成了一门专门的学科，分析方法也多达几十种。这些分析方法各有特色，可适用于不同的领域、阶段和场合。常用的系统安全分析方法有：安全检查表法、预先危险分析法、故障类型及影响分析法、危险可操作性研究、故障树分析法、事件树分析法、人的可靠性分析方法等。

3. 参照《重大危险源辨识》(GB 18218—2000)中的有关规定进行辨识

通常重大危险源可分为如下七大类：易燃、易爆危害物质的储罐区；易燃、易爆、有毒物质的库区；具有火灾、爆炸、中毒危险的生产场所；企业危险建筑物；锅炉；压力容器；压力管道。

辨识单元的划分：辨识单元就是在危险有害因素分析的基础上，根据辨识目标和辨识方法的需要，将系统分成有限、确定的范围进行辨识的单元。辨识单元是为便于危险、有害因素辨识工作的进行而划分的，辨识单元的划分有利于提高辨识工作的准确性；辨识单元一般以生产工艺、工艺装置、物料的特点和特征与危险有害因素的类别、分布有机结合进行划分，还可以按辨识的需要将一个评价单元再划分为若干子评价单元或更细致的单元。

辨识单元的划分有多种方法，一般应遵循以下几个原则：①生产过程相对独立、空间位置相对独立；②事故范围相对独立；③具有相对明确的区域界限。

常用的辨识单元划分方法有：

1. 以危险有害因素的类别为主划分单元

（1）对工艺方案、总体布置及自然条件、社会环境对系统影响等综合方面危险有害因素的分析和评价，宜将整个系统作为一个辨识单元。

（2）将具有共性危险因素、有害因素的场所和装置划分为一个单元。按危险因素类别各划归一个单元，再按工艺、物料、作业特点（即其潜在危险因素不同）划分为子单元分别进行辨识。例如，合成氨厂可将易燃易爆场所、重大危险源辨识及危害后果分析、特种设备、安全附件及设施、电气设备及设施、工艺设施安全连锁、建（构）筑物、总体布局及常规防护措施、防尘防毒、安全管理、工艺过程及装置分别作为辨识单元进行评价；再将工艺过程及装置按工艺流程细分为造气、脱硫变换、精炼、压缩、合成、液氨储存等子单元进行评价。

另外在进行职业危害评价时，还可按有害因素（有害作业）的类别划分辨识单元。例如，将噪声、辐射、粉尘、毒物、高温、低温、体力劳动强度危害的场所各划归一个辨识单元。

2. *以装置和物质特征划分辨识单元*

（1）按装置工艺功能划分。例如：原料储存区域、反应区域、产品蒸馏区域、吸收或洗涤区域、中间产品储存区域、产品储存区域、运输装卸区域、催化剂处理区域、副产品处理区域、废液处理区域、通入装置区的主要配管桥区以及其他（过滤、干燥、固体处理、气体压缩等）。除按以上原则划分单元外，同时还应依据所采取的辨识方法的有关规定划分辨识单元。

（2）按布置的相对独立性划分。以安全距离、防火墙、防火堤、隔离带等与（其他）装置隔开的区域或装置，可作为一个辨识单元。储存区域内通常以一个或共同防火堤（防火墙、防火建筑物）内的储罐、储存空间作为一个辨识单元。

（3）按工艺条件划分。按操作温度、压力范围不同，划分为不同的单元；按开车、加料、卸料、正常运转、紧急停车、检修等不同作业划分单元。

（4）按储存、处理危险物品的潜在化学能、毒性和危险物品的数量划分。一个储存区域内（如危险品库）储存不同危险物品，为了能够正确识别其相对危险性，可作不同单元处理。

（5）按事故后果的严重性划分。根据以往事故资料，将发生事故时能导致停产、波及范围大、会造成巨大损失和伤害的关键设备作为一个单元；将危险性大且资金密度大的区域作为一个单元；将危险性特别大的区域、装置作为一个单元；将具有类似危险性潜能的单元合并为一个大单元。

一个需要进行辨识的建设项目或装置（系统），一般是由相对独立、相互联系的若干部分（子系统、单元）组成，各部分的功能、含有的物质、存在的危险有害因素以及安全指标均不尽相同。以整个系统作为辨识对象时，一般按一定原则将需辨识的对象分成若干有限、确定范围的单元分别进行，再综合为整个系统进行辨识。将系统划分为不同类型的单元进行辨识工作，简化了工作程序，减少了工作量，还可以避免遗漏辨识点，而且由于能够得出各单元危险性（危害性）的比较概念，避免误判了整个系统的危险性（危害性）的可能性，从而提高了辨识的准确性，降低了采取对策措施的安全投资费用。

4.1.3.2 危险有害因素辨识和危害后果分析

事故危害后果分析有较多的方法和技术手段，不同场所、不同物质、不同行业对技术分析的适用性也有较大差异，如在对化工生产进行事故危害后果分析时常使用的有美国道化学公司火灾及爆炸指数评价法，日本化工企业六阶段安全评价法，我国的易燃、易爆、有毒重大危险源评价方法等。

通过安全检查和风险评级确定的隐患，需由安全管理部门提出隐患治理的安全技术措施或安全项目计划，并协助企业领导人根据生产需要安排资金、人力和时间实施计划，督促按计划完成各项隐患治理项目。

4.1.3.3 危险源辨识的工作程序

（1）对辨识对象应有全面和较为深入地了解。

（2）找出辨识区域所存在的危险物质、危险场所。

（3）对辨识对象的全过程进行危险有害因素辨识。

（4）根据相关标准对辨识对象是否构成重大危险源进行辨识。

（5）对辨识对象可能发生事故的危害后果进行分析。

（6）对构成重大危险源的场所进行重大危险源的参考分级，为各级安全生产监督部门的危险源分级管理提供参考依据。

（7）划分辨识单元，并对所划分的辨识单元中的细节进行详尽分析。

（8）为企业应急预案的制定、控制和预防事故发生、降低事故损失率提供基础依据。

4.1.4 重大危险源辨识

4.1.4.1 概念

重大危险源是指长期或临时生产、加工、搬运、使用或储存危险物质，且危险物质的数量等于或超过临界量的单元。

重大危险源的辨识依据是物质的危险特性及其数量。重大危险源分为生产场所重大危险源和储存区重大危险源。

生产场所是指危险物质的生产、加工及使用等的场所，包括生产、加工及使用等过程中的中间储罐存放区及半成品、成品的周转库房。

储存区是指专门用于储存危险物质的储罐或仓库组成的相对独立区。

4.1.4.2 重大危险源分类

重大危险源分类是重大危险源申报、普查的基础，科学、合理地分类有助于客观地反映重大危险源的本质特征，有利于重大危险源普查工作的顺利进行。

综合考虑多种因素，重大危险源分类遵循以下原则：从可操作性出发，以重大危险源所处的场所或设备、设施对重大危险源进行分类；再按相似相容性原则，依据各类重大危险源各自的特性进行有层次的展开。

按以上原则重大危险源分为七大类：

（1）易燃、易爆、有毒物质的储罐区（储罐）：包括可燃液体储罐区；气体储罐区；毒性物质储罐区。

（2）易燃、易爆、有毒物质的库区（库）：包括火（炸）药、弹药库区；毒性物质库区；易燃、易爆物品库区。

（3）具有火灾、爆炸、中毒危险的生产场所：包括具有燃烧危险的生产场所；具有爆炸危险的生产场所；具有中毒危险的生产场所。

（4）企业危险建（构）筑物。

（5）压力管道：包括工业管道；公用管道；长输管道。

（6）锅炉：包括蒸汽锅炉；热水锅炉。

（7）压力容器。

4.1.4.3　重大危险源的危险性分级

重大危险源的危险性分级，目前国际、国内通用的做法是以辨识单元固有危险性大小作为分级的依据。分级的目的主要是便于政府对危险源进行分级控制。决定固有危险性大小的因素基本上是由辨识单元的生产属性决定的，是不易改变的。因此，用固有危险性作为分级依据能使受控目标保持稳定。分级标准划定不仅是一项技术方法，而且是一项政策性行为，分级标准严或宽将直接影响各级政府行政部门直接控制危险源的数量配比。分级标准划定原则应使各级政府直接控制的危险源总量自上而下呈递减趋势。

危险源分级的方法主要有两种，一种是分级的标准不变，或分级结果不随分级的危险源数目多少而变化，即危险源静态分级方法；另一种是危险源数目发生变化，或分级的标准是可变的，或两者皆可变，即动态分级方法。

危险源静态分级的方法，在很多情况下主要是以打分方式来进行的，如美国道化学公司的火灾、爆炸指数法，ICI蒙德火灾、爆炸、毒性指数法，日本劳动省基准局制定的化工企业六阶段评价法以及我国的机械工厂危险程度分级方法、化工厂危险程度分级法、冶金工厂危险程度分级法以及工厂危险程度分级等方法。这些危险源分级方法，有利于政府部门建立对危险源的监控机制。虽然打分法操作起来比较简便，但受主观因素的影响，不同的人所打出的分数有很大的差异，危险性等级划分的尺度很难把握，势必影响危险分析的准确性。

危险源的动态分级是按某种原则反复进行分级和修改，直到分级满足某种规则为止。分级的研究对象是全体同类危险源，其包含的元素的数目极大。要研究总体的元素不可能也不现实，只能根据抽样的部分去建立分级的标准。分级的标准不是一成不变的，可随样本数目进行动态调整，也可依据危险源等级划分的数目的改变而进行动态调整。危险源动态分级法可以对参加分级的 n（$n \geqslant 1$）个危险源划分为 $1 \sim n$ 个危险级别，这有利于企业管理者进行危险源的管理或项目投资方进行投资决策等。危险源动态分级的常用方法有：具有自组织模式聚类功能的无教师监督学习的神经网络方法、DT 动态分级法等。

目前中国重大危险源的危险性分级尚未制定统一的分级标准，在易燃、易爆、有毒的生产场所较为经常的做法是根据重大危险源的死亡半径进行分级，其重大危险源的等级划分为四级：一级重大危险源由国家主管部门直接控制；二级重大危险源由省和直辖市政府控制；三级由县、市政府控制；四级由企业重点管理控制。

用重大危险源的死亡半径 R 作为危险源分级标准时，定义如下：

一级重大危险源：$R \geqslant 200\text{m}$；

二级重大危险源：$100\text{m} \leqslant R < 200\text{m}$；

三级重大危险源：$50\text{m} \leqslant R < 100\text{m}$；

四级重大危险源：$R < 50\text{m}$。

4.2 化工系统的安全评价

安全评价方法是对生产系统的危险、有害因素及其危险、危害程度进行分析、评价的方法，是进行定性、定量安全评价的工具。所谓定性评价就是对生产活动中的危险性进行系统的、不遗漏的检查，根据其结果可以作出大致的评价。为便于管理，也可以按其重要程度作概略的分级。所谓定量，就是在定性的基础上，以统计方法得到的概率数据，如各种事故发生概率、设备零部件的故障率等，比较精确地计算出危险率或风险率，然后将这个数值和可接受的风险值进行比较，确定被评价的对象的危险状况是否在允许范围之内。

4.2.1 定性安全评价技术及方法

定性安全评价方法主要是借助于对事物的经验知识及其发展变化规律的了解，根据直观判断能力对生产系统的工艺、设备、设施、环境、人员和管理等方面的状况科学地进行定性分析、判断的一类方法。评价的结果是一些定性的指标，如是否达到了某项安全指标、事故类别和导致事故发生的因素等。然后进一步根据这些因素从技术上、管理上、教育上提出对策措施加以控制，达到系统安全的目的。目前应用较多的定性安全评价方法有：安全检查表分析法、专家评议法、预先危险性分析法、作业条件危险性评价法、故障类型及影响分析法、故障假设分析法、危险和可操作性研究以及人的可靠性分析法等。下面将分别介绍这几种评价方法。

4.2.1.1 安全检查表分析法

1. 方法概述

安全检查表分析是依据相关的标准、规范，对工程、系统中已知的危险类别、设计缺陷以及与一般工艺设备、操作、管理有关的潜在危险性和有害性进行判别检查。为了避免检查项目遗漏，事先把检查对象分割成若干子系统，以提问或打分的形式，将检查项目列表，这种表称为安全检查表。

2. 评价步骤

安全检查表分析法包括了三个步骤，即选择或拟定合适的安全检查表、完成分析和编制分析结果文件。

(1) 建立安全检查表。为了编制一张标准的检查表，评价人员应确定检查表的标准设计或操作规范，然后依据存在的缺陷和不同差别编制一系列带问题的检查表。编制检查表所需资料(包括有关标准、规范及规定)；国内外事故案例；系统安全分析事例；研究成果等资料。安全检查表必须由熟悉装置的操作、标准、政策和规程的有经验的专业人员协同编制。

(2) 完成分析。对已运行的系统，分析组应当视察所分析的工艺区域。在视察的过程中，分析人员将工艺设备和操作与安全检查表进行比较，依据对现场的视察、阅读系统的文件、与操作人员座谈以及个人的理解回答安全检查表项目。当所观察的系统特性或操作特性与安全检查表上希望的特性不同时，分析人员应当记下差异。新工艺过程的安全检查表分析，在施工前常常是由分析组在分析会议上完成的，主要是对工艺图进行审查，完成安全检查表，讨论差异。

(3) 编制分析结果文件。危险分析组完成分析后应当总结视察或会议过程中所记录的差异。分析报告包含用于分析的安全检查表复印件。任何有关提高过程安全性的建议与恰当的解释都应当写入分析报告中。

安全检查表分析法简单、经济、有效，因而被经常使用。但是因为它是以经验为主的方法，用于安全评价时，成功与否很大程度上取决于检查表编制人员的专业知识和经验水平，如果检查表不完整，评价人员就很难对危险性状况作有效地分析。

3. 应用实例

在生产磷酸氢二铵的工艺过程中，将磷酸溶液与氨水溶液加入到带夹套的搅拌反应釜中，使磷酸与氨反应生成DAP。DAP是无任何危险的产品。所生成的DAP放入一敞开的储槽中。在氨水溶液储槽、磷酸溶液储槽及反应釜上都安装了安全阀。如果进入反应釜的磷酸溶液流量太大（相对于氨水溶液），则得不到所希望生成的产品（磷酸二氢铵），但反应过程仍然是安全的。如果磷酸溶液和氨水溶液的流量同时增加，此时反应放出的热量也将增加，反应釜的温度和压力将升高，反应过程可能变得不可控制。如果氨水溶液的进料流量太大（相对于磷酸溶液），未反应的氨水溶液将与产品 DAP 一起进入 DAP 储槽。DAP 储槽将放出氨气，整个工作区域将充满氨气。为安全起见，在这个区域应安装氨气检测与报警装置。使用安全检查表分析方法对该系统进行分析，分析结果文件式样见表 4-1。决策者审查了分析文件并采用了所提出的消除这些缺陷的建议措施。

表 4-1 DAP 工艺过程安全检查表分析项目

1. 物料
（1）所有物料都始终与原规定的规范要求一致吗？ 否。氨水溶液中氨的浓度已增加，进入反应釜的流量已作了相应调整，同时购买氨的次数减少。 （2）对每批购进的物料单据进行核查吗？ 是。供应商一直都很可靠，卸货前货运标签和发票都经过核对，但是未对物料种类或实际浓度取样分析。 （3）操作人员使用物品安全数据卡吗？ 是。在岗位上和安全办公室都有张贴，每天 24h 都能看到。 （4）物料放置位置正确、维护和保养得当吗？ 否。物料放置位置没有改变，但由于在工艺区新增了一道内部墙，使得现有灭火设备不能覆盖全部工艺区域。
2. 设备
（1）所有设备均按计划定期检查吗？ 是。按工厂规定，设备维修组对工艺区域内的设备进行定期检查。但是，根据故障维修部门的报告，酸处理设备的检查次数太少。 （2）安全阀是否按计划规定定期进行检查？ 是。计划规定得到遵守。 （3）是否对安全系统和连锁装置定期进行测试？ 是。与检查规范没有不一致的地方。但是，该项检查是在系统运行过程中进行的，这不符合公司规定。
3. 规程
（1）操作规程是最新的吗？ 是。对原操作规程已作了一些小的修改并写入新的操作规程中。 （2）操作人员是否按操作规程进行操作？ 否。最近对操作规程的修改实施缓慢。操作人员认为有个别修改没有考虑到操作人员的个人安全。 （3）新操作人员是否进行培训？ 是。有完整的岗前培训计划并严格执行，还定期进行抽查和测试，所有员工培训情况的记录作为文件保存。

4.2.1.2　专家评议法

1. 方法概述

专家评议法是一种吸收专家参加，根据事物的过去、现在及发展趋势，进行积极的创造性思维活动，对事物的未来进行分析、预测的方法。

2. 评价步骤

采用专家评议法进行安全评价、预测有以下4个步骤：

（1）明确分析评价、预测的具体问题。

（2）组成专家评议分析、预测小组。小组应由预测专家、专业领域的专家、推断思维能力强的演绎专家以及高级专业领域的分析专家等组成。

（3）举行专家会议，对所提出的具体问题进行分析、预测。组织专家会议应遵守以下几个原则：分析、预测的问题要具体明确，并且要限制范围；参加会议的专家要注意力集中，发言要言简意赅；要即席发言，不能照稿宣读；鼓励任何设想，鼓励对已提出的设想进行改进补充和综合；鼓励提出不同意见、观点，提倡自由讨论，充分激发专家的积极性和创造性思维。

（4）分析、归纳出专家会议的结果。

3. 应用实例

对某钢厂增建1台VD/VOD装置，运用专家评议法进行危险、有害因素分析、评价和预测。

（1）明确问题。分析、评价、预测的具体问题是该厂增建的1台VD/VOD装置。

（2）成立专家组。专家由具有丰富实践经验和理论知识的VOD设备专家、生产工艺专家、劳动安全专家、VOD操作人员、安全评价专家和逻辑专家共6人组成。

（3）专家评议。举行专家会议，对VOD装置进行分析、类比和预测。

由专家组综合分析，归纳得出如下结果：

（1）该钢厂为了淘汰技术落后、消耗高、产品市场竞争力日益萎缩的长线产品，调整现有生产结构，实行技术更新，生产超低碳奥氏体不锈钢、轴承钢、高速齿轮钢等，以提高产品质量档次，增强产品的市场竞争力。

（2）钢包在吊运过程中，钢包钢水口多次使用，受钢水侵蚀、冲刷等可能发生钢水泄漏事故；钢包装载超量或吊装不当，会发生钢水溢漏事故。这些都会引发人员灼、烫伤，设备、设施损坏及火灾、爆炸事故的发生。

（3）VOD精炼炉的起重、吊装作业特点是：质量大（仅钢水就有100～120t，钢包总质量有160～170t）、温度高（1600℃左右）、频率高（存放钢水的钢包吊入、精炼后将钢包吊出等），因而存在着钢包漏钢的危险性。通常，漏钢要调至漏钢事故坑，如遇积水或潮湿会发生爆炸，而且吊索等吊具受高温烘烤，强度下降，易损坏，造成重大事故。正是由于钢包起重、吊装、运输作业中危险性大，所以吊钩、吊索等吊具要确保完好；挂钩、吊装运行要稳妥、牢靠；吊索等吊具要定期更换，以严防钢包脱落造成重大事故。

（4）对VOD装置中的液动、气动、电动、计算机控制等系统，应确保安全、可靠。要防止系统失灵、失控及操作失误而引发事故。对于计算机系统要防止病毒侵入。

（5）在VOD装置生产过程中，同样还存在着触电、高处坠落、机械伤害、物体打击的可能性，不能忽视。

（6）蒸汽及真空泵抽真空系统中，喷射器中蒸汽喷射会产生很高的噪声，应有较好的降噪消声设施。同时要防止蒸汽管道、阀门因保温不好及蒸汽泄漏而发生烫伤。

（7）要防止电缆老化或电路短路引发火灾事故。

4.2.1.3 预先危险性分析法

1. 方法概述

预先危险性分析又称初步危险分析，是一项为实现系统安全进行危害分析的初始工作。常用于对潜在危险了解较少和无法凭经验觉察的工艺项目的初步设计或工艺装置的研究和开发中；或用于对危险物质和项目装置的主要工艺区域等，在开发初期阶段（包括设计、施工和生产前）对物料、装置、工艺过程以及能量失控时可能出现的危险性类别、出现条件及可能导致事故的后果，作宏观的概略分析。其目的是识别系统中存在的潜在危险，确定其危险等级，防止危险发展成事故。分析内容应至少包括以下几点：

（1）审查相应的安全历史资料。因为任何新研制的系统或设备都有相当的比例沿用老系统或设备的部件、材料及制造工艺和技术，这些现成部件、材料及制造工艺和技术的有关安全信息对进行预先危险分析是很有用的。

（2）列出主要能源的类型，并调查各种能源，确定其控制措施。因为任何系统或设备的运行都离不开能源，一旦能源失控，发生异常逸散，就会发生事故。因此，在进行预先危险分析时，要特别注意与能源有关的设备或部件。

（3）确定系统或设备必须遵循有关的人员安全、环境安全和有毒物质的安全要求及其他有关的规定。

（4）提出纠正措施和建议。在完成识别危险、评价危险的严重程度及可能性之后，还应提出控制危险的措施和建议。

为了能全面地识别和评价潜在的危险，分析中必须考虑的项目有：危险物品；系统部件间接口的安全性；确定控制安全性关键的软件命令和响应；与安全有关的设备、保险装置和应急装置等；包括生产环境在内的环境条件；操作、试验、维修和应急规程等。

2. 评价步骤

预先危险性分析一般按以下步骤进行：

（1）分析准备：分析组需要收集装置或系统的有用资料，以及其他可靠的资料（如任何相同或相似的装置，或者即使工艺过程不同但使用相同的设备和物料）。危险性分析组应尽可能从不同渠道汲取相关经验，包括相似设备的危险性分析、相似设备的操作经验等。

因为预先危险性分析是在项目发展的初期识别危险，所以装置的资料是有限的。然而，为了让其达到预期的目的，分析人员必须至少写出工艺过程的概念设计说明书。因此，必须知道过程所包含的主要化学物品、反应、工艺参数，以及主要设备的类型（如容器、反应器、换热器等）。此外，装置需要完成的基本操作和操作目标的说明，有助于确定设备的危险类型和操作环境。

（2）完成分析：预先危险性分析识别可能发现会产生不希望后果的主要危险和事故情况，因此预先危险性分析还应对设计标准进行分析，或找到能消除或减少这些危险的其他途径。很明显，要作出这样的评价需要一定的经验。

对工艺过程的每个区域，分析组首先要识别危险并分析这些危险的可能原因及导致事故的可能后果。通常，分析组并不一定非要找出所有的原因。其次要列出足够数量的原因以判断出现事故的可能性，然后分析每种事故所造成的后果，这些后果表示可能出现的事故的最坏的结果。最后，分析组为了衡量危险性的大小及其对系统破坏性的影响程度，根据事故的原因和后果，可以将各类危险性划分为4个等级，见表4-2。然后分析组将列出消除或减少危险的建议。

表4-2　危险性等级划分

级　别	危 险 程 度	可能导致的后果
1	安全的	不会造成人员伤亡及系统损坏
2	临界的	处于事故的边缘状态，暂时还不至于造成人员伤亡、系统损坏或降低系统功能，但应予以排除或采取控制措施
3	危险的	会造成人员伤亡和系统损坏，要立即采取防范对策措施
4	灾难性的	会造成人员重大伤亡及系统严重破坏的灾难性事故，必须予以果断排除并进行重点防范

（3）编制分析结果文件：为方便起见，预先危险性分析的分析结果以表格的形式记录。其内容应包括上述的所有内容。

3. 优点

预先危险性分析是进一步进行危险分析的先导，是一种宏观的概略定性分析方法。在项目发展初期阶段使用预先危险性分析有如下优点：①它能识别可能的危险，用较少的费用或时间就能进行改正；②它能帮助项目开发组分析和设计操作指南；③该方法简单易行，经济、有效。

4. 应用实例

将 H_2S 从储气罐送入工艺设备的概念设计。在该设计阶段，分析人员只知道在工艺过程中要用到 H_2S，其他一无所知。分析人员知道 H_2S 有毒且易燃。分析人员将 H_2S 可能释放出来作为一个危险情况，列出了可能引起 H_2S 释放的原因如下：①储罐受压泄漏或破裂；②工艺过程没有消耗掉所有的 H_2S；③H_2S 的工艺输送管线泄漏或破裂；④储罐与工艺设备的连接过程中发生泄漏。

然后，分析人员确定上述因素可能导致的后果。对本例来说，只有当发生大量泄漏时才会导致死亡事故，下一步对每种可能引起 H_2S 释放的原因说明其改正或避免措施，为设计提供依据。例如，分析人员可建议设计人员：①考虑储存另外的低毒物质但能产生需要的 H_2S 的工艺；②考虑开发某个系统能收集和处理工艺过程中过量的 H_2S；③由熟练的操作人员进行储罐的连接；④考虑储罐封闭在水洗系统中，水洗系统由 H_2S 检测器启动；⑤储罐的位置位于易于输送的地方，但远离其他设备；⑥建立培训计划，在开车前对所有工人及以后的新工人进行 H_2S 释放紧急处理操作规程的培训。

H_2S 系统预先危险性分析部分分析结果见表 4-3。

表 4-3　H_2S 系统预先危险性分析部分分析结果

区域：H_2S 工艺　　　　会议日期：　月/　日/　年

图号：无　　　　分析人员：

危险	原因	主要后果	危险等级	改正或避免措施
有毒物质释放	H_2S 储罐破裂	如果大量释放将有致命危险	四	1. 安装报警系统 2. 保持最小的储存量 3. 建立储罐的检查规程
	H_2S 在工艺过程中未完全反应	如果大量释放将有致命危险	三	1. 设计一系统收集和处理过量的 H_2S 2. 设计控制系统，以检测过量的 H_2S 并可将过程关闭 3. 建立规程保证过量 H_2S 处理系统在装置开车前启动

4.2.1.4　故障类型及影响分析法

故障类型及影响分析法是采用系统分割的方法，根据需要把系统分割为子系统或进一步分割成元件。首先逐个分析元件可能发生的故障和故障类型，进而分析故障对子系统乃至整个系统的影响，最后采取措施加以解决。

1. 故障类型

所谓故障是指元件、子系统、系统在运行时不能完成设计规定的功能。并不是所有的故障对系统都有影响，只是其中有些故障会影响系统任务的完成或造成事故损失。元件发生故障时，其表现形式不尽相同，因而呈现不同的故障类型。例如阀门故障有内部泄漏、外部泄漏、打不开、关不紧四种类型，它们都会对子系统甚至系统产生不同程度的影响。

不同故障类型所引起的子系统或系统障碍有很大不同，因此在研究处理措施时应按轻重缓急区别对待。为此对故障类型应进行等级划分。故障类型一般分为以下四个等级：

（1）1级，灾害：造成人员伤亡和系统损坏。

（2）2级，危险：造成一定程度伤害和主要系统损失。

（3）3级，临界：造成轻伤和次要系统损失。

（4）4级，安全：不造成人员和系统损伤。

2. 故障率

故障率是指单位时间内发生故障的次数。有了故障率数据，就可以计算事件或系统的故障概率。表4-4是各类设备、机械和装置的故障率示例。

表4-4　各类设备、机械和装置的故障率示例

项目(一次性伤害)	故障率	项目(一次性伤害)	故障率
一、容器类(引燃导致火灾、爆炸)		二、机 械 设 备	
1. 法兰盘、焊接部分		（1）修理需10天以上的	0.001
（1）机械设备振动大	0.001	（2）修理需1天的	0.01
（2）机械设备有振动	0.0001	（3）修理需4h的	0.1
（3）机械设备无振动	0.00001	三、电 气 设 备	
2. 螺纹接口部分		（1）要求停电4h以下的配电设备	0.01
（1）机械设备振动大	0.01	（2）主配电变压器	0.001
（2）机械设备有振动	0.001	（3）19kW以上电动机(修理需36h)	0.001
（3）机械设备无振动	0.0001	（4）4～19kW电动机(修理需24h)	0.001
3. 有腐蚀、磨损部分		（5）4kW以下电动机(修理需4h)	0.01
（1）机械设备振动大	0.1	（6）0.8kW的电动机(修理需2～4h)	0.1
（2）机械设备有振动	0.01	四、计量设备有关部分	
（3）机械设备无振动	0.001	（1）1次控制系统故障	0.1
4. 油封、可燃气少许泄漏		（2）2次控制系统故障	0.01
（1）油封(泵、搅拌机)	0.001	（3）1次停止系统和警报故障	0.1
（2）其他(重大事故为10倍)	0.01	（4）2次停止系统和警报故障	0.01

（续）

项目（一次性伤害）	故障率
四、计量设备有关部分	
（5）安全阀（规范操作）	0.001
（6）安全阀（频繁操作）	0.1
（7）防爆膜	0.001
五、装置灾害	
（1）无明显火源，防爆设备附近泄漏的可燃气引燃	0.1
（2）同上范围，闪点低于45℃的油和超过闪点的过热油引燃	0.01
（3）同上范围，闪点为45～95℃的油引燃	0.001
（4）同上范围，闪点高于95℃的油引燃	0.0001
（5）在产生静电和明火的范围分别为上述的10倍	0.001
六、装置输入故障	
1. 电力	
（1）暂时停电	0.001
（2）停电8h以内	0.0001
（3）停电8h以上	0.00001
2. 工业用水	
（1）短时间	0.001
（2）长时间	0.0001
3. 气体燃料	
（1）短时间	0.0001
（2）长时间	0.00001
4. 蒸汽	
（1）短时间	0.001
（2）长时间	0.0001
七、压缩空气	
（1）瞬间	0.001
（2）短时间	0.0001
（3）长时间	0.00001

注：故障率：故障次数/10^6h。

3. 分析程序

分析时首先要熟悉有关资料，从设计说明书中了解系统的组成、任务情况，查出系统含有多少子系统，各个子系统又含有多少单元或元件，弄清他们之间的相互关系、相互干扰以及输入输出等情况。分析一开始，就要根据所了解的系统情况，决定分析到什么水平。分析程度太浅，有可能漏掉故障类型；分析程度太深，程序过于繁杂，也会给措施制定带来困难。

为了说明系统的功能和传输情况以及系统、子系统之间的层次关系，可用可靠性框图表示系统状况，如图4-1所示。可靠性框图与工艺流程图不同，它只是表示系统和子系统之间的输入输出情况。参照可靠性框图，根据过去的经验和有关的故障资料，列出所有的故障类型，填入故障类型及影响分析表格（见表4-5）内，从中选出对子系统乃至系统有影响的故障类型，深入分析其影响后果、故障等级及应采取的措施。

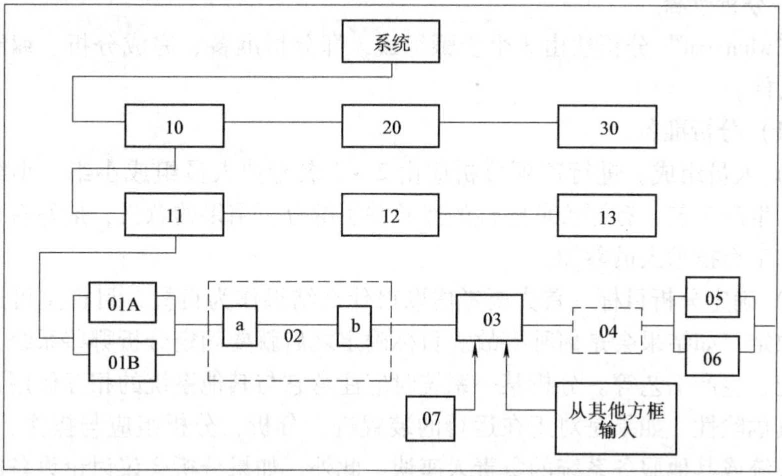

图4-1　可靠性方框图

注：系统包括子系统10、20、30；子系统10包括组件11、12、13；组件11包括元件01A、01B、02、03、04、05及06；元件01A、01B相同，是冗余设计；元件02由a和b组成，只用一个编码；从功能上看，元件03同时受07和来自其他系统的影响；元件05、06是备用回路，05发生故障，06即投入运行；正常工作时，元件07不工作。

表4-5　故障类型及影响分析表

1. 分析项目	2. 功能	3. 故障类型	4. 推断原因	5. 影响		6. 检测方法	7. 故障等级	8. 备注
				子系统	系统			

4.2.1.5　故障假设分析法

1. *方法概述*

故障假设分析法又称为"what…if"分析法，是对某一生产或操作过程的创造性分析方法。使用该方法的人员应对工艺熟悉，通过提出一系列"如果…怎么办？"的问题(故障假设)，来发现可能和潜在的事故隐患(实际上是假想系统中一旦发生严重的事故,找出促成事故的潜在因素——在最坏的条件下,这些因素导致事故的可能性)，从而对系统进行彻底检查。在分析会上围绕所确定的安全分析项目对工艺过程或操作进行分析，鼓励每个分析人员对假定的故障问题发表不同看法。如果分析人员富有经验，则它是一种强有力的分析方法；反之，其结果是不完整的。对一个相对简单的系统，故障假设分析只需要一两个分析人员就能进行；对复杂系统则需要组织较大规模的分析组，需较长时间或多次会议才能完成。

2. 分析步骤

“what…if”分析法由3个步骤组成，即分析准备、完成分析、编制分析结果文件。

（1）分析准备。

1）人员组成。进行这项分析应由2～3名专业人员组成小组。小组成员要熟悉生产工艺，有评价危险性的经验并了解分析结果的意义，最好有现场班组长和工程技术人员参加。

2）确定分析目标。首先要考虑取得什么结果作为目标，目标又可进一步加以限定，如结果会是何种事故。目标确定之后就要确定分析哪些系统，如物料系统、生产工艺等。分析某一系统时应注意它与其他系统的相互作用，避免漏掉其危险性。如果是对正在运行的装置进行分析，分析组应与操作、维修、公用系统或其他服务系统的负责人座谈。此外，如果分析会议讨论设备的布置问题，还应当到现场掌握系统的布置、安装及操作情况。因此，在分析会议之前，应拟定访问现场以及和有关人员座谈的日程。

3）资料准备。“what…if”分析法所需资料见表4-6。危险分析组最好在分析会议之前得到所有这些资料。

4）准备工作的最后一步是为故障假设分析准备一些基本问题，它们是分析会议的“种子”。如果以前进行过故障假设分析，或者是对装置改造后的分析，则可以使用以前分析报告中所列的问题。对新的装置进行故障假设分析，虽然在分析会议过程中还会提出另外的问题，但是分析组成员在会议之前应当拟定一些基本的问题。

表4-6 “what…if”分析法所需资料

1. 工艺流程及其说明	1. 生产条件：工艺中涉及物料及其理化性质；物料平衡及热平衡 2. 设备说明书
2. 工厂平面布置图	
3. 工艺流程及仪表控制和管路图	1. 控制（连续监测装置，报警系统功能） 2. 仪表（仪表控制图，监测方式）
4. 操作规程	1. 岗位职责 2. 通信联络方式 3. 操作内容（预防性维修、动火作业规定、容器内作业规定、切断措施、应急措施）

（2）完成分析。小组首先要了解生产情况和工艺过程，包括原有的安全设备和措施，必要时还要向现场操作人员提问，然后准备好提出的问题。

其次按准备好的问题，从工艺进料开始，提出如果发生那种情况，操作人员应该怎么办？逐一得出正确的答案，填入表中(见表 4-7)。一直进行到成品产出为止。小组每天工作 4 ~6h 最为理想。

表 4-7　"what…if" 分析表

如果…怎么办	危险性/结果	建议/措施
…	…	…

第三要将提出的问题及正确答案加以整理，找出危险、可能后果、已有安全保护、可能的解决方法等汇总后报领导及有关部门采取措施。

(3) 编制分析结果文件。与其他分析一样，编制分析结果文件是将分析人员的发现变为消除或减少危险措施的关键。除此之外，分析组还应根据分析结果提出提高过程安全性的建议。

3. "what…if" 分析法优缺点及适用范围

故障假设分析法适用范围很广，可用于设备设计与操作的各个方面(如建筑物、动力系统、原料、中间体、产品、仓库储存、物料的装卸与运输、工厂环境、操作方法与规程、安全管理规程、装置的安全保卫等)。

故障假设分析法鼓励思考潜在的事故和后果，它弥补了基于经验的安全检查表编制时经验的不足，相反，检查表可以把故障假设分析方法更加系统化。因此出现了安全检查表分析与故障假设分析组合在一起的分析方法，以便发挥各自的优点，互相取长补短，弥补各自单独使用时的不足。

4. 应用实例

在生产磷酸二铵的过程中，如反应完全则得到无危险的磷酸二铵；如磷酸用量不足、反应不完全，过量氨逸出，会损害操作人员的健康；如氨量不足，虽不会产生危险性，但得不到合适的产品。

专业小组研究后，准备了以下的问题：

(1) 进料不是磷酸而是其他物质怎么办？

(2) 磷酸的浓度不合适怎么办？

(3) 磷酸混入杂质怎么办？

(4) 阀门 A 未打开或堵塞怎么办？

(5) 送入反应器的氨浓度太高怎么办？

(6) 容器的搅拌机发生故障停止转动怎么办？

专业小组对上表所提问题进行研究并与有关人员讨论，内容整理见表 4-8。

表 4-8 讨论内容整理

如果…怎么办	结果/危险性	建议/措施
原料用错	无可能	
磷酸浓度不合格	氨过量排入作业区	操作前检验磷酸浓度
磷酸有杂质混入	无可能	
A 阀未打开或堵塞	氨未反应，排入作业区	设报警装置，从 A 阀流入反应器的流量小时，关闭 B 阀
进入反应器的氨过量	氨排入作业区	设报警装置，从 B 阀流入反应器的流量大时，关闭 A 阀

4.2.1.6 危险与可操作性研究法

1. 方法概述

危险与可操作性研究法(HAZOP)是以系统工程为基础，主要针对化工装置而开发的一种定性的危险性评价方法，其特点是由中间状态参数的偏差开始，分别找出原因，判明后果，是属于从中间向两头分析的方法，其本质是通过一系列的分析会议对工艺图和操作规程进行分析。

HAZOP 法对工艺或操作的特殊点进行分析，这些特殊点称为“分析节点”。通过分析每个节点，识别出那些具有潜在危险的偏差，这些偏差通过关键词引出。表 4-9 列出了常用的关键词。

表 4-9 HAZOP 分析常用关键词

关 键 词	意 义	说 明
NO 否	设计要求未实现	该处未发生设计规定的事件，如输液管线无液体流动
MORE 多	较设计规定的增加了	量的增加
LESS 少	较设计规定的减少了	量的减少
AS WELL AS 以及	质的变化	虽然可达到设计和生产要求，但质的方面有变化，如出现组成或相的变化
PART OF 部分	数量和质量的变化	仅能达到设计的部分要求
REVERSE 反向	出现与设计要求相反的情况	如发生逆流、逆反应等
OTHER THAN 其他	出现了另外不同的事件	发生了不同事件，不能达到设计和生产标准要求

关键词用于两类工艺参数，一类是概念性的工艺参数，如反应、混合；另一类是具体的工艺参数，如压力、温度。当概念性的工艺参数与关键词合成偏

差时常常发生歧义，如“过量+反应”可能指反应速度快，或者是指生成了大量的产品。此外，有些关键词与工艺参数组合后可能无意义或不能称之为偏差，如“伴随+压力”。当具体的工艺参数与关键词组合时，分析人员可能发现有些偏差的物理意义不确切，有必要对一些关键词进行修改。例如工艺参数“温度”，一般只选取“过量”和“减量”两个关键词，而偏差就变成“过量+温度”或“减量+温度”，该偏差的物理意义就不确切了。因此需要拓展关键词的内涵和外延，如：工艺参数“时间”，关键词“异常”就是指“长”或“短”；工艺参数“液位”、“压力”、“温度”，关键词“过量”就是指“高”或“低”等。

2. 分析步骤

HAZOP分析可按如下步骤进行：分析准备、完成分析和编制分析结果文件。

（1）分析准备。

1）确定分析的目的、对象和范围。分析对象通常由装置或项目负责人确定，并得到HAZOP分析组组织者的帮助。

2）分析组的构成。HAZOP研究小组一般由4～8人组成，每个成员都能为所研究的项目提供知识和经验。小组尽可能小，但足够有效，最大限度发挥每个成员的作用。HAZOP研究小组最少由4人组成，包括组织者、记录员、2名熟悉过程设计和操作的人员。但5～7人的分析组是比较理想的。如果分析组规模太小，则由于参加人员的知识与经验的限制，将可能得不到高质量的分析结果；如果分析组规模多于8人，则管理比较困难。

3）获得必要的文件资料。最重要的文件资料是带控制点的流程图，但工艺流程图、平面布置图、安全排放原则、化学危险数据、管道数据表、工艺数据表、以前的安全报告等也很重要。其他需要的文件包括操作与维护指导手册、仪表控制图、逻辑图、安全程序文件、管道单线图、装置手册和设备制造手册等。重要的图样和数据应在分析会议之前分发到每位分析成员手中。

4）将资料变成适当的表格并拟定分析顺序。对连续过程，准备工作量最小。在分析会议之前使用最新的图纸确定分析节点，每一位分析人员在会议上都应有这些图纸。对间歇过程来说，准备工作量很大，主要是因为操作过程复杂，分析这些操作程序是间歇过程HAZOP分析的主要内容。如有两个或两个以上的间歇过程同时在过程中出现，应当将过程中每个步骤每个容器的状态都表示出来。

5）安排会议次数和时间。有关数据和图纸收集整理完毕，制定会议计划，首先要确定分析会议所需时间。一般来说每个分析节点平均需20～

30min，若某容器有 2 个进口，2 个出口，1 个放空点，则需要 3h 左右。另外还可以每个设备分配 2 ~ 3h。每次会议持续时间不要超过 4 ~ 6h(最好安排在上午)，会议时间越长效率越低；或把装置划分为几个相对独立的区域，每个区域讨论完毕后，会议组作适当调整，再进行下一区域的分析讨论。

（2）完成分析。图 4-2 是 HAZOP 分析流程图。分析组对每个节点或操作步骤使用关键词进行分析，得到一系列的结果，如偏差的原因、后果、保护装置、建议措施等。当发现危险情况后，HAZOP 分析组每位成员都应明白问题所在。在分析过程中，应当把握每个偏差的分析及建议措施完成之后再进行下一偏差的分析。在考虑采取某种措施以提高安全性之前，应对与“节点”有关的所有危险进行分析，以减少那些悬而未决的问题。此外，对偏差或危险应当主要考虑易于实现的解决方法，而不是花费大量时间去“设计解决方案”。过程危险性分析会议的主要目的是发现问题，而不是解决问题。但是如果解决方法是明确和简单的，应当作为意见或建议记录下来。

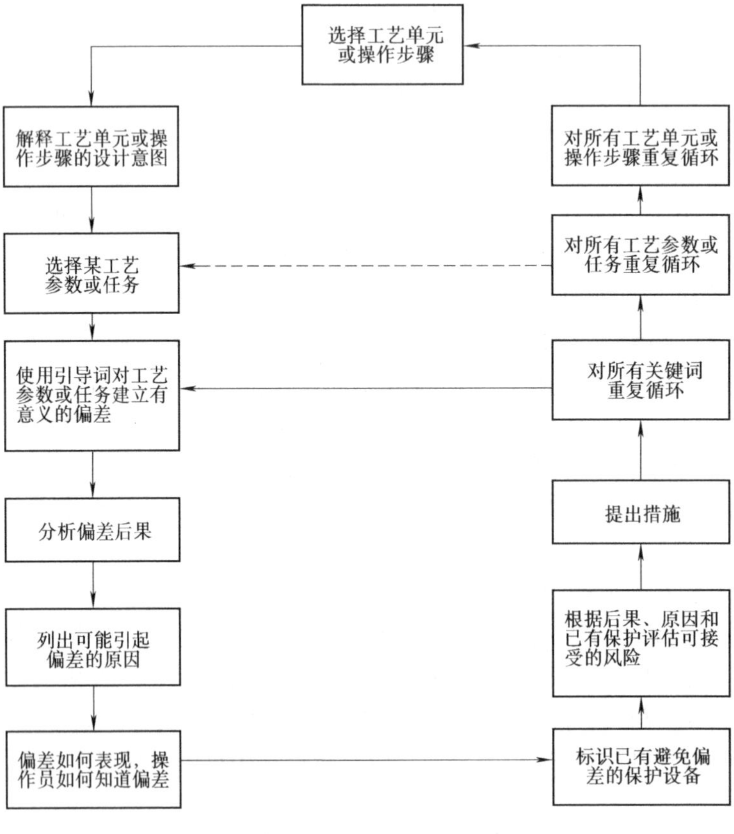

图 4-2　HAZOP 分析流程图

HAZOP分析涉及过程的各个方面，包括工艺、设备、仪表、控制、环境等。HAZOP分析人员的知识及可获得的资料总是与HAZOP分析方法的要求有距离，因此，对某些具体问题可听取专家的意见，必要时对某些部分的分析可延期进行，在获得更多的资料后再进行分析。

（3）编制分析结果文件。分析记录是HAZOP分析的一个重要组成部分。负责记录的人员应根据分析讨论过程提炼出恰当的结果。尽管不可能把会议上说的每一句话都记录下来，但必须记录所有重要的意见，慎重对待。不要把那些不会产生严重后果的偏差不予追究或不写入文件中。必要时可举行分析报告审核会，让分析组对最终报告进行审核和补充。通常，HAZOP分析会议以表格形式记录，见表4-10。

表4-10　HAZOP分析记录表

分析人员：　　　　　　　　　　　　　图号：
会议日期：　　　　　　　　　　　　　版本号：

序　号	偏　差	原　因	后　果	安全保护	建议措施
分析节点或操作说明，确定设计工艺指标					

3. HAZOP优缺点及适用范围

该方法优点是简便、易行，且背景各异的专家们一起工作，在创造性、系统性和风格上互相影响和启发，能够发现和鉴别更多的问题，要比他们独立工作更为有效。缺点是分析结果受分析评价人员主观因素的影响。

适用范围：虽然HAZOP法起初是专门设计用于评价新工程项目设计审查阶段的，用以查明潜在危险源和操作难点，以便采取措施加以避免，但它特别适用于化工系统装置设计审查和运行过程分析，还可用于热力水力系统的安全分析。

4. 应用实例

使用基于关键词的HAZOP分析方法，对DAP反应系统的危险情况进行分析。DAP工艺流程如图4-3所示。分析组将关键词用于工艺参数，对连接DAP反应器的磷酸溶液进料管线进行分析。

分析节点：连接DAP反应器的磷酸溶液进料管线。

设计工艺指标：磷酸以一定流量进入DAP反应器。

关键词：空白。

工艺参数：流量。

偏差：空白+流量=无流量。

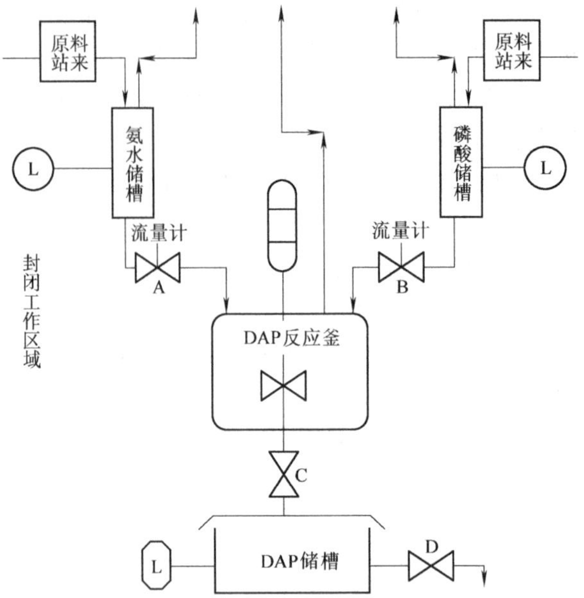

图 4-3　DAP 工艺流程图

后果：

（1）反应器中氨过量，导致……。

（2）未反应的氨进入 DAP 储槽，结果是氨从储槽逸出弥散到封闭的工作区域。

（3）损失 DAP 产品。

原因：

（1）磷酸储槽中无原料。

（2）流量指示器因故障显示值偏高。

（3）操作人员将流量控制器设置过低。

（4）磷酸流量控制阀因故障关闭。

（5）管道堵塞。

（6）管道泄漏或破裂。

安全保护：定期维护阀门 B。

建议措施：

（1）考虑安装报警/停车系统。

（2）保证定时检查和维护阀门 B。

（3）考虑使用 DAP 封闭储槽，并连接洗涤系统。

然后对该系统的其他节点用关键词 + 工艺参数继续进行分析，每个节点的分析内容记录到 HAZOP 分析表中(见表 4-11)。

表 4-11　HAZOP 分析记录表

分析组人员：HAZOP 分析组　　　　图号：97-0BP-57100

会议日期：　　　　　　　　　　　　版本号：

序号	偏　差	原　因	后　果	安全保护	建议措施
	管线—氨送入 DAP 反应器的管线，进入反应器的氨流量为 $x$kmol/h，压力为 zPa				
1.1	高流量	氨进料管线上的控制阀因故障打开 流量指示器因故障显示流量低 操作人员设置的氨流量太高	未反应的氨带到 DAP 储槽并释放到工作区域	定时维护阀门 A、检测器和报警器	考虑增加液氨进入反应器流量高时的报警/停车系统 确保定时维护和检查阀门 A 在工作区域确保通风良好，或者使用封闭的 DAP 储槽
	容器—磷酸溶液储槽，酸在环境温度、压力下进料				
1.9	泄漏	腐蚀、磨蚀、外来破坏、密封故障	少量的氨连续泄漏到封闭的工作区域	定期对管线进行维修 操作人员定期检查 DAP 工艺区域	在工作区域保证通风良好
	容器—磷酸溶液储槽，酸在环境温度、压力下进料				
2.7	磷酸浓度低	供应商供给的酸浓度低 送入进料储槽的磷酸有误	未反应的氨带入 DAP 储槽并释放到封闭工作区域	磷酸卸料、输送规程 氨检测器和报警器	保证实施物料的处理和接受规程 在操作前分析储槽中的磷酸浓度 保证封闭工作区域通风良好或使用封闭的 DAP 储槽
	管线—磷酸送入 DAP 反应器的管线，磷酸进料量 $x$kmol/h，压力 yPa				
3.2	低/无流量	磷酸储槽中无原料 流量指示器因故障显示流量高 操作人员设置的磷酸流量太低 磷酸进料管线上的控制阀 B 因故障关闭 管道堵塞、管道泄漏或故障	未反应的氨带入 DAP 储槽并释放到封闭的工作区域	定期维护阀门 B、氨检测器和报警器	考虑增加磷酸进入反应器流量低时的报警/停车系统 保证定期维护和检查阀门 B 保证封闭工作区域通风良好或使用封闭的 DAP 储槽

（续）

序号	偏差	原因	后果	安全保护	建议措施
4.1	容器—DAP 反应器，反应温度 x℃，压力 yPa				
	无搅拌	搅拌器电动机故障 搅拌器机械连接故障 操作人员未启动搅拌器	未反应的氨带入 DAP 储槽并释放到封闭的工作区域	氨检测器和报警器	考虑增加反应无搅拌时的报警/停车系统 保证封闭工作区域通风良好或使用封闭的 DAP 储槽
5.3	管线—DAP 反应器到 DAP 储槽的输出管线，产品流量 $y$kmol/h，压力 xPa				
	逆或反向流动	无可靠原因	无严重后果		
6.1	容器—DAP 储槽，在环境温度和压力下储存 DAP 产品				
	高液位	从反应器来的流量太大 未输送到下一工序	DAP 从 DAP 储槽中逸出到工作区域导致操作问题（DAP 对人体无危险）	操作人员观察 DAP 储槽液位	考虑在 DAP 储槽上增加高液位报警器 考虑在 DAP 储槽周围修一条围堰
7.1	容器—液氨储槽，在环境温度和压力下进料				
	高液位	氨站来液氨量太大，液氨储槽无足够容积 氨储槽液位指示器因故障显示液位低	氨可能释放到大气中	储槽上装有液位显示器 氨储槽上装有安全阀	检查氨站来液氨量以保证液氨储槽有足够容积 考虑将安全阀排出的氨气送入洗涤塔 考虑在氨储槽上安装独立的高液位报警器 在 DAP 储槽周围修一条围堰

4.2.1.7　人的可靠性分析法

1. *方法概述*

人的可靠性分析法(HRA)是评价人的可靠性的各种方法的总称。人的可靠性是指使系统可靠或正常运转所必需的人的正确活动的概率。人的可靠性分析作为一种设计方法，使系统中人为失误的概率减少到可接受的水平。人为失误的严重性是根据可能导致的后果来划分的，如损坏系统的功能、降低安全性、降低费用等。通过长期的事故分析，发现人的失误是构成事故的重要原因。由于人的生理有一定的极限，过度疲劳、超重负荷、不良环境或不合理的工位设计都会造成人的操作失误。人为失误不但会引起有限系统的失效，而且还会导致像博帕尔毒气泄漏、三厘岛核电站那样的特大事故。

现实评价人为失误概率是人的可靠性分析方法的主要目标，它能提示系统发生事故前的薄弱环节，使之得到纠正。这种主体在系统运转过程中的任何一个阶段进行，从系统的初期设计，正常使用，到最终报废。人的可靠性分析进行得越早，效果越好。对系统定期进行人为失误评价可提高系统的安全性和效率。

人的可靠性分析已被证明是一条达到安全目标的途径。人的可靠性分析方法发展初期大多数研究者都是人机学专家。因此，在人机学领域中使用的定性分析人为失误的方法被移植到人的可靠性分析中。人的可靠性分析可定义为一种定量评价人为失误对人—机系统影响的方法，具有定性和定量的性质。

人的可靠性分析的定性分析主要包括人为失误隐患的辨识。辨识的基本方法是作业分析，这是一个反复分析的过程。通过观察、调查、谈话、失误记录等方式分析确定某一人—机系统中人的行为特性。在系统元素相互作用的过程中，人为失误隐患包括不能执行系统要求的动作，不正确的操作行为，或者进行不需要的损害系统功能的操作。对系统进行不正确的输入可能与一个或多个操作形成的因素有关，如设备或工艺的高度不合理、培训不当、通信联络不合理等。不正确的操作形成因素可导致错误的感觉、理解、判断、决策以及控制。上述几种过程中的任何一个过程都能直接或间接地对系统产生不正确的输入。定性分析是人机学专家在设计或改进人机系统时为减少人为失误的影响使用的基本方法。如上所述，定性分析也是人的可靠性分析方法中定量分析的基础。

人的可靠性分析的定量分析包括评价与时间有关或无关的、影响系统功能的人为失误概率，评价不同类型失误对系统功能的影响。这类评价是通过使用人的行为统计数据、人的行为模型、人的可靠性分析以及其他分析方法来完成的。对于复杂系统，人的可靠性分析工作最好由一个专家组来完成。专家组中应包括：有人的可靠性分析经验的人机学专家，系统分析专家，有关工程技术人员，以及对分析系统非常熟悉的有关人员，特别是让对分析系统非常熟悉的有关人员参与是非常必要的。

目前使用的人的可靠性分析方法很多，表4-12列出了15种名称和英文缩写。

表4-12 人的可靠性分析方法

序号	名称	英文缩写	出版日期
1	事故引发和发展分析	ADA	1975
2	事故顺序评价程序	ASEP	1987
3	模糊矩阵法	CM	1981
4	直接数值估算法	DNE	1984
5	人的认知可靠性模型	HCR	1984
6	维修人员行为模拟模型	MAPPS	1985
7	多系列失效模型	MSFM	1985
8	操作人员行为系统	OATS	1982
9	双比较法	PC	1984
10	社会—技术方法	STAHR	1985
11	成功可能性指数法	SLIM	1984
12	作业网络系统分析法	SAINTZ	1984
13	HRA 系统工程法	SAIC	1988
14	人的可靠性系统分析法	SHARP	1984
15	人为失误率预测技术	THERP	1983

2. *存在问题*

目前还没有建立起一个十分完善的人的可靠性分析方法。至少还存在两方面的不足，首先是不管使用什么样的人的可靠性分析方法都存在真实性问题，现有的人的可靠性分析方法之间有效性差异很大；其次，从人的行为可靠性角度来看，许多复杂系统的设计和操作都不太合理，这使得用人的可靠性分析方法评价人的行为更困难。

用人的可靠性分析方法进行危险评价时尚需解决以下几个问题：

（1）缺乏数据。阻碍人的可靠性分析方法发展最严重的问题，仍是20世纪60年代初期人的可靠性分析工作者碰到的老问题，即缺乏定量分析复杂系统人的行为特性需要的数据。最有价值的数据是与时间有关或无关的人为操作失误频率数据。

（2）缺乏数据引起的其他问题。由于缺乏真实的以及培训模拟器上获得的复杂系统中人的行为特性数据，只能用时间—可靠性模型或专家评分法作为评价的基础。

（3）专家评分法的差异。目前所用专家评分法（即人的行为参数心理学评分法）没有在一致性方面获得满意的结果，预测的准确性不足。所有这类方法都要求有实际或模拟数据作为评价基础。

（4）缺乏模拟数据标准。培训模拟器上获得的人的行为数据标准化问题一直没有受到重视。除专家评分法外，培训模拟器是收集小概率人为失误数据的唯一实用的方法。如何将培训模拟器上获得的粗糙数据进行分析整理，以反映实际操作过程中人的行为，这也不是一个小问题。

（5）缺乏人的可靠性分析准确性数据。要显示人的可靠性的实际准确性分析数据几乎是不可能的。唯一的一次公开报道还是一般性生产作业事件，迄今为止还没有见到对于非日常事件发生概率准确性评价的报道。

（6）在一些人的可靠性分析方法中缺乏心理学现实性。有些人的可靠性分析方法基于不可靠的人的行为假设，或者是模型中的假设本身就毫无根据。

（7）缺乏对一些重要的行为形成因素的处理。即使是较好的人的可靠性分析方法，也都没有对管理者的方法、态度、组织因素、文化差异、异常行为等参数作适当处理。

上述人的可靠性分析中存在的问题常常导致分析人员故意过高地评价人为失误的概率。因此，有必要弥补或至少部分弥补这类问题造成的影响。

尽管人的可靠性分析目前尚有不足之处，但它仍是一个评价复杂系统人为失误危险的非常有用的工具。人的可靠性分析方法提供了一个正规的辨识人为失误隐患的分析方法。尽管人们对某一具体事件的人为失误概率的准确性有怀疑，但它提供了一个确定系统可能发生失误的相对重要程度的方法。换句话说，人的可靠性定性分析至少和定量分析同样的重要。凡到工厂进行作业分析的人都发现，许多可能发生人为失误的情况只需花很少的人力和财力就可以避免。所以，尽管人为失误概率可能在某种程度上不准确，但使用它作为一个失误可能性的指标，常常能提供一个让人信服的改进作业状况的意见，这远比仅叙述“这是一个可能失误的地方”有说服力。从事过人的可靠性分析工作的人对它能帮助我们提高工厂或系统的安全性和利益都会抱有热情。因此，可以说人的可靠性分析方法是一个非常有用的分析方法，通过进一步完善，建立更好的人的行为数据库，其作用会更大。

4.2.2 定量安全评价技术及方法

定量安全评价方法是运用基于大量的试验结果和广泛的事故资料统计分析获得的指标或规律（数学模型），对生产系统的工艺、设备、设施、环境、人员和管理等方面的状况按有关标准应用科学的方法构造数学模型进行定量化评价的一类方法。评价的结果是一些定量的指标，如事故发生的概率、事故的伤害（或破坏）范围、定量的危险性、事故致因因素的事故关联度或重要度等。定量安全评价主要有以下两种类型。

（1）以可靠性、安全性为基础，先查明系统中存在的隐患并求出其损失率、有害因素的种类及其危害程度，然后再与国家规定的有关标准进行比较、量化。常用的方法有：故障树分析法（FTA）、事件树分析法（ETA）、模糊数学综合评价法、层次分析法、作业条件危险性分析法(LEC)、机械工厂固有危险性评价方法、原因后果分析法(CCA)等。

(2) 以物质系数为基础，采用综合评价的危险度分级方法。常用的方法有：美国道化学公司的“火灾、爆炸危险指数评价法”（DOW)、英国ICI公司蒙德部的“火灾、爆炸、毒性指数法”（ICI)、日本劳动省的“六阶段法”、“单元危险指数快速排序法”等。

4.2.2.1 故障树分析法(FTA)

1. 方法概述

近20年来，化学工业迅速向大型化、复杂化、自动化发展，由于连续化的单链生产普及、工艺过程长而复杂、能量回收和全封闭循环更为完善、中间可供缓冲的储存装置多半被取消、远距离集中控制、计算机程序控制以及设备结构日益精密、居民区与工厂距离过近等原因，一旦发生事故，将会给社会带来巨大的风险。所以，故障树分析法在化工行业中的应用越来越广。

故障树分析(FTA)又称为事故树分析，它是采用逻辑方法，将事故的因果关系形象地描述为一种有方向的“树”：把系统可能发生或已经发生的事故(称为顶事件)作为分析起点，将导致事故的原因事件按因果逻辑关系逐层列出，用树形图表示出来，构成一种逻辑模型，然后定性或定量地分析事故发生的各种可能途径及发生概率，找出避免事故发生的各种方案并优选出最佳安全对策。FTA法形象、清晰、逻辑性强，它能对各种系统的危险性进行识别评价，既适用于定性分析，又能进行定量分析。

顶事件通常是由故障假设、HAZOP等危险分析方法识别出来的。故障树模型是原因事件(即故障)的组合(称为故障模式或失效模式)，这种组合导致顶事件。这些故障模式称为割集，最小割集是原因事件的最小组合。要使顶事件发生，最小割集中的所有事件必须全部发生。例如，如果割集中“无燃料”和“风窗玻璃损坏”全部发生，顶事件“汽车不能启动”也将发生，但最小割集是“无燃料”，因此它单独发生也将导致顶事件的发生；“风窗玻璃损坏”与汽车能否启动无关。

2. 故障树名词术语和符号

(1) 事件及其符号。在故障树分析中，各种故障状态或不正常情况皆称为故障事件；各种完好状态或正常情况皆称为成功事件。两者均可简称为事件。

1) 底事件。底事件是故障树分析中仅导致其他事件的原因事件。底事件位于所讨论的故障树底端，总是某个逻辑门的输入事件而不是输出事件。底事件分为基本事件与未探明事件。

① 基本事件是在特定的故障树分析中无须探明其发生原因的底事件。

② 未探明事件是原则上应进一步探明但暂时不必或者暂时不能探明其原

因的底事件。

2）结果事件。结果事件是故障树分析中由其他事件或事件组合所导致的事件。结果事件总位于某个逻辑门的输出端。结果事件分为顶事件和中间事件。

① 顶事件是故障树分析中所关心的结果事件。顶事件位于故障树的顶端，总是所讨论故障树中逻辑门的输出事件而不是输入事件。

② 中间事件是位于底事件和顶事件之间的结果事件。中间事件既是某个逻辑门的输出事件，同时又是别的逻辑门的输入事件。

3）特殊事件。特殊事件是指在故障树分析中需用特殊符号表明其特殊性或引起注意的事件。

① 开关事件是在正常工作条件下必然发生或者必然不发生的特殊事件。

② 条件事件是描述逻辑门起作用的具体限制的特殊事件。

（2）逻辑门及其符号。在故障树分析中逻辑门只描述事件间的逻辑因果关系。

1）与门。表示仅当所有输入事件发生时，输出事件才能发生。

2）或门。表示至少一个输出事件发生时，输出事件就发生。

3）非门。表示输出事件是输入事件的对立事件。

4）特殊门。有以下几种：

① 顺序与门表示仅当输入事件按规定的顺序发生时，输出事件才会发生。

② 表决门表示仅当 n 个输入事件中 r 个或 r 个以上的事件发生时，输出事件才发生。

③ 异或门表示仅当单个输入事件发生时，输出事件才发生。

④ 禁门表示仅当条件事件发生时，输入事件的发生方导致输出事件的发生。

（3）转移符号。有相同转移符号和相似转移符号。表示转移到或来自于另一个子(故障)树，用三角形表示。

1）相同转移符号。包括：

① 转向符号表示在三角形内标出向何处转移。

② 转此符号表示在三角形内标出从何处转入。

2）相似转移符号。包括：

① 相似转向表示下面转到结构相似而事件标号不同的子树去。

② 相似转此表示从子树与此处子树相似但事件标号不同处转入。

（4）故障树。故障树是一种特殊的倒立树状逻辑因果关系图。它用事件符号、逻辑门和转移符号描述系统各种事件的因果关系，逻辑门的输入事件是输出事件的“因”；输出事件是输入事件的“果”。故障树分析所用的逻辑和事件符号见表4-13。

表 4-13 故障树分析的逻辑和事件符号

符 号	名 称	符 号	名 称
	基本事件		或门
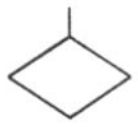	未探明事件	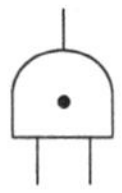	与门
	结果事件 中间事件		非门
	开关事件	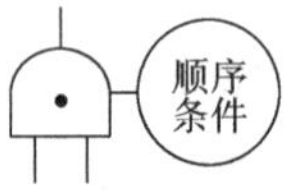	顺序与门
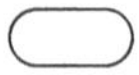	条件事件		异或门
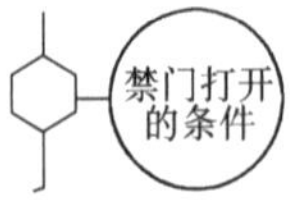	禁门	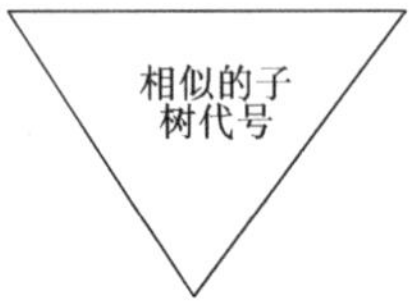	（相似转向符号） 相似转向
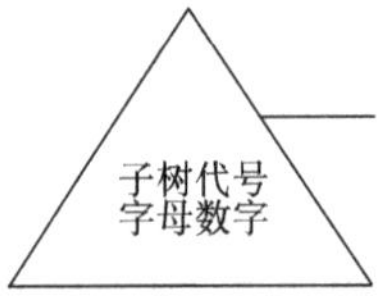	（相同转移符号） 转向符号	不同事件的事件标号××-××	
	转此符号	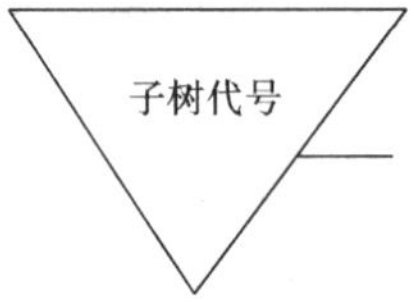	相似转此

3. FTA 方法步骤

FTA 方法基本程序为：首先详细了解系统状态及各种参数，绘出工艺流程图或平面布置图。其次，收集事故案例(国内外同行业、同类装置曾经发生的)，从中找出后果严重且较易发生的事故作为顶事件。根据经验教训和事故案例，经统计分析后，求解事故发生的概率(频率)，确定要控制的事故目标值。然后从顶事件起按其逻辑关系构建故障树。最后作定性分析，确定各基本事件的结构重要度；确定顶事件发生的概率；再作定量分析。如果故障树规模很大，可借助计算机进行。

（1）构建故障树。故障树的构建从顶事件开始，用演绎和推理的方法确定导致顶事件的直接的、间接的、必然的、充分的原因。通常这些原因不是基本事件，而是需进一步发展的中间事件。为了保证故障树的系统性和完整性，构建故障树需遵循的基本规则见表4-14。

表4-14　故障树构建规则

故障事件陈述	把故障的陈述写入事件框（中间事件）和事件圆圈（基本事件）内。要准确说明各部分的故障模式，让这些陈述尽可能准确是完整说明故障树所必需的。“在什么地方”和“是什么”确定了设备和它的失效状态，“为什么”说明了按照这样的设备状态系统所处的状态，从而说明了为什么把该设备状态作为一个故障；这些陈述要尽可能完整，在故障树构建过程中分析人员应当不用简略语或缩写
故障树分析	当对某个故障事件进行分析时，应该提出这样的问题：“该事故是由设备故障造成的吗？”如果回答“是”，则该故障事件作为“设备故障”；若回答“不是”，则该故障作为“系统故障”。对于“设备故障”，用“或门”去找出所有可能导致该设备故障的故障事件；对于“系统故障”则找出该故障事件的原因
无奇迹发生	如果在设备的正常功能下可能导致故障结果，还是要假设设备的功能是正常的，永远不要假设发生奇迹，不要假设设备的所有不希望故障不会发生，或者即使发生也可避免事故
完成每个逻辑门	某特定逻辑门的所有输入在进一步分析前必须准确定义。对简单模型，应该一层一层的完成故障树，每一层完成之后再进行下一层的分析。然而，对于有经验的分析人员来说可能发现这条规则，当构建较复杂或较大的故障树时不大适用
一个逻辑门不能直接到另一个逻辑门，逻辑门之间必须有故障事件	应当恰当地定义逻辑门故障事件的输入。即逻辑门不能与其他的逻辑门直接连接，否则将引起逻辑门的输出混淆

（2）故障树的定性分析。故障树的定性分析仅按故障树的结构和事故的因果关系进行分析。分析过程中不考虑各事件的发生概率，或认为各事件的发生概率相等。内容包括求基本事件的最小割集、最小径集及其结构重要度。求取方法有质数代入法、矩阵法、行列法、布尔代数法简法等。下面将重点介绍布尔代数法简法。

（3）布尔代数法简法及其应用。

1）布尔代数法主要运算法则。在故障树分析中常用逻辑运算符号“·”、“+”将各个事件A、B、C等连接起来。这些连接式成为布尔代数表达式。在求最小割集时要用布尔代数运算法则化简代数式。这些法则有：

交换律：$A+B=B+A$　　　$AB=BA$

结合律：$A+(B+C)=(A+B)+C$　　　$A(BC)=(AB)C$

分配律：$A(B+C)=AB+AC$　　　$A+(BC)=(A+B)(A+C)$

吸收律：$A(A+B)=A$　　　$A+AB=A$

互补律：$A+A'=1$　　　$AA'=0$

幂等律：$AA=A$　　　$A+A=A$

狄摩根定律：$(A+B)'=A'B'$　　　$(AB)'=A'+B'$

对偶律：$(A')'=A$

重叠律：$A+A'B=A+B=B+B'A$

其中，A'、B'分别是事件 A、B 的逆事件（或对偶事件）。

2）故障树的数学表达式—结构函数表达式。在进行故障树定性、定量分析时，需要建立写出故障树的数学表达式。把顶事件用布尔代数表现，并自上而下展开，即可得到故障树的布尔表达式。如图 4-4 所示。

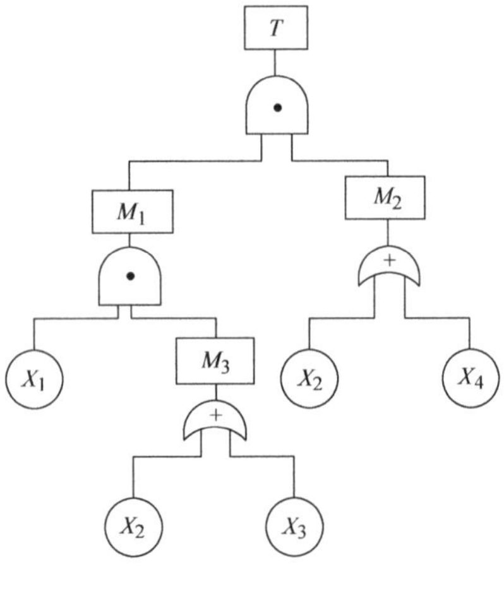

图 4-4　故障树的布尔表达式

其结构函数表达式为：

$$
\begin{aligned}
T &= M_1M_2=(X_1M_3)(X_2+X_4)\\
&=[X_1(X_2+X_3)](X_2+X_4)\\
&=(X_1X_2+X_1X_3)(X_2+X_4) \quad (4\text{-}1)
\end{aligned}
$$

式中，T 为顶事件，M_1、M_2、M_3 为中间事件，X_1、X_2、X_3、X_4 为基本事件。

（4）割集与最小割集。

1）割集与最小割集的概念。故障树中某些基本事件的集合，当集合中这些基本事件全都发生时，顶事件必然发生，这样的集合称为割集。若在某个割集中任意除去一基本事件就不再是割集了，这样的割集称为最小割集，即导致顶事件发生的最低限度的基本事件的集合称为最小割集。

2）最小割集的求法。最小割集的求法有布尔代数法和矩阵法。故障树经过布尔代数法化简，得到若干交（与）集和并（或）集，每个交集实际上就是一个最小割集。将式(4-1)展开并应用上述布尔代数有关运算法则归并、化简得：

$$T=X_1X_2+X_1X_3X_4 \quad (4\text{-}2)$$

得到两个最小割集：$T_1=\{X_1,X_2\}$；$T_2=\{X_1,X_3,X_4\}$

最小割集表明系统的危险性，每个最小割集都是顶事件发生的一种可能渠道。最小割集的数目越多，系统越危险。最小割集的作用如下：

① 最小割集表示顶事件发生的原因。事故发生必然是某个最小割集中几

个事件同时存在的结果。求出故障树全部最小割集就可以掌握事故发生的各种可能，对掌握事故的发生规律、查明原因大有帮助。

② 每一个最小割集都是顶事件发生的一种可能模式。根据最小割集可以发现系统中最薄弱的环节，直观判断出哪种模式最危险，哪些次之，以及如何采取安全措施降低事故发生的可能性等。

③ 可以用最小割集判断基本事件的结构重要度，计算顶事件概率。

（5）结构重要度分析。故障树中各个基本事件对顶事件的影响程度不同。从故障树结构上分析各基本事件的重要度(不考虑各基本事件的发生概率或假定各基本事件发生概率相等)，分析各基本事件的发生对顶事件发生的影响程度，叫结构重要度分析。利用最小割集分析判断结构重要度有以下几个原则：①单事件最小割集中的基本事件的结构重要度系数 $I(i)$ 大于所有高阶最小割集中基本事件的结构重要度系数；②在同一最小割集中出现的所有基本事件，结构重要系数相等(在其他割集中不再出现)；③几个最小割集均不含共同元素，则低阶最小割集中基本事件重要系数大于高阶割集中基本事件重要系数。阶数相同，重要系数相同；④比较两基本事件，若与之相关的割集阶数相同，则两事件结构重要系数大小由它们出现的次数决定，出现次数多的系数大；⑤相比较的两事件仅出现在基本事件个数不等的若干最小割集中，若它们重复在各最小割集中出现次数相等，则在小事件最小割集中出现的基本事件结构重要系数大。

（6）径集和最小径集。故障树中某些基本事件的集合，当集合中这些基本事件全都不发生时，顶事件必然不发生，这样的集合称为径集。若在某个径集中任意除去一基本事件就不再是径集了，这样的径集称为最小径集，亦即不能导致顶事件发生的最低限度的基本事件的集合称为最小径集。

最小径集求法是先将故障树化为对偶的成功树(只需将或门换与门,与门换或门,事件化为其对偶事件即可)；写出成功树的结构函数；化简得到最小割集表示的成功树的结构函数；再求补得到若干并集的交集，每一个并集实际上就是一个最小径集。

图 4-4 故障树所对应的成功树如图 4-5 所示，其结构函数为：

$$\begin{aligned}T' &= M_1' + M_2' \\ &= (X_1' + M_3') + (X_2'X_4') = X_1' + (X_2'X_3') + (X_2'X_4') = X_1' + X_2'X_3' + X_2'X_4'\end{aligned}$$

利用狄摩根定律求补得：

$$\begin{aligned}(T')' &= (X_1' + X_2'X_3' + X_2'X_4')' = (X_1')'(X_2'X_3')'(X_2'X_4')' \\ &= X_1(X_2 + X_3)(X_2 + X_4)\end{aligned}$$

得到 3 个最小径集：

$$P_1 = \{X_1\};\ P_2 = \{X_2, X_3\};\ P_3 = \{X_2, X_4\}$$

用最小割集判别基本事件结构重要度顺序与用最小径集判别结果一样；凡

对最小割集适用的原则，对最小径集都适用。

4. 编制分析结果文件

故障树分析的最后一步是编制故障树分析结果文件。危险分析人员应当提供分析系统的说明、问题的讨论、故障树模型、最小割集、最小径集及结构重要度分析。此外，还将提出有关建议。

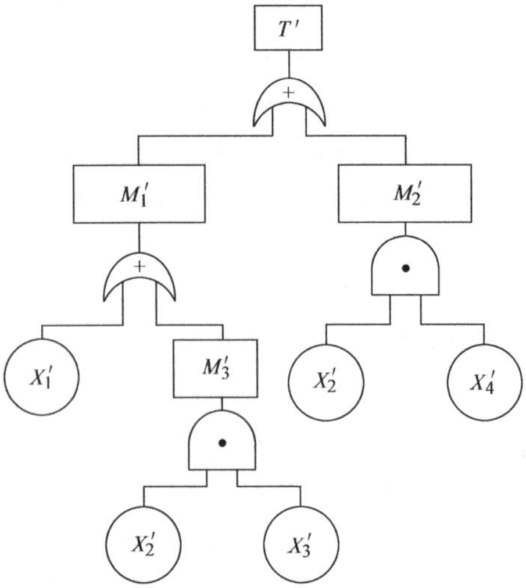

图 4-5　与图 4-4 所对应的成功树布尔表达式

5. FTA 法的特点

（1）它能识别导致事故的基本事件(基本的设备故障)与人为失误的组合。可为人们提供设法避免或减少导致事故基本原因的线索，从而降低事故发生的可能性。

（2）能对导致灾害事故的各种因素及逻辑关系作出全面、简洁和形象的描述。

（3）便于查明系统内固有的或潜在的各种危险因素，为设计、施工和管理提供科学依据。

（4）使有关人员、作业人员全面了解和掌握各项防灾要点。

（5）便于进行逻辑运算，进行定性、定量分析和系统评价。

4.2.2.2　事件树分析(ETA)

1. 方法概述

事件树在给定一个初始事件的情况下，分析此初始事件可能导致各种事件序列的结果，从而定性或定量地评价系统的特性，并帮助分析人员获得正确的决策，它常用于安全系统的事故分析和系统的可靠性分析，由于事件序列是以图形表示，并且呈扇状，故称事件树。

事故的发生是若干事件按时间顺序相继出现的结果，每一个初始事件都可能导致灾难性的后果，但并不一定是必然的后果。因为事件向前发展的每一步都会受到安全防护措施、操作人员的工作方式、安全管理及其他条件的制约。因此每一阶段都有两种可能，即达到既定目标的“成功”和达不到既定目标的“失败”。

ETA 从事故的初始事件开始，途经原因事件到结果事件为止，每一事件都按成功和失败两种状态进行分析。成功和失败的分叉称为歧点，用树枝的上分支作为成功事件，下分支作为失败事件，按事件发展顺序不断延续分析，直至最后结果，最终形成一个在水平方向横向展开的树形图。显然，有 n 个阶段，就有$(n-1)$个歧点，也就是有2^{n-1}个结果。根据事件发展的不同情况，如已知每个歧点处成功或失败的概率，就可以计算出各种不同结果的概率。

2. 分析步骤

在进行ETA分析时，应按如下步骤进行：

（1）确定初始事件。初始事件一般是指系统故障、设备失效、工艺异常、人的失误等，它们都是由事先设想或估计的。与此同时也设定为防止它们继续发展的安全措施、操作人员处理措施和程序等。安全措施通常包括以下内容：①能自动对初始事件作出反应的安全系统，如自动停车系统；②初始事件发生时的报警装置；③供操作人员作出正确判断处理的操作规程；④防止事故进一步扩大的措施。

（2）编制ETA图。将初始事件写在左边，各种设定的安全措施按先后顺序写在顶端横栏内。

（3）阐明事故结果。通过ETA可得由初始事件导出的各种事故结果。

（4）定量计算、分级。如已知各步事件的发生概率，即可进行定量计算（设各歧点的失败概率为P_i，则成功概率为$1-P_i$）。根据定量计算的结果，作出事故严重程度的分级。

在进行事件树分析时，应该首先了解系统的构成和功能，特别要注意以下几点：

1）在确定和寻找可能导致系统严重事故的初始事件和系统事件时，要有效地利用平时的安全检查表、检修结果、未遂事故的故障信息，以及相关领域或系统的类似系统和相似系统的数据资料。

2）选择初始事件时，要把重点放在对系统安全影响重大、发生频率高的事件上。与初始事件有关的系统事件，要注意到设备、环境、人员多个因素，要充分涉及到各个方面。

3）把开始选择的初始事件要进行分类整理，对于可能导致相同事件树的初始事件要划分成一类，然后分析各类初始事件对系统影响的严重性，应优先作出严重性最大的初始事件的事件树。

4）在根据事件树分析结果制定对策时，要优先考虑事故发生概率高、事故影响大的项目。

5）当系统的事件发生概率是由组成系统的作业过程中各阶段安全措施的程序错误或失败概率的逻辑积表示时，其对应的措施是使发生事故的各个阶段中任何一项安全措施成功即可，并且作出对策的时间越早越好。

6）系统中事故的发生概率是由构成系统的作业过程中各事故发生的逻辑和表示时，须采取的对策是使可能发生事故的所有阶段中的安全措施都成功。

7）事故防止对策的种类，包括体制方面、物的对策和人的对策。

3. ETA 法优、缺点及适用范围

ETA 法是一种图解形式，层次清楚。既可看作 FTA 的补充，可以将严重事故的动态发展过程全部揭示出来；也可以看作 FMEA(故障类型和影响分析)的延伸。在 FMEA 分析了故障类型对于系统以及系统产生的影响的基础上，结合故障发生概率，可以对多阶段、多因素复杂事件动态发展过程，特别是对大规模系统的危险性及后果进行定性、定量地辨识，并分析其严重程度。对影响严重的故障进行定量分析。

优点：概率可以按照路径为基础分到节点；整个结果的范围可以在整个树中得到改善；事件树从原因到结果，概念上比较容易明白；事件树是依赖于事件的；事件树在检查系统和人的响应造成潜在事故时是理想的。

缺点：事件树成长非常快，为了保持合理的大小，往往使分析必须非常粗；缺少像 FTA 中的数学混合应用。

4. ETA 方法示例

1979 年 10 月，日本川崎市某化工厂高压聚乙烯装置的回火防止罐在 20.26MPa 下运行时突然爆炸，幸未造成人员伤亡，其 ETA 如图 4-6 所示。

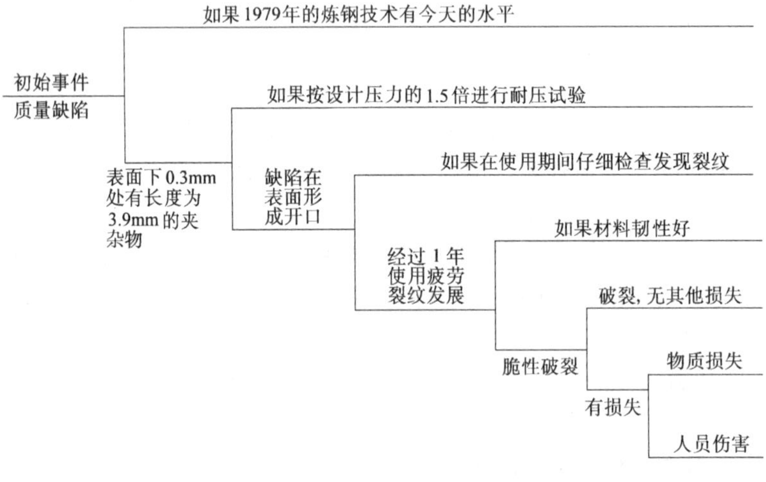

图 4-6 回火防止罐爆炸的事件树

4.2.2.3 作业条件危险性评价法

作业条件危险性评价方法是一种简单易行的用于评价操作人员在具有潜在危险性环境中作业时的危险性的半定量评价方法，它是由美国人格雷厄姆(K. J. Graham)和金尼(G. F. Kinney)提出的，因此也称为格雷厄姆-金尼法。他们认为影响作业条件危险性的因素是事故发生的可能性、人员暴露于危险环境的频繁程度和一旦发生事故可能造成的后果。用这 3 个因素分值的乘积 $D=LEC$ 来评价作业条件的危险性。D 值越大，作业条件的危险性越大。上述 3 个因素的赋分表分别见表4-15、表4-16、表4-17；D值见表4-18。

1. 事故发生概率的可能性分值的选取

表4-15 事故发生的可能性分值 L

分数值	10	6	3	1	0.5	0.2	0.1
事故发生的可能性	完全会被预料到	相当可能	可能，但不经常	完全意外，很少可能	可以设想，很少可能	极不可能	实际上不可能

2. 人员暴露于危险环境的频繁程度分值的选取

表4-16 暴露于危险环境的频繁程度分值 E

分数值	10	6	3	2	1	0.5
暴露于危险环境的频繁程度	连续暴露	每天工作时间内暴露	每周一次或偶然暴露	每月暴露一次	每年几次暴露	非常罕见地暴露

3. 发生事故可能造成的后果分值的选取

表4-17 事故造成的后果分值 C

分数值	100	40	15	7	3	1
事故造成的后果	大灾难，许多人死亡，或造成重大财产损失	灾难，数人死亡，或造成很大财产损失	非常严重，一人死亡，或造成一定的财产损失	严重，重伤，或较小的财产损失	重大，致残，或很小的财产损失	引人注目，不利于基本的安全卫生条件

4. 危险性等级划分标准

表4-18 危险性等级划分标准

危险性分值 D	≥320	≥160~320	≥70~160	≥20~70	<20
危险程度	极度危险，不能继续作业	高度危险，需要整改	显著危险，需要整改	比较危险，需要注意	稍有危险，可以接受

4.2.2.4 日本劳动省化工企业“六阶段安全评价法”

1. 方法概述

日本劳动省颁布的化工企业“六阶段安全评价法”，综合应用安全检查表、定量危险性评价、事故信息评价、故障树分析以及事件树分析等方法，分成6个阶段采取逐步深入，定性与定量结合，层层筛选的方式识别、分析、评价危险，并采取措施修改设计消除危险。评价程序如图4-7所示。

2. 评价步骤

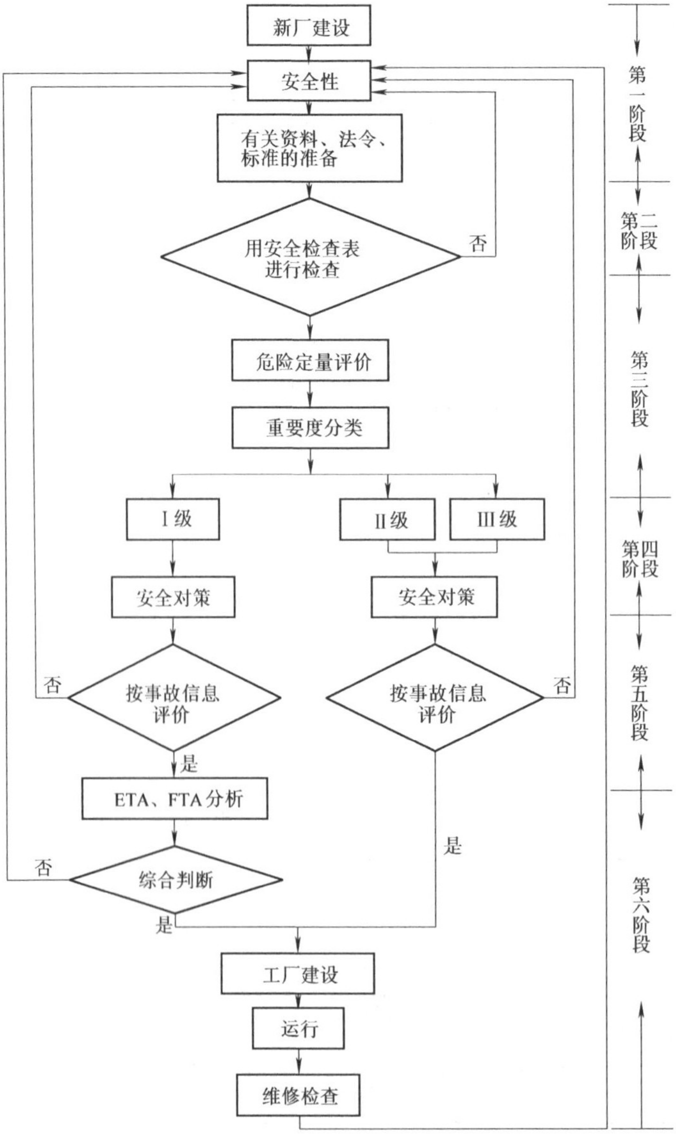

图 4-7　化工企业“六阶段安全评价法”程序图

(1) 第一阶段——资料准备。建厂条件、原料和产品的物化性质、有关法规标准；反应过程；制造工程概要；流程图；流程机械表；配管、仪表系统图；安全设备种类及设置地点；运转要点；人员配置图；安全教育训练计划等其他有关资料。

(2) 第二阶段——定性评价。应用安全检查表主要针对厂址选择、工厂内部布置、建筑流程和设备布置、原材料、中间体、产品、输送储存系统、消防设施等方面进行检查，发现问题改进设计。

表 4-19　危险度评价取值表

项目＼分值	10分(A)	5分(B)	2分(C)	0分(D)
物质(系指原材料中间体或产品中危险程度最大的物质)	1. 甲类可燃气体 2. 甲$_A$及液态烃类 3. 甲类固体 4. 极度危害介质	1. 乙类可燃气体 2. 甲$_B$、乙$_A$及液态烃类 3. 乙类固体 4. 高度危害介质	1. 乙$_B$、丙$_A$、丙$_B$类可燃液体 2. 丙类固体 3. 中、轻度危害介质	不属A～C项的物质
容量	气体1000m^3以上；液体100m^3以上 (1) 有触媒的反应，应去掉触层所占空间 (2) 气液混合反应应按照其反应的形态选择上述规定	气体500～1000m^3 液体50～100m^3	气体100～500m^3 液体10～50m^3	气体＜100m^3 液体＜10m^3
温度	1000℃以上使用，其操作温度在燃点以上	(1) 1000℃以上使用，但操作温度在燃点以下 (2) 在250～1000℃使用，其操作温度在燃点以上	(1) 在250～1000℃使用，但操作温度在燃点以下 (2) 在低于250℃使用，操作温度在燃点以上	在低于250℃使用，操作温度在燃点之下
压力	100MPa(1000kg/cm^2)以上	20～100MPa(200～1000kg/cm^2)	1～20MPa(10～200kg/cm^2)	1MPa(10kg/cm^2)以下
操作	(1) 临界放热和特别剧烈的放热反应操作 (2) 在爆炸极限范围内或其附近的操作	(1) 中等放热反应(如烷基化、酯化、加成、氧化、聚合、缩合等反应)操作 (2) 系统进入空气中的不纯物质，可能发生危险的操作 (3) 使用粉状或雾状物质，有发生粉尘爆炸的可能 (4) 单批式操作	(1) 轻微放热反应(如加氢、水解、异构化、磺化、中和等反应)操作 (2) 精制操作中伴有的化学反应 (3) 单批式，但开始用机械等手段进行程序操作 (4) 有一定危险的操作	无危险的操作

（3）第三阶段——定量评价。将装置划分为若干单元，对各单元的物质、容量、温度、压力和操作等 5 项进行评价，每项又分成 A、B、C、D 四个分段，分别对应分值 10 分、5 分、2 分和 0 分，其评价内容见表 4-19。

对单元的各项按表 4-18 规定方法赋分，最后由 5 项分值之和求得单元的危险度分数，进而评定该单元的危险度等级。等级划分方法见表 4-20。

表 4-20 危险度分级

总分值	≥16 分	11～15 分	≤10 分
等级	Ⅰ	Ⅱ	Ⅲ
危险程度	高度危险	中度危险	低度危险

（4）第四阶段——制定安全对策。根据单元的危险度等级，按方法推荐的各评价等级应采取的措施和要求，采取相应技术、设备和组织管理等方面的安全对策措施。

（5）第五阶段——用过去类似设备和装置的事故资料进行复查评价。根据设计内容参照过去同样设备和装置的事故情报进行再评价，如果有应改进的地方，再按第四阶段要求进一步采取措施。

对于危险度Ⅱ、Ⅲ级的装置，在以上评价终了之后，即可在完善设计的基础上进行中间工厂或装置的建设。

对于危险度为Ⅰ级的装置，最好用 FTA、ETA 进行再评价。如果通过评价后发现需要改进的地方，要对涉及内容进行休整，然后才能建厂。

$$\{物质\ 0\sim10\}+\{容量\ 0\sim10\}+\{温度\ 0\sim10\}+\{压力\}+\{操作\ 0\sim10\}$$
$$=\begin{cases}16\ 点以上\\11\sim15\ 点\\1\sim10\ 点\end{cases}$$

（6）第六阶段——再评价。用故障树（FTA）、事件树（ETA）进行再评价。

3. 优、缺点及适用范围

日本劳动省“六阶段安全评价法”综合运用检查表法、基准局法、定量评价法、类比法、FTA、ETA、反复评价，准确性高，但工作量大。它是一种周到的评价方法，除化工厂外，还可用于其他有关行业安全评价。

4.2.2.5 美国道化学公司火灾、爆炸危险指数评价法（*F&EI*）

1. 方法概述

火灾、爆炸危险指数评价法是对工艺装置及所含物料的潜在火灾、爆炸和反应性危险逐步推算的一种客观评价方法。该评价法首先确定评价单元固有的火灾、爆炸指数（*F&EI*）及危险等级，然后再通过安全措施补偿的办法，以降低单元的危险程度，确定是否达到可接受的程度；并进一步确定单元危险区域的平面分布和影响程度，进而计算出基本及实际最大可能财产损失，以表征单元危险性的风险程度。

2. 评价步骤

计算火灾、爆炸危险指数和进行风险分析汇总，需要准备以下资料：①准确的装置(生产单元)设计方案；②工艺流程图；③道氏7版火灾、爆炸指数评价法；④道氏7版火灾、爆炸指数计算表，见表4-21；⑤安全措施补偿系数表，见表4-22；⑥工艺单元风险分析汇总表，见表4-23；⑦生产装置风险分析汇总表，见表4-24；⑧工艺设备及安装成本表。依据图4-8所示程序进行分析评价。

表4-21 单元危险系数(F_1、F_2、F_3)计算

1. 一般工艺危险	危险系数范围	采用危险系数
基本系数	1.00	
A. 放热化学反应	0.3～1.25	
B. 吸热反应	0.20～0.40	
C. 物料处理与输送	0.25～1.05	
D. 密闭式或室内工艺单元	0.25～0.90	
E. 通道	0.20～0.35	
F. 排放和泄漏控制	0.25～0.50	
一般工艺危险系数 F_1		
2. 特殊工艺系数	**危险系数范围**	**采用危险系数**
基本系数	1.00	
A. 毒性物质	0.20～0.80	
B. 负压(＜500mmHg)	0.50	
C. 爆炸范围内或其附近的操作		
惰性化 未惰性化		
(1) 罐装易燃液体	0.50	
(2) 过程失常或吹扫故障	0.30	
(3) 一直在燃烧范围内	0.80	
D. 粉尘爆炸	0.25～2.00	
E. 压力 操作压力—kPa(绝对压) 释放压力—kPa(绝对压)		
F. 低温	0.20～0.30	
G. 易燃及不稳定物质的质量/kg 物质燃烧热 H_c—kBtu/lb		
(1) 工艺中的液体及气体		
(2) 储存中的液体及气体		
(3) 储存中的可燃固体及工艺中的粉尘		

（续）

2. 特殊工艺系数	危险系数范围	采用危险系数
H. 腐蚀与磨蚀	0.10～0.75	
I. 泄漏—接头和填料	0.10～1.15	
J. 使用明火设备		
K. 热油热交换系统	0.15～1.5	
L. 转动设备	0.50	
特殊工艺危险系数 F_2		
工艺单元危险系数 $F_3=F_1F_2$		
火灾、爆炸指数 $F\&EI=F_3MF$		

表 4-22　单元安全措施补偿系数

项　　目	补偿系数范围	采用补偿系数
1. 工艺控制安全补偿系数 C_1		
（1）应急电源	0.98	
（2）冷却装置	0.97～0.99	
（3）抑爆装置	0.84～0.98	
（4）紧急切断装置	0.96～0.99	
（5）计算机控制	0.93～0.99	
（6）惰性气体保护	0.94～0.96	
（7）操作规程/程序	0.91～0.99	
（8）化学活泼性物质检查	0.91～0.98	
（9）其他工艺危险分析	0.91～0.98	
$C_1=$	（1）～（9）各系数的乘积	
2. 物质隔离安全补偿系数 C_2		
（1）遥控阀	0.96～0.98	
（2）卸料/排空装置	0.96～0.98	
（3）排放系统	0.91～0.97	
（4）连锁装置	0.98	
$C_2=$	（1）～（4）各系数的乘积	
3. 防火设施安全补偿系数 C_3		
（1）泄漏检测装置	0.94～0.98	
（2）结构钢	0.95～0.98	
（3）消防水供应系统	0.94～0.97	
（4）特殊灭火系统	0.91	

（续）

项　　目	补偿系数范围	采用补偿系数
3. 防火设施安全补偿系数 C_3		
（5）喷洒系统	0.74～0.97	
（6）水幕	0.97～0.98	
（7）泡沫灭火装置	0.92～0.97	
（8）手提式灭火器材/喷水枪	0.93～0.98	
（9）电缆防护	0.94～0.98	
C_3 =	（1）～（9）各系数的乘积	
安全措施补偿系数	$C = C_1C_2C_3$	

表4-23　工艺单元风险分析汇总表

1. 火灾、爆炸指数（*F&EI*）（见表4-21）	单位
2. 暴露半径	m
3. 暴露面积	m^2
4. 暴露区内财产损失	百万美元
5. 危害系数	
6. 基本最大可能财产损失——基本 *MPPD*（4×5）	百万美元
7. 安全措施补偿系数 = $C_1C_2C_3$	
8. 实际最大可能财产损失——实际 *MPPD*（6×7）	百万美元
9. 最大可能工作日损失——*MPDO*	天
10. 停产损失——*BI*	百万美元

表4-24　生产装置风险分析汇总

国家/地区：							
位置：							
评价人：							
工艺单元主要物质	物质系数	火灾爆炸指数	影响区内财产价值/百万美元	基本 *MPPD*/百万美元	实际 *MPPD*/百万美元	停工天数 *MPDO*/d	停产损失 *BI*/百万美元

3. 系数计算

（1）选取工艺单元。为了计算火灾、爆炸危险指数，首先要确定装置中需要研究的单元。工艺单元是指工艺装置的任一主要单元。多数工厂是由多个单元组成的，但在计算工厂的火灾、爆炸指数时，只选取那些从损失预防角度来看对工艺有影响的工艺单元进行评价，这些单元称为恰当工艺单元，简称为工艺单元。

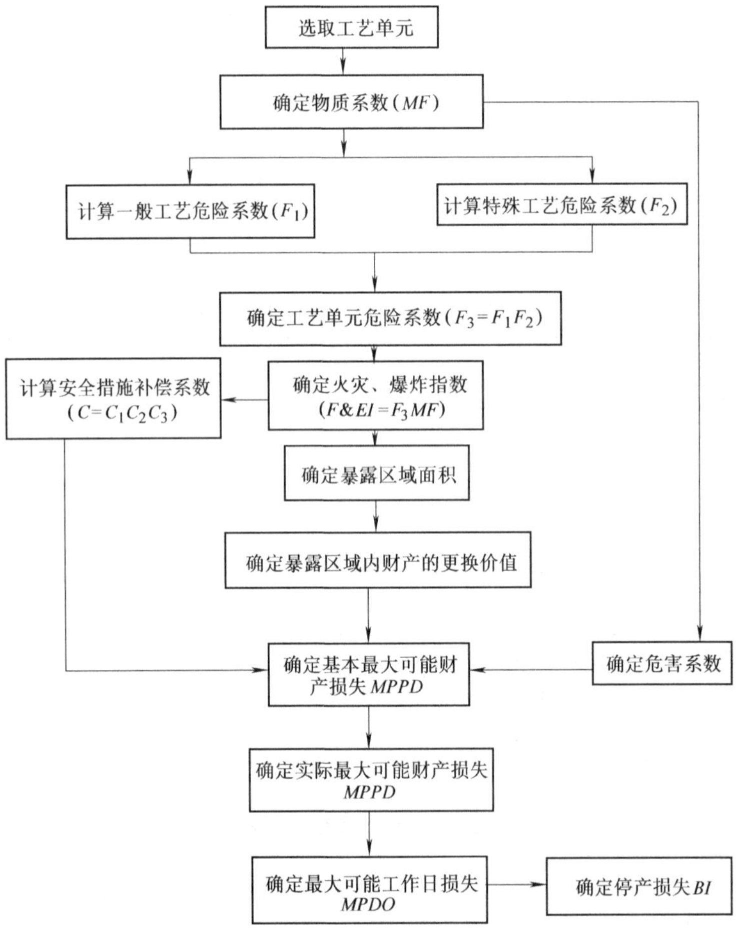

图4-8　道化学公司火灾、爆炸指数评价法程序图

选取恰当工艺单元的主要参数包括：①物质的潜在的化学能(物质系数)；②工艺单元中危险物质的数量；③资金密度(每平方米美元数)；④操作压力与操作温度；⑤导致火灾、爆炸事故的历史资料；⑥对装置操作起关键作用的设备。

一般情况下，这些参数的数值越大，则该工艺单元就越需要评价。

工艺单元或工艺区附近的个别设备、关键设备或单机设备一旦遭到破坏，就可能导致停产数日，甚至极小的火灾、爆炸，都可能导致停产而造成巨大的经济损失。因此，这些关键设备所能导致的损失也是工艺单元选择的一个重要因素。

（2）确定物质系数。在火灾、爆炸指数计算和危险性评价过程中，物质系数 *MF* 是最基础的数值，是表达物质由燃烧或其他化学反应引起的火灾、爆炸过程中释放能量大小的内在特性。

物质系数是由美国消防协会（NFPA）确定的物质可燃性 N_F 和化学活泼性（不稳定性）N_R 求得。常见物质的 *MF* 值见本书附录。

有些物质的 *MF* 值附表中未给出，可按下表所列方法求出。首先要求出可燃性液体、气体的可燃性等级 N_F 和可燃粉尘的等级 S_t。N_F 按表4-25左栏中的闪点值确定，粉尘或尘雾的 S_t 则应根据爆炸试验确定。可燃性固体的 N_F 值则依据其性质不同在表4-24左栏中分类标示。

物质、混合物或化合物的反应性等级 N_R 的值可根据物质在环境温度下的不稳定度或与水反应的剧烈程度确定。根据 NFPA 确定的原则如下：$N_R=0$，燃烧条件下仍保持稳定；$N_R=1$，自身通常稳定但在加温加压条件下稳定性较差；$N_R=2$，非加温条件下不稳定；$N_R=3$，非封闭状态下能发生爆炸；$N_R=4$，敞开环境能发生爆炸。

（3）工艺危险系数和工艺单元危险系数。一般工艺危险系数（见表4-26）与特殊工艺危险系数（见表4-27）相乘，便得到评价单元工艺危险系数，即 $F_3=F_1F_2$

（4）火灾爆炸指数 *F&EI*。*F&EI* 是工艺单元危险系数和物质系数的乘积，它与后面的暴露半径有关。表4-28是 *F&EI* 值与危险程度之间的关系，它使人们对火灾、爆炸的严重程度有一个相对的认识。

（5）安全措施补偿系数见表4-22。

表4-25　物质系数 *MF* 的确定

物　质		NFPA	反应性或不稳定性				
			$N_R=0$	$N_R=1$	$N_R=2$	$N_R=3$	$N_R=5$
液体、气体（包括挥发性固体）的易燃性或可燃性	不燃物	$N_F=0$	1	14	24	29	40
	FP＞93.3℃	$N_F=1$	4	14	24	29	40
	37.8℃＜FP≤93.3℃	$N_F=2$	10	14	24	29	40
	22.8℃≤FP＜37.8℃或FP＜22.8℃并且BP≥37.8℃	$N_F=3$	16	16	24	29	40
	FP＜22.8℃且BP＜37.8℃	$N_F=4$	21	21	24	29	40
可燃性粉尘或烟雾	$S_t-1(K_{st}\leq 200m/s)$		16	16	24	29	40
	$S_t-1(K_{st}=201\sim 300m/s)$		21	21	24	29	40
	$S_t-1(K_{st}>300m/s)$		24	24	24	29	40

（续）

物质		NFPA	反应性或不稳定性				
			$N_R=0$	$N_R=1$	$N_R=2$	$N_R=3$	$N_R=5$
可燃性固体	厚度大于40mm紧密的（1）	$N_F=1$	4	14	24	29	40
	厚度小于40mm疏松的（2）	$N_F=2$	10	14	24	29	40
	泡沫材料、纤维、粉状物等（3）	$N_F=3$	16	16	24	29	40

注：1. 不燃物——暴露在816℃的热空气中5min不燃烧

2. FP——闭杯闪点

3. BP——标准温度和压力下的沸点

4. K_{st}——在容积为16L或更大的密闭试验容器中测定的、用强点火源所得出的试验值：①包括50.8mm厚度的标准木板、镁锭、质地紧的固体堆积物、紧密的纸张卷或塑料薄膜卷；②包括塑料颗粒、支架、木材平板架之类的粗粒状材料，以及聚苯乙烯类不起尘的粉状物等；③包括轮胎、胶靴等橡胶制品及商品名为“STYRFOAM”的泡沫塑料和防尘防漏包装的“METHOCEIL”纤维素醚。“STYRFOAM”和“METHOCEIL”均为美国道化学公司的产品商标。

表 4-26 一般工艺危险系数

基本系数		1.00	基本系数		1.00
工艺过程	工艺条件	附加系数	工艺过程	工艺条件	附加系数
放热反应	轻微	0.3	物料储运	闪点38～60℃的液体	0.25
	中等	0.5	封闭结构	处理超过闪点的可燃液体	0.3
	临界	1.0		同上条件但量超过4.5t	0.45
	剧烈	1.25		处理超过沸点的可燃液体	0.6
吸热反应	任何吸热反应	0.2		同上条件但量超过4.5t	0.9
	固、液、气供热	0.4	通路	操作区域大于925m²	0.35
	A 煅烧	0.4		操作区域小于925m²	0.2
	B 电解	0.4	排放和泄漏	一般情况	0.5
	C 热裂与热解 电加热或载体加热	0.2			
	明火直接加热	0.4			
物料储运	液化石油气	0.5			
	N_F为3或4的可燃气液体	0.85			
	N_F为3的可燃固体	0.4			

表 4-27　特殊工艺危险系数

基 本 系 数		1.00
工艺过程	工艺条件	附加系数
毒性物质	N_h = 0 无毒且可燃； N_h = 1 有轻微毒害； N_h = 2 急性危害需医疗监护； N_h = 3 可致急性中毒和慢性影响； N_h = 4 可造成死亡或严重伤害	$0.2 \times N_h$
爆炸极限内或附近操作	N_h 为 3 或 4 的可燃液体储罐	0.5
	闪点以上储存液体且不封闭	0.5
	运载可燃液体的船舶、槽车	0.3
	在爆炸极限内或附近操作	0.8
低温操作		0.2 ~ 0.3
明火设备		1.00

基 本 系 数		1.00
工艺过程	工艺条件	附加系数
腐蚀	年腐蚀速度小于 0.5mm	0.1
	年腐蚀速度在 0.5 ~ 1mm 之间	0.2
	年腐蚀速度大于 1mm	0.5
	有断裂危险的应力腐蚀	0.75
	有防腐衬里装置	0.2
轴封和接头处泄漏	有轻微泄漏	0.1
	有周期性泄漏	0.3
	操作温度、压力周期性变化	0.3
	介质为渗透剂或浆状研磨剂	0.4
	有玻璃视镜、膨胀节装置	1.50
传动设备		0.5

表 4-28　*F&EI* 及危险分级

F&EI 值	危 险 等 级	*F&EI* 值	危 险 等 级
1 ~ 60	最轻	128 ~ 158	很大
61 ~ 96	较轻	> 159	非常大
97 ~ 127	中等		

（6）确定暴露区域面积。对已计算出来的 *F&EI*，可以用下式得到暴露半径：

$$R = 0.84F\&EI \quad (R\ 单位为\ \mathrm{ft})$$

$$或\ R = 0.256F\&EI \quad (R\ 单位为\ \mathrm{m})$$

暴露半径表明了生产装置危险区域的平面分布，它是一个以工艺设备的关键部位为中心，以暴露半径为半径的圆。如果被评价工艺单元是一个小设备，就可以该设备的中心为圆心，以暴露半径为半径画圆。如果设备较大，则以从设备表面向外量取暴露半径，暴露区域加上评价单元的面积才是暴露区域的面积。在实际情况下，暴露区域的中心常常是泄漏点，经常发生泄漏的点是排气口、膨胀节和装卸料连接处等部位，它们均可作为暴露区域的圆心。

暴露区域可按下式计算：暴露区域面积 = πR^2

暴露区域意味着其内的设备将会暴露在本单元发生的火灾或爆炸环境中。为了评价这些设备在火灾、爆炸中遭受的损坏，要考虑实际影响的体积。该体积是一个围绕着工艺单元的圆柱体的体积，其面积是暴露区域的面积，高度相当于暴露半径。有时用球体的体积来表示也是合理的，该体积表征了发生火灾、爆炸事故时生产装置所承受的风险的大小。

（7）暴露区域内财产价值。暴露区域内财产价值可由区域内含有的财产（包括在存的物料）的更换价值来确定：

$$更换价值 = 原来成本 \times 0.82\ 增长系数$$

上式中的 0.82 是考虑到事故发生时有些成本不会遭受损失或无需更换，如场地平整、道路、地下管线和路基、工程费等，如能做更精确的计算，这个系数可以改变。

增长系数由工程预算专家确定，他们掌握着最新的公认的数据。

更换价值可按以下几种方法计算：

1）采用暴露区域内设备的更换价值。现行价值可按上述原则确定。

2）用现行的工程成本来估算暴露区域内所有财产的更换价值（地基和其他一些不会遭受损失的项目除外）。这几乎像估算一个新装置那样费时，为简便起见，可只用主要设备成本来估算，然后用工程预算安装系数核定安装费用。

3）从整个装置的更换价值推算每平方米的设备费，再用暴露区域的面积与之相乘就得到更换价值。这种方法的精确度可能最差，但对老厂最适用。

计算暴露区域内财产的更换价值时，必须采用在存物料的价值及设备价值。对于储罐的物料量可按其容量的 80% 计算；对于塔器、泵、反应器等采用在存量或与之相连的物料储罐的物料量。不论其量是否偏小，都可用 15min 物流量或其有效容积计算。

物料的价值要根据制造成本、可销售产品的销售价及废料的损失等来确定，暴露区域内所有的物料都要包括在内。

注意：当一个暴露区域包含另一个暴露区域的一部分时，不能重复计算。

（8）危害系数的确定。危害系数由工艺单元危险系数 F_3 和物质系数 MF 按图 4-9 来确定的，它代表了单元中物料泄漏或反应能量释放所引起的火灾、爆炸事故的综合效应。确定危害系数时，如果 F_3 数值超过 8.0，应按 $F_3=8.0$ 来计算。

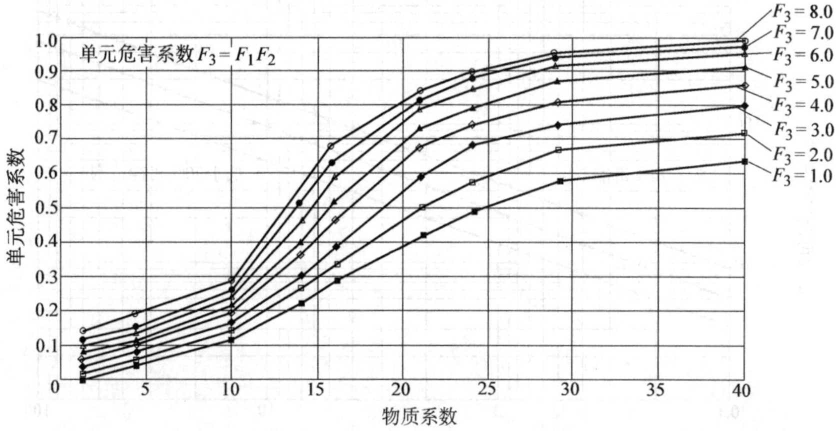

图 4-9　单元危害系数计算图

（9）各种损失计算。

1）基本最大可能财产损失(基本 *MPPD*)。基本最大可能财产损失是假定没有任何一种安全措施来降低损失。

确定了火灾爆炸影响区域，即可应用该区域的设备(包括建筑物)价值及单元损害系数，计算出基本最大可能财产损失(基本 *MPPD*)。计算公式为：

基本 *MPPD* = 0.82 × 单元危害系数 × 影响区域财产值 × 价格上涨因素

式中 0.82 是指道路、地下管线、基础等扣除后的价值。

2）实际最大可能财产损失(实际 *MPPD*)。实际最大可能财产损失表示在采取适当的(但不完全理想)防护措施后事故所造成的财产损失。如果这些防护装置出现故障，其损失应接近于基本最大可能财产损失。计算公式为：

实际 *MPPD* = 基本 *MPPD* × 安全设施补偿系数

3）最大可能工作日损失(*MPDO*)和停产损失(*BI*)。估计最大可能工作日损失是评价停产损失必需的一个步骤。停产损失常常等于或超过财产损失，这取决于物料储量和产品的需求状况。

图 4-10 表明了 *MPDO* 与实际 *MPPD* 之间的关系。其中 x 是指实际 *MPPD*，y 是指 *MPDO*。图中有 3 条斜线，最下面的斜线为 *MPDO* 在 70% 可能范围的下限，其值为：$\lg(y)=1.045515+0.610426\lg(x)$；最上面的斜线为 *MPDO* 在 70% 可能范围的上限，其值为：$\lg(y)=1.550233+0.598416\lg(x)$；中间的斜线为 *MPDO* 在 70% 可能范围的正常值，其值为：$\lg(y)=1.325132+0.592471\lg(x)$。

停产损失(*BI*)按下式计算：$BI = MPDO \times VPM \times 0.70/30$

式中，*VPM* 是每月产值；0.70 是固定成本和利润值。

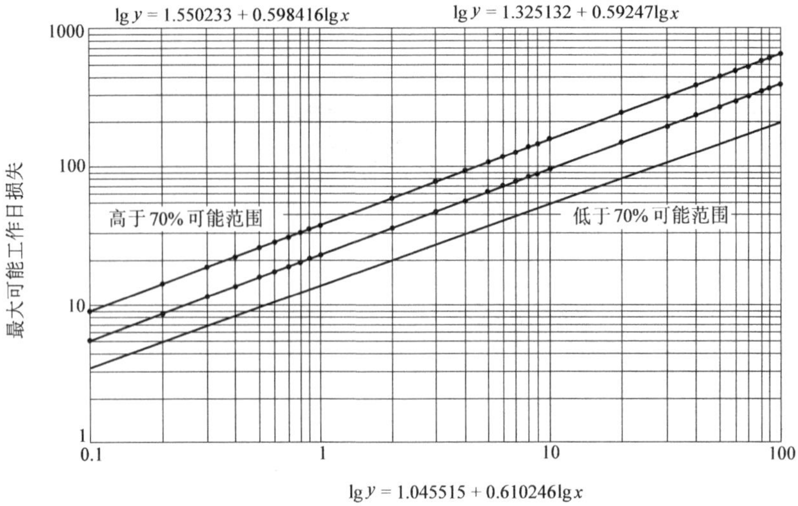

图 4-10　最大可能工作日损失计算图

4. 应用示例

储运系统油库火灾爆炸危险分析，是依据油库所储物料的潜在能量和现行安全措施，对油库潜在的火灾、爆炸危险性进行评价。

（1）油库概况。某油库储罐区设有 9 座储罐，有关数据见表 4-29。

表 4-29　储罐区储罐有关数据

罐　号	储存介质	储罐数量	容积/m^3	工作温度	工作压力/MPa	装满度/%
MA1	石油	2	5000×2	常温	常压	85
MA2	汽油	2	5000×2	常温	常压	85
MA3	原油	3	10000×2	常温	常压	85
MA4	液化气	2	5000×2	常温	常压	85

（2）火灾爆炸指数的计算。

1）物质系数 *MF* 的计算。根据原油物质系数 *MF* 值查 DOW 指数法附录，求出 *MF* 为 16。

2）F_1 的计算。根据该油库的具体情况，参照 DOW 指数法有关系数的选择及确定标准，得到基本系数为 1.00，物质处理和输送的危险系数为 0.50，通道修正系数为 0.35，排放及泄漏控制危险系数为 0.50，则 $F_1=2.35$。

3）F_2 的计算。根据该油库的具体条件和 DOW 指数法的有关规定，得出基本系数为 1.00，毒性物质危险系数为 0.50，罐装可燃性液体的危险系数为 0.50，储存中的液体及气体的危险系数为 0.20，腐蚀与磨损危险系数为 0.40，泄漏(接头和填料)的危险系数为0.60，使用明火设备的危险系数为0.20，则$F_2=3.40$。

4）F_3 的计算。根据式 $F_3=F_1F_2$ 求出 $F_3=7.99$。根据DOW指数法规定，F_3 最高值为8，因此此处的 F_3 的值只能取8。

5）$F\&EI$ 的计算。根据式 $F\&EI=F_3\times MF$ 可以求出 $F\&EI=128$。

6）单元危害系数 DF 的计算。根据 DF 与 F_3、MF 的关系曲线，查得$DF=0.68$。

7）暴露半径 R 的计算。根据式 $R=0.256F\&EI$，可以求出 $R=32.77\text{m}$。

8）安全措施补偿系数 C 的计算。该系数由 C_1、C_2 和 C_3 组成，计算如下。

工艺控制安全补偿系数 C_1：应急电源取0.98，冷却装置取0.99，紧急切断装置取0.97，计算机控制取0.97，操作规程/程序取0.91，化学活泼性物质检查取0.91，其他工艺危险分析取0.91，则 $C_1=0.69$。

物质隔离安全补偿系数 C_2：遥控阀取0.98，卸料/排空装置取0.98，排放系统取0.91，连锁装置取0.98，则 $C_2=0.86$。

防火设施安全补偿系数 C_3：泄漏检测装置取0.98，结构钢取0.98，消防水供应系统取0.94，水幕取0.98，泡沫灭火装置取0.92，手提式灭火器材/喷水枪取0.93，特殊灭火系统取0.91，洒水灭火系统取0.97，电缆防护取0.98，则 $C_3=0.65$。

原油罐的安全补偿系数 $C=C_1C_2C_3=0.39$。

经补偿后的原油储罐单元的火灾爆炸指数为：$F\&EI\times C=128\times 0.39=49.92$。

原油储罐单元火灾爆炸指数为49.92，其危险等级属“最轻”级，说明装置确立之后，其固有的危险程度便客观地存在，如果采取有效的安全措施，则可以起到重要的调节保护作用，使原有的危险程度下降到可以接受的范围。

9）基本 $MPPD$ 和实际 $MPPD$ 的计算。按照目前市场物价，经财务核算和估算，暴露区域3座原油罐的财产价值为 487.14×10^4 美元。可以求出基本 $MPPD$ 为 331.25×10^4 美元，实际 $MPPD$ 为 129.19×10^4 美元。

10）最大可能工作日损失 $MPDO$ 的确定：根据实际 $MPPD$ 值，查 $MPDO$ 曲线图，原油罐的最大可能工作日损失为12～40d。

（3）油库的安全评价：把每类罐作为一个评价单元进行评价，同样的2个罐仅取1个为代表进行计算。由于储存的都是混合介质，评价时凡涉及到介质的理化性质时都要进行估算。DOW指数法对此作了详细地说明，油库罐区的安全评价结果见表4-30。

表 4-30 油库罐区安全评价结果

罐名	物质系数 *MF*	火灾爆炸指数 *F&EI*	单元危害系数	暴露半径 *R*/m	基本 *MPPD* /10^4 美元	实际 *MPPD* /10^4 美元	安全补偿系数 *C*	*MPDO*/d
MA1	16	86	0.53	22.0	86.98	53.31	0.613	8～24
MA2	16	77	0.50	20.0	86.34	52.49	0.608	8～23
MA3	16	128	0.68	32.8	331.25	129.19	0.390	12～40
MA4	17	122	0.67	31.0	127.08	78.15	0.615	10～30

该油库储罐区因存物量较大，且易燃、易爆，火灾爆炸危险性指标很高，而事故后的影响区域也较大，属于重大危险源。采取各种安全措施后，储罐的火灾爆炸危险性明显降低，事故的损失也显著减少。未采取措施前的原油火灾爆炸指数为 128，危险等级属“严重”级，采取相关措施后的火灾爆炸指数降为 49.92，危险等级降低了 3 个等级，变为“轻微”级，其他三类储罐也都相应地降低了 1 个等级。

5. 道化学火灾、爆炸指数法优、缺点

火灾、爆炸危险指数法的优点是可以定量地计算出单元固有的火灾、爆炸危险指数及其危险等级，并对事故后果进行了量化分析。

该方法是对生产过程、工艺装置、物质自身的危险性进行评价，而事实上还必须考虑影响事故发生的其他因素，特别是外部因素，对这些因素的分析是 DOW 化学指数法的空白。因此，该方法不能反映更多的问题，而只能应用于筛选重要的危险源。用 DOW 化学指数法进行初步评价后，进一步的安全评价应该是对重大危险源用故障树分析(FTA)，找出导致事发生的基本原因和事故发生的概率，同时用数理模型算出事故后果。对油库罐区，事故后果包括罐破裂的碎片、剩余冲击波破坏、罐破裂后因介质过热瞬间的膨胀冲击波破坏、泄漏物引起火灾及泄漏蒸气对环境和周围居民的影响等问题。

4.2.3 总结

4.2.3.1 安全评价方法选择的原则

在进行安全评价时，应该在认真分析并熟悉被评价系统的前提下，选择安全评价方法。选择安全评价方法应遵循充分性、适应性、系统性、针对性和合理性的原则。

1. 充分性原则

充分性是指在选择安全评价方法之前，应该充分分析并熟悉被评价系统的内容及构成特点，掌握足够多的安全评价方法，并充分了解各种安全评价方法的优缺点、适应条件和范围，准备好充分的资料，供评价方法选择时参考和使用。

2. 适应性原则

适应性是指选择的安全评价方法应该适应被评价的系统。被评价的系统可能是由多个子系统构成的复杂系统，各子系统评价的特点可能有所不同，应该根据系统和子系统、工艺、装置的特点，选择与之相适应的安全评价方法。

3. 系统性原则

系统性是指安全评价方法与被评价系统的初值和边值条件应互相协调一致。即可信的安全评价结果，必须建立在真实、合理和系统的基础数据之上，被评价的系统应该能够提供所需的系统化的数据和资料。

4. 针对性原则

针对性是指所选择的安全评价方法应该能够提供所需的针对性强、准确性高的评价结果。由于评价的目的不同，需要安全评价提供的结果可能是危险有害因素识别、事故发生概率、事故后果或系统的危险性等。只有安全评价方法能够给出所要求的结果才能被选用。

5. 合理性原则

在满足安全评价目的、能够提供所需的安全评价结果的前提下，应该选择计算过程最简单、所需基础数据最少和最容易获取的安全评价方法。使安全评价工作量和要获取的评价结果都是合理的，不要使安全评价工作出现无用的工作和不必要的麻烦。

4.2.3.2　安全评价方法的选择过程

在选择安全评价方法时，应首先明确通过安全评价要达到的目标，即通过安全评价需要给出哪些、什么样的安全评价结果。然后详细分析被评价的对象，明确被评价的对象能够提供的基础数据、工艺和其他资料。最后，在充分收集安全评价方法的基础上，根据安全评价要达到的目标以及所需的基础数据资料，选择适用的安全评价方法。具体做法如下：

（1）首先对评价对象进行初步地、定性地综合分析（选用安全检查表法、预先危险性分析法等），得出定性的概念，然后根据危险性的大小再进行详细地分析。

（2）根据分析对象和要求的不同，选用相应的分析方法。若分析对象是硬件（如设备），可选用故障类型及影响分析、事件树分析等方法；若是工艺流程中工艺参数及其变化，则选用危险可操作性研究法。

（3）如果需要对系统作精确评价，则可选用定量分析方法、事件树分析、故障树分析等。

（4）还应注意，在作安全评价时，使用单一方法往往得不到满意的结果。需要用其他方法弥补其不足。在实际应用中，应具体情况具体分析。表4-31

和表4-32分别列出了几种常用方法在系统或项目生命周期各个阶段的使用情况及其所能提供的结果。

表4-31　常用安全评价方法适用情况

评价方法	系统或项目生命周期的各个阶段						
	研究开发	设计	试生产	正常运转	改建扩建	事故调查	拆除退役
安全检查表分析法	否	否	是	是	是	否	是
预先危险性分析	是	是	是	是	是	是	否
危险与可操作性研究	否	否	是	是	是	是	否
故障类型及影响分析	否	否	是	是	是	是	否
事件树分析	否	否	是	是	是	是	否
故障树分析	否	否	是	是	是	是	否
作业条件危险性分析	否	否	否	是	否	否	否
危险指数法	是	是	否	是	是	否	否

注：1. "是"表示通常采用；"否"表示很少采用或不适用。
2. 常用的危险指数方法包括：道化学火灾、爆炸危险指数法；蒙德法；日本劳动省化工企业"六阶段法"，以及其他的危险等级评价法。

表4-32　常用安全评价方法结果比较

评价方法	事故情况	事故频率	事故后果	危险分级	备注
安全检查表	否	否	否	否	
预先危险性分析	否	否	是	是	
危险与可操作性研究	是	是	是	事故后果分级	可详细辨识事故原因和后果，可提供简单的危险分级信息
故障类型及影响分析	是	是	是	事故后果分级	
事件树分析	是	是	是	是	定量事件树分析可用于估计事故发生频率
故障树分析	是	是	否	在结构重要度基础上可提供事故频率分级	定量故障树分析可用于估计顶事件发生频率
作业条件危险性分析	是	是	是	是	
危险指数法	是	否	是	事故后果分级	

注："是"表示可以提供；"否"表示不能提供。

表4-33列出多种物质的 MF 值。

表4-33 物质的*MF*值

物 质	*MF*值	物 质	*MF*值	物 质	*MF*值
乙醛	24	异丁烷	21	氯化苯	16
醋酸	14	异丁醇	16	一乙醇胺	10
醋酐	14	异戊烷	21	甲基丙烯醛	24
丙酮	16	异丙醇	16	丙烯酸甲酯	24
丙酮合氰化氢	24	乙酸异丙酯	16	过氧化醋酸特丁酯	40
乙腈	16	二氯丙烷	21	过氧化苯甲酸特丁酯	40
乙酰氯	24	异丙醚	16	过氧化特丁酯	29
乙炔	29	异丁胺	16	碳化钙	24
乙酰乙醇胺	14	异丁基氯	16	二硫化碳	21
过氧化乙酰	40	丙烯酰胺	24	一氧化碳	21
乙酰水杨酸	16	丙烯酸	24	氯气	1
乙酰柠檬酸三丁酯	4	烯丙醇	16	二氧化氯	40
丙烯醛	19	烯丙胺	16	氯乙酰氯	14
临溴甲苯	10	烯丙基溴	16	氯苯	16
1,3-丁二烯	24	烯丙基氯	16	氯仿	1
丁烷	21	烯丙醚	24	氯甲乙醚	14
1-丁醇	16	氯化铝	24	1-氯-1-硝基乙烷	29
1-丁烯	21	氨	4	苯胺	10
醋酸丁酯	16	硝酸铵	29	氯酸钡	14
丙烯酸丁酯	24	醋酸戊酯	16	硬脂酸钡	4
正丁胺	16	硝酸戊酯	10	苯甲醛	10
溴丁烷	16	甲基溶纤剂	10	苯	16
氯丁烷	16	氯甲烷	21	苯甲酸	14
2,3-环氧丁烷	24	甲基氯醋酸	14	醋酸苄酯	4
丁基醚	16	甲基环已烷	16	苄醇	4
特丁基过氧化氢	40	甲基醚	21	苄基氯	14
硝酸丁酯	29	甲基乙基酮	16	过氧化苯甲酰	40
胺氨	29	甲肼	24	双酚A	14
氰化氢	24	甲基异丁基酮	16	溴	1
羟基胺	29	甲硫醇	21	溴苯	10
六氯二苯醚	14	甲基苯乙烯	14	2,3-二氯丙烯	16
六氯丁二烯	14	矿物油	4	3,5-二氯水杨酸	24

（续）

物　质	MF 值	物　质	MF 值	物　质	MF 值
二氯苯乙烯	24	润滑油	4	高氯酸	29
过氧化二枯烯	29	马来酸酐	14	道氏载热体 A	4
二聚环戊二烯	16	镁	14	道氏载热体 G	4
柴油	10	甲烷	21	道氏载热体 HT	4
二乙醇胺	4	甲醇	16	道氏载热体 LF	4
二乙基胺	16	醋酸甲酯	16	乙烯基乙炔	29
间二乙苯	10	甲基乙炔	24	邻氯酚	10
碳酸二乙酯	16	甲胺	21	三氯硝基甲烷	29
二甘醇	4	戊烷	21	氯丙烷	21
二乙基醚	21	氧己环	16	氯苯乙烯	24
过氧化二乙基	40	过醋酸	40	香豆素	24
二异丁烯	16	酚	10	异丙基苯	16
二异丙苯	10	高氯酸钾	14	异丙基过氧化氢	40
无水二甲胺	21	丙烷	21	氨基氰	29
2,2-二甲基丙醇	16	炔丙醇	29	环丁烷	21
二硝基苯	40	炔丙基溴	40	环己烷	16
2,4-二硝基酚	40	丙烯	21	环己醇	10
二氧戊环	24	二氯丙烯	16	环丙烷	21
二苯醚	4	丙二醇	4	DER331	14
二丙二醇	4	氧化丙烯	24	二氯苯	10
二乙烯基苯	24	吡啶	16	1,2-二氯乙烯	24
二乙烯基醚	24	2-甲基吡啶	14	1,3-二氯丙烯	16
硼酸甲酯	16	粗石油	16	乙烯	24
碳酸二甲酯	16	丙醛	16	碳酸乙酯	14
甲基环戊二烯	14	1,3-丙二酰胺	16	乙二酸	10
甲酸甲酯	21	醋酸丙酯	16	乙二醇	4
甲基丙烯酸甲酯	24	丙醇	16	环氧乙烷	29
喷气燃料 A&JP-5	10	丙胺	16	氮丙啶	29
喷气燃料 B&JP-4	16	丙苯	16	硝酸乙酯	40
过氧化月桂酰	40	丙基氯	16	乙胺	21
月桂溴	4	丙醚	16	苯甲酸乙酯	4
月桂基硫醇	4	硝酸丙酯	29	乙基丁基碳酸酯	14

（续）

物　质	MF值	物　质	MF值	物　质	MF值
氯甲酸乙酯	16	钠	24	乙醇	16
2-乙基己醛	14	氯酸钠	24	乙苯	16
乙硫醇	21	高氯酸钠	14	乙基溴	4
乙醚	21	过氧化钠	14	乙基氯	21
乙基丁基胺	16	重铬酸钠	14	异戊间二烯	24
丁酸乙酯	16	氢化钠	24	异丙烯基乙炔	24
甲酸乙酯	16	保险粉	24	乙醇腈	14
乙二醇二甲醚	10	硬脂酸	4	汽油	16
乙二醇-乙酸酯	4	苯乙烯	24	庚烷	16
乙基丙基醚	16	硫	4	己烷	16
甲醛	21	二氧化硫	1	己醛	16
甲酸	10	氯化硫	14	无水肼	29
氟苯	16	四氯苯	4	氢	21
燃油	10	甲苯	16	硫化氢	21
呋喃	21	三丁胺	10	40% ~60%过氧化氢	14
氟	40	三氯苯	4	氯酸钾	14
甘油	4	三氯乙烯	10	硝酸钾	29
2-甲基丙烯醛	24	三氯乙烷	4	高氯酸钾	14
甲基、乙烯基酮	24	三乙基胺	16	过氧化钾	214
石脑油	16	三乙醇胺	14	乙烯基醋酸酯	24
萘	10	三甲基胺	21	乙烯基乙炔	29
硝基乙烷	29	三丙基胺	10	乙烯基丙基醚	24
硝化甘油	40	三甘醇	4	乙烯基丁基醚	24
硝基甲烷	40	三乙基铝	29	氯乙烯	24
硝基丙烷	29	三异丁基铝	29	乙烯基环己烯	24
2-硝基甲苯	29	三甲基铝	29	乙烯基乙基醚	24
硝基苯	14	三异丙基苯	4	二氯乙烯	24
硝基双酚	14	1,2-二氯乙烷	16	甲苯乙烯	24
硝基氯化苯	4	3-氯-1,2-环氧丙烷	24	乙苯	16
辛烷	16	乙烷	21	硬脂酸锌	4
辛硫醇	10	乙醇胺	10	氯酸锌	14
油酸	4	醋酸乙酯	16	异丙胺	21
钾	24	丙烯酸乙酯	24		

思考题

1. 危险源辨识的方法有哪些？常用的辨识单元划分方法有哪些？

2. 如何对重大危险源进行等级划分？

3. 常用的安全评价方法都有哪些？

4. 化工系统中常用的安全评价方法都有哪些？它们各自的特点是什么？有什么优缺点？适用范围分别是什么？

5. 安全评价方法选择的原则是什么？选择过程如何？

第 5 章

典型工艺过程安全技术

5.1 电解

5.1.1 电解过程

电流通过电解质溶液或熔融电解质时，在两个电极上所引起的化学变化，称为电解。电解过程中能量变化的特征是电能转变为电能产物蕴藏的化学能。

电解在工业生产中有广泛的应用。许多有色金属(钠、钾、镁、铅等)和稀有金属(锆等)的冶炼，金属铜、锌、铅等的精炼，许多基本化学工业产品(氢、氧、氯、烧碱、过氧化氢等)的制备以及电镀、抛光、阳极氧化等都是通过电解来实现的。

食盐溶液电解是化学工业中最典型的电解反应例子之一。食盐电解可以制得氢氧化钠、氯气、氢气等产品。目前国内常用的电解食盐方法有隔膜法和水银法两种。

目前我国绝大部分氯碱化工厂均用石墨阳极吸附石棉隔膜虎克型电解槽，阳极面积 3 ~ $32m^2$，电解槽型号有十多种，最大容量 3.5 万 A。近几年金属阳极发展起来，面积为 $30m^2$ 与 $47m^2$ 两种。

水银法电解电槽结构比较简单、容量大，产品纯度高。目前我国均采用水平式石墨阳极电槽及水平解汞器，最大容量 4.5 万 A。

5.1.2 食盐电解生产过程

电解食盐的简要工艺流程如图 5-1 所示。首先溶化食盐，精制盐水，除去杂质，送电解工段。在向电解槽送电前，应先将电解槽按规定的液面高度注入盐水，此时盐水液面超过阴极室高度，整个阴极室浸在盐水中。通直流电后，带有负电荷的氯离子向石墨阳极运动，在阳极上放电后成为不带电荷的氯原子，并结合成为氯分子从盐水液面逸出而聚集在盐水上方的槽盖内，由氯气排出管排出，送住氯气干燥、压缩工段；带有正电荷的氢离子向铁丝网袋阴极运动，通过附在阴极网袋上的隔膜，在阴极铁丝网上放电后，成为不带电荷的氢原子，并结合成为氢分子而聚集于阴极空腔内，氢气由氢气排出管排出，送往氢气干燥、压缩工段。

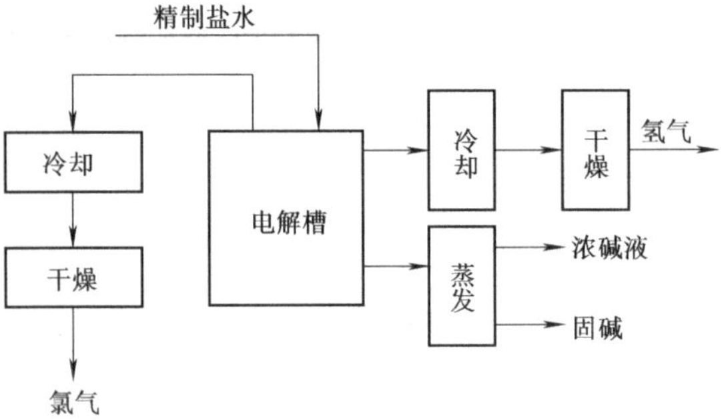

图 5-1　食盐电解生产流路图

立式隔膜电解槽生产的碱液约含碱 11%，而且含有氯化钠和大量的水。为此要经过蒸发浓缩工段将水分和食盐除掉，生成的浓碱液再经过熬制即得到固碱或加工成片碱。水银法生产的碱液浓度为 45% 左右，可直接送往固碱工段。将浓熔融烧碱再进行电解可得到金属钠。

电解产生的氢气和氯气，由于含有大量的饱和水蒸气和氯化氢气体，对设备的腐蚀性很强，所以氯气要送往干燥工段经硫酸洗涤，除掉水分，然后送入氯气液化工段，以提高氯气的纯度；氢气经固碱干燥，压缩后送往使用单位。

5.1.3　电解槽

电解盐水的主要设备是电解槽。下面作一简单介绍。

立式隔膜电解槽由阴极箱、浇铅阳极组、槽盖和槽底 4 个部分组成。阴极箱的外壳是用钢板焊成的正方形框。在阴极箱的外壳内焊连着用铁丝编织的阴极、箱壳与阴极之间构成多网袋形的整体空腔，整个阴极网空腔的外表上附有一层石棉纤维的隔膜。阴极箱外壁上焊有铜板，用以连接电源的负极。在阴极箱空腔的上方引接出氢气排出管，让阴极箱空腔的下部引接出碱液流出管。

阳极由许多块石墨板分两排组成，石墨板的底部铸在铅层中，石墨板间的距离要求准确，使阴、阳极互相间隔，均匀安装，在铅层中铸有铜板，用以连接电源的正极。

近年来金属阳极逐渐被广泛应用。金属阳极是采用表层涂有金属钛的金属条制成，编织成两排与阴极网袋形相似的阳极，但在阳极网袋上没有石棉纤维隔膜，并引出铜板用以连接电源的正极，金属阳极比石墨阳极寿命长、效率高。

组装好的阳极放在混凝土的槽底，槽底放在瓷绝缘子上。在放好阳极的槽底上放置阴极箱，然后盖上槽盖，槽盖用混凝土或塑料制成。在槽盖上安装有盐水液面指示计，盖顶有盐水管和氯气排出管。

每个电解槽的槽电压约在3.4V。例如直流电压为120V时，串联33个电解槽为一组。直流电压为460V时，串联电解槽约132个为一组。

水银法电解槽由电解室和解汞室两部分组成(见图5-2)。在电解室内，氯化钠经过电解生成氯气和钠汞齐，钠汞齐是液体状态的汞和钠的合金，其化学反应式为：

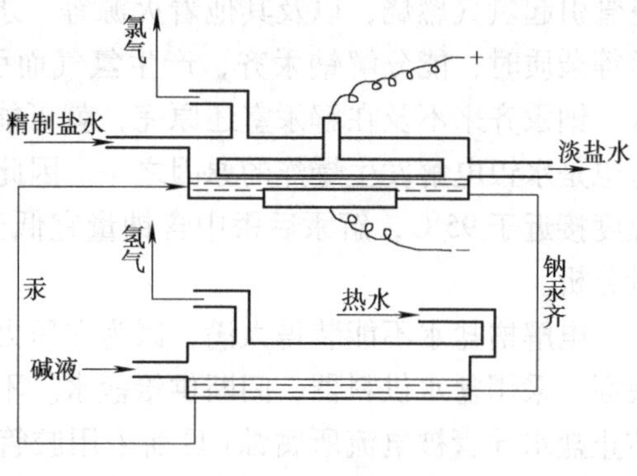

图5-2 水银电解槽示意图

$$2NaCl + 2Hg \longrightarrow Cl_2 + 2NaHg$$

钠汞齐流至解汞室，与水反应生成烧碱和氢气，汞被送回电解室循环使用，其化学反应式为

$$2NaHg + 2H_2O \longrightarrow 2NaOH + H_2 + 2Hg$$

5.1.4 食盐电解过程安全技术

食盐电解中的安全问题，主要是氯气中毒和腐蚀、碱灼伤、氢气爆炸以及高温、潮湿和触电危险等。

在正常操作中，应随时向电解槽的阳极室内添加盐水。使盐水始终保持在规定液面，否则，如盐水液面过低，氢气有可能通过阴极网渗入到阴极室内与氯气混合。要防止个别电解槽氢气出口堵塞，引起阴极室压力升高，造成氯气含氢量过高。氯气内含氢量达5%以上，则随时可能在光照或受热情况下发生爆炸。在生产中，单槽氯含氢浓度控制在2.0%以下、总管氯含氢浓度控制在0.1%以下，都应严格控制。如果电槽的隔膜吸附质量差；石棉绒质量不好；在安装电槽时碰坏隔膜，造成隔膜局部脱落或者在送电前注入的盐水量过大将隔膜冲坏，以及阴极室中的压力等于或超过阳极室的压力时就可能使氢气进入阳极室，这些都可以引起氯含氢高。此时应对电槽进行全面检查。

盐水有杂质，特别是铁杂质，致使产生第二阴极而放出氢气；氢气压力过大，没有及时调整；隔膜质量不好，有脱落之处；盐水液面过低，隔膜露出；槽内阴阳极放电而烧毁隔膜；氢气系统不严密而逸出氢气等，都可能引起电解槽爆炸或着火事故。引起氢气或氢气与氯气的混合物燃烧或爆炸的着火源可能是槽体接地产生的电火花；断电器因结盐、结碱漏电及氢气管道系统漏电产生电位差而发生放电火花；排放碱液管道对地绝缘不好而发生放电火花；电解槽内部构件间由于较大的电位差或两极之间的距离缩小而发生放电火花，雷击排空管引起氢气燃烧，以及其他着火源等。水银电解槽内若盐水中含有铁、钙、镁等杂质时，能分解钠汞齐，产生氢气而引起爆炸。若解汞室的清水温度过低，钠汞齐来不及在解汞室还原完，就可能在电解槽继续解汞生成大量氢气，这也是水银电解发生爆炸的原因之一。因此，加入的水温度应能保持解汞室的温度接近于95℃，解汞后汞中含钠量宜低于0.01%，一般每班应作一次含钠量分析。

电解槽盐水不能装得太满，因为在压力下，盐水是要上涨的，为保持一定液面，采用盐水供料器，间断供给盐水。不仅可以避免电流的损失，而且可以防止盐水导管被电流所腐蚀（目前采用胶管）。应尽可能采用盐水纯度自动分析装置，这样可以观察盐水成分的变化，随时调节碳酸钠、苛性钠、氯化钠或聚丙烯酰胺的用量。由于盐水中带入铵盐，在适宜的条件下（$pH < 4.5$ 时），铵盐和氯作用而产生三氯化氮，这是一种爆炸性物质。铵盐和氯作用生成氯化铵，氯作用于浓氯化铵溶液生成黄色油状的三氯化氮。

$$3Cl_2 + NH_4Cl \longrightarrow 4HCl + NCl_3 - 54.7\text{kcal}$$

三氯化氮和许多有机物质接触或加热至90℃以上，以及被撞击时，即按下式以剧烈爆作的形式分解：

$$2NCl_3 \longrightarrow N_2 + 3Cl_2 + 110\text{kcal}$$

因此在盐水配制系统中要严格控制无机铵含量。

突然停电或其他原因突然停车时，高压阀门不能立即关闭，导致电解槽中氯气倒流而发生爆炸。应在电解槽后安装放空管以及时减压，并在高压阀上安装单向阀（逆止阀），可以有效地防止跑氯，避免污染环境。

水银电解法另一个突出的安全技术问题是防止汞害。其技术措施包括对电解槽内含汞封槽水、氯气和氢气的洗涤水、电解槽维修用的洗槽水、冲洗地板水、汞泵密封用水等废水的处理；电解槽及其附属设备产生汞蒸气的防止措施及通风措施；解汞塔排出碱液中含汞的处理以及盐泥及其他废弃材料、设备中汞的回收处理等。

所有设备的维护检修，例如拆卸电解槽及检查汞泵等，都应按检修规程进行作业，同时对操作人员要进行充分的教育和训练，使其懂得汞的危害。洗槽时要严格执行操作规程，刮槽时要用专门工具，一般不允许用盐酸洗槽，以防腐蚀槽底。

电解由于有氢气存在，有起火爆炸危险。电解槽应安置在自然通风良好的单层建筑物内。在某些情况下，建筑物带有半地下室，所有的管道输电母线、碱液收集槽及其他辅助设备均集中于地下室中。在看管电解槽时所经过的过道上，应铺设橡胶垫。输送盐水及碱液的铸铁总管安装得应便于操作。盐水至各电解槽或每组电解槽中间联通的主管，应该用不导电材料制成或外部敷以不导电层。主管上阀门的手轮也应该是不导电的。

电解槽食盐水入口处和碱液出口处应考虑采取电气绝缘措施，以免漏电产生火花。氢气系统与电解槽的阴极箱之间亦应有良好的电气绝缘。整个氢气系统应良好接地，并设置必要的水封或阻火器等安全装置。

电解食盐厂房应有足够的防爆泄压面积，并有良好的通风条件。应安装防雷设施，保护氢气排空管的避雷针应高出管顶3m以上。输电母线应涂以油漆。为了使接触良好，电解槽的母线、电缆终端及分布线末端的接触表面应该很平整，在接线之前，将其表面仔细擦拭干净。

在生产过程中，要直接连接自由导线以切断一个或几个电解槽时，只能用移动式收电器(用轻便支撑固定)，这种收电器在断开时不会产生火花。

5.2　聚合

5.2.1　聚合过程

将若干个分子结合成一个较大的、组成相同而分子量(相对分子质量,下同)较高的化合物的反应过程称为聚合。所以聚合物就是由单体聚合而成的、分子量较高的物质。分子量较低的物质称为低聚物。例如三聚甲醛是甲醛的聚合物。分子量高达几千甚至几百万的称为高聚物或高分子化合物。例如聚氯乙烯是氯乙烯的聚合物。

在现代化学工业中，聚合方法的采用日益广泛。例如在催化剂存在的条件下丁二烯聚合来制造合成橡胶；高压、中压、低压聚乙烯；聚丙烯以及丙烯酸酯类的高聚物；聚氯乙烯等等。

由于聚合物的单体大多是易燃易爆物质，聚合反应多在高压下进行，本身又是放热过程，如果反应条件控制不当，很容易引起事故。所以在聚合过程中，必须采取相应的安全措施。

5.2.2　高压下乙烯聚合

高压聚乙烯反应一般在130~300MPa压力下进行。反应过程流体的流速很快，停留于聚合装置中的时间仅为10s到数分钟，温度保持在150~300℃。在该温度和高压下，乙烯是不稳定的，能分解成碳、甲烷、氢气等。

一旦发生裂解，所产生的热量可以使裂解过程进一步加速直至爆炸。国内外都曾发生过聚合反应器温度异常升高，分离器超压而发生火灾；压缩机爆炸以及反应器管道中安全阀喷火而后发生爆炸等事故。因此，严格地控制反应条件是十分重要的。

采用轻柴油裂解制取高纯度乙烯装置，产品从氢气、甲烷、乙烯到裂解汽油、渣油等，都是可燃性气体或液体，炉区的最高温度达 1000℃，而分离冷冻系统温度低至 -169℃。反应过程以有机过氧化物作为催化剂，采用 750L 大型釜式反应器。乙烯属高压液化气体，爆炸范围较宽，操作又是在高温、超高压下进行，而超高压节流减压又会引起温度升高，所有这些条件，都要求高压聚乙烯生产操作要十分严格。

高压聚乙烯的聚合反应在开始阶段或聚合反应进行阶段都会发生暴聚反应，所以设计时必须充分考虑到这一点。可以添加反应抑制剂或加装安全阀(放到闪蒸槽中去)来防止。在紧急停车时，聚合物可能固化，停车再开车时，要检查管内是否堵塞。

高压部分应有两重、三重防护措施；要求远距离操作；由压缩机出来的油严禁混入反应系统(油中含有空气进入聚合系统形成爆炸混合物)。

采用管式聚合装置的最大问题是反应后的聚乙烯产物粘挂管壁发生堵塞。由于堵管引起管内压力与温度变化，甚至因局部过热引起乙烯裂解成为爆炸事故的诱因。解决这个问题可采用加防粘剂的方法或在设计聚合管时设法在管内周期性地赋于流体以脉冲。脉冲在管内传递时，使物料流速突然增加，因而将壁上积存的粘壁物冲去。

聚合装置各点温度反馈具有当温度超过限界时逐渐降低压力的作用，用此方法来调节管式聚合装置的压力和温度；另外，可以采用振动器使聚合装置内的固定压力按一定周期有意地加以变动，利用振动器的作用使装置内压力很快下降 70～100 大气压，然后再逐渐恢复到原来压力。用此法使流体产生脉冲可将粘附在管壁上的聚乙烯除掉，使管壁保持洁净。高压聚乙烯的自动控制系统如图 5-3 所示。

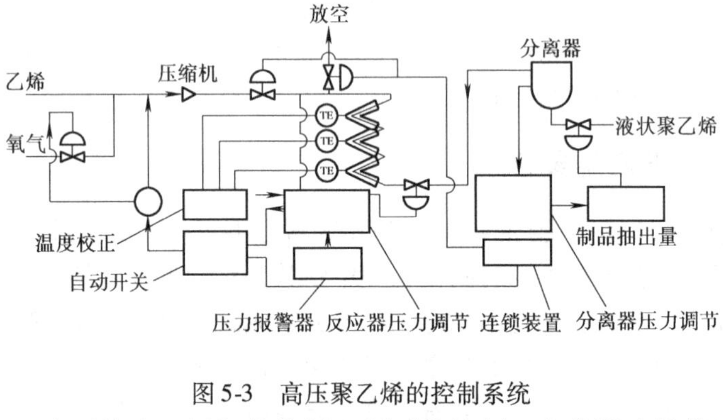

图 5-3 高压聚乙烯的控制系统

在这一反应系统中，添加催化剂必须严格控制，应装设连锁装置，以使反应发生异常现象时，能降低压力并使压缩机停车。为防止因乙烯裂解产生爆炸事故，可采用控制有效直径的方法，调节气体流速，在聚合管开始部分插入具有调节作用的调节杆，避免初期反应的突然暴发。

由于乙烯的聚合反应热较大，如果加大聚合反应器，单纯靠夹套冷却或在器内通冷却蛇管的方法是不够的。况且在器内加蛇管很容易引起聚合物粘附，从而发生故障。消除反应热较好的办法是采用使单体或溶剂气化回流，利用它们的蒸发潜热把反应热量带出。蒸发了的气体再经冷凝器或压缩机进行冷却冷凝后返回聚合釜再用。

5.2.3　氯乙烯聚合

氯乙烯聚合是属于链锁聚合反应，链锁反应的过程可分为3个阶段，即链的引发、链的传递、链的终止。

氯乙烯聚合所用的原料除聚乙烯单体外，还有分散剂(明胶、聚乙烯醇)、引发剂(过氧化二苯甲酰、偶氮二异庚腈、过氧化二碳酸、二异丙酯等)。

氯乙烯聚合是在聚合釜中进行的。聚合釜形状为一长型圆柱体，上、下为蝶形盖底，上盖有各种物料管、排气管、平衡管、温度计套管、安全阀和人孔盖等。下底有出料管、排水管，壁侧有加热蒸汽和冷却水的进出口管。聚合釜一般用不锈钢板、复合钢板或搪瓷制成，其容量已趋向于大型化。

聚合反应中链的引发阶段是吸热过程，所以需加热。在链的传递阶段又放热，需要将釜内的热量及时移走，将反应温度控制在规定值。这两个过程分别向夹套通入加热蒸汽和冷却水。温度控制多采用串级调节系统。聚合釜的大型化，关键在于采取有效措施除去反应热。为了及时移走热量必须有可靠的搅拌装置，搅拌器一般采用顶伸式，由釜上的电动机通过变速器传动；为防止气体泄漏、搅拌轴穿出釜外部分必须密封，一般采用具有水封的填料函或机械密封(见图5-4)。

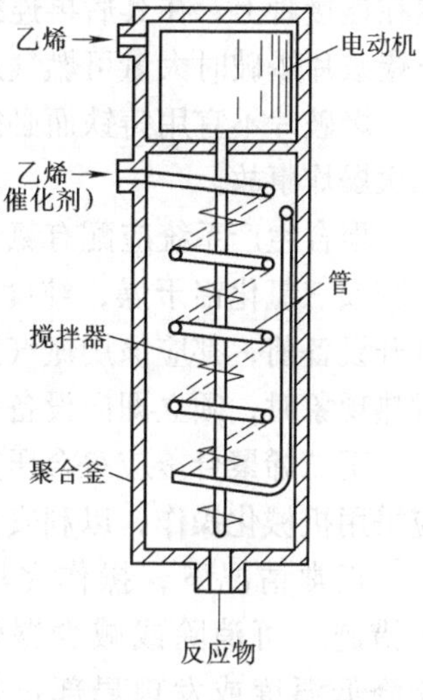

图5-4　高压釜式聚合

氯乙烯聚合过程间歇操作及聚合物粘壁是造成聚合岗位毒物危害的最大问题，通常用人工定期清理的办法来解决。这种办法劳动强度大、费时间，金属刀对釜体造成的伤痕会给下次清釜带来更大的困难。多年来，各国为解决这个问题进行了各种聚合途径的研究，其中接枝共聚和水相共聚等方法较有效，通常也采用加水相阻聚剂或单体水相溶解抑制剂来减少聚合物的粘壁作用。常用的助剂有硫化钠、硫脲和硫酸钠。也可采用“醇溶黑”涂在釜壁上，减少清釜的次数。采用超高压水喷射清洗釜壁效果较好，但装置和操作都较复杂。

由于聚氯乙烯聚合是采用分批间歇方式进行的，反应主要依靠调节聚合温度，因此聚合釜的温度自动控制十分重要。

5.2.4 丁二烯聚合

丁二烯聚合过程中接触和使用酒精、丁二烯、金属钠等危险物质。酒精和丁二烯与空气混合都能形成有爆炸危险的混合物。金属钠遇水、空气激烈燃烧，引起爆炸，因此不能暴露于空气中。

丁二烯蒸发器的结构，应有利于消除在系统中猛烈生成聚合物的可能性，并备有安全装置，以防止压力升高而引起爆炸的危险。在蒸发器上应备有连锁开关，当输送物料的阀门关闭时(此时管道可能引起爆炸)，该连锁装置可将蒸气输入切断。为了控制猛烈反应，应有适当的冷却系统，并需严格地控制反应温度，冷却系统应保证密闭良好，特别在使用金属钠的聚合反应中，最好采用不与金属钠反应的十氢化萘或四氢化萘作为冷却剂。如用冷水作冷却剂，应在微负压下输送，不可用压力输送。这样可减少水进入聚合釜的机会，避免可能发生的爆炸危险。

丁二烯聚合釜上应装安全阀，通常的办法是同时安装爆破片。爆破片应安装在连接管上，在其后再连接一个安全阀。这样可以防止安全阀堵塞，又能防止爆破片爆破时大量可燃气逸出而引起二次爆炸。

爆破片不宜用铸铁而必须用铜或铝制作，避免在爆破时铸铁产生火花引起二次爆炸事故。

聚合生产系统应配有氮气保护系统，所用氮气经过精制，用铜屑除氧，用硅胶或三氯化铝干燥，纯度保持在99.5%以上。无论在开始操作或操作完毕打开设备前，都应该用氮气置换整个系统。发生故障，温度升高或发现有局部过热现象时，须立即向设备充入氮气加以保护。

丁二烯聚合釜应符合压力容器的安全要求；聚合物卸出、催化剂更换，都应采用机械化操作，以利安全生产。

正常情况下，操作完毕后，从系统内抽出气体是安全生产的一项重要措施，可消除或减少爆炸的可能性。当工艺过程被破坏，发生事故不能降低温度或发现局部过热现象时，则将气体抽出，同时往设备中送入氮气。

管道内积存热聚物是很危险的。因此当管内气流的阻力增大时，应将气体抽出，并以惰性气体吹洗之。在每次加新料之前必须清理设备的内壁。

5.3 催化

5.3.1 催化过程安全技术

催化反应是在催化剂的作用下所进行的化学反应。例如由氮和氢合成氨，由二氧化硫和氧合成三氧化硫，由乙烯和氧合成环氧乙烷等都属于催化反应。

在化学反应中能改变反应速度而本身的组成和质量在反应前后保持不变的物质，叫做催化剂。能加快反应速度的叫做正催化剂；减慢的称做负催化剂或缓化剂。通常所说的催化剂是指正催化剂。常用的催化剂主要有金属、金属氧化物和无机酸等。催化剂一般具有选择性，能专门改变某一个或某一类型反应的速度。有些反应，在不同条件下，使用各种适当的催化剂，可以使人们得到各种各样产品。

在选择催化剂时，大体有以下几种类型。

（1）生产过程中产生水汽的，一般采用具有碱性、中性或酸性反应的盐类、无机盐类、三氯化铝、三氯化铁、三氧化磷及二氧化镁等。

（2）反应过程中产生硫化氢的，一般采用盐基、卤素、碳酸盐、氧化物等。

（3）反应过程中产生氯化氢的，一般采用碱、吡啶、金属、三氯化铝、三氯化铁等。

（4）反应过程中产生氢气的，应采用氧化剂、空气、高锰酸钾、氧化物及过氧化物等。

催化反应又分单相反应和多相反应两种。单相反应是在气态下或液态下进行的，危险性较小，因为在这种情况下，反应过程中的温度、压力及其他条件较易调节。在多相反应中，催化作用发生于相界面及催化剂的表面上，这时温度、压力较难控制。

从安全要求来看，催化过程中主要应正确选择催化剂；散热要良好，催化剂加量适当，防止局部反应激烈；并注意严格控制温度。如果催化反应过程能够连续进行，采用温度自动调节系统，就可以减少其危险性。

在催化反应过程中有的产生氯化氢，有腐蚀和中毒危险；有的产生硫化氢，则中毒危险性更大。另外，硫化氢在空气中的爆炸极限较宽（4.3%～45.5%），生产过程还有爆炸危险。在产生氢气的催化反应中，有更大的爆炸危险性，尤其高压下，氢的腐蚀作用使金属高压容器脆化，从而造成破坏性事故。

原料气中某种能与催化剂发生反应的杂质含量增加，可能生成爆炸危险物，也是非常危险的。例如，在乙烯催化氧化合成乙醛的反应中，由于在催化剂体系中含有大量的亚铜盐，若原料气含乙炔过高，则乙炔与亚铜反应生成乙炔铜。

$$2CuCl + C_2H_2 \longrightarrow Cu_2C_2 + 2HCl$$

Cu_2C_2 为红色沉淀，自燃点为 260～270℃，在干燥状态下极易爆炸，在空气作用下易氧化成暗黑色，并易起火。

5.3.2 催化重整

在加热、加压催化作用下进行汽油馏分重整，叫催化重整。所用的催化剂有铬铝催化剂、铂催化剂、钠镍催化剂等。主要反应有脱氢、加氢、芳香化、异构化、脱烷基化和重烷基化等。直馏汽油、粗汽油等馏分的催化重整，主要使原料油中脂肪烃脱氢、芳香化和异构化，同时伴有轻微的热裂化，可以提高辛烷值。其他烃类的催化重整，主要是用于制取芳香烃。

提高汽油的辛烷值可以消除起初发动机通常易产生的“爆震”现象。而汽油的催化重整，是改善汽油辛烷值的最好方法。

催化重整的装置根据所用设备不同，有固定床催化重整、流动床催化重整、蓄热器催化重整等；根据所用催化剂和其他条件的不同，有加氢催化重整、铂重整等；按催化剂再生方法分为非再生催化剂型、间歇再生催化剂型、连续再生催化剂型；按产物分为燃料型（汽油）、化工型（芳烃）和综合型。

反应器应当有附属部件热电偶管和催化剂引出管；反应器和再生器都需采用绝热措施；为了便于观察壁温，常在反应器外表面涂上变色漆，当温度越过了规定指标就会变色显示。铂重整的反应装置，包括加氢精制反应器，由于高温、加压和氢腐蚀，对材质要求较高，例如选用镇静钢、合金钢的复合钢板或用其作衬里。

催化剂在装卸时，要防破碎和污染，未再生的含镍催化剂卸出时，要预防自燃超温烧坏。

加热炉是热的来源，在催化重整过程中，重整和预加氢的反应需要很大的炉子才能供应所需的反应热，所以加热炉的安全和稳定是很重要的。此外，过程中物料预热或塔底加热器、重沸器的热源，依靠热载体加热炉，热载体在使用过程中要防止局部过热分解，防止进水或进入其他低沸点液体造成水汽化超压爆炸，加热炉必须保证燃烧正常，调节及时。

加热炉出口温度的高低，是反应器入口温度稳定的条件，而炉温变化与很多因素有关，例如燃料流量、压力、质量等。为了稳定炉温，保证整个装置安全生产，加热炉应采用温度自动调节系统，操作室的温度指示由测温元件将感受信号通过温度变送器传送过来。

催化重整装置中，安全报警应用较普遍，对于重要工艺参数，温度、压力、流量、液位等都有报警，重要的液位显示器、指示灯、喇叭等警报装置见表5-1。

表5-1 催化重整主要警报点与参数范围

警报点	警报参数	范围	方式
重整进料泵	低流量	低于正常量1/2	喇叭
预分馏塔底	低液面	低于正常25%	指示灯
预加氢汽提塔底	低液面	低于正常值20%	指示灯
脱戊烷塔底	低液面	低于正常值80%	指示灯
抽提塔底	低界面	低于正常值25%	指示灯
汽提塔底	高液面	高于正常90%	指示灯
重整循环氢	低流量		喇叭，自动保护

重整循环氢和重整进料量，对于催化剂有很大的影响，特别是低氢量和低空速运转，容易造成催化剂结焦，所以除报警外，应备有自动保护系统。这个保护系统，就是当参数变化超出正常范围，发生不利于装置运行的危险状况时，自动仪表可以自行作出工艺处理，例如停止进料或使加热炉灭火等，以保证安全。

除了报警和自动保护之外，所有压力塔器都应装设"安全阀"。

5.3.3 催化加氢

催化加氢是多相反应，一般是在高压下有固相催化剂存在时进行的。这类过程的主要危险性，是由于原料及成品(氢、氨、一氧化碳等)大都易燃、易爆或具有毒性，高压反应设备及管道易受到腐蚀并常因操作不当而发生事故。

在催化加氢过程中，压缩工段的安全极为重要。氢气在高压下，爆炸范围加宽，燃点降低，从而增加了危险。高压氢气一旦泄漏将立即充满压缩机室并因静电火花引起爆炸。压油机各段都应装有压力表和安全阀。在最后一段上，安装2个安全阀和2个压力表更为可靠。

高压设备和管道的选材要考虑能防止氢腐蚀的问题，管材选用优质无缝钢管。设备和管线应按照有关规定定期进行检验。

为了避免吸入空气而形成爆炸危险，供汽总管压力须保持稳定在规定的数值。为了防止因高压致使设备损坏后氢气泄漏达到爆炸浓度，应有充足的备用蒸汽或惰性气体。以便应急。另外，室内通风应当良好，因氢气比较轻，宜采用天窗排气。

为了避免设备上的压力表及玻璃液位指示器在爆炸时的碎片伤人，这些部位应包以金属网，液位测量器应定期进行水压试验。

冷却机器和设备用水不得含有腐蚀性物质。在开车或检修设备、管线之前，必须用氮气吹扫、吹扫气体应当排出室外，以防止窒息或中毒。

由于停电或无水而停车的系统，应保持余压，以免空气进入系统。无论在任何情况下处于压力下的设备不得进行拆卸检修。

5.4 裂化

裂化有时又称裂解。是指有机化合物在高温下分子发生分解的反应过程。裂化可分为热裂化、催化裂比、加氢裂化三种类型。石油产品的裂化主要是以重质油为原料，在加热、加压或催化作用下，使其所含分子量较高的烃类断裂成分子量较小的烃类(也有分子量较小的烃类缩合成分子量较大的烃类)，再经分馏而得裂化气、汽油、煤油和残油等产品。分子量较小的烃类主要是烷烃和烯烃，分子量较大的烃类主要是芳烃。

5.4.1 热裂化

热裂化为裂化的一种。在加热和加压下进行。根据所用压力的高低，有高压热裂化和低压热裂化两种。高压热裂化在较低温度(450～550℃)和较高压力(20～70 大气压)下进行；低压热裂化在较高温度(550～770℃)和较低压力(1～5 大气压)下进行。产品有裂化气体、汽油、煤油、残油和石油焦等。

热裂化装置的主要设备有管式加热炉、分馏塔、反应塔等。管式加热炉就是用钢管做成的炉子。管子里是原料油，管外用火加热至 800～1000℃使原料发生裂解。管式炉经常在高温下运转，要采用高镍铬合金钢。

热裂化生成的焦炭会沉积在加热炉管内，形成坚硬的焦层，叫做结焦。炉管结焦后，由于焦层不易传热，使加热炉效率下降，炉管出现局部过热，甚至烧穿，这种事故应尽量避免。

裂解炉炉体应有防爆门，备有蒸汽吹扫管线和灭火管线。设置紧急放空管和放空罐，防止因阀门不严或设备漏气造成事故。

处于高温下的裂解气，要直接喷水急冷。如果因停水或水压不足，或因误操作，气体压力大于水压而冷却不下来，会烧坏设备从而引起火灾，为了防止此类事故发生，应配备两路电源和水源。操作时，要保证水压大于气压，发现停水或气压大于水压时要紧急放空。

裂解后的产品多数是以液态储存，有一定的压力，故有不严之处，储槽内的物料就会散发出来，遇明火发生爆炸。高压容器和管线要求不泄漏，并应安装安全装置和事故放空装置。压缩机房应安装固定的蒸汽灭火装置，其开关设在外边易接近的地方。机械设备、管线必须安装完备的静电接地和避雷装置。

分离主要是在气相下进行的，所分离的气体均有火灾爆炸危险，如果设备系统不严密或操作错误导致可燃气体泄漏，遇火源就会燃烧或爆炸。分离都是在压力下进行的，原料经压缩机压缩都有较高的压力，若设备材质不良、误操作造成负压或超压；或者因压缩机冷却不好，设备因腐蚀、裂缝而泄漏物料，就会发生设备爆炸和油料着火。另外，分离又大都在低温下进行，操作温度有的低达 -30 ~ -100℃。在这样的低温条件下，如果原料气或设备系统含水，就会发生冻结堵塞，以至引起爆炸起火。分离的物质在装置系统内流动，尤其在压力下输送，易产生静电火花，引起燃烧，因此应该有完善的消除静电的措施。分离塔设备均应安装安全阀和放空管；低压系统和高压系统之间应有止逆阀；配备固定的氮气装置、蒸汽灭火装置。发现设备有堵塞现象时，可用甲醇解冻疏通。操作过程中要严格控制温度和压力。发生事故要停车时，要停压缩机、关闭阀门，切断与其他系统的通路，并迅速开启系统放空阀，再用氮气或水蒸气、高压水等扑救。放空时应当先放液相后放气相，必要时送至火炬。

5.4.2　催化裂化

催化裂化用于重质油生产轻质油的工艺，但由于常减压塔底的塔底油和渣油含有多量胶质、沥青质，在催化裂化时易生成焦炭；同时还含有金属铁、镍等。故一般采用较重的馏分油作原料，在 460 ~ 520℃及 1 ~ 2 个大气压下进行反应。

催化裂化装置主要由 3 个系统组成，即反应系统或反应再生系统、分馏系统以及吸收稳定系统。

催化剂以天然膨润土、矾土或高岭土为原料制成。现代催化裂化装置是采用流化床，催化剂做成粉状或微球状，靠加热的原料油气携带，循环于反应器和再生器之间，催化剂与油气形成外观与流体相似的流化状态。在流化床中，由于催化剂的激烈运动、油气与催化剂充分接触，加速了反应的进行，同时也使热量传递加快，床层温度均匀，避免局部过热。

反应再生系统是催化裂化装置中主要的组成部分，它是生产中的关键，反应过程中生成的焦炭易沉积在催化剂表面上。从而使催化剂失去活性，沉到反应器底部不断送入再生器。在再生器内鼓入空气烧掉焦炭，使催化剂恢复活性，再返回反应器。分馏系统的任务是把反应器送来的产物进行冷却并分馏成各种产品，主要设备有分馏塔，轻、重柴油汽提塔。吸收稳定系统的主要任务是进行富气分离和使汽油、干气、液态烃等质量合乎要求。主要设备包括气体压缩机、吸收解吸塔、二级吸收塔、稳定塔和油气水洗、碱洗等。

在生产过程中，这 3 个系统是紧密相连的整体。反应系统的变化很快地影响到分馏和吸收稳定系统，后2个系统的变化反过来又影响到反应部分。在反应器和再生器间，催化剂悬浮在气流中，整个床层温度要保持均匀，避免因局部过热造成事故。

两器压差保持稳定，是催化裂化反应中最重要的安全问题，在Ⅳ型式反应器中，压差一般都是正压，即反应器压力高于再生器压力；在提升管式反应器中，压差是负值，即再生器压力高于反应器压力。两器压差一定不能超过规定的范围，目的就是要使两器之间的催化剂沿一定方向流动，避免倒流，造成油气与空气混合发生爆炸。当维持不住两器压差时，应迅速启动自动保护系统，关闭两器间的单动滑阀。在两器内存有催化剂的情况下，必须通以流化介质维持流动状态、防止造成死床。正常操作时，主风量和进料量不能低于流化所需的最低值，否则应通入一定量的事故蒸汽，以保持系统内正常的流化状态，保证压差的稳定。当主风量由于某种原因停止时，应当自动切断反应器进料，同时启动主风与原料及增压风自动保护系统，向再生器与反应器、提升管内通入流化介质，而原料则经事故旁通线进入回炼罐或分馏塔，切断进料，并应保持系统的热量。

在反应正常进行时，分馏系统要保持分馏塔底油浆经常循环，防止催化剂从油气管线进入分馏塔被携带到塔盘上及后面系统，造成塔盘堵塞。要防止因回流过多或过少引起的憋压或冲塔现象。在切断进料以后，加热炉应根据情况适当减火，防止炉管结焦和烧坏，再生器也应防止在稀相层发生二次燃烧，因这种燃烧往往放出大量的热，损坏设备。

降温循环用水应充分，降温用水若因故中断，应立即采取减量降温措施。防止各回流冷却器油温急剧上升，造成油罐突沸。同时还应当注意冷却水量突然加大，造成急冷，容易损坏设备。若系统压力上升较高时，必要时可启动气压放空火炬，维持反应系统压力平衡。应备有单独的供水系统。

催化裂化装置关键设备应当备有两路以上的供电，自动切换装置应经常检查，保持灵敏好用，当其中一路停电时，另一路能在几秒钟内自动合闸送电，保持装置的正常运行。

5.4.3 加氢裂化

加氢裂化是20世纪60年代发展起来的工艺，其特点是在有催化剂和氢气存在时，使重质油通过裂化反应转化为质量较好的汽油、煤油和柴油等轻质油。它与催化裂化不同的是在进行催化裂化反应时，同时拌有烃类加氢反应、异构化反应等，所以叫加氢裂化。

加氢裂化反应需要消耗大量氢气，其用量为原料重量的2.5~4.09倍，通常需配有制氢装置。制氢的方法很多，目前，国内多采用烃类水蒸气转化法，原料为气体烃，在高温及催化剂的作用下与水蒸气发生反应，即得到氢气及二氧化碳。

加氢裂化装置有多种类型，按照反应器中催化剂的放置方式不同可分为固定床、沸腾床等。反应器是加氢裂化装置最主要的设备之一，目前新建加氢裂化装置所用反应器，多数都是壁厚大于 179mm、直径大于 3000mm、高度大于 20000mm、质量超过 500t 的大型反应器，可承受 $110kg/cm^2$ 以上压力和 400 ~ 510℃温度。由于反应温度和压力均较高，又接触大量氢气，火灾爆炸危险性较大。加热炉平稳操作对整个装置安全运行十分重要，要防止设备局部过热，防止加热炉的炉管烧穿或者高温管线、反应器漏气而引起燃烧。高压下钢与氢气接触易产生氢脆，因此应加强检查，定期更换管道、设备，防止操作事故。

5.5 硝化

5.5.1 硝化及硝化产物

有机化合物分子中引入硝基（$—NO_2$）取代氢原子而生成硝基化合物的反应，称为硝化。常用的硝化剂是浓硝酸或混合酸（浓硝酸和浓硫酸的混合物）。

例如：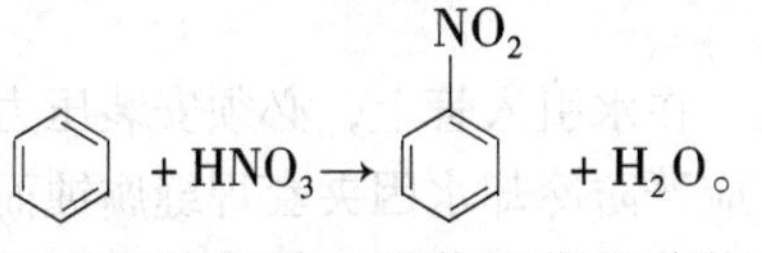

硝化过程是染料、炸药及某些药物生产的重要反应过程。

硝化过程中硝酸的浓度对反应温度有很大的影响。硝化反应是强烈放热的反应（引入一个硝基放热 36.4 ~ 36.6kcal/克原子），所以硝化需在降温条件下进行。

对于难硝化的物质以及制备多硝基物时，常用硝酸盐代替硝酸。先将被硝化的物质溶于浓硫酸中，然后在搅拌下将某种硝酸盐（KNO_3、$NaNO_3$、NH_4NO_3）渐渐加入浓酸溶液中。除此之外，氧化氮也可以做硝化剂。

硝基化合物一般都具有爆炸危险性，特别是多硝基化合物，受热、摩擦或撞击都可能引起爆炸。所用的原料甲苯、苯酚等都是易燃易爆物质。硝化剂浓硫酸和浓硝酸所配制的混合酸具有强烈的氧化性和腐蚀性。

5.5.2 混酸制备安全

硝化多采用混酸，混酸中硫酸量与水量的比例应当计算，混酸中硝酸量不应少于理论需要量，实际上稍稍过量 1% ~10%。

制备混酸时，可采用压缩空气进行搅拌，也可机械搅拌或用循环泵。用压缩空气不如机械搅拌好，有时会带入水或油类，并且酸易被夹带出去，造成损失。酸类混合中，放出大量热，温度可达到90℃或更高。在这个温度下，硝酸部分分解为二氧化氮和水，假若有部分硝基物生成，高温下可能引起爆炸，所以必须进行冷却。机械搅拌和循环搅拌可以起到一定的冷却作用。由于制备好的冷酸具有强烈的氧化性能，因此应防止和其他易燃物质接触，避免因强烈氧化而引起自燃。

5.5.3 硝化器

搅拌式反应器是常用的硝化设备。这种设备由锅体(或釜体)、搅拌器、传动装置、夹套和蛇管组成。一般是间歇操作。物料由上部加入锅内，在搅拌下迅速地混合并进行化学反应。如果需要加热，可在夹套或蛇管内通入蒸汽；如果需要冷却，可通入冷却水或冷冻剂。为了扩大冷却面，通常是将侧面的器壁做成波浪形，并在设备的盖上装有附加的冷却装置。这种硝化器里面常有推进式搅拌器，并附有扩散圈，在设备底部某处制成一个凹形并装有压出管，以保证压料时能将物料全部泄出。

采用多段式硝化器可使硝化过程达到连续化，连续硝化不仅可以显著地减少能量的消耗，也可以由于每次投料少，减少爆炸中毒的危险，为硝化过程的自动化和机械化创造了条件。

硝化器夹套中冷却水压力微呈负压，在水引入管上，必须安装压力计，在进水管及排水管上都需要安装温度计。应严防冷却水因夹套焊缝腐蚀而漏入硝化物中，因硝化物遇到水后温度急剧上升，反应进行很快，可分解产生气体物质而发生爆炸。

为便于检查，在废水排出管中，应安装电导自动报警器，当管中进入极少的酸时，水的导电率即会发生变化，此时，铃即发出信号。对流入及流出水的温度和流量也应特别注意。

5.5.4 硝化过程安全技术

为了严格控制硝化反应温度，应控制好加料速度，硝化剂加料应采用双重阀门控制。设置必要的冷却水源备用系统。反应中应连续搅拌，保持物料混合良好，并备有保护性气体(惰性气体氮)搅拌和人工搅拌的辅助设施。搅拌机应当有自动启动的备用电源，以防止机械搅拌在突然停电时停止而引起事故。搅拌轴采用硫酸做润滑剂，温度套管用硫酸作导热剂，不可使用普通机械油或甘油，防止机油或甘油被硝化而形成爆炸性物质。

硝化器应设置相当容积的紧急放料槽，以在万一发生事故时将料放出。放料阀可采用自动控制的气动阀和手动阀并用。硝化器上的加料口关闭时，为了排出设备中的气体，应安装可移动的排气罩。设备应当采用抽气法或利用带有铝制透平的防爆型通风机来通风。因为温度控制是安全的基础，所以应当安装温度自动调节装置，防止超温发生爆炸。

取样时，可能发生烧伤事故。为了使取样操作机械化，应安装特制的真空仪器；此外，最好还安装自动酸度记录器。取样时应当防止未完全硝化的产物突然着火，例如，当搅拌器下面的硝化物被放出时，未起反应的硝酸可能与被硝化产物发生反应。如开关不严密使被硝化产物渗漏出来，则能增强此反应。

往硝化器中加入固体物质，必须采用漏斗或翻斗车使加料工作机械化。自加料器上部的平台上将物料沿专用的管子加入硝化器中。

对于特别危险的硝化产物（如硝化甘油），则需将其放入装有大量水的事故处理槽中。为了防止外界杂质进入硝化器中，应仔细检查硝化器中半成品。

由填料函落入硝化器中的油能引起爆炸事故，因此，在硝化器盖上不得放置用油浸过的填料。在搅拌器的轴上，应备有小槽，借以防止齿轮上的油落入硝化器中。

硝化过程中最危险的是有机物质的氧化，其特点是放出大量氧化氮气体的褐色蒸气并使混合物的温度迅速升高，引起硝化混合物从设备中喷出而引起爆炸事故。仔细地配制反应混合物并除去其中易氧化的组分、调节温度及连续混合，是防止硝化过程中发生氧化作用的主要措施。

进行硝化过程时，不需要压力，但在卸出物料时，须采用一定压力，因此，硝化器应符合加压操作容器的要求。加压卸料时可能造成有害蒸气泄入操作厂房空气中，为了防止此类情况的发生，应改用真空卸料。装料口经常打开或者用手进行装料以及在物料压出时都可能逸出蒸气，应当尽量采用密闭化措施。由于设备易腐蚀，必须经常检修更换零部件，这也可能引起人身事故。

由于硝基化合物具有爆炸性，因此必须特别注意处理此类物质过程中的危险性。例如，二硝基苯酚甚至在高温下也无危险，但当形成二硝基苯酚盐时，则变为危险物质。三硝基苯酚盐（特别是铅盐）的爆炸力是很大的。在蒸馏硝基化合物（如硝基甲苯）时，必须特别小心。因蒸馏在真空下进行，硝基甲苯蒸馏后余下的热残渣能发生爆炸，这是由于热残渣与空气中的氧相互作用的结果。

硝化设备应确保严密不漏，防止硝化物料溅到蒸汽管道等高温表面上而引起爆炸或燃烧。如管道堵塞时，可用蒸汽加温疏通，千万不能用金属棒敲打或明火加热。

车间内禁止带入火种，电气设备应防爆。当设备需动火检修时，应拆卸设备和管道，并移至车间外安全地点，用水蒸气反复冲刷残留物质，经分析合格后，方可施焊。需要报废的管道，应专门处理后堆放起来，不可随便拿用，避免意外事故发生。

5.6 氯化

以氯原子取代有机化合物中氢原子的过程称为氯化，此种取代过程是用氯化剂直接进行处理被氯化的原料。

在被氯化产物中，比较重要的有以下数种：甲烷、乙烷、戊烷、天然气、苯、甲苯及萘等。被广泛应用的氯化剂有：液态或气态的氯、气态氯化氢和各种浓度的盐酸、磷酰氯、硫酰氯、次氯酸钙等。

在氯化过程中，不仅原料与氯化剂发生作用，而且所生成的氯化衍生物与氯化剂同时也发生作用。因此在反应物中除一氯取代物之外，总是含有二氯或三氯取代物。所以氯化的反应物是各种不同浓度的氯化产物的混合物。氯化过程往往伴有氯化氢气体生成。

影响氯化反应的因素，包括被氯化物及氯化剂的化学性质、反应温度及压力(压力影响较小)、催化剂和反应物的聚集状态等。氯化反应是在接近大气压下进行的，多数稍高于大气压力(以 1mm 汞柱计)或者比大气压力稍低(不大的真空度)，以促使氯化氢气体逸出。真空度常常通过在氯化氢排出导管上设置喷射器来实现。

最常用的氯化剂是氯气。在化工生产中，氯气通常液化储存和运输。常用的容器有储罐、气瓶和槽车等。储罐中的液氯在进入氯化器使用之前必须先进入蒸发器使其气化。在一般情况下不能把储存氯气的气瓶或槽车当储罐使用，因为这样有可能使被氯化的有机物质倒流入气瓶或槽车，引起爆炸。对于一般氯化器应装设氯气缓冲罐，防止氯气断流或压力减小时形成倒流。

氯化反应的危险性主要决定于被氯化物质的性质及反应过程的控制条件。由于氯气本身的毒性较大，储存压力较高，一旦泄漏是很危险的。反应过程所用的原料大多是有机物，易燃易爆，所以生产过程同样有燃烧爆炸危险，应严格控制各种点火能源，电气设备应符合防火防爆的要求。

氯化反应是一个放热过程，尤其在较高温度下进行氯化，反应更为激烈。例如环氧氯丙烷生产中，丙烯预热至 300℃左右进行氯化，反应温度可升至 500℃，在这样高的温度下，如果物料泄漏就会造成燃烧或引起爆炸。因此，一般氯化反应设备必须备有良好的冷却系统，并严格控制氯气的流量，以避免因氯流量过快、温度剧升而引起事故。

液氯的蒸发气化装置，一般采用汽水混合办法进行升温，加热温度一般不超过 50℃，汽水混合的流量可以采用自动调节装置。在氯气的入口处，应当备有氯气的计量装置，从钢瓶中放出氯气时可以用阀门来调节流量。但阀门开得太大，一次放出大量气体时，由于气化吸热的缘故，液氯被冷却了，瓶口处压力因而降低，放出速度则趋于缓慢，其流量往往不能满足需要，此时在钢瓶外面通常附着一层白霜。因此若需要气体氯流量较大时，可并联几个钢瓶，分别由各钢瓶供气，就可避免上述的问题。若采用此法氯气量仍不足时，可将钢瓶的一端置于温水中加温。

由于氯化反应一般都有氯化氢气体生成，因此所用的设备必须防腐蚀，设备应严密不漏，氯化氢气体可回收，这是较为经济的。氯化氢气体极易溶于水中，通过增设吸收和冷却装置就可以除去尾气中大部分氯化氢。除用水洗涤吸收之外，也可以采用活性炭吸附和化学处理方法。采用冷凝方法较合理，但要消耗一定的冷量。采用吸收法时，则需用蒸馏方法将氯化原料分离出来，再次处理有害物质。为了使逸出的有毒气体不致混入周围的大气中，采用分段碱液吸收器将有毒气体吸收。与大气相通的管子上，应安装自动信号分析器，借以检查吸收处理进行得是否完全。

思考题

1. 食盐电解过程中存在哪些危险？应采取的相应的对策措施是什么？
2. 乙烯聚合、氯乙烯聚合和丁二烯聚合过程中存在的危险分别是什么？应分别采取哪些安全技术措施？
3. 催化重整和催化加氢生产过程中应注意的安全问题有哪些？
4. 热裂化、催化裂化和加氢裂化过程中存在哪些危险性？应采取的对策措施分别是什么？
5. 硝化器具有哪些危险性？硝化过程中潜在的危险因素有哪些？应当采取怎样的安全技术措施？
6. 氯化反应存在的危险性有哪些？其影响因素有哪些？

第 6 章

压力容器安全设计

6.1 概述

6.1.1 压力容器及其结构

压力容器是一种能够承受压力载荷的密闭容器。一般说来，承受气态或液态介质压力的密闭容器都属于压力容器。可以毫不夸张地说，化学工业的生产离不开压力容器，仅在石油、化学工业中应用的压力容器就占全部压力容器总数的一半左右。所有化工设备的壳体如塔、储罐、换热器等都是一种压力容器，而某些化工机器的部件如压缩机的气缸等，也是一种压力容器。压力容器的应用遍及各行各业，而石化工业用压力容器又有其自身的特点，它们不仅要适应化学工艺过程所要求的不同压力和温度条件，而且还要适应化学介质的作用，要能保证长期安全地工作和可靠地密封。

压力容器承受最主要的载荷是压力载荷。大多数容器承受的压力是内压，即使是存储液体的常压容器，在尺寸较大时也有流体静压力的作用。除内压容器外还有承受外压载荷的容器。通常，当容器承受的内压不小于 0.1MPa 时，称为压力容器；当内压小于 0.1MPa 时，称为常压容器；当内压小于零时，称为外压容器。

压力容器的结构一般都比较简单。压力容器的主要作用是储存气体、液体、液化气体等介质或为这些介质的传热、传质、化学反应提供一个密闭的空间，其主要结构部件是一个能承受压力的壳体以及其他必要的连接件和密封件等。除盛装容器外，其他工艺用途的容器还根据需要设置各种工艺附件装置。压力容器的常见结构形式有两种：球形容器和圆筒形容器。对于圆筒形容器，容器本体由筒体和封头两部分组成。常见的压力封头有：球形封头、椭圆形封头、碟形封头、球冠形封头、锥形封头和平盖。容器附件包括：支座、法兰、接管、人孔、手孔、视镜和安全附件等。图 6-1 所示是一个常见的卧式圆筒形容器结构简图。

6.1.2　压力容器规范简介

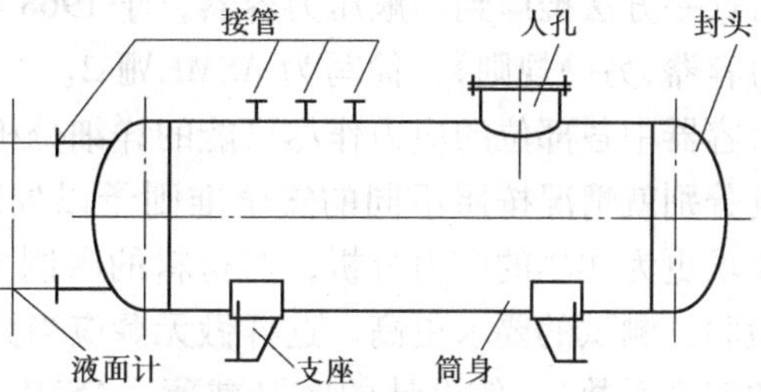

图6-1　卧式容器结构简图

由于压力容器应用的广泛性和特殊性以及事故率高、危害性大等特点，如何确保压力容器的安全运行，使之不发生事故，尤其是重大事故，便成为摆在人们面前的一个十分重要的问题。一旦压力容器使用不当或有缺陷没及时发现和处理，就可能导致介质泄漏甚至发生爆炸等事故，不仅危害操作人员的人身安全，而且将危及周围设备和环境，甚至造成灾难性后果。鉴于压力容器安全问题的重要性，世界各工业国家都制定了压力容器的规范，内容包括设计、材料、制造、检验等各方面，并经过一定的法律程序，使之成为法律文件，设计师如不按规范设计，就要承担相应的法律责任。

6.1.2.1　国外压力容器规范简介

最早制定压力容器规范的是美国。19世纪末到20世纪初，美国发生了一系列的锅炉爆炸事故，造成了严重的生命和财产损失。在美国机械工程师协会(ASME)的主持下，1915年春出版了世界上第一部压力容器规范，简称为《锅炉建造规范·1914版》。到1926年，这部规范发展到八卷，统称为“ASME锅炉与压力容器规范”。1937年增加了第Ⅸ卷《焊接质量要求》。在20世纪50年代，工业生产的发展特别是核电站的建造，促成ASME规范迅速地更新和提高。目前ASME规范共有十一卷，篇幅非常庞大，全面包括了锅炉与压力容器质量保证的要求。与压力容器设计工作有关的主要是第Ⅷ卷：《压力容器》，它又分为2个分卷。

ASME规范第Ⅷ卷第1分卷《压力容器》(简写为ASMEⅧ-1)通常称为“按规则设计”的规范，它的指导思想是以主要部位的最大主应力不超过弹性范围为设计的安全准则，根据经验确定材料的许用应力，并且对容器各部件的结构与尺寸作出一些具体的规定。这样的规范是理论、试验和已有成功经验结合的产物。由于具有较强的经验性，ASMEⅧ-1中规定的许用应力是比较低的(安全系数比较大)。ASMEⅧ-1不包括疲劳设计，但包括静载下进入高温蠕变范围的容器设计。

在20世纪50年代，核电站的发展要求对压力容器进行更为详尽的应力分析，同时，人们对稳性疲劳、断裂、塑性极限设计等有了相当多的了解，电子计算机又为复杂问题的求解提供了方便与可能。在这种时代背景下产生了

“按分析设计”的概念，其结果是1963年公布了ASME第Ⅲ篇《核容器》。5年后这一方法推广到一般压力容器，于1968年公布了ASME第Ⅷ卷第2分卷《压力容器,另一规则》，简写为ASMEⅧ-2。“按分析设计”的指导思想是：对压力容器中各部位的应力作尽可能的详细分析，对求得的应力值再进行分类，并且分别就情况按照不同的安全准则予以处理。与ASMEⅧ-1相比，ASMEⅧ-2要求更为详尽的应力分析，对材料的限制更严，对结构的规定更细，对制造、检验、测试的要求更高。这样做无疑应当允许有较高的许用应力(即采用较低的安全系数)，使设计的壁厚减薄。ASMEⅧ-2还包括了疲劳设计。为了解决高温压力容器按分析设计的问题，1974年以后又补充了一份《设计案例-N47》。

ASMEⅧ-2主要是用于设计压力不小于10MPa的高压容器，它不仅要求对容器各零部件作详细地分析和分类评定，而且要做疲劳分析或断裂力学评估，是一个到目前为止要求最高的压力容器设计规范。

ASME规范是一部由学会制订的文件。在美国，要由各个州立法通过才能成为法律文件。美国以外有的国家还通过立法把ASME规范作为该国的规范。

其他国家比较有特色的压力容器设计标准有：日本的JIS B 8270《压力容器》(基础标准)及JIS B 8271～8285《压力容器》(通用技术标准)；英国的BS 5500《非直接火压力容器》；原联邦德国的《AD压力容器规范》等。此外，欧盟于1987年通过了87/404/EEC《简单压力容器法规》，1992年正式实施；97/23/EC《承压设备法规》于2002年5月在欧盟各国强制实施，以代替原欧盟各国标准。

6.1.2.2 我国压力容器规范简介

1. 我国压力容器规范体系

我国压力容器规范体系是由法规、技术标准以及相关标准组成。随着国务院第373号令发布，历时21年的《锅炉压力容器安全监察暂行条例》及其《实施细则》废止，2003年6月1日起国务院发布的《特种设备安全监察条例》和国家质量技术监督局发布的《压力容器安全技术监察规程》(简称《容规》)成为我国现行压力容器行业的两个法规文件。与之配套的强制性国家标准《钢制压力容器》(GB 150—1998)、《管壳式换热器》(GB 151—1999)、《钢制球形储罐》(GB 12337—1998)；行业标准《钢制压力容器——分析设计标准》(JB 4732—1995)、《钢制塔式容器》(JB 4710—2000)、《钢制压力容器焊接工艺评定》(JB 4708—2000)及推荐性标准《钢制焊接常压容器》(JB/T 4735)等标准构成我国压力容器规范体系。

2.《钢制压力容器》(GB 150—1998)

1988年编制的《钢制压力容器》是我国的第一部压力容器国家标准，其基本思路与ASMEⅧ-1相同，即“按规则设计”。它的最新版本是原国家技术监督局于1998年3月发布、1998年10月1日起实施的，全称为《钢制压力容器》(GB 150—1998)，它是我国压力容器标准体系中的核心标准，属强制性国家标准。

《钢制压力容器》标准适用范围：设计内压不低于0.1MPa、不高于35MPa；真空度不低于0.02MPa；设计温度根据钢材允许的使用温度及特性确定。

《钢制压力容器》标准只适用于固定的承受恒定载荷的压力容器。标准中指明有9种情况不属于其适用范围，即：直接火焰加热的容器、经常搬运的容器、作疲劳分析的容器、核能装置中的容器、旋转或往复式运动的机械设备中自成整体或作为部件的受压器室的容器、设计压力低于0.1MPa的容器、真空度低于0.02MPa的容器、内径小于150mm的容器以及已有其他行业标准的容器。

《钢制压力容器》标准正文部分共10章，并有5个标准的附录和4个提示的附录。正文和标准的附录都是强制性的，提示的附录是非强制性的。其正文内容为：①范围；②引用标准；③总论；④材料；⑤内压圆筒和内压球壳；⑥外压圆筒和外压球壳；⑦封头；⑧开孔和开孔补强；⑨法兰；⑩制造、检验与验收。

《钢制压力容器》标准以第一强度理论为设计准则，将最大主应力限制在许用应力以内，这是与ASMEⅧ-1相同的一个基本点。不同的是，以极限强度为基准的安全系数n_b，我国的《钢制压力容器》标准取$n_b=3$，ASMEⅧ-1取$n_b=4$；在局部应力处理上，《钢制压力容器》标准参照ASMEⅧ-2采用第三强度理论，对凸形封头转角及开孔处的局部应力允许其超过材料的屈服点。

3.《钢制压力容器——分析设计标准》(JB 4732—1995)

这是我国第一部压力容器分析设计的行业标准，其基本思路与ASMEⅧ-2相同。该标准适用于设计压力不大于100MPa的钢制压力容器，使用的设计温度范围仍由钢材的使用温度确定。该标准不适用的范围与《钢制压力容器》标准基本相同，不同的是，它能适用于需作疲劳分析的容器。该标准与《钢制压力容器》标准同时实施，在满足各自要求的条件下，设计者可选其中之一，但不得混合使用。《钢制压力容器——分析设计标准》采用第三强度理论，可选用弹性失效准则、塑性失效准则、弹塑性失效准则设计。与《钢制压力容器》标准相比《钢制压力容器——分析设计标准》允许采用较高的设计应力水平，在相同的条件下，容器壁厚较小，材料消耗较少。但由于设计计算工作量大，选材、制造、检验及验收等方面的要求较严，有时综合效益不一定高。《钢制压力容器——分析设计标准》推荐用于重量大、结构复杂、操作参数较高的压力容器设计。需作疲劳分析的压力容器，必须采用《钢制压力容器——分析设计标准》进行分析设计。

4.《压力容器安全技术监察规程》

我国《压力容器安全技术监察规程》(以下简称《容规》)是压力容器安全技术管理的技术法规，它对压力容器的材料、设计、制造和现场组焊、无损检测与压力试验、使用与管理、定期检验和安全附件等7个方面进行了基本规定，从事压力容器设计、制造、安装、使用、检验、修理和改造等单位都要贯彻执行。《容规》提出的基本规定，是压力容器安全技术的最低要求，凡是压力容器国家标准、行业标准和企业标准，都不得低于《容规》所规定的要求。《容规》适用于同时具备下列条件的压力容器：①最高工作压力大于等于0.1MPa(不含液体静压力)；②内直径(非圆形截面指断面最大尺寸)大于等于0.15m，且容积大于等于0.025m^3；③盛装介质为气体、液化气体或最高工作温度高于等于标准沸点的液体。

6.2 压力容器分类与设计要求

6.2.1 压力容器分类

按容器径比，即外径与内径的比值 K 的大小，将容器分为薄壁容器($K \leq 1.2$)和厚壁容器($K > 1.2$)。薄壁容器为两向应力状态，厚壁容器为三向应力状态。

从安全管理和技术监督的角度来考查，压力容器一般分为固定式和移动式两大类。

所谓固定式容器，是指除了用作运输中储存气体、液化气体的盛装容器之外的所有容器，它们都有固定的安装和使用地点，工艺条件和操作人员也比较固定，容器一般不是单独装设，而是位居一定的工艺流程中，用管道与其他设备相连。

所谓移动式容器，是一种盛装容器，亦属于储运容器。它的用途主要是盛装并运输压缩气体、液化气体和溶解气体。这种容器的特点是流动范围大和环境变化大，同时在使用操作上往往又没有固定的熟练操作人员，管理也比较复杂，比较容易发生安全事故。移动式容器按其容积大小和结构不同可分为气瓶、气桶和槽车三种。

(1) 气瓶是应用最为普遍的一种移动式容器，容积较小，一般在200L以下，常用的为40L左右。气瓶的两端不对称，分头部和底部，头部用缩颈收口，安装阀门，整体形状如瓶。气瓶按盛装气体的特征可分为压缩气体气瓶、液化气体气瓶和溶解气体气瓶。

（2）气桶是一种容积比气瓶稍大的移动式容器，其常见的容积一般为200～1000L。气桶两端封头对称，形状像桶。气桶充装的都是低压液化气体，最常见的是液氯气桶。气桶除结构形状和尺寸与气瓶稍有不同外，其使用条件、管理要求等与气瓶基本相同。

（3）槽车是固定在流动车架上的一种卧式储罐，容积较大，通常为数十立方米。槽车分为铁路槽车和汽车槽车，槽车充装的也都是低压液化气体，使用较普遍的是液化石油气槽车和液氯槽车。

按设计压力等级，压力容器可分为以下四种：

（1）低压容器（代号L），$0.1\text{MPa} \leqslant p < 1.6\text{MPa}$。

（2）中压容器（代号M），$1.6\text{MPa} \leqslant p < 10\text{MPa}$。

（3）高压容器（代号H），$10\text{MPa} \leqslant p < 100\text{MPa}$。

（4）超高压容器（代号U），$p \geqslant 100\text{MPa}$。

一般情况下，中、低压容器大都是薄壁容器，高压、超高压容器往往是厚壁容器。

按在生产工艺过程中的作用原理压力容器可分为以下四种：

（1）反应容器（代号R）：主要用来完成介质的物理、化学反应的容器，如反应器、合成塔等。

（2）换热容器（代号E）：主要用来完成介质的热量交换的容器，如热交换器、废热锅炉等。

（3）分离容器（代号S）：主要用来完成介质的流体压力平衡和气体净化分离等的容器，如缓冲器、储能器、分离器、洗涤器等。

（4）储存容器（代号C，球罐代号为B）：主要用来盛装生产用的原料气体、液体、液化气体等的容器，如各种形式的储槽、储罐等。

按压力容器的壁温分类可分为常温、中温、高温和低温容器四种。

（1）常温容器：壁温在－20～200℃条件下工作的容器。

（2）高温容器：壁温达到或超过材料蠕变温度条件下工作的容器。对碳素钢或低合金钢壁温超过420℃，合金钢壁温超过450℃，奥氏体不锈钢壁温超过550℃，均属高温容器。

（3）中温容器：壁温介于常温和高温之间的容器。

（4）低温容器：壁温低于－20℃条件下工作的容器。其中低于－20～－40℃者为浅冷容器，低于－40℃者为深冷容器。

此外，劳动部门为了利于安全技术管理和监督检查，根据容器的压力高低、介质的危害程度以及在生产过程中的重要作用，综合地将容器分为三类。

（1）第三类压力容器。符合下列情况之一者，为第三类容器：①高压容器；②中压容器（仅限毒性程度为极高和高度危害的介质）；③中压储存容器

(仅限易燃或毒性程度为中度危害的介质,且容器的设计压力 p 与其容积 V 的乘积 $pV \geqslant 10\text{MPa} \cdot \text{m}^3$);④中压反应容器(仅限易燃或毒性程度为中度危害的介质,且 $pV \geqslant 0.5\text{MPa} \cdot \text{m}^3$);⑤低压容器(仅限毒性程度为极高和高度危害的介质,且 $pV \geqslant 0.2\text{MPa} \cdot \text{m}^3$);⑥高压、中压管式余热锅炉;⑦中压搪瓷玻璃压力容器;⑧使用强度级别较高(指相应标准中抗拉强度规定值下限大于等于540MPa)的材料制造的压力容器;⑨球形储罐(容积 $V \geqslant 50\text{m}^3$);⑩低温液体储存容器(容积 $V > 5\text{m}^3$);⑪移动式压力容器,包括铁路罐车、罐式汽车和罐式集装箱等。

(2) 第二类压力容器。除已划为第三类压力容器的情况外,符合下列情况之一者,为第二类压力容器:①中压容器;②低压容器(仅限于毒性程度为极毒和高度危害的介质);③低压反应容器和低压储存容器(仅限于易燃介质或毒性程度为中度危害的介质);④低压管壳式余热锅炉;⑤低压搪瓷玻璃压力容器。

(3) 第一类压力容器。除已划归为第二类和第三类压力容器的情况外,所有的低压容器为第一类压力容器。

上述分类中介质毒性程度的分级和易燃介质的划分参照《压力容器中化学介质毒性危害和爆炸危险程度分类》(HG 2006—2000)的规定,按下列原则确定介质的毒性程度:①极度危害(Ⅰ级)最高容许浓度 $< 0.1\text{mg/m}^3$;②高度危害(Ⅱ级)最高容许浓度 $0.1 \sim 1.0\text{mg/m}^3$;③中度危害(Ⅲ级)最高容许浓度 $1.0 \sim 10\text{mg/m}^3$;④轻度危害(Ⅳ级)最高容许浓度 $\geqslant 10\text{mg/m}^3$。

当压力容器中介质为混合物时,应以介质的组分并按上述毒性程度或易燃介质的划分原则,由设计单位的工艺部门或使用单位的生产技术部门提供介质毒性程度和是否属于易燃介质的依据,无法提供依据时,按毒性危害程度或爆炸危险程度最高的介质确定。

剧毒介质是指进入人体量 $< 50\text{g}$ 即会引起机体严重损伤或致死作用的介质,如氟、氢氟酸、氢氰酸、光气、氟化氢等;有毒介质是指进入人体量 $\geqslant 50\text{g}$ 即会引起人体正常功能损伤的介质,如二氧化硫、氨、一氧化碳等;易燃物质是指与空气混合的爆炸下限 $< 10\%$ 或爆炸上限和下限之差值 $\geqslant 20\%$ 的气体,如一甲胺、乙烷、乙烯、环氧乙烷、氢等。

6.2.2 压力容器设计要求

设计是每台压力容器产生的第一步,也是安全保证的第一个环节。因此,在设计时应当周密地考虑到以后各环节中可能出现的问题和为保证质量应采取的措施。

设计者应首先仔细分析设计要求和有关的技术资料,据此全面确定压力容器所承受的各种载荷和工作条件。载荷可能是以静载荷为主，也可能是交变载荷(例如几小时一次开、停车操作循环的反应器)；工作温度可能是恒定的，也可能是变动的，而这种变动可能在容器部件中引起交变的温度应力；介质可能对钢材有腐蚀性，也可能没有腐蚀性；介质还可能是有毒、易燃易爆的，也可能是没有危险的。还要明确定出容器的正常工况与非正常工况，从而确定容器设计时应符合的最苛刻条件。

因此，对于压力容器设计的基本要求是，保证它的安全性、经济性和合理性，其中安全是核心。在保证安全的前提下，尽量做到经济、合理。保证安全，绝不是盲目增加壁厚、提高材料的品质，而应从合理的结构设计、精确的强度计算、适宜的材料选用以及正确的技术要求等方面着手。通常，应使所设计的压力容器满足如下基本要求。

(1) 有足够的强度。压力容器本体及附件应有足够的强度来承受工作载荷。设计时应尽可能地使零部件达到等强度，以降低材料消耗。强度设计是压力容器设计中的重要内容。

(2) 有足够的刚度。内压容器的法兰连接系统如果刚度不够，变形过大，就会引起密封失效。容器(特别是化工压力容器)所盛装的介质往往易燃、易爆或有毒，这些介质泄漏后，不仅会对生产造成损失，更重要的是会引起火灾、爆炸或中毒事故，后果非常严重。因此，密封设计也是压力容器设计的重要内容。

外压容器如果没有足够的刚度，就会丧失稳定性(无法保持原来的形状)而被压瘪，从而无法完成预定功能。稳定性设计也是压力容器设计的重要内容。

(3) 有一定的使用寿命。压力容器的使用寿命通常决定于介质对于材料的腐蚀性。如果承受波动载荷或工作温度在材料蠕变温度以上的压力容器使用寿命还取决于疲劳强度和蠕变强度。选材及在特殊情况下的疲劳分析和蠕变分析也是压力容器设计的重要内容。

(4) 有合理的结构。压力容器的结构不仅要满足工艺要求，而且要有良好的受力特性，同时还要方便制造、检验、运输、安装、操作及维修。结构设计也是压力容器设计的重要内容。

6.3 内压容器应力分析

6.3.1 壳体应力分析概述

如前所述，容器必须具备适应化工过程规定的压力、温度和处理介质等操作条件的能力，容器设计的核心问题是研究容器在外载荷作用下，有效地抵抗变形和破坏的能力，即解决强度、刚度和稳定性问题，保证容器的安全运行。

因此，对容器进行较为充分的载荷与应力、应力与变形分析，构成了压力容器设计的重要理论基础。

容器的应力分析有两种基本的研究方法，一种是解析法或数值法，即以弹性、塑性等板壳理论为基础的精确数学解或有限元法的数值解，这是一种直接而省事的方法；二是实验应力分析法，如电测法和光弹性法，对于复杂几何形状或受载条件的实际容器，它是一种有效的应力分析方法，也是验证解析解或数值解计算结果的主要途径。

化工生产用的中低压容器属于回转薄壳体结构。壳体是一种以两个曲面为界，且曲面之间的距离远比其他方向尺寸小的物体，两曲面之间的距离即是壳体的厚度。平分壳体厚度的曲面称为壳体的中面。根据中面的形状，最常见的壳体有球壳、圆柱壳、圆锥壳和椭球壳等。按照壳体的厚度 t 与其中面曲率半径 R 的比值大小，又可分为薄壳和厚壳，工程上一般把 $\left(\frac{t}{R}\right)_{max} \leqslant \frac{1}{10}$ 的壳体归为薄壳，反之为厚壳。中低压容器的壳体，通常由上述形状薄壳中的 1 个或几个组合而成。

6.3.2 回转壳体的无力矩理论

6.3.2.1 概述

1. 轴对称问题

常见容器壳体的一个重要几何特征是其中面由一条平面曲线或直线同平面内的轴线旋转而成，这种壳体称为“回转壳”。显然，这类壳体的几何形状是轴对称的。容器通常承受轴对称载荷作用，所谓轴对称载荷就是指壳体任一横截面上的载荷对称于回转轴，但是沿轴线方向的载荷可以按照任意规律变化。如果支撑容器的边界也对称于轴线，则壳体因外载荷作用而引起的内力和变形也必定是轴对称的。分析这种容器壳体应力和变形问题，称为回转壳体的应力和变形问题。

2. 无力矩理论和有力矩理论

在回转壳的轴对称问题中，壳体由于受力变形产生应力，这些应力可以用壳体中面上的内力代替。壳体中面上的内力可以分为两类，即作用在壳体内的薄膜内力和弯曲内力。薄膜内力是因中面的拉伸、压缩和剪切变形而产生的。因为构成薄膜内力的应力沿壳体厚度均匀分布，所以当壳体主要通过薄膜内力承受外载荷时，强度和刚度较好，材料最省，重量最轻，这是压力容器大都采用薄壳结构的重要原因。弯曲内力是因中面的曲率、扭率改变而产生的，在轴对称问题中，只有横向剪力和弯矩，不存在扭矩。在壳体理论中，如果考虑上述全部内力，这种理论称为“有力矩理论”或“弯曲理论”。但对部分容器，在某些特定的壳体形状、载荷和支撑条件下，其弯曲内力与薄膜内力相比很小，如果略去不计，将使壳体计算大大简化，称为“无矩应力状态”，而基于这一近似假设求解这些薄膜内力的理论，称为“无力矩理论”或“薄膜理论”。薄壁容器壳体的应力分析和强度计算都是以“薄膜理论”为基础的。

6.3.2.2 回转壳体的几何特性

回转壳的中面是回转曲面，它是由一根平面曲线绕一根在曲线平面内的定轴旋转而成，这一根曲线称为母线。如图6-2a所示回转壳体的中面，是由平面曲线OA绕轴线OO'旋转而得，OA即是母线。通过回转轴的平面叫经线平面，经线平面与中面的交线称为经线，如OA'。显然对于回转壳，母线即经线。垂直于回转轴的平面与中面的交线为相互平行的圆，称为平行圆，该圆的半径叫平行圆半径，用r表示。经线OA'上任一点a的曲率半径，称为第一主曲率半径，以R_1表示，在图上为线段O_1a。过点a与经线垂直的平面切割中面也形成一曲线，此曲线在a点的曲率半径称为第二主曲率半径，以R_2表示，它等于该点法线上由中面到旋转轴的距离O_2a。由图6-2b所示几何关系可得：

$$r = R_2 \sin\Phi \tag{6-1a}$$

$$dr = R_1 d\Phi \cos\Phi \tag{6-1b}$$

6.3.2.3 无力矩理论的基本方程

1. 壳体微元及其内力分量

在图6-2a所示的回转中面上，用两根相邻的经线ab和cd以及两个相邻的平行圆ac和bd截取壳体微元$abcd$，如图6-3所示。

该微元的经线弧长为

$$dl_1 = R_1 d\Phi \tag{6-2a}$$

微元的平行圆弧长为

$$dl_2 = r d\theta \tag{6-2b}$$

式中，Φ角是a点的法线与壳体轴所夹的角，θ角是平行圆上自某一点算起的圆心角，它们是确定点a位置的两个坐标。

于是微元面积为

$$dA = R_1 d\Phi \times r d\theta \tag{6-3}$$

现仅考虑壳体受轴对称载荷，例如与壳体表面垂直的压力，即$p_z = p_z(\Phi)$。

根据无力矩理论和轴对称性，壳体微元上有以下内力分量：

N_Φ——经向薄膜内力，N/mm，拉为正，压为负；

N_θ——周向薄膜内力，N/mm，拉为正，压为负。

因为轴对称，N_Φ、N_θ不随θ变化。对于微小单元，可以假设N_θ沿经线方向不变化，而N_Φ的对应边上，因Φ增加了微量，故有相应的增量$(dN_\Phi/d\Phi)d\Phi$，如图6-3所示。

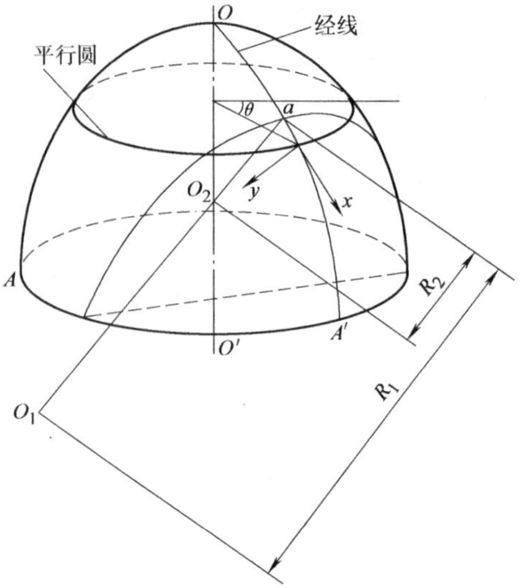

a）

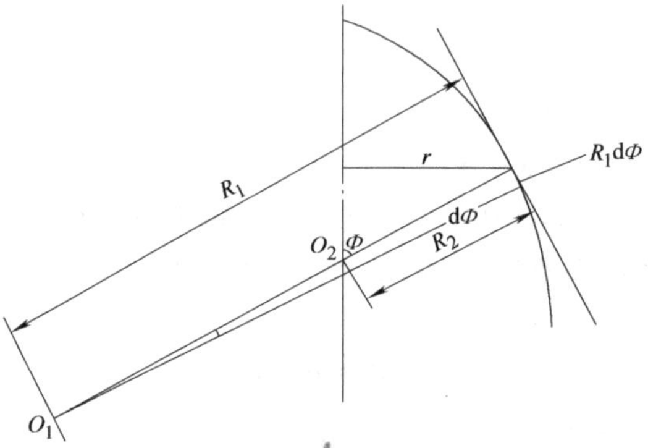

b）

图 6-2　回转壳体内力计算示意图

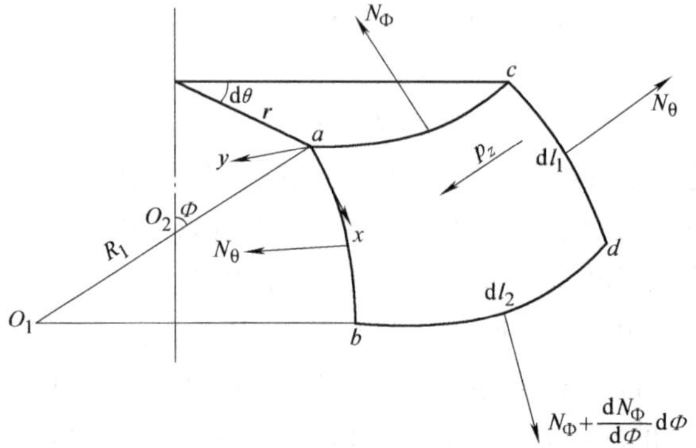

图 6-3　回转壳微元的外力与内力

2. 基本方程

作用在壳体微元上的内力分量和载荷组成一平衡力系，根据平衡条件可得到各个内力分量与外载荷的关系式。首先，规定坐标轴方向如下：x、y 轴分别平行于 a 点的经线和平行圆的切线方向，z 轴沿壳体中面的法线方向。它们彼此正交。以 z 轴指向回转轴为正方向，则 x、y 轴按右手规则确定它们的正方向，即用右手的拇指顺着 z 轴的正方向，食指顺着 x 轴的正方向，则 y 轴正向顺着中指方向。为了求解薄膜内力分量 N_Φ 与 N_θ，只要列出壳体微元在 x 轴和 z 轴方向的力平衡条件，即 $\Sigma F_z=0$ 和 $\Sigma F_x=0$。

在图 6-4 中，由 $\Sigma F_z=0$，可以写出：

$$\left(N_\Phi+\frac{\mathrm{d}N_\Phi}{\mathrm{d}\Phi}\mathrm{d}\Phi\right)\left(r+\frac{\mathrm{d}r}{\mathrm{d}\Phi}\mathrm{d}\Phi\right)\mathrm{d}\theta\sin\mathrm{d}\Phi+2N_\theta\sin\left(\frac{\mathrm{d}\theta}{2}\right)R_1\mathrm{d}\Phi\sin\Phi+p_zR_1\mathrm{d}\Phi r\mathrm{d}\theta\cos\left(\frac{\mathrm{d}\Phi}{2}\right)=0$$

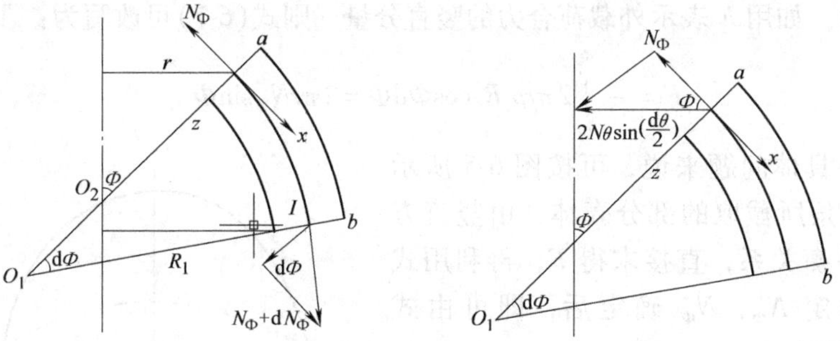

a)　　　　　　　　b)

图 6-4　微元力平衡关系

因 $\mathrm{d}\Phi$ 和 $\mathrm{d}\theta$ 很小，$\sin\mathrm{d}\Phi\approx\mathrm{d}\Phi$，$\sin\left(\frac{\mathrm{d}\theta}{2}\right)\approx\left(\frac{\mathrm{d}\theta}{2}\right)$，略去其中的高阶项，并代入 $r=R_2\sin\varphi$，整理后得：

$$\frac{N_\Phi}{R_1}+\frac{N_\theta}{R_2}=-p_z \tag{6-4}$$

同理，由 $\Sigma F_x=0$，可以列出：

$$\left(N_\Phi+\frac{\mathrm{d}N_\Phi}{\mathrm{d}\Phi}\mathrm{d}\Phi\right)\left(r+\frac{\mathrm{d}r}{\mathrm{d}\Phi}\mathrm{d}\Phi\right)\mathrm{d}\theta\cos\mathrm{d}\Phi-N_\Phi r\mathrm{d}\theta-2N_\theta\sin\left(\frac{\mathrm{d}\theta}{2}\right)R_1\mathrm{d}\Phi\cos\Phi=0$$

因 $\mathrm{d}\Phi$ 为微量，故 $\cos\mathrm{d}\Phi\approx1$，并且 $\sin\left(\frac{\mathrm{d}\theta}{2}\right)\approx\left(\frac{\mathrm{d}\theta}{2}\right)$，略去其中的高阶项经化简后得：

$$\frac{\mathrm{d}}{\mathrm{d}\Phi}(N_\Phi r)-N_\theta R_1\cos\Phi=0 \tag{6-5}$$

式(6-4)和式(6-5)即是回转薄壳无力矩理论的轴对称问题的两个基本方程式。

按式(6-5)求解较麻烦，简便方法是以 Φ 角确定的平行圆以上有限壳体的平衡条件代替原来的微元平衡关系。现变换式(6-4)如下：

$$N_\theta = -\frac{N_\Phi}{R_1}R_2 - P_zR_2 \tag{6-6}$$

将式(6-6)代入式(6-5)，两边乘以 $\sin\Phi$，经整理后得：

$$\frac{d(N_\Phi \sin\Phi)}{d\Phi} + rP_zR_1\cos\Phi = 0$$

对上式从 $0 \sim \Phi$ 进行积分，同时乘以 2π，得：

$$2\pi rN_\Phi\sin\Phi + \int_0^\Phi 2\pi rp_zR_1\cos\Phi d\Phi = 0 \tag{6-7}$$

等式左边第二项积分代表作用在 $0 \sim \Phi$ 角所截部分壳体上外载荷 P_z 在竖直方向的合力，而第一项则是作用在 Φ 角确定的平行圆上所有内力 N_Φ 在竖直方向上的合力。如用 F 表示外载荷合力的竖直分量，则式(6-7)可改写为：

$$F = -\int_0^\Phi 2\pi rp_zR_1\cos\Phi d\Phi = 2\pi rN_\Phi\sin\Phi \tag{6-8}$$

对于每一具体问题来说，可按图 6-5 所示的 $0 \sim \Phi$ 角所截取的部分壳体，由竖直方向的力平衡关系，直接求得 F，再利用式(6-8)确定 N_Φ，N_Φ 确定后，即可由式(6-4)计算出 N_θ。

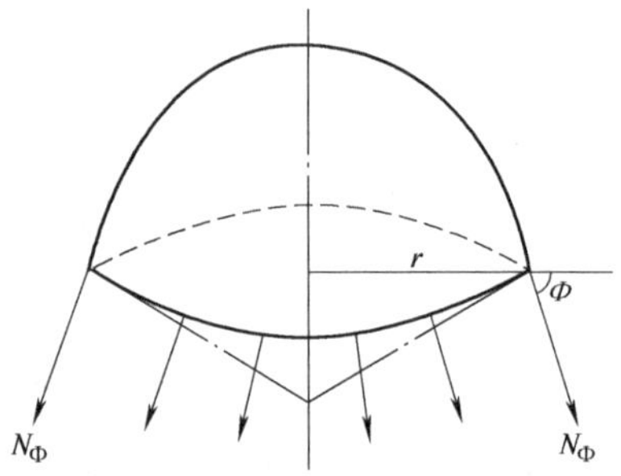

图 6-5 部分壳体的力平衡关系

6.3.2.4 薄壁容器的薄膜应力

当壳体壁厚与其中面最小主曲率半径之比较小时，应力沿壳体壁厚方向均匀分布。因 N_Φ 和 N_θ 为沿壳体微元单位长度上的法向内力，所以：

$$\left.\begin{aligned} \sigma_\theta &= \frac{N_\theta}{t} \\ \sigma_\Phi &= \frac{N_\Phi}{t} \end{aligned}\right\} \tag{6-9}$$

式中，σ_θ 和 σ_Φ 分别定义为周向薄膜应力和经向薄膜应力；t 为壳体的厚度。于是，式(6-4)和式(6-8)可写成如下形式：

$$\frac{\sigma_\Phi}{R_1} + \frac{\sigma_\theta}{R_2} = -\frac{p_z}{t} \tag{6-10}$$

$$F = 2\pi r\sigma_\Phi t\sin\Phi \tag{6-11}$$

以上两式即为计算薄壁容器壳体中薄膜应力的计算公式。

1. 承受均匀气体内压作用的容器

当容器承受气体内压 p 作用时，压力垂直作用在容器壳体的内表面，故 $p_z=-p$，且 $p=$常数。对于顶部不开口的容器壳体，当由 Φ 角所确定的平行圆 r 以上部分壳体在 p 作用下，由式(6-8)得：

$$F=\int_0^{\Phi}2\pi rprR_1\cos\Phi\mathrm{d}\Phi=2\pi p\int_0^{r}r\mathrm{d}r=\pi r^2p$$

故
$$\sigma_\Phi=\frac{F}{2\pi rt\sin\Phi}=\frac{pr}{2t\sin\Phi}=\frac{pR_2}{2t} \tag{a}$$

$$\sigma_\theta=\frac{pR_2}{t}-\frac{R_2}{R_1}\sigma_\Phi=\sigma_\Phi\left(2-\frac{R_2}{R_1}\right) \tag{b}$$

（1）球形容器：球形容器的壳体受均匀内压 p 作用，且因球壳几何形状对称于球心，$R_1=R_2=R$，故代入式(a)和式(b)得到：

$$\sigma=\sigma_\Phi=\sigma_\theta=\frac{pR}{2t} \tag{6-12}$$

（2）圆柱形容器：对于圆柱形容器的壳体，因 $R_1=\infty$，$R_2=R$，故由式(a)和式(b)得：

$$\left.\begin{aligned}\sigma_\Phi&=\frac{pR}{2t}\\ \sigma_\theta&=\frac{pR}{t}=2\sigma_\Phi\end{aligned}\right\} \tag{6-13}$$

（3）圆锥形容器：圆锥形容器 $R_1=\infty$，$R_2=x\tan\alpha$，α 为半锥顶角。$\Phi=\frac{\pi}{2}-\alpha$，代入式(a)和式(b)得：

$$\left.\begin{aligned}\sigma_\Phi&=\frac{pR_2}{2t}=\frac{p\tan\alpha}{2t}x=\frac{pr}{2t\cos\alpha}\\ \sigma_\theta&=2\sigma_\Phi=\frac{p\tan\alpha}{t}x=\frac{pr}{t\cos\alpha}\end{aligned}\right\} \tag{6-14}$$

由式(6-14)可知，σ_Φ 和 σ_θ 与 x 成线性关系，随着离开锥顶距离的增大而增大，锥底处应力为最大值。

（4）椭球形封头：椭球形壳体是常用的压力容器封头，如图 6-6 所示，由于其薄膜应力推导较为繁琐，限于篇幅这里只给出最终结果，即：

$$\sigma_\Phi=\frac{pR_2}{2t}=\frac{p(a^4y^2+b^4x^2)^{\frac{1}{2}}}{2tb^2}$$

$$\sigma_\theta=\sigma_\Phi\left(2-\frac{R_2}{R_1}\right)=\frac{p(a^4y^2+b^4x^2)^{\frac{1}{2}}}{tb^2}\left[1-\frac{a^4b^2}{2(a^4y^2+b^4x^2)}\right] \tag{6-15}$$

在壳体定点处($x=0, y=b$),$R_1=R_2=\frac{a^2}{b}$,由式(6-15)得:

$$\sigma_\Phi=\sigma_\theta=\frac{pa^2}{2bt} \tag{6-16}$$

在壳体的赤道上($x=a, y=0$),$R_1=\frac{b^2}{a}$,$R_2=a$,由式(6-15)得:

$$\left.\begin{aligned}\sigma_\Phi&=\frac{pa}{2t}\\ \sigma_\theta&=\frac{pa}{t}\left(1-\frac{a^2}{2b^2}\right)\end{aligned}\right\} \tag{6-17}$$

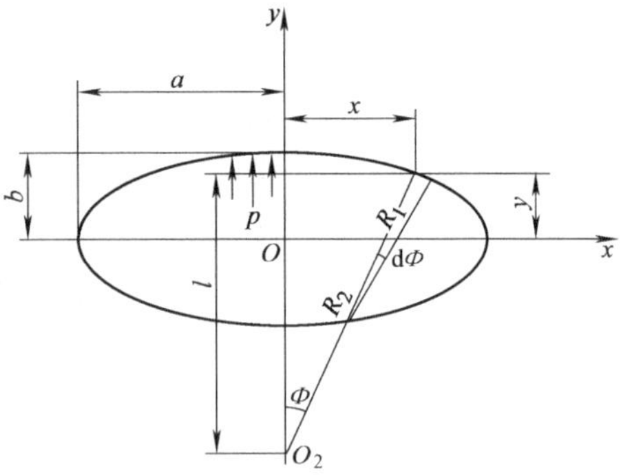

图6-6 承受内压的椭球壳

2. 承受液体静压力的容器

当容器盛装液体时,壳体内壁面法向将受到液体静压强的作用,它同样是一种轴对称载荷,但随液面深度而变化,有时液面上方还同时受到气体压力的作用,求解这些容器壳体中的薄膜应力仍可利用式(6-10)和式(6-11)。下面以圆柱形储液罐为例说明之。

如图6-7所示的储液罐,假设罐底自由,顶部密闭。在圆筒壳体上任意一点a受到$p_z=-[p_0+\gamma(H-h)]$的作用,其中p_0为液面上方的气体内压,γ为内充液体的重度,因$R_1=\infty$,$R_2=R$,$\Phi=\frac{\pi}{2}$,由式(6-10)得:

$$\sigma_\theta=-\frac{p_zR_2}{t}=\frac{[p_0+\gamma(H-h)]R}{t} \tag{6-18}$$

求σ_Φ时,将罐体在$A—A$处截开,考察上部壳体的平衡,则作用在这部

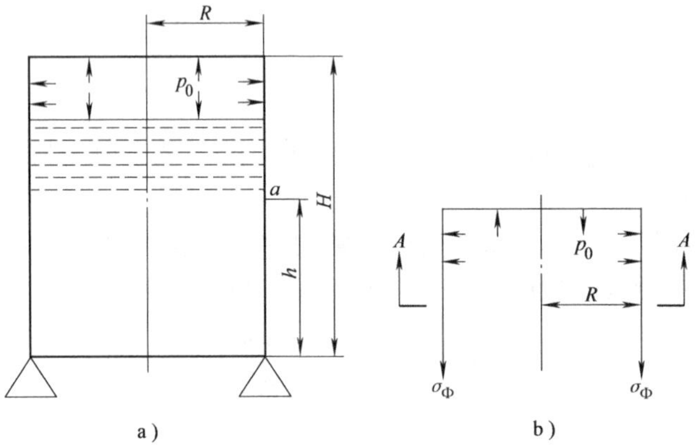

图6-7 圆柱形储液罐

分壳体上载荷的垂直合力为：

$$F = \pi R^2 p_0$$

由式(6-11)解得：

$$\sigma_\Phi = \frac{F}{2\pi Rt} = \frac{p_0 R}{2t} \tag{6-19}$$

对于敞口的储液罐，则 $p_0 = 0$，故 $\sigma_\Phi = 0$，而 $\sigma_\theta = \dfrac{\gamma(H-h)R}{t}$。

6.3.2.5　无力矩理论的应用条件

按无力矩理论假设，轴对称条件下的薄壳中只有薄膜应力 σ_Φ 和 σ_θ，没有弯曲应力和剪应力。对非常薄的壳体，因为完全不能承受弯曲变形，无矩应力状态是它唯一的应力状态；但在实际的容器中，壳体总要求有一定的抗弯刚度，抵抗伸长(或压缩)和弯曲变形，在一定条件下，壳体内产生的弯曲应力和剪应力比薄膜应力小得多，以致可以略去不计，此时也近似为无矩应力状态。实现这种无矩应力状态，壳体的几何形状、加载方式和边界条件必须满足下面三个条件：①壳体的厚度、曲率与载荷没有突变，构成同一壳体的材料的力学性能(如 E、μ 等)相同，对于集中载荷区域附近，无力矩理论不能适用；②壳体的边界处不能有垂直于壳面法向力和力矩的作用；③壳体边界处只可有沿切线方向的约束，而边界处转角与挠度不应受到约束。

如果壳体不满足上述条件，壳体内将引起显著的弯曲变形，而弯曲应力、剪应力和薄膜应力属同一数量级，此时无力矩理论不适用，必须按有力矩理论分析。

6.3.3　边缘应力

6.3.3.1　边缘应力的概念

工程实际中，容器的壳体大部分是由圆筒形、球形、椭球形、圆锥形等几种简单的壳体组合而成，例如图 6-1 所示的卧式容器结构简图，壳体由椭圆形封头—圆筒—接管组成，有的容器壳体还可由圆锥—圆筒—球形底—圆筒形裙座等不同几何形状组成。不仅如此，沿壳体轴线方向的壁厚、载荷、温度和材料的物理性能也可能出现突变。这些因素均可表现为容器在总体结构上发生薄膜应力的不连续，这种不连续应力必定引起不相等的薄膜变形。例如图 6-1 中所示容器的壳体中，在形状发生突变的结合截面处、圆筒与接管处，如果毗邻的两个壳体允许分别作为一个独立的元件在内压作用下自由膨胀，连接处中面的薄膜位移和转角一般不相等。因为实际的壳体必须是连续结构，毗邻元件在结合处的位移和转角必须相等。为了使壳体两部分结构连接在一起，在连接区附近就造成一种约束，迫使壳体发生局部的弯曲变形，在连接边缘引起附加的边缘力、边缘力矩和抵抗这种变形的局部应力，增加了这一不连续区域的总应力。虽然这些附加应力只限靠近连接边缘的局部范围内，并随着离开连接边缘的距离增加而迅速衰减，但其数值有时相当可观。容器由于这种总体结构的不连续而在连接边缘的局部地区出现衰减很快的应力升高现象，称为“边缘效应”，由此而引发的局部应力称为“边缘应力”。

6.3.3.2 边缘应力的特点

边缘应力具有以下两个特点：

(1) 局部性。不同性质的连接边缘产生不同的边缘应力，但它们都有一个明显的衰减波特性。以钢制圆筒壳为例，其沿轴向的衰减经过一个周期之后，即离开边缘距离为 $2.5\sqrt{rt}$(其中 r 与 t 分别为圆筒的半径和壁厚)处边缘应力已经基本衰减完了。

(2) 自限性。从根本上说，发生边缘弯曲的原因是由于薄膜变形不连续。当然，这是指弹性变形。当边缘两侧的弹性变形相互受到约束，则必然产生边缘力和边缘弯矩，从而产生边缘应力。但是当边缘处的局部材料发生屈服进入塑性变形阶段时，上述这种弹性约束就开始缓解，因而原来不同的薄膜变形便趋于协调，结果边缘应力就自动限制。这就是边缘应力的自限性。

边缘应力不同于薄膜应力，薄膜应力是由介质压力直接引起的，而边缘应力则是由连接边缘两部分变形协调所引起的附加应力，它具有局部性和自限性，通常把薄膜应力称为一次应力，把边缘应力称为二次应力。根据强度设计准则，具有自限性的应力，一般使容器直接发生破坏的危险性较小。

6.3.3.3 对边缘应力的处理

(1) 在边缘区作局部处理，由于边缘应力具有局部性，在设计中可以采用改变连接边缘的结构，如图 6-8 所示；对边缘应力区采用局部加强；保证边

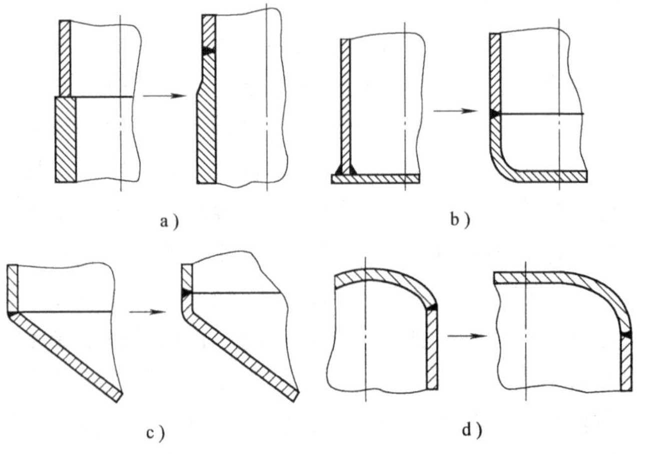

图 6-8 改变边缘连接结构

缘区内焊缝的质量；降低边缘的残余应力(如进行消除应力热处理)；避免边缘区附加局部应力或应力集中，如不在连接边缘区开孔等措施进行局部处理。

（2）选用塑性材料，对于塑性材料，即使边缘局部某些点的应力达到或超过材料的屈服点，邻近尚未屈服的弹性区能够抑制塑性变形的发展，使塑性区不再扩展，故大多数塑性较好的材料用于制做容器，例如低碳钢、奥氏体不锈钢、铜、铝等材料制造的压力容器，当承受静载荷时，除结构上做某些处理外，一般并不对边缘应力作特殊考虑。

但是，某些情况则不然。例如，塑性较差的高强度钢制的重要压力容器，低温下铁素体钢制的重要压力容器，受疲劳载荷作用的压力容器等。对于这些压力容器，如果不注意控制边缘应力，则在边缘高应力区有可能导致脆性破坏或疲劳破坏。因此必须正确计算边缘应力。

（3）由于边缘应力具有自限性，它的危害性就没有薄膜应力大。薄膜应力随着外力的增大而增大，是非自限性的。如前所述，具有自限性的应力属于二次应力。当分清应力性质以后，在设计中考虑边缘应力可以不同于薄膜应力。实际上，无论设计中是否计算边缘应力，在边缘结构上作妥善处理都是必要的。

6.4　内压薄壁容器的设计计算

本节将在上述基础上介绍承受内压(设计压力不大于35MPa)的容器筒体和封头等元件的强度计算方法。和其他工程设计一样，容器设计应根据工艺过程要求和条件，进行结构设计和强度计算。结构设计需要选择适用、合理、经济的结构形式，同时满足制造、检测、装配、运输和维修等要求；而强度计算的内容包括选择容器的材料，确定主要结构尺寸，满足强度、刚度和稳定性等要求，以保证容器安全可靠地运行。

在概述中已介绍过，我国压力容器常规设计依据国家标准《钢制压力容器》(GB 150—1998)。该标准采用的强度判据是弹性失效，即以壳体主体的基本(薄膜)应力不超过许用应力值，而由于总体结构不连续引起的附加应力，以应力增强系数形式引入壁厚计算式中。

实际的容器不仅受内部介质压力作用，而且包括容器及其物料和内件的重量、风载、地震载荷、温度、附加外载荷等作用。设计中一般以介质压力作为确定壁厚的基本载荷，然后校核在其他载荷下器壁中的应力，使容器对它们有足够的安全裕度。此外，作为常规设计，一般仅考虑静载荷，不考虑循环载荷和振动载荷的影响，若须考虑此类载荷，则应按分析设计要求作进一步的疲劳分析。

按照材料力学中的强度理论，对于钢制压力容器适宜采用第三、第四强度理论，但是由于第一强度理论在容器设计历史上使用最早，有成熟的实践经验，而且由于强度条件不同而引起的误差已考虑在安全系数内，所以至今在容器常规设计中仍采用第一强度理论，即：

$$\sigma_1 \leqslant [\sigma]^t$$

式中，σ_1 是器壁中 3 个主应力中最大的一个主应力。对于内压薄壁容器的回转壳体，通常第一主应力(最大)为周向应力 σ_θ，第二主应力为经向应力 σ_Φ，另一个主应力是径向应力 σ_z，由于 σ_z 与 σ_Φ 和 σ_θ 相比可忽略不计，按 $\sigma_3 = \sigma_z \approx 0$ 计，所以第三强度理论与第一强度理论趋于一致。在对容器壳体各元件进行强度计算时，主要是确定 σ_1，并将其控制在许用应力范围内，进而求得容器的厚度。

6.4.1 内压容器的强度条件与设计准则

容器承受内压时的应力状态是两向或三向的。为了保证压力容器安全可靠地工作，必须使压力容器中的工作应力与材料的许用应力之间满足一定的关系，这就是强度条件。

压力容器所必须满足的强度条件和压力容器强度设计准则有关。

压力容器的破坏试验结果表明，由塑性较好的材料制成的容器，从开始承受压力到发生爆破大致经历三个阶段。第一阶段，容器的内壁开始屈服；第二阶段，随着试验压力增加，屈服区域由内壁逐渐向外壁扩展，直至整个截面全部屈服为止。这时，试验压力虽不再增加，而容器的塑性变形很快增加，这时的压力称作为屈服压力，用 p_s 表示；第三阶段，即强化与爆破阶段。当压力增加到屈服压力后，容器虽然发生了大量的塑性变形。但并不立即破坏，这是由于塑性材料屈服后会发生“应变强化”，使容器仍然能承受一定的压力，所以屈服后压力还可以继续增加，直至爆破。

针对上述三个阶段，目前世界各国关于压力容器的强度设计准则有以下三种：

(1) 弹性失效设计准则。将应力限制在弹性范围。认为器壁上最大应力点的“相当应力”达到材料的屈服点后，容器便失去正常工作能力。

(2) 塑性失效设计准则。将应力限制在塑性范围。认为器壁上最大应力点的材料进入屈服阶段，并不导致整个容器破坏，因为已经进入屈服阶段的材料要进一步发生塑性变形会受到仍处于弹性阶段材料的限制，只有当塑性区不断扩展直至整个截面发生屈服，容器才失去正常工作能力。

(3) 爆破失效设计准则。认为容器都是用塑性较好的材料制成，钢材有明显的应变强化能力。当材料屈服后再进一步变形需要更大的力，只有发生爆破，容器才真正破坏。

6.4.2　圆筒与球壳的设计计算

1. 圆筒

圆筒承受均匀内压作用时，其器壁中产生如下薄膜应力（设圆筒的平均直径为 D，壁厚为 δ）：

$$\sigma_\theta = \frac{pD}{2\delta}$$

$$\sigma_\Phi = \frac{pD}{4\delta}$$

$$\sigma_z \approx 0$$

显然 $\sigma_1 = \sigma_\theta$，故按第一强度理论可得：

$$\sigma_1 = \frac{pD}{2\delta} \leqslant [\sigma]^t \tag{a}$$

式中 $[\sigma]^t$ 为设计温度下的许用应力，一般由材料在设计温度下的屈服点 σ_s^t 或抗拉强度 σ_b^t 除以相应的材料设计系数（或称安全系数）n_s（=1.6）或 n_b（=3）确定。因工艺设计中一般给出内直径 D_i，$D = D_i + \delta$，将此式代入式(a)得：

$$\frac{p(D_i + \delta)}{2\delta} \leqslant [\sigma]^t \tag{b}$$

用一个焊接接头系数 φ（≤1）来考虑焊接对容器强度的削弱作用，得圆柱形筒体强度（计算厚度）设计计算式，该式适用范围为 $p_c \leqslant 0.4[\sigma]^t\varphi$：

$$\delta_c = \frac{p_c D_i}{2[\sigma]^t\varphi - p_c} \tag{6-20}$$

此外，考虑容器内部介质或周围大气腐蚀，供货钢板的厚度负偏差等因素，设计厚度应比计算厚度大，故上式要增加一个附加厚度 C，于是最终形式为：

$$\delta_d = \frac{p_c D_i}{2[\sigma]^t\varphi - p_c} + C \tag{6-21}$$

式中，p_c 为计算压力（MPa）；D_i 为圆筒内直径（mm）；δ_d 为设计厚度（mm）；φ 为焊接接头系数，$\varphi \leqslant 1.0$；C 为厚度附加量（mm）；$[\sigma]^t$ 为设计温度下材料的许用应力（MPa）。

式(6-21)即为内压圆筒厚度的计算式。

设计厚度 δ_d 是为了与仅按强度计算得到的计算厚度 δ_c 相区别而定义的，而设计厚度与实际采用钢材标准规格的厚度可能一致，也可能不一致，故又定义 δ_n 为名义厚度，δ_n、δ_d 和 δ_c 三者关系为：

$$\delta_n \geqslant \delta_d$$

$$\delta_d = \delta_c + C$$

另一种情况是当已经知道圆筒尺寸 D_i、δ_n，需要对现存圆筒计算器壁中的应力是否在安全限度内进行校核，即强度校核问题。此时，式(b)可改写为：

$$\sigma^t = \frac{p(D_i + \delta_n - C)}{2(\delta_n - C)} \leqslant \varphi[\sigma]^t \tag{6-22}$$

式中，σ^t 为校核温度下圆筒器壁中的计算应力；其余符号同式(6-21)，但应考虑校核操作条件。令 $\delta_e = \delta_n - C$，则 δ_e 为筒体的有效厚度。

圆柱形筒体的最大允许工作压力 $[p_w]$ 由下式确定：

$$[p_w] = \frac{2\delta_e[\sigma]^t\varphi}{D_i + \delta_e} \tag{6-23}$$

2. 球壳

球形容器的壳体是球壳，在受均匀内压作用时，按以前分析，经向薄膜应力与周向薄膜应力相等，即：

$$\sigma_\Phi = \sigma_\theta = \frac{pD}{4\delta_c}, \quad \sigma_z \approx 0$$

故有

$$\sigma_1 = \frac{pD}{4\delta_c} \leqslant [\sigma]^t$$

同上，其设计厚度的计算式可写成：

$$\delta_d = \frac{p_c D_i}{4[\sigma]^t\varphi - p_c} + C \tag{6-24}$$

若校核应力，则用下式计算：

$$\sigma^t = \frac{p(D_i + \delta_n - C)}{4(\delta_n - C)} \leqslant \varphi[\sigma]^t \tag{6-25}$$

将式(6-24)与式(6-21)相比可知，当压力、直径相同时，球壳的壁厚仅为圆筒的一半，所以用球壳做容器，可节省材料，减少占地面积；但是球壳是非可展曲面，拼接工作量大，所以制造工艺比圆筒复杂得多，对焊接技术的要求也高，所以一般盛装液化气或氧气等大型储罐采用球罐形式。

3. 厚度关系

在强度设计公式中，先后涉及到了 4 个厚度：计算厚度(δ_c)、设计厚度(δ_d)、名义厚度(δ_n)和有效厚度(δ_e)，它们之间的关系如图 6-9 所示。

4. 容器最小厚度

在容器设计中，对于计算压力很低的容器，按强度计算公式计算出的厚度很小，不能满足制造、运输和安装时的刚度要求。因此需对容器规定一个最小厚度。最小厚度是指壳体加工成形后不包括腐蚀裕量的最小厚度。《钢制压力容器》(GB 150—1998)中对容器最小厚度的规定是：对碳素钢和低合金钢制容器，最小厚度不小于 3mm；对高合金钢制容器，最小厚度不小于 2mm。

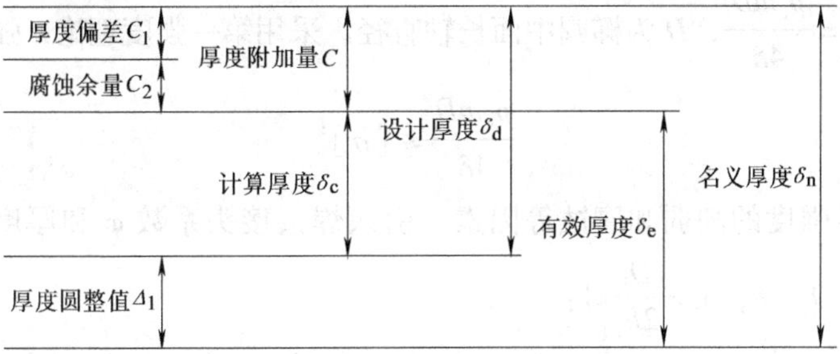

图6-9　容器各种厚度之间的关系

5. 封头的设计计算

封头是容器的重要组成部分，常见的有半球形、椭圆形、碟形、无折边球形封头(又常统称为凸形封头)、锥形和平盖等。

封头的设计公式主要是建立在壳体的无力矩理论的基础上，推导如下：①用无力矩理论计算封头壳体的薄膜应力；②考虑薄膜应力的变化和边缘应力的影响，在应力公式中引进形状系数或应力增强系数；③应用强度理论，并考虑制造、防腐蚀等实际因素导出具体的设计公式。

(1) 半球形封头：半球形封头的设计公式和球形容器的设计公式相同，即

$$\delta_d = \frac{p_c D_i}{4[\sigma]\varphi - p_c} + C \tag{6-26}$$

(2) 椭圆形封头：图6-10所示是以外径为基准的椭圆形封头。

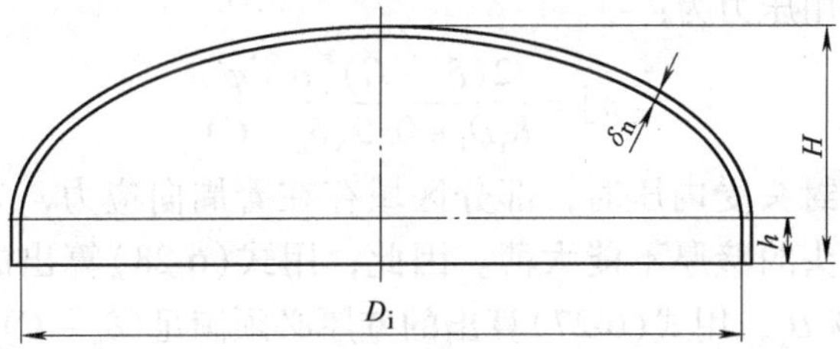

图6-10　椭圆形封头

它由半个椭圆壳和高度为h的一段圆筒(又称直边部分)组成。直边部分h的作用是为了使封头和筒体的连接焊缝不出现在径向曲率半径突变区，以改善焊缝的受力状况。根据《钢制压力容器用封头》(JB 4746—2002)标准的规定，当封头公称直径DN≤2000mm时，直边高度h宜取25mm，当封头公称直径DN>2000mm时，直边高度h宜取40mm。

当椭圆的长短轴之比$m<2$时，最大应力在椭圆壳的顶点。其值为$\sigma_\Phi =$

$\sigma_\theta=\dfrac{p_c ma}{2\delta}=\dfrac{p_c mD}{4\delta}$，$D$ 为椭圆中面长轴直径。采用第一强度理论，强度条件为：

$$\frac{p_c mD}{4\delta}\leqslant[\sigma]^t$$

考虑焊接对强度的削弱和腐蚀等因素，引入焊接接头系数 φ 和厚度附加量 C，并代入 $D=D_i+\delta$，$m=\dfrac{D_i}{2h_i}$得：

$$\delta_d=\frac{p_c D_i}{2[\sigma]^t\varphi-mp_c/2}\left(\frac{m}{2}\right)+C\approx\frac{p_c D_i}{2[\sigma]^t\varphi-0.5p_c}\left(\frac{D_i}{4h_i}\right)+C$$

当 $m>2$ 时，椭圆壳赤道上出现很大的周向压应力，其绝对值远大于顶点的应力。为考虑这种变化对强度的影响，同时又有一个统一的设计公式，以上式为基础，引进形状系数 K_t。以 K_t 代替上式中$\left(\dfrac{D_i}{4h_i}\right)$，于是得椭圆形封头的设计公式为：

$$\delta_d=\frac{p_c D_i K_t}{2[\sigma]^t\varphi-0.5p_c}+C \tag{6-27}$$

式中，$K_t=\dfrac{1}{6}\left[2+\left(\dfrac{D_i}{2h_i}\right)^2\right]$是一个经验式。对于标准半椭圆形封头，$\dfrac{D_i}{2h_i}=2$，$K_t=1$，则上式变为：

$$\delta_d=\frac{p_c D_i}{2[\sigma]^t\varphi-0.5p_c}+C \tag{6-28}$$

椭圆形封头的许用压力为：

$$[p]=\frac{2(\delta_n-C)[\sigma]^t\varphi}{K_t D_i+0.5(\delta_n-C)} \tag{6-29}$$

由于椭圆形封头受内压时，部分区域存在着周向应力，为了防止失稳破坏，必须控制封头的壁厚不能太薄。因此，用式(6-28)算出的壁厚必须满足$(\delta_n-C)\geqslant 0.15\% D_i$，用式(6-27)算出的壁厚必须满足$(\delta_n-C)\geqslant 0.3\% D_i$。

（3）碟形封头：图6-11所示为碟形封头。碟形封头又称带折边球形封头，由以 R_i 为内半径的球面部分，以 r_i 为半径的折边部分和高度为 h 的圆筒部分组成。在 a、b 处径向曲率半径有突变，因此在 a、b 处附近将存在边缘应力，边缘应力的大小和 r_i/R_i 比值有关。r_i/R_i 的值越小，即两个曲率半径相差越大，边缘应力越大。当 $r_i=0$ 时，即无折边区边缘应力达到最大值。由此可见，折边区的存在降低了边缘应力。直边部分 h 的作用和椭圆形封头的直边作用相同，是为了使连接焊缝不出现在边缘应力区。为了减小边缘应力，常限制碟形封头的几何尺寸 $R_i\leqslant D_i$，$r_i\geqslant 0.1D_i$ 且不小于 3δ。在此形状限制下，碟形

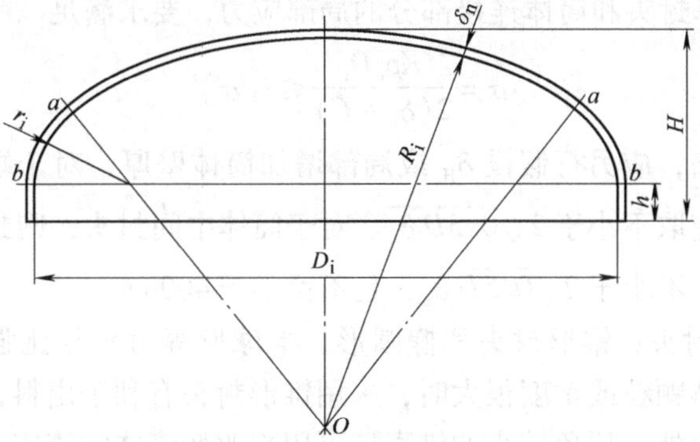

图6-11 碟形封头

封头的设计公式为：

$$\delta_d = \frac{Mp_c R_i}{2[\sigma]^t \varphi - 0.5p_c} + C \tag{6-30}$$

式中，$M = \frac{1}{4}\left(3 + \sqrt{\frac{R_i}{r_i}}\right)$称做碟形封头形状系数，是根据试验数据整理而得的经验公式。

由于碟形封头承受内压时，部分区域存在着较大的周向应力，为了防止失稳，同样要求按式(6-30)算出的壁厚必须满足$(\delta_n - C) \geqslant 0.3\% D_i$。

碟形封头的许用应力按下式计算：

$$[p] = \frac{2[\sigma]^t \varphi(\delta_n - C)}{MR_i + 0.5(\delta_n - C)} \tag{6-31}$$

和椭圆形封头相比较，在相同直径和高度的情况下，椭圆形封头的应力分布较碟形封头均匀缓和。因此在实际应用中，仅在椭圆形封头的加工有困难时才选用碟形封头。

(4) 球冠形封头：它是球壳的一部分，与筒体连接时，有较大的边缘效应，因此仅用于压力不高的情况。球冠形封头在多数情况下用于容器中两独立受压室的中间封头，也可用作端封头。封头和筒体连接的角焊缝应采用全焊透结构，因此应适当控制封头厚度，以保证焊接质量。封头的球面内半径 R_i 一般不大于圆筒体的内直径 D_i。由于连接部位的边缘应力远大于球面部分的薄膜应力，所以设计时，主要控制边缘区的最大应力，按应力分类的设计原则使其不超过3$[\sigma]$。具体步骤如下：①根据筒体壁厚 δ_n，算出$\frac{D_i}{\delta_n - C}$；②假定封头壁厚 δ_H，算出$\frac{\delta_H - C}{\delta_n - C}$；③根据第1、2步算出的$\frac{D_i}{\delta_n - C}$、$\frac{\delta_H - C}{\delta_n - C}$值，当 $R_i = 0.9D_i$ 时，查球冠形封头与筒体连接处的应力集中系数 K 关系图得到应力集中

系数 K；④验算封头和筒体连接部分的局部应力，要求满足

$$\sigma=\frac{Kp_cD_i}{2(\delta_n-C)}\leqslant 3[\sigma]^t \tag{6-32}$$

⑤若验算不合格，应另行假设 δ_H 或局部增加筒体壁厚，对于端部封头，筒体加厚段的长度应取不小于 $2\sqrt{0.5D_i\delta_n}$。对于筒体中间封头，则封头前后筒体加厚段的长度均应不小于 $2\sqrt{0.5D_i\delta_n}$，且不得小于400mm。

（5）锥形封头：锥形封头和椭圆形、半球形等封头相比强度稍差，但当介质中含有固体颗粒或粘度很大时，采用锥形封头有利于出料，亦有利于流体的均匀分布。此外，顶角较小的锥壳还可用来改变流体的流速，因此锥形封头仍得到广泛的应用。

锥形封头和圆筒连接处，由于结构不连续产生的边缘应力随锥壳半顶角 α 的增加而增大，故不宜采用较大的 α 角，一般 $\alpha=30°\sim60°$。

锥形封头有两种形式：无折边锥形封头和有折边锥形封头。当 $\alpha\leqslant30°$时，采用无折边锥形封头；$\alpha>30°$时，须采用有折边锥形封头。

1）无折边锥形封头：无折边锥形封头的设计计算先对锥壳的主体部分按无力矩理论计算，然后对锥壳与主体的连接按边缘应力分类的设计原则校核。具体步骤如下：

① 锥壳主体部分：由于受内压的锥壳，最大薄膜应力发生在锥壳的大端，应用第一强度理论，考虑制造、腐蚀等实际因素，锥体部分的壁厚计算公式为：

$$\delta_d=\frac{p_cD_i}{2[\sigma]^t\varphi-p_c}\times\frac{1}{\cos\alpha}+C \tag{6-33}$$

② 连接边缘区：先以$\dfrac{p_c}{[\sigma]^t}$与半顶角 α 值查加强图。当交点位于曲线上时，无需加强，整个锥体的厚度由式(6-33)确定。当交点位于曲线之下时，则需加强，加强段的壁厚按下式计算：

$$\delta_{rd}=\frac{Qp_cD_i}{2[\sigma]^t\varphi-p}+C \tag{6-34}$$

式中，Q 为锥体的应力增强系数，可以查得。加强段的长度(即厚度为 δ_{rd}的锥体的长度)为 $2\sqrt{0.5D_i(\delta_{rd}-C)}$。上述计算只考虑了锥壳一端的边缘影响，故只适用于径向长度 $l\geqslant2.4\sqrt{\dfrac{D_i(\delta_{rd}-C)}{\cos\alpha}}$的锥形壳体，而且只适用于圆筒和锥体大端连接部分。

2）有折边锥形封头：有折边锥形封头由锥壳、过渡区和高度为 h 的直边部分组成。过渡区的作用是为了降低边缘应力，直边 h 的作用是为了使封头和筒体的连

接焊缝不出现在边缘应力区。一般常取 $r_i \geqslant 10\% D_i$，直边高度 $h = 25 \sim 40\text{mm}$。

有折边锥形封头的计算一般按以下方法进行：分别计算锥壳壁厚和过渡区（或折边部分）的壁厚，从中选出较大者，作为有折边锥形封头的厚度。

锥壳部分壁厚按下式计算：

$$\delta_d = \frac{p_c D_c}{2[\sigma]^t \varphi - p_c} \times \frac{1}{\cos\alpha} + C$$

式中，D_c 为锥体部分的最大直径，$D_c = D_i - 2r_i(1 - \cos\alpha)$，mm。将此表达式代入上式可得：

$$\delta_d = \frac{p_c D_i f}{[\sigma]^t \varphi - 0.5 p_c} + C \tag{6-35}$$

式中，f 值可由表6-1 查到，或按下式计算：

$$f = \frac{1 - \dfrac{2r_i}{D_i}(1 - \cos\alpha)}{2\cos\alpha} \tag{6-36}$$

表 6-1　折边锥体的系数 f 值

α	r_i/D_i					
	0.10	0.15	0.20	0.30	0.40	0.50
10°	0.5062	0.5055	0.5047	0.5032	0.5017	0.5000
20°	0.5257	0.5225	0.5193	0.5128	0.5064	0.5000
30°	0.5619	0.5542	0.5465	0.5310	0.5155	0.5000
35°	0.5883	0.5773	0.5663	0.5442	0.5221	0.5000
40°	0.6222	0.6069	0.5916	0.5611	0.5305	0.5000
45°	0.6657	0.6450	0.6243	0.5828	0.5414	0.5000
50°	0.7223	0.6945	0.6668	0.6112	0.5556	0.5000
55°	0.7973	0.7602	0.7230	0.6486	0.5743	0.5000
60°	0.9000	0.8500	0.8000	0.7000	0.6000	0.5000

折边部分壁厚按下式计算：

$$\delta_d = \frac{p_c D_i K_c}{2[\sigma]^t \varphi - 0.5 p_c} + C \tag{6-37}$$

式中，K_c 为系数，可由表6-2 查到。式(6-37)只适用于锥体大端过渡区的壁厚计算。

表 6-2　折边锥体系数 K_c

α	r_i/D_i					
	0.10	0.15	0.20	0.30	0.40	0.50
10°	0.6644	0.6111	0.5789	0.5403	0.5168	0.5000

（续）

α	r_i/D_i					
	0.10	0.15	0.20	0.30	0.40	0.50
20°	0.6956	0.6357	0.5986	0.5522	0.5223	0.5000
30°	0.7544	0.6819	0.6357	0.5749	0.5329	0.5000
35°	0.7980	0.7161	0.6629	0.5914	0.5407	0.5000
40°	0.8547	0.7604	0.6981	0.6127	0.5506	0.5000
45°	0.9253	0.8181	0.7440	0.6402	0.5635	0.5000
50°	1.0270	0.8944	0.8045	0.6765	0.5804	0.5000
55°	1.1608	0.9980	0.8859	0.7249	0.6028	0.5000
60°	1.3500	1.1433	1.0000	0.7923	0.6337	0.5000

上述计算只考虑了锥壳一端的边缘影响，故只适用于径向长度 $l \geqslant 2.4\sqrt{\dfrac{D_i(\delta_c - C)}{\cos\alpha}}$ 的锥形壳体。

（6）平盖：圆平盖的厚度计算公式为：

$$\delta_d = D_c\sqrt{\frac{Kp_c}{[\sigma]^t\varphi}} + C \tag{6-38}$$

式中，K 为结构特征系数；δ_d 为平盖实际厚度(mm)；D_c 为平盖计算直径(mm)。

非圆形平盖的厚度按下式计算：

$$\delta_d = \alpha\sqrt{\frac{KZp_c}{[\sigma]^t\varphi}} + C \tag{6-39}$$

式中，Z 为非圆形平盖的形状系数，$Z = 3.4 - 2.4\dfrac{a}{b}$，且 $Z \leqslant 2.5$；a 为非圆形平盖的短轴长度(mm)；b 为非圆形平盖的长轴长度(mm)。

（7）各种形式封头的比较：选用什么样的封头，要根据设计对象的要求。在满足工艺要求的前提下，应当考虑封头的技术经济指标。各类封头的特点如下：

1）几何方面：为了节省材料，要求封头单位容积的表面积越小越好，除平盖和锥形封头外，上述各类凸形封头中，半球形封头单位容积的表面积最小，标准椭圆形封头和碟形封头的单位容积的表面积比半球形大，球冠形封头最大。

2）力学方面：为了节省材料，要求封头在相同直径（指和筒身相连接的平行圆直径）、同一材料和相同压力作用下厚度最小。对此，半球形封头最好，它的厚度最小；标准椭圆形封头次之；碟形封头再次之；平盖封头最差，它要求的厚度最大。

3）制造方面：要求封头制造容易，半球形封头由于深度大，制造比较困难，标准椭圆形封头和其他凸形封头制造比较容易，而平板封头制造最容易。

综合以上结果，标准椭圆形封头几何形状和受力状态都比较好，制造难度又不大，因此这种形式的封头在化工生产上得到了广泛的应用。

6.4.3 设计参数的选用

6.4.3.1 压力

除注明者外，压力均指表压力。

工作压力 p_w：指在正常工作情况下，容器顶部可能达到的最高压力。

设计压力 p：指设定的容器顶部的最高压力，它与相应的设计温度一起作为设计载荷条件，其值不低于工作压力。

计算压力 p_c：指在相应设计温度下，用以确定壳体各部位厚度的压力，其中包括液柱静压力。当壳体各部位或元件所承受的液柱静压力小于5%设计压力时，可忽略不计。

设计压力的取值方法见表6-3。

表6-3 设计压力选取表

<table>
<tr><th colspan="3">类 型</th><th>设 计 压 力</th></tr>
<tr><td rowspan="3">内压容器</td><td colspan="2">无安全泄放装置</td><td>1.0~1.10倍工作压力</td></tr>
<tr><td colspan="2">装有安全阀</td><td>不低于(等于或稍大于)安全阀开启压力(安全阀开启压力取1.05~1.10倍工作压力)</td></tr>
<tr><td colspan="2">装有爆破片</td><td>取爆破片设计爆破压力加制造范围上限</td></tr>
<tr><td rowspan="6">真空容器</td><td rowspan="2">无夹套真空容器</td><td>有安全泄放装置</td><td>设计外压力取1.25倍最大内外压力差或0.1MPa两者中的小值</td></tr>
<tr><td>无安全泄放装置</td><td>设计外压力取0.1MPa</td></tr>
<tr><td rowspan="2">夹套内为内压的带夹套真空容器</td><td>容器(真空)</td><td>设计外压力按无夹套真空容器规定选取</td></tr>
<tr><td>夹套(内压)</td><td>设计内压力按内压容器规定选取</td></tr>
<tr><td rowspan="2">夹套内为真空的带夹套内压容器</td><td>容器(内压)</td><td>设计内压力按内压容器规定选取</td></tr>
<tr><td>夹套(真空)</td><td>设计外压力按无夹套真空容器规定选取</td></tr>
<tr><td colspan="3">外压容器</td><td>设计外压力取不小于在正常工作情况下可能产生的最大内外压力差</td></tr>
</table>

6.4.3.2 设计温度

设计温度是指容器在正常工作情况下，设定的元件金属温度(沿元件的金属截面的温度平均值)。设计温度与设计压力一起作为设计载荷条件。标志在铭牌上的设计温度应是壳体设计温度的最大值和最小值。

设计温度虽不直接反映在上述计算公式中，但它是设计中选择材料和确定许用应力时不可缺少的一个基本参数。容器的壁温可由实测类似设备获得，或由传热过程计算确定，当无法计算或实测壁温时，按下列情况确定。

容器器壁与介质直接接触且有外保温(或保冷)时，设计温度按表 6-4 中Ⅰ或Ⅱ确定。

表 6-4 设计温度选取表

介质工作温度 t	设计温度	
	Ⅰ	Ⅱ
$t<-20℃$	介质最低工作温度	介质工作温度减(0～10℃)
$-20℃\leqslant t\leqslant 15℃$	介质最低工作温度	介质工作温度减(5～10℃)
$t>15℃$	介质最高工作温度	介质工作温度加(15～30℃)

6.4.3.3 许用应力与安全系数

1. 许用应力

材料的许用应力是以材料的极限应力除以适当的安全系数而得。选用哪一个强度指标作为极限应力来确定许用应力，与部件的使用条件及失效准则有关，根据不同的情况，极限应力可以是 σ_b、σ_s($\sigma_{0.2}$)、σ_s^t($\sigma_{0.2}^t$)、σ_D^t、σ_n^t。

对于由塑性材料制造的承压件，应保证其在工作时不发生全面的塑性变形，即大面积屈服，以防止材料发生应变强化，使强度升高，塑性、韧性和耐腐蚀性降低，对此一般都以屈服点 σ_s 或条件屈服强度 $\sigma_{0.2}$ 作为确定许用应力的基础。

对于脆性材料或没有明显屈服点的塑性材料，常以抗拉强度 σ_b 来确定许用应力，即以材料的断裂作为限制条件。

对于锅炉和压力容器的承压部件，其最大的不安全性是断裂，而且以 σ_b 来确定许用应力有悠久的历史，已成习惯。因此，对于工作壁温为常温(<20℃)时，其许用应力应满足上述塑性变形和以断裂为限制这两个条件，即许用应力$[\sigma]$取$\dfrac{\sigma_b}{n_b}$和$\dfrac{\sigma_s}{n_s}$($\dfrac{\sigma_{0.2}}{n_s}$)中的较小值。特别是对高强度钢制的承压部件，以 σ_b 为基准确定许用应力就更为重要。

对于工作壁温高于常温而低于高温的中温容器承压部件，其许用应力 $[\sigma]^t$ 取$\dfrac{\sigma_b^t}{n_b}$和$\dfrac{\sigma_s^t}{n_s}\left(\dfrac{\sigma_{0.2}^t}{n_s}\right)$中的较小值。

对于高温条件下(达到材料蠕变温度,即对碳钢和低合金钢>420℃,铬钼合金钢>450℃,奥氏体不锈钢>550℃)的承压部件,一方面要考虑高温蠕变(σ_n^t),另一方面还要考虑材料的长期高温强度指标σ_D^t,因此,高温承压部件的许用应力$[\sigma]^t$取$\dfrac{\sigma_n^t}{n_n}$和$\dfrac{\sigma_D^t}{n_n}$、$\dfrac{\sigma_s^t}{n_s}\left(\dfrac{\sigma_{0.2}^t}{n_s}\right)$中的较小值。上述式中:$\sigma_b$为钢材标准抗拉强度下限值,MPa;$\sigma_s(\sigma_{0.2})$为钢材标准常温屈服点(或0.2%屈服强度),MPa;σ_b^t为钢材设计温度下抗拉强度下限值,MPa;$\sigma_s^t(\sigma_{0.2}^t)$为钢材设计温度下的屈服点(或0.2%屈服强度),MPa;σ_n^t为钢材在设计温度下经10万h蠕变率为1%的蠕变极限,MPa;σ_D^t为钢材在设计温度下经10万h断裂的持久强度的平均值,MPa;n_s、n_b、n_D、n_n分别为屈服点、强度极限、持久强度极限和蠕变极限的安全系数。

材料的蠕变极限是指材料在某一恒定温度条件下,产生某一蠕变速度时的应力。化工容器用的材料,蠕变速度限制在10^{-7}mm/mm·h,近似等于工作10万h(约11年)产生1%的蠕变总变形。

限制了蠕变变形,并不能保证在此期间不发生断裂破坏。因而近年来常用反映材料高温断裂性能的持久强度作为高温许用应力的依据。材料的持久强度极限是指材料在某一恒定温度条件下,经过一定时间发生断裂时的应力。对于化工容器,一般设计寿命为10万h,故取高温下经过10万h发生断裂的应力作为设计用的材料持久强度极限。

2. 安全系数

安全系数的选择是设计中一个比较复杂和关键的问题,因为它与许多因素有关,其中包括:①计算方法的准确性、可靠性和受力分析的精确程度,随着计算机技术的发展,计算的准确性将逐渐提高;②随着科学技术的进步,材料的质量、焊接检验等制造水平也在不断提高;③容器的工作条件,如压力、温度和温压波动及容器在生产中的重要性和危险性等。

安全系数是一个不断发展变化的参数。按照科学技术发展的总趋势,安全系数将逐渐变小。钢材的安全系数见表6-5。

表6-5 钢材的安全系数

强度性能 / 材料 / 安全系数	常温抗拉强度 σ_b	常温或设计温度屈服点 $\sigma_s(\sigma_{0.2})$ 或 $\sigma_s^t(\sigma_{0.2}^t)$	设计温度下经10万h断裂的持久强度的平均值 σ_D^t	设计温度下经10万h蠕变率为1%的蠕变极限 σ_n^t
	n_b	n_s	n_D	n_n
碳素钢、低合金钢	≥3.0	≥1.6	≥1.5	≥1.0
高合金钢	≥3.0	≥1.5	≥1.5	≥1.0

6.4.3.4 焊接接头系数

焊缝区是容器上强度比较薄弱的部分。焊缝区强度降低的原因在于焊接时可能出现的缺陷未被发现；焊接热影响区往往形成粗大晶粒区使强度或塑性降低；焊接时造成焊接内应力过大等。为了补偿焊接时可能产生的强度削弱，在强度计算中，引入焊接接头系数 φ。焊接接头系数大小主要是根据受压元件焊接接头的形式和焊缝的无损检测长度比例确定，焊接接头系数可按下列规定选取。

双面焊的对接接头和相当于双面焊的全焊透对接接头：

100% 无损检测　　$\varphi=1.0$

局部无损检测　　$\varphi=0.85$

不做无损检测　　$\varphi=0.70$

单面焊对接接头，在焊接过程中沿焊缝根部全长有紧贴基本金属的垫板：

100% 无损检测　　$\varphi=0.90$

局部无损检测　　$\varphi=0.80$

不做无损检测　　$\varphi=0.65$

单面焊的对接接头，无垫板：

局部无损检测　　$\varphi=0.70$

不做无损检测　　$\varphi=0.60$

选择焊缝无损检测长度比例主要依据材料焊接性能的好坏、钢板厚度、操作介质的性质及操作条件等因素。例如对于厚度大于 38mm 的碳素钢、16MnR 及厚度大于 25mm 的 15MnVR、奥氏体不锈钢等材料制成的压力容器；对于盛装剧毒物质的容器以及设计压力大于 6.4MPa 且厚度大于 20mm 的容器，它们的焊缝都要求进行 100% 的无损检测。对于局部无损检测的容器，检测长度不得少于各条焊接接头长度的 20%，且不小于 250mm。而劳动部门则按容器的类别提出焊缝检测百分数的要求，见表 6-6。各类容器焊缝检测的合格级别见表 6-7。

表 6-6　检测要求

容器类别	检测数量＼检测方法	射线检测	超声波检测
		占相应对接焊缝(环、纵)总长(%)	
一	*	≥20	≥20
	* *	100	100
二	*	≥20	≥20
	* *	100	100
三		100	100

表 6-7　无损检测合格标准

容器类别＼检测方法		射线检测 JB 4730—1994	超声波检测 JB 4730—1994
一		Ⅲ级	Ⅱ级
二	*	Ⅲ级	Ⅱ级
	* *	Ⅱ级	Ⅰ级
三		Ⅱ级	Ⅰ级

6.4.3.5　厚度附加量

容器的厚度附加量 C 主要考虑钢板和钢管的厚度负偏差 C_1，介质的腐蚀裕度 C_2，即：

$$C = C_1 + C_2 \tag{6-40}$$

1. 钢板和钢管负偏差 C_1

钢板和钢管厚度负偏差应按相应钢材标准的规定。当钢板的厚度负偏差不大于0.25mm，且不超过名义厚度的6%时，负偏差可以忽略不计。一般情况下钢板厚度负偏差 C_1 可根据名义厚度 δ_n 确定，见表6-8。

表 6-8　钢板厚度负偏差

钢 板 标 准	钢 板 厚 度	负偏差 C_1
《压力容器用钢板》(GB 6654—1996) 《低温压力容器用低合金钢钢板》(GB 3531—1996)	全部厚度	0.25
《碳素结构钢和低合金结构钢热轧厚钢板和钢带》GB 3274—2007) 《不锈钢冷轧钢板》(GB 3280—1992) 《不锈钢热轧钢板》(GB 4237—1992) 《耐热钢板》(GB 4238—1992)	>3.2~3.5	0.25
	>3.5~4.0	0.30
	>4.5~5.5	0.50
	>5.5~7.5	0.60
	>7.5~25	0.80
	>25~30	0.90
	>30~34	1.00
	>34~40	1.10
	>40~50	1.20
	>50~60	1.30
	>60~80	1.80
	>85~100	2.00
	>100~150	2.20
	>150~200	2.60

钢管的厚度负偏差按钢管标准规定选取，见表6-9。

表 6-9 钢管厚度负偏差

<table>
<tr><th rowspan="2">钢管标准</th><th rowspan="2">种类</th><th rowspan="2">壁厚/mm</th><th colspan="2">负偏差 C_1</th></tr>
<tr><th>普通级</th><th>较高级或高级</th></tr>
<tr><td rowspan="2">《输送流体用无缝钢管》(GB 8163—2005)</td><td>冷拔</td><td>>1.0</td><td>10%</td><td>10%</td></tr>
<tr><td>热轧</td><td>≥2.5</td><td colspan="2">12.5%</td></tr>
<tr><td rowspan="3">《石油裂化用无缝钢管》(GB 9948—2007)</td><td>冷拔</td><td>>1.0</td><td colspan="2">10%</td></tr>
<tr><td rowspan="2">热轧</td><td>≤20</td><td colspan="2">12.5%</td></tr>
<tr><td>>20</td><td colspan="2">10%</td></tr>
<tr><td rowspan="4">《流体输送用不锈钢无缝钢管》(GB/T 14976—2006)</td><td rowspan="2">冷拔</td><td>>1~3</td><td>14%</td><td>10%</td></tr>
<tr><td>>3.0</td><td>10%</td><td>10%</td></tr>
<tr><td rowspan="2">热轧</td><td><15</td><td>12.5%</td><td>12.5%</td></tr>
<tr><td>≥15</td><td>15%</td><td>12.5%</td></tr>
<tr><td rowspan="3">《高压化肥用高压无缝钢管》(GB 6479—2005)</td><td>冷拔</td><td>≥1.5</td><td></td><td>10%</td></tr>
<tr><td rowspan="2">热轧</td><td>3~20</td><td></td><td>12.5%</td></tr>
<tr><td>>20</td><td></td><td>10%</td></tr>
<tr><td rowspan="5">《高压锅炉用无缝钢管》(GB 5310—2006)</td><td rowspan="2">冷拔</td><td>2~3</td><td>10%</td><td>10%</td></tr>
<tr><td>>3</td><td>10%</td><td>7.5%</td></tr>
<tr><td rowspan="3">热轧</td><td><3.5</td><td>10%且≤0.32mm</td><td>10%且≤0.2mm</td></tr>
<tr><td>3.5~20</td><td>10%</td><td>10%</td></tr>
<tr><td>>20</td><td>10%</td><td>7.5%</td></tr>
</table>

2. 腐蚀裕量 C_2

为防止容器部件由于腐蚀、机械磨损而导致厚度削弱减薄，应考虑腐蚀裕量，具体规定如下：

(1) 对有腐蚀或磨损的元件，应根据预期的容器寿命和介质对金属材料的腐蚀速率确定腐蚀裕量，

$$C_2 = K_a B \tag{6-41}$$

式中，K_a 为腐蚀速率(mm/a)；B 为容器设计寿命(年)。

(2) 容器各元件受到的腐蚀程度不同时，可采用不同的腐蚀裕量(表 6-10)。

表 6-10 筒体、封头腐蚀裕量

腐蚀程度	不腐蚀	轻微腐蚀	腐蚀	严重腐蚀
腐蚀速率/(mm/a)	<0.05	0.05~0.13	0.13~0.25	>0.25
腐蚀裕量/mm	0	≥1	≥2	≥3

(3) 介质为压缩空气、水蒸气或水的碳素钢或低合金钢制容器，腐蚀裕量不小于1mm，不锈钢制容器腐蚀极微时取 $C_2 = 0$。

(4) 容器的接管(人孔、手孔)的腐蚀裕量，一般情况下应与壳体的腐蚀裕量相同。

(5) 两侧同时与腐蚀介质接触的元件(双面腐蚀)，应根据两侧不同的操作介质选取不同的腐蚀裕量，且将两者叠加作为总的腐蚀裕量。

(6) 容器内件材料与壳体相同时，容器内件的单面腐蚀裕量按表6-11确定。

表6-11　容器内件单面腐蚀裕量

内　件		腐蚀裕量
结构形式	受力状态	
不可拆卸或无法从人孔取出者	受力	取壳体腐蚀裕量
	不受力	取壳体腐蚀裕量的1/2
可拆卸并可从人孔取出者	受力	取壳体腐蚀裕量的1/4
	不受力	0

(7) 容器地脚螺栓根径的腐蚀裕量可取3mm。

(8) 碳钢裙座筒体的腐蚀裕量应不小于3mm，如其内、外侧均有保温或防火层，可不考虑腐蚀裕量。

6.4.4　容器压力试验

6.4.4.1　压力试验前的应力校核

为了检验压力容器的宏观强度及密封性能，压力容器制造完成后或定期检验时，要进行压力试验。压力试验包括耐压试验和气密性试验，耐压试验又有液压试验和气压试验两种。耐压试验前要进行圆筒的强度校核：

液压试验时圆筒的应力：$$\sigma_T = \frac{p_T(D_i + \delta_e)}{2\delta_e} \leqslant 0.9\varphi\sigma_s(\sigma_{0.2}) \tag{6-42a}$$

气压试验时圆筒的应力：$$\sigma_T = \frac{p_T(D_i + \delta_e)}{2\delta_e} \leqslant 0.8\varphi\sigma_s(\sigma_{0.2}) \tag{6-42b}$$

式中，σ_t 为圆筒壁在试验压力下的计算应力(MPa)；D_i 为圆筒内径(mm)；p_T 为试验压力(MPa)；δ_e 为圆筒的有效厚度(mm)；φ 为圆筒焊接接头系数。

6.4.4.2　液压试验

液压试验所用介质通常为水。试验的环境和水温必须高于材料的脆性转变温度。对碳素钢和16MnR钢制容器，液压试验时的液体温度不得低于5℃。其他低合金钢制容器(不包括低温容器)液压试验时的液体温度不得低于15℃，如果由于某些因素造成材料无延性转变温度升高，则需相应提高试验液体温度。

设计温度 $t>20℃$ 的内压容器，其试验压力 p_T 为

$$p_T=1.25p\frac{[\sigma]}{[\sigma]^t} \tag{6-43}$$

式中，p_T 为耐压试验压力(MPa)；p 为设计压力(MPa)；$[\sigma]$ 为试验温度下材料的许用应力(MPa)；$[\sigma]^t$ 为设计温度下材料的许用应力(MPa)。当 $\frac{[\sigma]}{[\sigma]^t}>1.8$ 时，取 $\frac{[\sigma]}{[\sigma]^t}=1.8$。

液压试验开始后，压力应缓慢上升，达到规定试验压力后，保持压力30min，然后将压力值降到规定试验压力的80%，并保持足够长时间以便对焊接接头和连接部位进行检查。液压试验结果以无渗漏和无可见的残余变形为合格。

6.4.4.3 气压试验

对于不适合做液压试验的容器，如由于某些工艺的要求，不允许在容器内残留试验液体，或由于结构而不能充满液体的容器，可进行气压试验。凡采用气压试验的容器其焊缝需进行100%无损检测，应增加试验场所的安全措施，并在有关安全部门的监督下进行。

气压试验的试验压力 $p_T=1.15p$。比液压试验的试验压力要低。对设计温度在200℃以上的内压容器。其气压试验压力应按式(6-42)进行换算。气压试验时对碳素钢和低合金钢制容器，试验用气体的温度不得低于15℃。

气压试验应先缓慢升压，到达规定试验压力的10%，保持压力5～10min，并对容器的所有焊缝和连接部位进行初次泄漏检查。如无泄漏，可继续缓慢升压至规定试验压力的50%，如无异常现象，按规定试验压力的10%逐级升压。升至试验压力，并保持压力30min，然后将压力降至规定试验压力的87%，保持足够长时间进行泄漏检查。气压试验的结果以无漏气、无可见的变形为合格。

6.4.4.4 气密性试验

对毒性为极度危害和高度危害或不允许有微量泄漏的压力容器，设计时应提出压力容器气密性试验的要求。气密性试验要在液压试验合格后进行，试验压力等于设计压力。试验开始后压力缓慢上升，到达规定压力后，保压30min，然后降低至设计压力，在焊接接头和连接部位进行泄漏检查。较小的容器可进入水中检查。

[例6-1] 某厂需设计一回流罐，罐的最高工作压力为2.4MPa，温度为

45℃，罐体内径1m，罐体长度3.2m，计算罐体厚度及封头的形式和厚度。

解：

1. 计算罐体厚度

罐体为圆筒形，材料选用16MnR，圆筒壁厚按式(6-21)计算：

$$\delta_d = \frac{pD_i}{2[\sigma]^t\varphi - p} + C$$

式中　p——设计压力，取略高于最高工作压力，$p = 2.5\text{MPa}$；

D_i——罐体内径，$D_i = 1000\text{mm}$；

$[\sigma]^t$——材料设计温度下许用应力，可查手册，45℃时$[\sigma]^t = 170\text{MPa}$；

φ——焊接接头系数，采用双面对接接头，局部无损检测$\varphi = 0.85$；

C——壁厚附加量，$C = C_1 + C_2$；

C_1——钢板厚度负偏差，对于16MnR材料$C_1 = 0.25\text{mm}$，且小于名义厚度6%。所以负偏差可忽略不计，即$C_1 = 0$；

C_2——腐蚀裕度，取$C_2 = 1\text{mm}$；所以$C = 1.0\text{mm}$。

将以上所有数据代入式(6-21)，得罐体设计厚度

$$\delta_d = \frac{2.5 \times 1000}{2 \times 170 \times 0.85 - 2.5}\text{mm} + 1.0\text{mm} = 9.71\text{mm}$$

圆整后钢板厚度取为10mm。

2. 确定封头形式和厚度

（1）若采用半球形封头，其壁厚按式(6-26)计算：

$$\delta_d = \frac{pD_i}{4[\sigma]\varphi - p} + C$$

式中，各参数除C_3外均与罐体相同。C_3对于半球形封头不小于施工图标出厚度的15%（通常情况下C_3由制造厂考虑）。取$C_3 = 1.2\text{mm}$，因此$C = 1\text{mm} + 1.2\text{mm} = 2.2\text{mm}$。将以上数据代入上式，得半球形封头的壁厚为

$$\delta_d = \frac{2.5 \times 1000}{4 \times 170 \times 0.85 - 2.5}\text{mm} + 2.2\text{mm} = 6.54\text{mm}$$

圆整后取钢板厚度为8mm。

（2）若采用标准椭圆形封头，其壁厚按式(6-27)计算：

$$\delta_d = \frac{pD_iK_t}{2[\sigma]\varphi - 0.5p} + C$$

式中，除C_3外各参数都与罐体相同，椭圆封头C_3不小于$0.1\delta_c$，取$C_3 = 1.2\text{mm}$。将这些数据代入式(6-28)，得到椭圆形封头的厚度为

$$\delta_d = \frac{2.5 \times 1000}{2 \times 170 \times 0.85 - 0.5 \times 2.5}\text{mm} + 2.2\text{mm} = 10.89\text{mm}$$

圆整后钢板厚度取为12mm。

（3）若采用碟形封头，壁厚参照式(6-30)计算：

$$\delta_d = \frac{Mp_c R_i}{2[\sigma]^t \varphi - 0.5p_c} + C$$

式中，R_i 为球面部分半径，取 $R_i = D_i = 1000\text{mm}$。

$$M = \frac{1}{4}\left(3 + \sqrt{\frac{R_i}{r_i}}\right)$$

上式中 r_i 为过渡区半径，取 $r_i = 0.15D_i = 150\text{mm}$。

将 R_i、r_i 代入上式求得 $M = \frac{1}{4}\left(3 + \sqrt{\frac{1000}{150}}\right) = 1.4$。$C_3 = 0.1\delta_c$，取 $C_3 = 1.6\text{mm}$，其余参数与罐体相同。代入式(6-30)得：

$$\delta_d = \frac{1.4 \times 2.5 \times 1000}{2 \times 170 \times 0.85 - 0.5 \times 2.5}\text{mm} + 2.6\text{mm} = 14.76\text{mm}$$

圆整后钢板厚度取为16mm。

（4）若采用带折边的锥形封头，锥体半顶角为45°。取锥体大端过渡区圆弧半径 $r_i = 0.15D_i$，有折边锥形封头壁厚计算按式(6-36)、式(6-37)确定，即：

$$f = \frac{1 - \frac{2r_i}{D_i}(1 - \cos\alpha)}{2\cos\alpha}$$

$$\delta_d = \frac{p_c D_i K_c}{2[\sigma]^t \varphi - 0.5p_c} + C$$

由 $\alpha = 45°$，$\frac{r_i}{D_i} = 0.15$，查表6-1得 $f = 0.65$；查表6-2得 $K_c = 0.82$。$C_3 = 0.1\delta_c$，取 $C_3 = 1.6\text{mm}$，其余各参数同罐体，代入上述两式中，取其中较大者。

由式(6-36)：

$$\delta_d = \frac{2.5 \times 1000 \times 0.65}{170 \times 0.85 - 0.5 \times 2.5}\text{mm} + 2.6\text{mm} = 13.94\text{mm}$$

由式(6-37)：

$$\delta_d = \frac{2.5 \times 1000 \times 0.82}{2 \times 170 \times 0.85 - 0.5 \times 2.5}\text{mm} + 2.6\text{mm} = 9.72\text{mm}$$

比较结果，取较大值13.94mm，圆整后为14mm。

各种封头比较见表6-12。可见，半球形封头单位面积的表面积最小，壁厚最薄，最节省材料，但制造困难。椭圆形封头材料的消耗仅次于半球形，且制造比较容易，因此综合来看选择标准椭圆形封头比较好。

表6-12 各种封头比较一览表

封头形式	壁厚 /mm	理论所需钢板面积 F /m^2	封头所需质量 ρ /kg	封头理论容积 V /m^3	$\frac{F}{V}$ /(m^2/m^3)	$\frac{\rho}{V}$ /(kg/m^3)	制造难易程度
半球形	8	1.57	98	0.262	6	374	难
椭圆形	12	1.23	116	0.162	7.6	710	较易
碟形	16	1.20	150	0.152	7.9	987	较易
折边锥形	14	1.54	192	0.225	6.8	853	较难

6.4.5 压力容器结构设计注意事项

正确设计一个化工容器，不仅要正确地选择筒体和封头等受压部件的材料，使其满足强度方面的要求，而且要使其结构具有合理性和经济性。因此，设计时要注意以下几个方面的问题。

6.4.5.1 尽量选用标准化的筒体和封头

为了有利于成批生产，提高制造质量，便于零部件互换，降低成本，提高劳动生产率，我国制定了一系列容器零部件标准，例如筒体、封头、法兰、支座、人孔等标准。设计时要尽量采用标准的系列参数。容器零部件标准化的最基本参数是公称直径和公称压力。对筒体和封头来说，当以内径为基准时，公称直径是指它们的内径；当以外径为基准时，公称直径是指它们的外径，均用符号 DN 表示。对于以内径为基准的压力容器封头，内径相同而壁厚不同，压制这类容器的封头时，可以共用一个阳模，只需根据不同的壁厚采用不同的阴模。因为制造封头的阴模比制造阳模容易得多，所以采用内径为公称直径，有利于封头制造。

容器的公称压力用符号 PN 表示。它是指在规定温度下的最大操作压力。当操作温度大于规定温度时，容器的最大操作压力应低于公称压力。

在选择标准的筒体和封头时，首先将容器内径圆整到相近的公称直径，将操作温度下的最高操作压力调整到某一公称压力等级，然后根据 DN 和 PN，由零部件标准查出筒体和封头的厚度，以及其他尺寸。

6.4.5.2 选择合理的焊接结构和形状误差

1. 筒体

筒体大多数由钢板卷焊而成。焊接质量的好坏与焊接结构是否合理有密切关系。由于对接焊缝的质量最易保证，因此筒体都采用对接焊缝。为避免在同一位置上多次焊接，不应采用十字交叉焊缝，因此相邻两个筒节的纵焊缝或封头上的焊缝端点与相邻筒节的纵焊缝应当错开一段距离，错开的距离应大于筒体厚度的 3 倍。

筒体卷焊过程应尽量保持正确的几何形状。因为任何形式的形状误差，在操作时都将引起筒体的附加应力。例如筒体圆柱度误差将产生附加周向弯曲应力；对接焊缝的错边和棱角将引起应力集中，易形成裂纹，成为断裂破坏的起始点，因此必须对这些形状误差提出合理的限制。

2. 封头

封头一般都由整块钢板冲压而成，对于大直径的封头，允许用数块钢板拼接后冲压成形。拼焊时的焊缝配置应符合以下规定：封头各种不相交的拼接焊缝中心线间距离至少应为封头钢材厚度的 3 倍，且不小于 100mm。封头由成形瓣片和顶圆板拼接制成时，焊缝方向只允许是径向和环向的，径向焊缝之间的最小距离应大于 3δ（δ 为封头壁厚），且不小于 100mm。中心顶圆板直径应小于$\frac{1}{2}DN$。

凸形封头在冲压过程中产生的形状误差也将在封头上产生附加的弯曲应力，所以机械行业标准中对凸形封头的形状公差作了相关规定。凸形封头一般应采用热冲压，若采用冷冲压时，则成形后应进行热处理，但冷成型的奥氏体不锈钢封头可不进行热处理。

3. 筒体和封头的连接

筒体和封头的连接应采用对接焊。对于厚度较大的容器，为了保证焊缝质量，采用双面对接焊，或带垫板的单面焊，若筒体和封头、筒体和筒体钢板厚度不等时，若薄板厚度不大于 10mm 且两板厚度差超过 3mm，若薄板厚度大于 10mm 且两板厚度差大于薄板厚度的 30%，或超过 5mm 时，则应将厚板的边缘单面或双面削薄，削薄的斜度一般为 1∶3，并在焊缝前留一段平行长度以便射线检验用。如果由于条件所限，不得不用搭接焊时，必须采用双面搭接焊。

6.5 外压容器设计

6.5.1 概述

6.5.1.1 外压容器的失稳

外压容器的壳体强度计算方法与内压容器相同，不同的是壳体器壁中的应力在受内压时为拉应力，受外压时为压应力。容器在受外压作用后，往往在强度能满足要求的情况下，壳体会突然失去原来形状而出现褶皱，这种现象和压杆失稳现象类似，称之为失稳现象。容器的失稳实际上是从原来的平衡状态进入一个新的平衡状态。对于受外压的容器，在保证壳体强度的同时，保证壳体的稳定性是外压容器能够正常工作的必要条件。

外压容器的失稳与其他弹性体失稳一样，是独立于强度以外的问题。它与材料的力学性能（如弹性模量 E 和泊松比 μ）和几何尺寸（直径 D、壁厚 δ 和长度 L 等）有关，但在出现非弹性失稳现象时，还和材料的屈服点 σ_s 有关，外压容器失稳时的压力称为临界压力。

外压圆筒形壳体失稳后，横截面形状由圆形变为波浪形，波纹数可能是2个、3个、4个…，如图6-12所示。其应力状态由单纯的压应力变为以弯曲应力为主。

需要指出的是，外压容器的失稳是外压容器的固有性质。但是，壳体不圆与材料的各种性质及壳体壁厚不均匀会降低容器的临界压力数值。

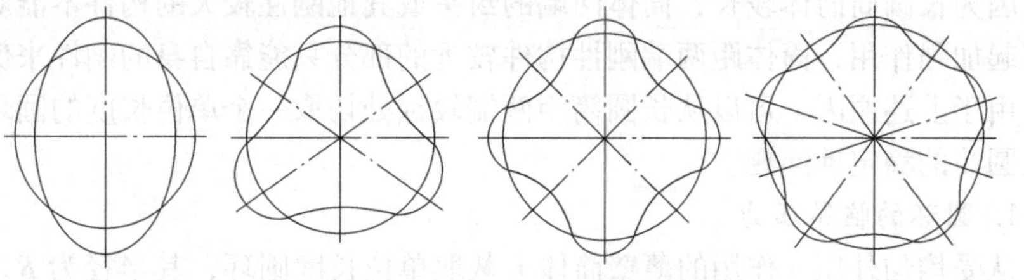

$n=2$　$n=3$　$n=4$　$n=5$

图6-12　圆筒形壳体失稳后的横截面形状

6.5.1.2　临界压力

外压容器失稳时的压力称为临界压力，以 p_{cr} 表示。早期对外压圆筒失稳的分析是按照理想圆柱壳线形小挠度理论进行的，但是失稳试验表明，它预示的临界压力值与试验结果相差很大，壳体失稳从本质上是几何非线性问题，所以失稳分析应按非线性大挠度考虑；又因为经历成型、焊接或焊后热处理的实际圆筒不可能十分完善，存在各种初始缺陷，如几何形状和尺寸的偏差、材料性能不均匀等，加上受载也不可能完全对称，而临界压力值对初始缺陷又十分敏感，因此根据线形小挠度理论得到的临界压力，必须考虑类似于强度计算中的安全系数，才能作为圆筒的设计压力，即：

$$[p] \leqslant \frac{p_{cr}}{m}$$

式中，$[p]$为许用设计压力（MPa）；p_{cr}为临界压力（MPa）；m 为稳定系数，按国家标准《钢制压力容器》（GB 150—2005）取 $m=3$。

由于临界压力与容器形状偏差有很大关系，稳定系数 $m=3$ 是以达到一定的制造要求为前提的，所以对外压圆筒的椭圆度控制有专门的要求。

6.5.2 外压薄壁圆筒的稳定性讨论

当圆筒的长度与直径之比较大时，其中间部分将不受两端封头或加强圈的支持作用，弹性失稳时形成 $n=2$ 的波纹数，这种圆筒叫长圆筒。长圆筒的临界压力与长度无关，仅与圆筒壁厚与直径的比值有关。当圆筒的相对长度较小，两端的约束作用不能忽视，临界压力不仅和壁厚与直径之比有关，而且和长度与直径之比有关，失稳时的波纹数 n 大于 2，这种圆筒称为短圆筒。当圆筒的长径比较小，而壁厚与直径比很大，即圆筒的刚性很大，此时圆筒的失效形式已不是失稳而是压缩强度破坏，这种圆筒称为刚性筒，本节不讨论。下面将分别讨论长圆筒和短圆筒的计算方法。

6.5.2.1 外压薄壁长圆筒的稳定性分析

因为长圆筒筒体较长，筒体两端的封头或其他刚性较大的构件不能对整个圆筒起加强作用，筒体距两端刚性构件较远的部分只能靠自身的刚性来保持形状。由于上述原因，可以从长圆筒距两端较远处切取一个单位长度的圆环来分析长圆筒的稳定性问题。

1. 圆环的临界压力

从受均匀外压 p 作用的薄壁筒体上截取单位长度圆环，其半径为 R，壁厚为 δ_e。当 $p<p_{cr}$ 时，圆环只发生微小弹性变形，圆环内的应力为薄膜压应力；$p=p_{cr}$ 时，圆环将失去原来的形状产生弯曲变形，圆环内的应力以弯曲应力为主。下面通过圆环发生失稳时的变形几何关系、力的平衡条件及弯矩与变形之间的关系，来求解圆环径向位移的微分方程，然后由边界条件可确定圆环的临界失稳压力 p_{cr}。

根据图 6-13 所示的环向微元 ds 变形前后的几何关系可得：

$$\frac{1}{R_1}=\frac{\mathrm{d}\Phi+\dfrac{\mathrm{d}^2w}{\mathrm{d}s^2}\mathrm{d}s}{\left(1-\dfrac{w}{R}\right)\mathrm{d}s} \tag{6-44}$$

式中，w 表示弯曲时点 m 的径向位移，取向圆心时位移为正，位移 w 与圆环半径相比很小。

将 $\dfrac{1}{R}=\dfrac{\mathrm{d}\Phi}{\mathrm{d}s}$ 以及 $RR_1\approx R^2$ 代入上式，经整理后得：

$$\left(\frac{1}{R_1}-\frac{1}{R}\right)=\frac{w}{R^2}+\frac{\mathrm{d}^2w}{R^2\mathrm{d}\Phi^2} \tag{6-45}$$

式中，R 为圆环的初始曲率半径；R_1 为失稳变形时环向微元 ds 产生的曲率半径；w 为失稳变形时环向微元 ds 产生的径向位移；dΦ 为环向微元 ds 所对应的初始中心角。

根据图6-14所示的1/4圆环的弯矩平衡关系可得：

$$M = M_0 + p\left(Rw - Rw_0 + \frac{w_0^2 - w^2}{2}\right)$$

略去微小量$\frac{1}{2}(w_0^2 - w^2)$后得：

$$M = M_0 + pR(w - w_0) \quad (6\text{-}46)$$

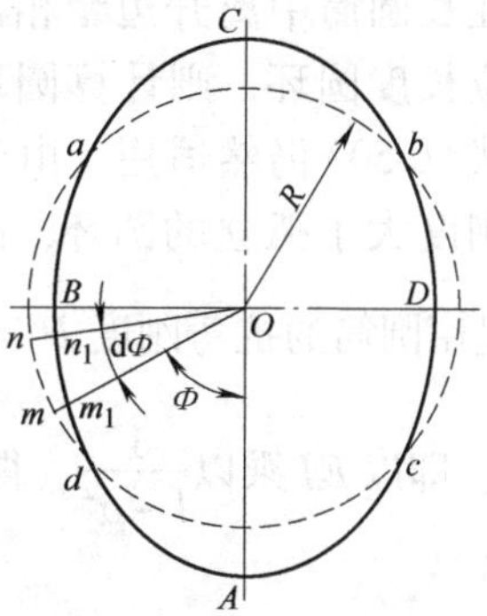

弯矩与曲率半径之间的关系为：

$$M = EJ\left(\frac{1}{R} - \frac{1}{R_1}\right) \quad (6\text{-}47)$$

式中，J为圆环的截面惯性矩。

将式(6-45)、式(6-46)代入式(6-47)，并整理得圆环失稳时的挠度曲线微分方程：

$$\frac{d^2w}{d\Phi^2} + n^2 w = \frac{pR^3 w_0 - M_0 R^2}{EJ} \quad (6\text{-}48)$$

式中 $$n^2 = \left(1 + \frac{pR^3}{EJ}\right) \quad (6\text{-}49)$$

求解式(6-48)得到圆环径向位移：

$$w = A\sin\Phi + B\cos\Phi + \frac{pR^3 w_0 - M_0 R^2}{EJ + pR^3}$$

上式中，A、B为系数。

由图6-13中，c、d两处垂直于轴的截面上的边界条件：$\left(\frac{dw}{d\Phi}\right)_{\Phi=0} = 0$和$\left(\frac{dw}{d\Phi}\right)_{\Phi=\frac{\pi}{2}} = 0$

可知： $A = 0$，$B\sin\frac{\pi}{2} = 0$

只要n为2的倍数，上述边界条件就可满足。由式(6-49)可知，n的值决定了失稳压力的大小。对应于最小值$n = 2$时的临界压力p_{cr}可由式(6-49)求出：

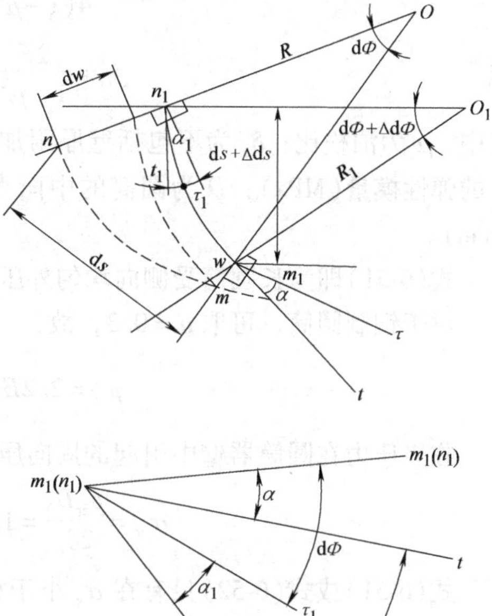

图6-13 圆环上环向微元的变形

$$p_{cr} = \frac{3EJ}{R^3} \quad (6\text{-}50)$$

式(6-50)就是单位长度的圆环的临界失稳压力计算式。

2. 长圆筒的临界压力公式

如在长圆筒中离开边缘相当远处切出单位长度圆环，则计算圆环临界压力的式(6-50)仍然适用。由于圆筒的抗弯刚度大于孤立的圆环，故在式(6-50)里用圆筒的抗弯刚度 $D'=\frac{EJ}{1-\mu^2}$ 代替 EJ，即以 EJ 乘以$\frac{1}{1-\mu^2}$，得

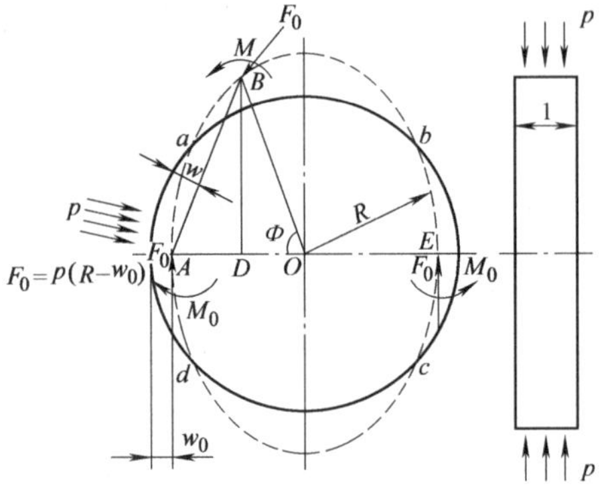

图 6-14 圆环失稳时的受力情况

$$p_{cr}=\frac{E}{4(1-\mu^2)}\left(\frac{\delta_e}{R}\right)^3$$

或

$$p_{cr}=\frac{2E}{1-\mu^2}\left(\frac{\delta_e}{D}\right)^3 \tag{6-51}$$

式中，μ 为泊松比；δ_e 为不包括壁厚附加量的器壁厚度(mm)；E 为操作温度下的弹性模量(MPa)；D 为圆筒的中面直径，可近似地取圆筒的外径 $D\approx D_0$ (mm)。

式(6-51)即为长圆筒受侧向均匀外压失稳的临界压力计算公式。

对于钢制圆筒，可取 $\mu=0.3$，故：

$$p_{cr}=2.2E\left(\frac{\delta_e}{D_0}\right)^3 \tag{6-52}$$

临界压力在圆筒器壁中引起的周向压缩应力，称为临界应力：

$$\sigma_{cr}=\frac{p_{cr}D_0}{2\delta_e}=1.1E\left(\frac{\delta_e}{D_0}\right)^2 \tag{6-53}$$

式(6-51)或式(6-52)只有在 σ_{cr} 小于材料的比例极限才适用，即 $\sigma_{cr}<\sigma_p^t$。当 $\sigma_{cr}>\sigma_p^t$ 时，应力与应变不再呈线性关系，筒体将发生非弹性失稳或塑性屈服破坏。

6.5.2.2 外压短圆筒的临界压力

短圆筒的临界压力公式是 Mises 在 1914 年按线性小挠度理论首先导出的，其结果为：

$$p_{cr}=\frac{E\delta_e}{R(1-\mu^2)}\left\{\frac{1-\mu^2}{(n^2-1)\left(1+\frac{n^2L^2}{\pi^2R^2}\right)^2}+\frac{\delta_e^2}{12R^2}\left[(n^2-1)+\frac{2n^2-1-\mu}{1+\frac{n^2L^2}{\pi^2R^2}}\right]\right\} \tag{6-54}$$

当$\frac{L}{R}$较大时，上式中凡是包含$\frac{L^2}{R^2}$项可以忽略不计，则得到：

$$p_{cr}=\frac{(n^2-1)E}{12(1-\mu^2)}\left(\frac{\delta_e}{R}\right)^3 \tag{6-55}$$

若$n=2$，上式变成长圆筒的临界压力计算式(6-51)。将式(6-54)改写成如下形式：

$$p_{cr}=KE\left(\frac{\delta_e}{D}\right)^3 \tag{6-56}$$

式中，K成为失稳系数，K值取决于波数n和$\frac{D}{\delta_e}$、$\frac{L}{R}$的比值。作为工程计算，还可以采用近似方法，即认定$n^2>>\left(\frac{\pi R}{L}\right)^2$，故式(6-54)大括号中前一项分母中的$1+\frac{n^2L^2}{\pi^2R^2}\approx\frac{n^2L^2}{\pi^2R^2}$，并略去后项方括号中的第二项，得：

$$p_{cr}=\frac{E\delta_e}{R}\left[\frac{\left(\frac{\pi R}{nL}\right)^4}{n^2-1}+\frac{\delta_e^2}{12(1-\mu^2)R^2}(n^2-1)\right] \tag{6-57}$$

令$\frac{dp_{cr}}{dn}=0$，并取$n^2-1\approx n^2$，$\mu=0.3$，可得与最小临界压力相应的波数：

$$n=\sqrt[4]{\frac{7.06}{\left(\frac{L}{D}\right)^2\left(\frac{\delta_e}{D}\right)}} \tag{6-58}$$

将式(6-58)代回式(6-57)，仍取$n^2-1\approx n^2$和$D\approx D_0$，即得短圆筒最小临界压力的近似计算式：

$$p_{cr}=\frac{2.59E\delta_e^2}{LD_0\sqrt{\frac{D_0}{\delta_e}}}=\frac{2.59E}{\frac{L}{D_0}\sqrt{\frac{D_0}{\delta_e}}}\left(\frac{\delta_e}{D_0}\right)^2 \tag{6-59}$$

或
$$\sigma_{cr}=\frac{p_{cr}D_0}{2\delta_e}=\frac{1.30E}{\frac{L}{D_0}}\left(\frac{\delta_e}{D_0}\right)^{1.5} \tag{6-60}$$

按式(6-59)计算结果比 Mises 公式低12%，故偏于安全。与长圆筒一样，它仅适合于弹性失稳。

6.5.2.3 临界长度

对于给定D和δ_e的圆筒，有一特征长度作为区分$n=2$的长圆筒和$n>2$的短圆筒的界限，此特性尺寸称为临界长度，以L_{cr}表示。当$L>L_{cr}$属于长圆筒；当$L\leqslant L_{cr}$时属于短圆筒。划分长短圆筒的意义在于区别筒体端部的约束对筒体的稳定性是否发生影响。L_{cr}可令式(6-52)和式(6-59)相等求得：

$$2.2E\left(\frac{\delta_e}{D_0}\right)^3=\frac{2.59E}{\frac{L_{cr}}{D_0}\sqrt{\frac{D_0}{\delta_e}}}\left(\frac{\delta_e}{D_0}\right)^3$$

则：

$$L_{cr}=1.17D_0\sqrt{\frac{D_0}{\delta_e}} \tag{6-61}$$

6.5.3 外压圆筒设计计算

由外压圆筒的失稳分析可知，计算圆筒的临界压力首先要确定圆筒包括壁厚在内的几何尺寸，但在设计计算之前壁厚尚未可知，所以需要一个反复试算的步骤。若用解析法进行外压容器的计算就比较繁琐，本节介绍的是外压圆筒及带加强圈圆筒的加强圈图算法原理和用法。

6.5.3.1 图算法原理

外压圆筒除了存在环向压应力，还有轴向压应力，但由于由外压引起的轴向的压应力对筒体稳定性较小，工程计算时可以忽略不计。因此，式(6-52)和式(6-59)可作为图算法的基础。两式可统一写作：

$$p_{cr}=KE\left(\frac{\delta_e}{D_0}\right)^3 \tag{6-62}$$

式中，K 为特征系数。对长圆筒，$K=2.2$；对短圆筒，$K=\dfrac{2.59}{\frac{L}{D_0}\sqrt{\frac{\delta_e}{D_0}}}$。利用式(6-62)可求得临界应力 σ_{cr}，即：

$$\sigma_{cr}=\frac{p_{cr}D_0}{2\delta_e}=\frac{KE}{2}\left(\frac{\delta_e}{D_0}\right)^2 \tag{6-63}$$

临界应变 ε_{cr}，即：

$$\varepsilon_{cr}=\frac{\sigma_{cr}}{E}=\frac{K}{2}\left(\frac{\delta_e}{D_0}\right)^2 \tag{6-64}$$

显然，ε_{cr}只是$\dfrac{L}{D_0}$和$\dfrac{D_0}{\delta_e}$的函数，即 $\varepsilon_{cr}=f\left(\dfrac{D_0}{\delta_e},\dfrac{L}{D_0}\right)$。令 $A=\varepsilon_{cr}$，以 A 为横坐标，$\dfrac{L}{D_0}$为纵坐标，$\dfrac{D_0}{\delta_e}$为参变量，即可得出外压圆筒稳定性的几何计算如图6-15所示。

由式(6-64)可以判断，图 6-15 中所示参数变量$\dfrac{D_0}{\delta_e}$的垂线部分，表示了长圆筒的几何特征；斜线部分，表示了短圆筒的几何特征。

圆筒的许用压力[p]为：

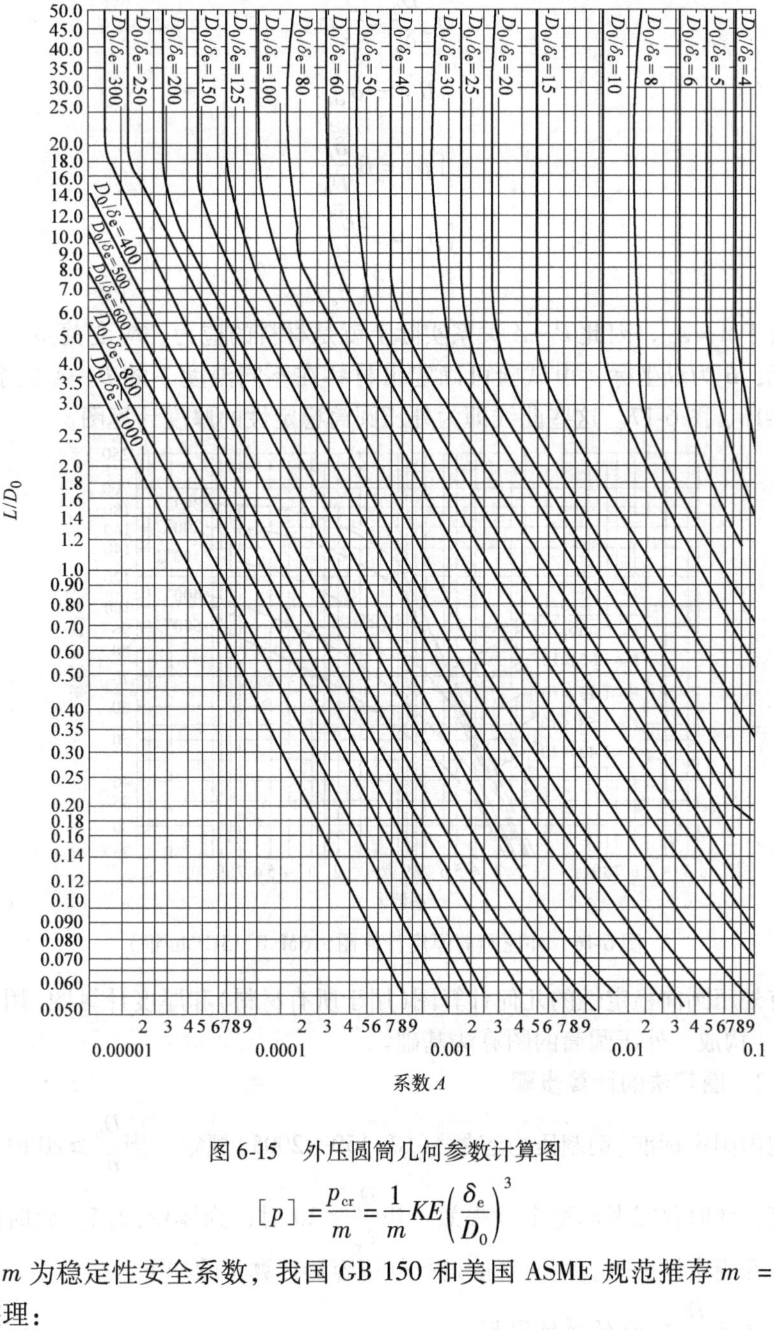

图6-15　外压圆筒几何参数计算图

$$[p]=\frac{p_{cr}}{m}=\frac{1}{m}KE\left(\frac{\delta_e}{D_0}\right)^3$$

式中，m 为稳定性安全系数，我国 GB 150 和美国 ASME 规范推荐 $m=3$，代入并整理：

$$[p]\frac{D_0}{\delta_e}=\frac{1}{3}KE\left(\frac{\delta_e}{D_0}\right)^2=\frac{2}{3}\frac{KE}{2}\left(\frac{\delta_e}{D_0}\right)^2$$

将式(6-63)代入得：

$$[p]\frac{D_0}{\delta_e}=\frac{2}{3}\sigma_{cr}$$

令
$$B=\frac{2}{3}\sigma_{cr}$$

则
$$[p]=B\frac{\delta_e}{D_0} \tag{6-65}$$

或
$$[p]=\frac{2EA}{3\left(\frac{D_0}{\delta_e}\right)} \tag{6-66}$$

由于 $A=\varepsilon_{cr}$，因此 B—A 关系实际上就是材料的应力—应变关系。以 A 为横坐标，B 为纵坐标，由试验可确定出材料在不同温度下的 B—A 关系曲线，见图 6-16、图 6-17。这些曲线即为外压圆筒稳定性的厚度计算图。

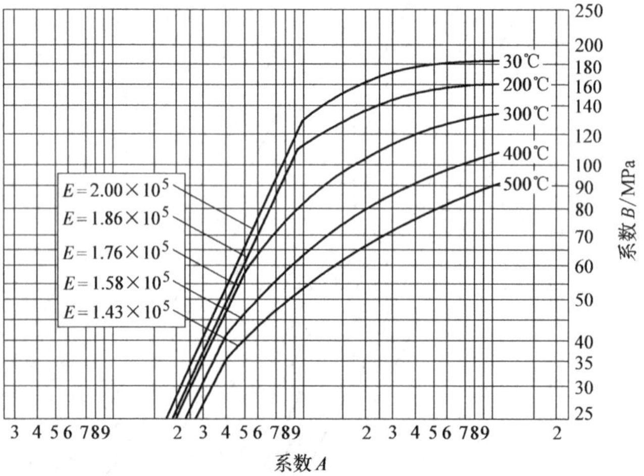

图 6-16 外压圆筒厚度计算图（16MnR、15CrMo 钢）

有外压圆筒稳定性的几何计算图（用于所有材料）和厚度计算图（用于特定材料），构成了外压圆筒的图算法基础。

6.5.3.2 图算法的计算步骤

我国国家标准《钢制压力容器》（GB 150—2005）规定：当 $\frac{D_0}{\delta_e}\geqslant 20$ 时，为薄壁圆筒，此时仅需考虑稳定性失效；当 $\frac{D_0}{\delta_e}<20$ 时，为厚壁圆筒，此时同时考虑强度和稳定性失效。用图算法进行外压容器计算步骤如下：

1. 对于 $\frac{D_0}{\delta_e}\geqslant 20$ 的薄壁圆筒

（1）假设 δ_n，令 $\delta_e=\delta_n-C$，计算出 $\frac{L}{D_0}$ 和 $\frac{D_0}{\delta_e}$。

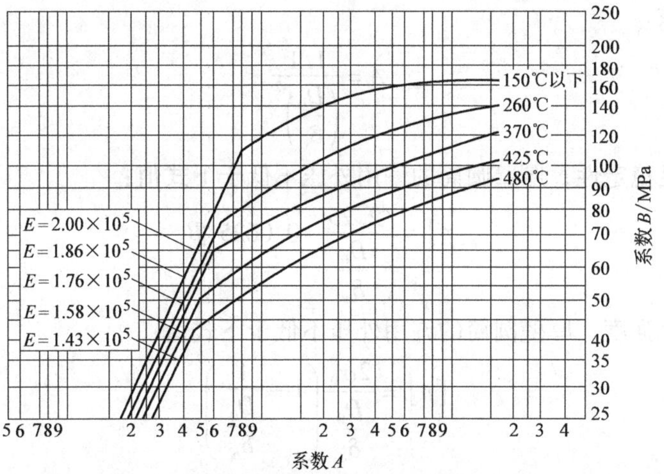

图 6-17　外压圆筒厚度计算图

（屈服点 σ_s > 207MPa 碳素钢和 0Cr13、1Cr13 钢）

（2）在图 6-14 所示的纵坐标上找到$\frac{L}{D_0}$值，由此点沿水平方向移动与$\frac{D_0}{\delta_e}$线相交（遇中间值用内插法）。若$\frac{L}{D_0}$值大于 50，则用$\frac{L}{D_0}=50$ 查图；若$\frac{L}{D_0}$值小于 0.05，则用$\frac{L}{D_0}=0.05$ 查图。

（3）过此交点沿铅垂方向向下移，在横坐标上读得系数 A。

（4）根据筒体材料选用图 6-16、图 6-17，在图的横坐标上找出系数 A。若 A 落在设计温度下材料线的右方，则将此点垂直向上移动，与设计温度下材料线相交（遇中间温度用内插法），再沿此交点水平方向右移，在图的右方纵坐标上得到 B 值，并按下式计算设计许用外压 $[p]$：

$$[p]=\frac{B}{\frac{D_0}{\delta_e}}$$

若所得 A 值与设计温度下材料线无交点，则按下式计算 $[p]$：

$$[p]=\frac{2AE}{3\left(\frac{D_0}{\delta_e}\right)}$$

（5）比较 p 与 $[p]$，若 $p \leqslant [p]$ 且比较接近，则假设的名义厚度 δ_n 合理；若 $p>[p]$，则须再假设 δ_n 重复上述计算步骤，直到 $[p]$ 大于且接近 p 时为止。

2. 对于$\frac{D_0}{\delta_e}<20$ 的厚壁圆筒

此时求取 B 值得计算步骤与薄壁圆筒时相同，但对于$\frac{D_0}{\delta_e}<4$ 的圆筒，应按

下式求 A 值：

$$A=\frac{1.1}{\left(\frac{D_0}{\delta_e}\right)^2} \tag{6-67}$$

为满足稳定性，厚壁圆筒的许用外压不低于下式值：

$$[p]=\left(\frac{2.25}{\frac{D_0}{\delta_e}}-0.0625\right)B \tag{6-68}$$

为满足强度，厚壁圆筒的许用外压不低于下式值：

$$[p]=\frac{2\sigma_0}{\frac{D_0}{\delta_e}}\left(1-\frac{1}{\frac{D_0}{\delta_e}}\right) \tag{6-69}$$

式中，$\sigma_0=\min\{2[\sigma]^t, 0.9\sigma_s^t, 或 0.9(\sigma_{0.2}^t)\}$，取式(6-68)、式(6-69)计算结果的较小值，作为厚壁圆筒的许用外压。

6.5.3.3 有关设计参数的规定

1. 设计压力和液压试验压力

设计压力的定义与内压容器相同，但其取法不同。外压容器的设计压力应取不小于正常工作过程中可能产生的最大内外压差；真空容器按外压容器计算，当装有安全控制装置时，取 1.25 倍最大内外压差或 0.1MPa 两者中的较小值；当无安全装置时，取 0.1MPa。对于带夹套的容器应考虑可能出现最大压差的危险工况，例如当内筒容器突然泄压而夹套内仍有压力时所产生的最大压差，以及在对夹套进行液压试验工况下，内筒所受的压差可能超过设计所允许的压差，这时需要作稳定校核或在液压试验过程中内筒保持足够的压力。对于带夹套的真空容器，则设计外压力按真空容器取法加上夹套压力。

外压容器的液压试验分为三种情况：①不带夹套的外压容器，按内压试验，试验压力取 1.5 倍设计压力；②带夹套外压容器，当内筒为正压时，夹套内试验压力为：$p_T=1.25p\frac{[\sigma]}{[\sigma]^t}$。当内筒为负压时，按真空容器要求。式中，$p$ 为设计压力；真空容器以 1.5 倍正常大气压与容器内部的最低设计压力(绝对)之差作内压试验。

2. 计算长度

圆筒的计算长度是指刚性构件，如封头、法兰、加强圈等之间的距离，其中对凸形封头取直边高度加上封头(不包括直边)深度的 1/3。

6.5.3.4 加强圈的设计计算

有短圆筒的临界失稳压力计算式(6-59)可知，增加筒体的厚度 δ_e 或减小圆筒的计算长度 L，都可以提高外压圆筒的临界失稳压力 p_{cr}，而减小圆筒的计算长度L，往往比增加筒体厚度δ_e更省材料。减小L的方法是，在圆筒的外部设置加强圈。这在外压容器设计中，特别当筒体为长圆筒时得到了广泛的应用。

1. 加强圈的结构

加强圈应有足够的抗拉刚度，常用扁钢、角钢、工字钢或其他型钢组成。加强圈与筒体的焊接可用连续焊或间断焊。装在筒体外部的加强圈如采用间断焊时，在筒体失稳时能起的支撑作用减弱，所以其间断焊每侧焊缝的总长应不小于容器外圆周长的1/2。装在容器内的加强圈如采用间断焊时，对筒体失稳时能起的支撑作用的减弱较小，因而其间断焊每侧焊缝总长可不小于容器内圆内周长的1/3。间断焊缝的布置于间距可参考图6-18。间断焊缝可以相互错开或并排布置。最大间隙t，对外加强圈$t=8\delta_n$，对内加强圈$t=12\delta_n$。为了保证加强圈对筒体的支撑作用，不应随意削弱或割断加强圈，不得不这么做时(见图6-19)，则削弱或割断的弧不得大于标准规定值。

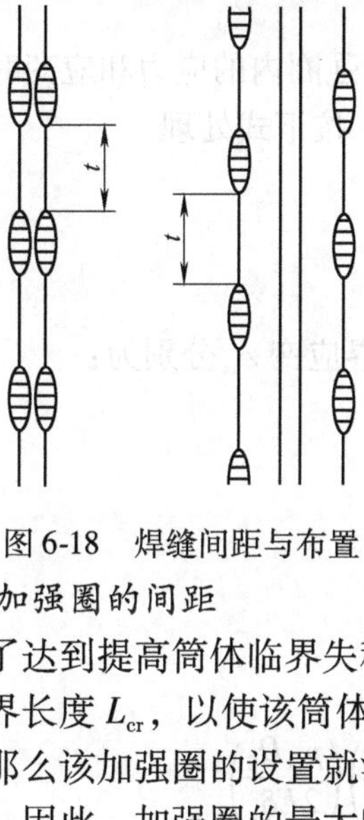

图6-18　焊缝间距与布置

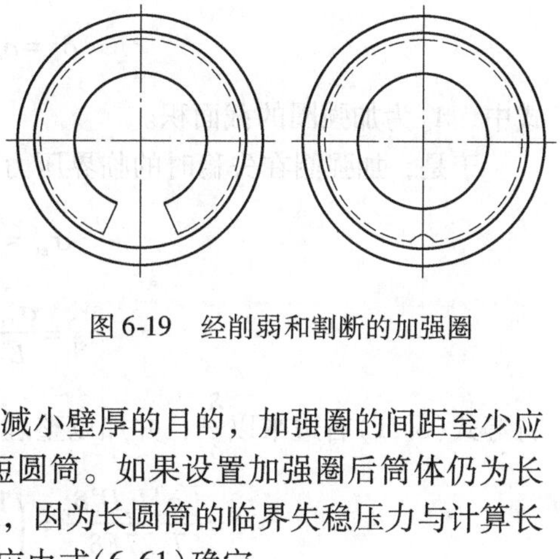
图6-19　经削弱和割断的加强圈

2. 加强圈的间距

为了达到提高筒体临界失稳压力、减小壁厚的目的，加强圈的间距至少应等于临界长度L_{cr}，以使该筒体转变为短圆筒。如果设置加强圈后筒体仍为长圆筒，那么该加强圈的设置就没有意义，因为长圆筒的临界失稳压力与计算长度无关。因此，加强圈的最大间距L_{max}应由式(6-61)确定：

$$L_{max}=L_{cr}=1.17D_0\sqrt{\frac{D_0}{\delta_e}}$$

设计时应取加强圈的实际间距$L_s \leqslant L_{max}$。由式(6-60)可知，L_s越小，则p_{cr}越大，或δ_e越小。对所设计的外压圆筒，应合理选定加强圈的个数，确定加强圈间距。加强圈间距应取同样值，否则筒体的临界失稳压力由其中的较大间距值决定，经济上不合理。

3. 所需组合惯性矩

将加强圈看成是一个承受外压的圆环，每个加强圈承受其两侧$\frac{L_s}{2}$范围内的临界压力载荷，即 $p_{cr}L_s$，取筒体外径 $D_0=2R$，由式(6-50)得：

$$p_{cr}L_s=\frac{24EI}{D_0^3}$$

式中，I 为加强圈与壳体组合所需惯性矩。

或

$$I=\frac{p_{cr}L_sD_0^3}{24E} \tag{6-70}$$

因为加强圈的失稳方式与圆柱形筒体相同，取稳定性安全系数 $m=3$，考虑到加强圈与壳体连接多采用间断焊等因素，再增加 10% 的惯性矩以增加稳定性裕度。故式(6-70)可改写为：

$$I=\frac{1.1\times3[p]L_sD_0^3}{24E}=\frac{[p]L_sD_0^3}{7.27E} \tag{6-71}$$

式(6-71)就是按稳定性要求计算得出的为了保证加强圈不发生弹性失稳所需的最小惯性矩。

美籍俄罗斯力学家铁木辛柯认为，在求取加强圈内的应力和应变时，可将加强圈看成是一个厚度为 δ_y 的当量圆环处理。δ_y 按下式处理：

$$\delta_y=\delta_e+\frac{A_s}{L_s} \tag{6-72}$$

式中，A_s 为加强圈的截面积。

于是，加强圈在失稳时的临界压力 σ_{cr} 和临界应变 ε_{cr} 分别为：

$$\sigma_{cr}=\frac{p_{cr}D_0}{2\delta_y}$$

$$\varepsilon_{cr}=\frac{\sigma_{cr}}{E}=\frac{p_{cr}D_0}{2E\delta_y} \tag{6-73}$$

将等式(6-71)右边乘以 $\frac{\delta_y}{\delta_y}$，并加以整理得：

$$I=\frac{[p]L_sD_0^3\delta_y}{7.27E\delta_y}=\left(\frac{1.1L_sD_0^2}{12}\delta_y\right)\left(\frac{p_{cr}D_0}{2E\delta_y}\right)$$

将式(6-72)、式(6-73)代入上式得：

$$I=\frac{D_0^2L_s\left(\delta_e+\frac{A_s}{L_s}\right)}{10.9}\varepsilon_{cr} \tag{6-74}$$

利用式(6-74)通过图算法就可求得所需的组合惯性矩 I。为了能利用前述的计算图，先根据式(6-65)求得当量圆环的 B 值，即：

$$B=\frac{[p]D_0}{\delta_y}=\frac{[p]D_0}{\delta_e+\frac{A_s}{L_s}} \tag{6-75}$$

然后根据加强圈的材料，选择相应的厚度算图，再按式(6-75)求出的 B 值，在该算图上查取 A 值，将 A 代替 ε_{cr} 代入式(6-74)，即可求得所需的组合惯性矩 I。若 B 值与设计温度下的材料线无交点，则由式(6-71)求 I。

4. 实际组合惯性矩

实际组合惯性矩 I_s 是指加强圈与壳体起加强作用的有效段的组合截面，对通过壳体与轴线平行的该截面形心的惯性矩。按照我国《钢制压力容器》规定，加强圈中线两侧各 $0.55\sqrt{D_0\delta_e}$ 范围内的筒体为有效段筒体(见图6-20)。图中 x_1—x_1 为加强圈截面的中性轴，x_2—x_2 为有效段筒体截面的中性轴，x—x 为加强圈与有效段筒体组合截面的中性轴。

5. 加强圈计算步骤

①初定加强圈的数量和间距 L_s，应使每一间距 L_s 保持相等，并满足 $L_s \leqslant L_{max}$，L_{max} 由式(6-69)确定；②选择加强圈的材料并初定截面尺寸，计算其截面 A_s 和实际组合惯性矩 I_s；③按前述方法求取所需组合惯性矩 I；④比较 I_s 和 I，若 $I_s \geqslant I$ 且较接近，则选取的加强圈截面尺寸符合要求；否则应另选截面尺寸，重复上述步骤直到满足为止。

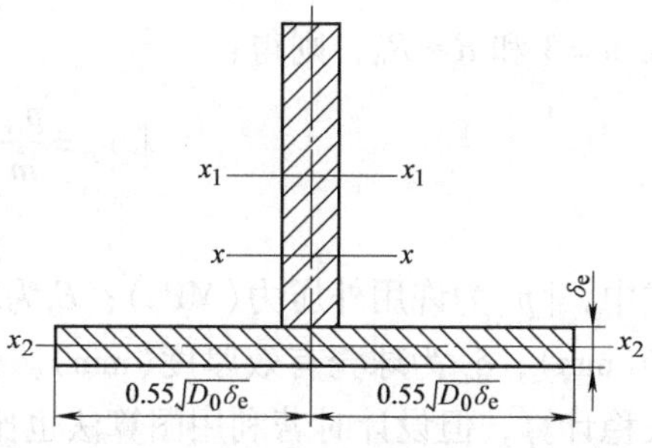

图6-20　加强圈与壳体有效段组合截面

6.5.4　外压封头设计计算

外压容器封头的结构形式和内压容器一样，主要包括凸形封头，如半球形、椭圆形、碟形等，在外压作用下，这些封头上的主要应力是压应力，故与筒体一样也存在稳定性问题。正如前述，封头各种形状、材料等初始缺陷对其稳定性的影响更显著，所以对成型封头的壳体失稳研究在理论和试验上比圆筒复杂得多。外压封头的稳定性计算建立在球形壳体承受均布外压的弹性失稳分析基础上，并结合实验数据给出半经验的临界压力计算公式，但将它们直接用于设计尚欠成熟。因此设计中仍采用一些近似方法，如类同外压圆筒的图算法等。

6.5.4.1　半球形封头

按照弹性稳定理论，对于受均布外压的球壳，其临界压力与同样厚度和半径的受轴向压缩圆柱壳相同：

$$p_{cr}=\frac{2E}{\sqrt{3(1-\mu^2)}}\left(\frac{\delta_e}{R_0}\right)^2$$

对于钢材，$\mu=0.3$，代入上式得：

$$p_{cr}=1.21E\left(\frac{\delta_e}{R_0}\right)^2 \tag{6-76}$$

此即是经典小挠度解。与柱壳受轴向压缩情况相同，经典解不为早期的试验结果所证实。1939 年 Karman 和钱学森采用非线性大挠度理论，导出如下的临界压力值：

$$p_{cr}=0.376E\left(\frac{\delta_e}{R_0}\right)^2$$

但是，许多试验结果的平均值表明：

$$p_{cr}=0.25E\left(\frac{\delta_e}{R_0}\right)^2 \tag{6-77}$$

取 $m=3$ 和 $R\approx R_0$，则得：

$$[p]=\frac{p_{cr}}{m}=\frac{0.0833E}{\left(\frac{R_0}{\delta_e}\right)^2} \tag{6-78}$$

式中，$[p]$为许用外压力(MPa)；E 为材料弹性模量(MPa)；R_0 为球壳平均直径(mm)；δ_e 为球壳有效厚度(mm)。式(6-78)虽可以用于半球形封头的弹性失稳计算，但设计时若利用图算法也比较简便，且可扩大成非弹性失稳计算。

因对于球壳，$\sigma_{cr}=\frac{p_{cr}R_0}{2\delta_e}$，故：

$$[p]=\frac{2\sigma_{cr}}{m\left(\frac{R_0}{\delta_e}\right)} \tag{6-79}$$

将 $\sigma_{cr}=AE$，$m=3$ 和式(6-78)代入上式得：

$$A=\frac{0.125}{\frac{R_0}{\delta_e}} \tag{6-80}$$

若代入 $B=\frac{2}{3}\sigma_{cr}$，则得到：

$$[p]=\frac{B}{\frac{R_0}{\delta_e}} \tag{6-81}$$

经过上述处理，可用前述的图算法对外压半球形封头(或球壳)进行设计计算。步骤如下：①假定一个名义厚度 δ_n，确定有效厚度 $\delta_e=\delta_n-C$，由式(6-80)求出 A；②根据设计选用的材料选择相应的厚度计算图，由 A 查 B，然后由式(6-81)求得$[p]$，若该 A 值与材料温度线无交点，则由式(6-78)计算$[p]$；③比较 p_{cr}与$[p]$，若 $p_{cr}\leqslant[p]$且比较接近，则所假定的 δ_n 合理，否则应

另假定 δ_n，重复上述步骤，直到满足为止。

6.5.4.2　碟形和椭圆形封头

因为在均布外压力作用下，碟形封头的过渡区承受拉应力，而球冠部分是压应力，须防止发生失稳的可能，确定封头厚度时仍可应用球壳失稳的公式和图算法，只是其中 R_0 用球冠部分内半径代替。对于椭圆形封头，与碟形封头类似，取当量曲率半径 $R_0=KD_0$ 进行计算，系数 K 由表 6-13 查得。

表 6-13　椭圆封头的当量曲率半径折算表

$D_0/2h_0$	2.6	2.4	2.2	2.0	1.8	1.6	1.4	1.2	1.0
K	1.18	1.08	0.99	0.90	0.81	0.73	0.65	0.57	0.50

［**例 6-2**］　已知一减压塔的内径为 1000mm，塔体长度为 6500mm，（不包括封头），其封头为椭圆形，直边高度为 40mm，长短轴比值 $D_0/2h_0=2$。减压塔在 40mmHg（绝对压力）及 150℃ 下操作，塔体与封头均由 Q235—A 钢板制成，屈服点 $\sigma_s=235\text{MPa}$。试确定：

（1）无加强圈时塔体所需的壁厚；

（2）若在塔体外壁设置 5 个加强圈，则塔体所需的壁厚及加强圈尺寸；

（3）封头的壁厚。

解：用图算法计算。

（1）无加强圈时。

① 先假设筒体壁厚 $\delta_e=8\text{mm}$

筒体外径　$D_0=(1000+2\times 8)\text{mm}=1016\text{mm}$

筒体计算长度　$L=6500\text{mm}+2\left(40+\frac{1}{3}\times\frac{1000}{4}\right)\text{mm}=6747\text{mm}$

故

$$\frac{L}{D_0}=\frac{6747}{1016}=6.64$$

$$\frac{D_0}{\delta_e}=\frac{6747}{8}=127>20$$

② 由 L/D_0，D_0/δ_e 查图 6-15，得 $A=0.00013$。根据 Q235—A 材料的屈服点 $\sigma_s=235\text{MPa}>206\text{MPa}$，查图 6-17 知 A 值在 150℃ 材料线左方，故许用外压力按下式计算：

$$[p]=\frac{2AE}{3\left(\frac{D_0}{\delta_e}\right)}=\frac{2\times 0.00013\times 2.1\times 10^5}{3\times 127}\text{MPa}=0.143\text{MPa}$$

因真空容器无安全装置时，取设计外压力 $p=0.1\text{MPa}$，现在 $[p]>p$，故筒体取 $\delta_e=8\text{mm}$ 合适。若取 $C=2\text{mm}$，则 $\delta_n=(8+2)\text{mm}=10\text{mm}$。

（2）有加强圈时。

① 设5个加强圈在筒体上均匀分布，故计算长度为：$L'=\frac{6747}{6}\text{mm}=1124.5\text{mm}$，取壁厚 $\delta_e=4\text{mm}$，则：

$$\frac{L'}{D_0}=\frac{1124.5}{1000+8}=1.12$$

$$\frac{D_0}{\delta_e}=\frac{1008}{4}=252>20$$

同上方法求得 $A=0.00032$，查图6-17得 $B=45\text{MPa}$，则计算许用外压力为：

$$[p]=\frac{B}{\frac{D_0}{\delta_e}}=\frac{45}{252}\text{MPa}=0.178\text{MPa}$$

因 $[p]>p$，故选用壁厚 $\delta_e'=4\text{mm}$，且 $\delta_n=(4+2)\text{mm}=6\text{mm}$ 合适。

上述两种情况的计算结果表明，由于设置加强圈增加了筒体的刚性，塔体壁厚减少40%，相应的钢材耗量也减小了。

② 加强圈设计，假设加强圈采用∟40×40×50的角钢，材料为Q235—A，其截面尺寸：$A_s=397.1\text{mm}^2$，$I_s=55300\text{mm}^4$，加强圈间距 $L_s=L'=1124.5\text{mm}$。

加强圈中心线两侧有效圆筒的宽度：

$$b=0.55\sqrt{1008\times4}\text{mm}=34.9\text{mm}$$

有效圆筒截面积：

$$A_e=2b\delta_e'=2\times34.9\text{mm}\times4\text{mm}=279.4\text{mm}^2$$

有效圆筒惯性矩：

$$I_c=\frac{2\times3+9\times4^2}{12}\text{mm}^4=93.07\text{mm}^4$$

组合截面的综合惯性矩

$$I_s'=I_s+A_s(C-a)^2+I_c+A_ca^2$$

式中，a 为组合截面形心离开 $x_2—x_2$ 轴距离；C 为 $x_1—x_1$ 轴离开 $x_2—x_2$ 轴距离。

因

$$a=\frac{A_sC}{A_s+A_c}=\frac{379.1\times13.7}{379.1\times279.2}\text{mm}=8.0\text{mm}$$

$$C=(11.7+2)\text{mm}=13.7\text{mm}$$

故 $I_s'=(55300+379.1\times(5.7)^2+93.07+279.2\times(8)^2)\text{mm}^4=85579\text{mm}^4$

为保持稳定，加强圈与有效筒体所需的最小惯性矩 I 计算如下。

按式(6-75)计算 B：

$$B=\frac{0.1\times1008}{4+\frac{379.1}{1124.5}}\text{MPa}=23.24\text{MPa}$$

根据Q235—A材料和 B 值查图6-17，因无交点按下式计算 A 值：

$$A=\frac{3B}{2E}=\frac{1.5\times 23.24}{2.1\times 10^5}=0.000166$$

将 A 代入式(6-74)，得：

$$I=\frac{D_0L_s\left(\delta_e+\frac{A_s}{L_s}\right)}{10.9}A=\left(\frac{(1008)^2\times 1124.5}{10.9}\times\left(4+\frac{379.1}{1124.5}\right)\times 0.000166\right)\mathrm{mm}^4$$
$$=75.468\mathrm{mm}^4$$

因 $I'_s>I$，故加强圈选用∟40×40×50 合适。

(3) 如取 $\delta_n=10\mathrm{mm}$，$C=3\mathrm{mm}$，则 $\delta_e=(10-3)\mathrm{mm}=7\mathrm{mm}$。由表 6-13，椭圆形封头的当量曲率半径为：

$$R_0=0.9D_0=0.9\times 1000\mathrm{mm}=900\mathrm{mm}$$

按式(6-80)求 A：

$$A=\frac{0.125}{\frac{R_0}{\delta_e}}=\frac{0.125}{\frac{900}{7}}=0.00097$$

由 A 查图 6-17 得：

$$B=118\mathrm{MPa}$$

将 B 代入式(6-81)得：

$$[p]=\frac{B}{\frac{R_0}{\delta_e}}=\frac{18}{\frac{900}{7}}\mathrm{MPa}=0.9\mathrm{MPa}$$

虽$[p]>p$，且$[p]$比 p 大的较多，但考虑制造方便，封头板材与筒体相同，仍取 $\delta_n=10\mathrm{mm}$。

6.6　压力容器零部件设计

6.6.1　法兰与密封

压力容器的密封形式基本上有两种类型：强制式密封和自紧式密封。强制式密封是通过连接件(如法兰和螺栓)强行压紧密封元件(如垫片)而实现的，因而需要较大的预紧力；自紧式密封主要依靠被密封介质自身的压力压紧密封元件(如密封环)来实现的，且介质压力越高，压紧力就越大，因而所需要的预紧力较小。中、低压容器通常采用强制式密封，高压容器较多采用自紧式密封。螺栓法兰密封是最常采用的强制式密封，广泛用于容器的开孔接管以及封头与筒体的连接中。

6.6.1.1 密封机理

如上所述，法兰通过紧固螺栓压紧垫片实现密封。一般来说，流体在垫片处的泄漏以两种形式出现，即所谓“垫片泄漏”和“密封面泄漏”。垫片泄漏是流体通过垫片材料本体毛细管的泄漏，故除了介质压力、温度、粘度、分子结构等流体状态性质外，主要与垫片的结构和材质有关；而密封面泄漏是流体从垫片与法兰接触的界面泄漏，泄漏大小主要是与界面间隙尺寸有关。由于加工时的机械变形与振动，加工后的法兰压紧面总会存在凹凸不平的间隙，如果压紧力不够，密封面泄漏就成为法兰连接的主要泄漏来源。现作简单分析：预紧螺栓时，螺栓力通过法兰压紧面作用到垫片上，使垫片发生弹性或塑性变形，以填满法兰压紧面上的不平间隙，从而阻止流体泄漏。显然，初始压紧力的大小受垫片材料和结构形式以及压紧面加工粗糙度的影响。压紧力过小，垫片压不紧不能阻漏；压紧力过大，往往使垫片压出或损坏。设备开始操作后，由于内压增加，在容器或管道端部轴向力的作用下，螺栓被拉长，法兰压紧面趋向分开，垫片产生部分回弹，这时压紧面上压紧力下降，如果垫片与压紧面之间没有残留足够的压紧力，就不能封住流体，使密封失效。

基于以上简单的密封原理分析，在确定法兰设计方法时，把预紧工况和操作工况分开处理，从而大大简化了法兰设计。为此，对两个不同的工况分别引进了两个垫片性能参数，即“最小预紧应力”（或“比压”）y 以及“垫片系数” m。

预紧比压 y 定义为预紧（无内压）时，迫使垫片变形与压紧面密合，以形成初始密封条件，此时垫片所需的最小压紧载荷，因以单位接触面积上的压紧载荷计，故也称“最小压紧应力”，单位为 MPa。垫片系数是指操作时，达到紧密不漏，垫片所必须维持的比压与介质压力 p 的比值。几种常用垫片的预紧比压和垫片系数见表 6-14。由表可见，m 和 y 仅与垫片材料、结构与厚度有关。不少生产实践和广泛的研究表明 m 和 y 之间还与垫片尺寸，介质性质、压力、温度、压紧面粗糙度等许多因素有关，而且 m 和 y 之间也有内在联系。

由此可见，保证法兰联接紧密不漏有两个条件：①必须在预紧时，使螺栓力在压紧面与垫片之间建立起不低于 y 值的压力；②当设备工作时，螺栓力应能够抵抗内压力的作用，并且在垫片表面上维持 m 倍的比压力。

表 6-14 垫片性能参数

<table>
<tr><th colspan="2">垫片材料</th><th>垫片系数 m</th><th>比压力 y/MPa</th><th>简图</th><th>压紧面形状</th><th>类别</th></tr>
<tr><td rowspan="2">无织物或少含量石棉的合成橡胶</td><td>肖氏硬度 <75</td><td>0.50</td><td>0</td><td rowspan="2"></td><td rowspan="5">1a、1b、1c、1d、4、5</td><td rowspan="5">Ⅱ</td></tr>
<tr><td>肖氏硬度≥75</td><td>1.00</td><td>1.4</td></tr>
<tr><td rowspan="3">具有适当加固物的石棉（石棉橡胶板）</td><td>厚度 3mm</td><td>2.00</td><td>11</td><td rowspan="3">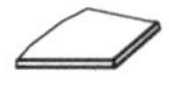</td></tr>
<tr><td>厚度 1.5mm</td><td>2.75</td><td>25.5</td></tr>
<tr><td>厚度 0.75mm</td><td>3.50</td><td>44.8</td></tr>
</table>

（续）

垫 片 材 料		垫片系数 m	比压力 y/MPa	简图	压紧面形状	类别
内有棉纤维的橡胶		1.25	2.8		1a、1b、1c、1d、4、5	Ⅱ
内有石棉纤维的橡胶，具有金属加强丝或不具有金属加强丝	3 层	2.25	15.2	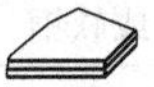		
	2 层	2.50	20	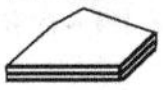		
	1 层	2.75	25.5			
植物纤维		1.75	7.6			
内填石棉缠绕式金属	碳素钢	2.50	69	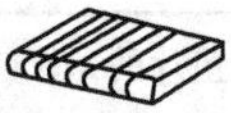	1a、1b	
	不锈钢或蒙乃尔	3.00	69			
波纹金属板类壳内包石棉或波纹金属板内包石棉	软铝	2.50	20	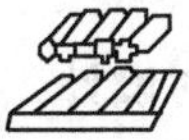		
	软铜或黄铜	2.75	26			
	铁或软钢	3.00	31			
	蒙乃尔或4%～6%铬钢	3.25	38			
	不锈钢	3.50	44.8			
波纹金属板	软铝	2.75	25.5		1a、1b、1c、1d	
	软铜或黄铜	3.00	31			
	铁或软钢	3.25	38			
	蒙乃尔或4%～6%铬钢	3.50	44.8			
	不锈钢	3.75	52.4			
平金属板内包石棉	软铝	3.25	38	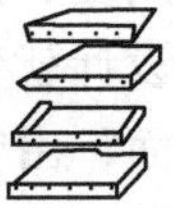	1a、1b、1c、1d、2	
	软铜或黄铜	3.50	44.8			
	铁或软钢	3.75	52.4			
	蒙乃尔	3.50	55.2			
	4%～6%铬钢	3.75	62.1			
	不锈钢	3.75	62.1			
槽形金属	软铝	3.25	38		1a、1b、1c、1d、2、3	
	软铜或黄铜	3.50	44.8			
	铁或软钢	3.75	52.4			
	蒙乃尔或4%～6%铬钢	3.75	62.1			
	不锈钢	4.25	69.6			

（续）

垫片材料		垫片系数 m	比压力 y/MPa	简图	压紧面形状	类别
金属平板	软铝	4.00	60.7		1a、1b、1c、1d、2、3、4、5	I
	软铜或黄铜	4.75	89.6			
	铁或软钢	5.50	124.1			
	蒙乃尔或4%~6%铬钢	6.00	150.3			
	不锈钢	6.50	179.3			
金属环	铁或软钢	5.50	124.1	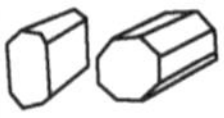	6	I
	蒙乃尔或4%~6%铬钢	6.00	150.3			
	不锈钢	6.50	179.3			

注：本表所列各种垫片的 m、y 值及适用的压紧面形状，均属推荐性资料。采用本表推荐的垫片参数(m,y)设计的结构，通常能达到比较满意的使用结果。但在使用条件特别苛刻的场合，如在氰化物介质中使用的垫片，其参数(m,y)应根据成熟的使用经验谨慎确定。

6.6.1.2 法兰密封设计

法兰连接系统设计，要考虑两方面问题：一个是强度问题；一个是密封问题。强度问题比较简单，在计算出法兰和螺栓所受载荷后，可分别进行强度设计计算。密封问题是一个比较复杂的系统问题，必须综合考虑连接件、被连接件及密封元件之间的相互作用和整体变形(刚度问题)，同时，还要考虑密封接触面的微观变形(接触问题)以及泄漏介质通过密封面的流动阻力(流体力学问题)等。正像前面指出的那样，对于这样一个复杂的问题，工程上进行了简化处理，即将法兰密封设计按预紧和操作工况分开处理，定义两个参数——比压力 y 和垫片系数 m 来分别反映预紧和操作工况时垫片的密封性能，并认为它们是与连接系统刚度、操作条件、介质特性及密封面状况无关的两个常数。这样，法兰密封的设计就变得非常简单了。具体内容和做法是：根据经验选定合适的垫片和压紧面，由垫片的密封性能常数 y 和 m 确定螺栓载荷；根据螺栓载荷进行螺栓设计，确定螺栓的直径和个数；根据螺栓载荷、内压及垫片反力，确定法兰的设计载荷，进行法兰的强度设计。为了简化计算，降低成本，增加互换性，世界各工业国家都制定了相应的法兰标准。设计时应尽量选用标准法兰，只有特殊情况下才需自行设计。

1. 垫片的选择

垫片是法兰连接的核心，密封效果的好坏主要取决于垫片的密封性能。因为工作介质、压力和温度不同，影响垫片选择的因素很多，主要根据介质的腐蚀性、温度和压力来选择垫片的结构形式、材料和尺寸，同时考虑价格低廉、制造容易和更换方便等条件(见表6-15)。按材料垫片可分成3种：

表6-15　垫片选用表

介　质	法兰公称压力/MPa	工作温度/℃	密封面	垫片	
				形　式	材　料
油品、油气，溶剂(丙烷、丙酮、苯、酚、糠醛、异丙醇)，石油化工原料及产品	≤1.6	≤200	突(凹凸)	耐油垫、四氟垫	耐油橡胶石棉板、聚四氟乙烯板
		201～250	突(凹凸)	缠绕垫、金属包垫、柔性石墨复合垫	0Cr13钢带+石棉板、石墨+0Cr13金属骨架
	2.5	≤200	突(凹凸)	耐油垫，缠绕垫、金属包垫、柔性石墨复合垫	耐油橡胶石棉板、0Cr13钢带+石棉板 石墨+0Cr13金属骨架
		201～450	突(凹凸)	缠绕垫、金属包垫、柔性石墨复合垫	0Cr13钢带+石棉板、石墨+0Cr13等骨架
	4.0	≤40	凹凸	缠绕垫、柔性石墨复合垫	0Cr13钢带+石棉板、石墨+0Cr13等骨架
		41～450	凹凸	缠绕垫、金属包垫、柔性石墨复合垫	0Cr13钢带+石棉板、石墨+0Cr13等骨架
	6.4 10.0	≤450	凹凸	金属齿形垫	10、0Cr13、0Cr18Ni9
		451～530	环连接面	金属环垫	0Cr13、0C18Ni9、0Cr17Ni12Mo2
氢气、氢气与油气混合物	4.0	≤250	凹凸	缠绕垫、金属包垫、柔性石墨复合垫	0Cr13钢带+石棉板、石墨+0Cr13等骨架
		251～450	凹凸	缠绕垫、金属包垫、柔性石墨复合垫	0Cr18Ni19钢带+石墨带、石墨+0Cr18Ni19等骨架
		451～530	凹凸	缠绕垫、金属齿形垫	0Cr18Ni19钢带+石墨带、0Cr19Ni9、0Cr17Ni12Mo2
	6.4 10.0	≤250	环连接面	金属环垫	10、0Cr13、0Cr19Ni9
		251～450	环连接面	金属环垫	0Cr13、0Cr19Ni9
		451～530	环连接面	金属环垫	0Cr19Ni9、0Cr17Ni-12Mo2
氨	2.5	≤150	凹凸	橡胶垫	中压橡胶石棉垫板

（续）

介质		法兰公称压力/MPa	工作温度/℃	密封面	垫片	
					形式	材料
压缩空气		1.6	≤150	突	橡胶垫	中压橡胶石棉垫
蒸气	0.3MPa	1.0	≤200	突	橡胶垫	中压橡胶石棉垫
	1.0MPa	1.6	≤280	突	缠绕垫、柔性石墨复合垫	0Cr13钢带+石棉板、石墨+0Cr13等骨架
	2.5MPa	4.0	≤300		缠绕垫、柔性石墨复合垫	0Cr13钢带+石棉板、石墨+0Cr13等骨架、紫铜板
	3.5MPa	6.4	≤450	凹凸	紫铜垫	紫铜板
		10.0	≤450	环连接面	金属环垫	0Cr13、0Cr18Ni9
惰性气体		1.6	≤200	突	橡胶垫	中压橡胶石棉垫
		4.0	≤60	凹凸	缠绕垫、柔性石墨复合垫	0Cr13钢带+石棉板、石墨+0Cr13等骨架
		6.4	≤60	凹凸	缠绕垫	0Cr13（0Cr18Ni9）钢带+石棉板、石墨+0Cr13等骨架
水		≤1.6	≤300	突	橡胶垫	中压橡胶石棉垫
剧毒介质		≥1.6		环连接面	缠绕垫	0Cr13钢带+石墨带
弱碱、弱酸、酸渣、碱渣		≤1.6	≤300	突	橡胶垫	中压橡胶石棉垫
		≥2.5	≤450	凹凸	缠绕垫	0Cr13钢带+石棉板、石墨+0Cr13等骨架
液化石油气		1.6	≤50	突	耐油垫、柔性石墨复合	耐油橡胶石棉板
		2.5	≤50	突	耐油垫、柔性石墨复合垫	0Cr13钢带+石棉板、石墨+0Cr13等骨架
环氧乙烷		1.0	260		金属平垫	紫铜
氢氟酸		4.0	170	凹凸	缠绕垫，金属平垫	蒙乃尔合金带+石墨带、蒙乃尔合金板
低温油气		4.0	-20~0	突	耐油垫、柔性石墨复合垫	耐油橡胶石棉板、石墨+0Cr13等骨架

(1) 非金属垫片。常用的非金属垫片有橡胶垫、石棉垫、聚四氟乙烯和膨胀(或柔性)石墨垫等。断面形状一般为平面形或O形。

普通橡胶垫仅用于低压和温度低于100℃的水、蒸气等无腐蚀性介质。合成橡胶(如硅橡胶、氟橡胶)的适用温度可达到220~260℃。石棉橡胶板使用相当广泛，主要用于温度小于450℃，压力低于6MPa的水、油、蒸气等场合。在处理腐蚀性介质时，常用聚四氟乙烯垫、膨胀石墨垫和压缩(耐酸)石棉垫，其中膨胀石墨垫具有耐高温、耐腐蚀、不渗透、低密度以及压缩回弹性能较好等多方面优点，使用温度可用到870℃，使用压力也可高达25MPa。

(2) 金属垫片。当压力($p \geqslant 6.4$MPa)、温度($t \geqslant 350$℃)较高时，都采用金属垫片或垫圈。常用的金属材料有软铝、铜、纯铁、软钢(08、10号钢)、铬钢(0Cr13)和不锈钢(0Cr19Ni9、00Cr17Ni14Mo2)等，其断面形状有平面形、波纹形、齿形、椭圆形和八角形等。其中八角形垫和椭圆形垫属于线接触或接近线接触密封，并且有一定的径向自紧作用，密封可靠，可以重复使用，因此用于高温($t=240\sim600$℃)高压($p=2.5\sim4.2$MPa)的重油、渣油等热交换器和管路上，然而对压紧面的加工质量和精度要求较高，制造成本也较高。

(3) 金属—非金属组合垫片相对于单一材料做成的垫片而言，金属—非金属组合垫片兼容了两种的优点，增加了回弹性，提高了耐蚀性、耐热性和密封性能，适用于较高压力和温度的场合。常用的组合垫片有金属包垫片、金属缠绕垫片和带骨架的非金属垫片等。

金属包垫片是石棉、石棉橡胶等为芯材，外包覆镀锌铁皮或不锈钢薄板，其断面形状有平面形和波纹形两种，其特点是填料不与介质接触，提高了耐热性和垫片强度，并且不会发生渗漏。为了改善密封性能，在高温部位还可在金属包垫片密封面上覆以膨胀石棉带。金属包垫片常用于中低压($p \leqslant 6.4$MPa)和较高温度($t \leqslant 450$℃)。

金属缠绕垫片是由金属薄带(08号钢、0Cr19Ni9、蒙乃尔合金等)和填充带(石棉、膨胀石墨、聚四氟乙烯)相间缠绕而成，因此具有多道密封的作用，且回弹性好，常温松弛小，不易渗漏，对压紧面表面质量和尺寸精度要求不高。缠绕垫片适用较高的温度和压力范围($t \leqslant 500$℃，$p \leqslant 25$MPa)，并能在温度压力波动条件下保持良好密封，因而应用比较广泛。

带骨架的非金属垫片是以冲孔金属薄板或金属丝为骨架的石棉或膨胀石墨垫片。目的是增强非金属垫片的抗挤压强度，改善了回弹性能和密封性能，得到推广应用。

垫片的厚度与宽度取决于材料强度与螺栓拉力，螺栓拉力与垫片比压和面积有关。垫片越厚、宽度越窄，需要的螺栓拉力越小，但垫片容易被挤出或压溃，所以在垫圈不被压溃的前提下，当介质压力大时，应选用较窄的垫片；如果压紧面加工质量较好，压力不太高的情况下，则垫片厚度不宜过厚。

2. 压紧面的选择

常用的压紧面有突面、凹凸面和榫槽面等形式(见图6-21)。突面形压紧面(见图6-21a)结构简单、加工方便，常用于压力不高(≤2.5MPa)的场合。为了使垫片易于变形和不易挤出，突台面上常刻有2~4条同心的三角沟槽(见图6-21b)。对突形密封面表面粗糙度的要求不宜太高，与缠绕垫和柔性石墨垫片配合使用时，不宜车沟槽，以免影响垫片的再次使用。

凹凸形压紧面是一个凸面和一个凹面相配而成(见图6-21c)，垫片放在凹面上。其特点是易于对中，能够防止垫片被挤出，压紧面较突面形窄，但比榫槽形要宽，故仍需较大的预紧力。凹凸形压紧面可用于较高压力(≤6.4MPa)场合。

榫槽形压紧面是由一个榫面和一个槽相配而成(见图6-21d)，垫片放在槽内。由于压紧面积小，垫片又受槽的限制不能被挤出，故比上述两种压紧面更容易达到密封效果。此外，垫片可以少受介质的冲刷和腐蚀，安装时又便于对中而使垫片受力均匀，因此密封可靠。其缺点是更换垫片比较困难。为了保证榫槽配合，必须防止压紧面变形或翘曲，榫槽形压紧面可用于密封要求较严(例如易燃、易爆或有毒介质)和压力较高的重要场合。

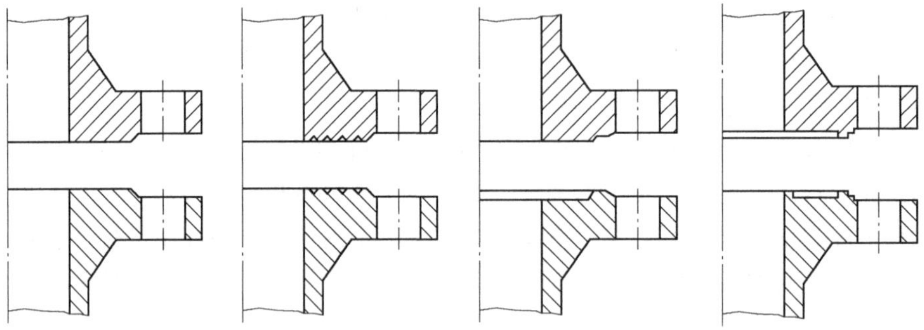

a)　　b)　　c)　　d)

图6-21　法兰压紧面形式

a）突面形　b）三角沟槽　c）凹凸形　d）榫槽形

3. 螺栓设计

螺栓设计包括螺栓材料选择、螺栓尺寸和个数确定。

(1) 螺栓材料：对螺栓材料的一般要求是强度高、韧性好、耐介质腐蚀。但螺栓强度选择过高，使螺栓直径明显减小，可能导致螺栓过分伸长和松弛。此外，为避免螺栓与螺母咬死，螺母的硬度一般比螺栓低HB30，此可通过选用不同强度级别的材料或采用不同热处理规范来实现，常用螺栓与螺母用钢及螺栓材料的许用应力值见参考文献。

（2）螺栓载荷计算：如前所述，法兰连接是依靠紧固螺栓压紧垫片来实现的。螺栓载荷不仅应当考虑预紧时垫片必须有足够的预变形，并保证操作时垫片起密封作用，因此，螺栓载荷计算也分为预紧和操作两种工况。

在预紧工况，螺栓拉力 W_a 应等于压紧垫片所需的最小压紧螺栓载荷，即：

$$W_a = \pi b D_G y \tag{6-82}$$

式中，W_a 为预紧状态下，需要的最小螺栓载荷(N)；D_G 为垫片的平均直径，取垫片压紧力作用中心圆直径(mm)；b 为垫片的有效密封宽度(mm)；y 为垫片的比压力(MPa)。式中用以计算接触面积的有效密封宽度 b 不是垫片的实际宽度，而是它的一部分。在计算螺栓荷载时，还引进了垫片密封基本宽度 b_0，其大小与压紧面形状有关。在 b_0 的宽度范围内单位压紧载荷 y 视作均匀分布。当垫片较宽时，由于螺栓载荷和内压力的作用使法兰发生偏转，因此垫片外侧比内侧压得紧一些，为此实际计算中垫片宽度要比 b_0 更小一些，成为有效密封宽度 b，b 与 b_0 有如下关系。

当 $b_0 < 6.4\text{mm}$ 时，$b = b_0$；

当 $b_0 > 6.4\text{mm}$ 时，$b = \sqrt{6.4b_0} = 2.53\sqrt{b_0}$。

因而用以计算的垫片平均直径 D_G 相应确定如下：

当 $b_0 \leqslant 6.4\text{mm}$ 时，D_G 等于垫片接触面的平均直径；

当 $b_0 > 6.4\text{mm}$ 时，D_G 等于垫片接触面外径减去 $2b$。

在操作工况时，螺栓载荷 W_p 应等于抵抗内压力产生的轴向使法兰连接分开的载荷和维持密封垫片表面必需的压紧载荷之和，即：

$$W_p = \frac{\pi}{4} D_G^2 p + 2b\pi D_G m p \tag{6-83}$$

式中，W_p 为操作工况下的最小螺栓载荷(N)；m 为垫片系数，无因次；p 为设计压力(MPa)。

等式右边后一项中，由于原定义 m 时是取 2 倍垫片有效接触面积上的压紧载荷等于操作压力 m 倍，故计算时 m 需乘以 2。

（3）螺栓尺寸与数目：上述 W_a 和 W_p 是在两种不同工况下的螺栓载荷，故确定螺栓尺寸时应分别求出两种工况下螺栓的总面积，则其大者为所需螺栓总截面积，从而确定实际选用螺栓直径与个数，故在预紧工况时，按螺栓常温计算，则需要最小螺栓面积为：

$$A_a \geqslant \frac{W_a}{[\sigma]_b} (\text{mm}^2) \tag{6-84}$$

式中，$[\sigma]_b$ 为常温下螺栓材料的许用应力(MPa)。

在操作工况时，按螺栓设计温度计算，则为所需最小螺栓面积 A_p：

$$A_p = \frac{W_p}{[\sigma]_b^t} (\text{mm}^2) \tag{6-85}$$

式中，$[\sigma]_b^t$ 为设计温度下螺栓材料的许用应力(MPa)。

螺栓所需的总截面积 A_m 取上述两种工况下较大值，实际选用螺栓面积应不小于需要螺栓总面积。

在选定螺栓数目 n 后，即可按下式得到螺栓直径 d_b(mm)：

$$d_b \geqslant \sqrt{\frac{A_m}{0.785n}} \tag{6-86}$$

上式中 d_b 应圆整到标准螺纹的根径，并据此确定螺栓的公称直径。

确定螺栓数目 n 时不仅要考虑法兰连接的密封性，还要考虑安装的方便。螺栓数目多了，垫片受力均匀，密封性好，但螺栓数目太多，螺栓间距就小，可能放不下扳手，同时螺栓直径相应减小，小直径螺栓拧时容易折断，所以一般 $d_b > 12$mm，螺栓的最小间距通常为$(3.5 \sim 4)d_b$ 或参见我国容器标准中的规定。若螺栓间距太大，在螺栓孔之间将引起附加的法向弯矩，且垫片受力不均导致密封性能下降，所以一般要求螺栓最大间距不超过 $2d_b + \frac{6t_f}{(m+0.5)}$，（$t_f$ 为法兰厚度）。

（4）螺栓设计载荷：法兰设计中需要确定螺栓设计载荷。在预紧工况下，由于实际的螺栓尺寸可能大于式(6-86)的计算值，在拧紧螺栓时有可能造成实际螺栓载荷超出式(6-82)所给出的值，所以确定预紧工况螺栓设计载荷时，螺栓总截面积取 A_m 于实际选用的螺栓总截面积 A_b 的算术平均值，即：

$$W = \frac{A_m + A_b}{2}[\sigma]_b(\mathrm{N}) \tag{6-87}$$

而操作工况螺栓设计载荷仍按式(6-83)计算，即 $W = W_p$。

6.6.1.3 标准法兰与选用

1. 法兰结构类型

按法兰整体性程度，可将其分类为三种基本类型：松式法兰、整体法兰和任意式法兰。

（1）松式法兰。法兰不直接固定在壳体上，或者虽固定但不能保证法兰与壳体作为一个整体承受螺栓载荷的结构，均划归为松式法兰，如活套法兰、螺纹法兰、搭接法兰等。这些法兰可以带颈和不带颈。活套法兰适用于有色金属和不锈钢设备或管道上，它对设备或管道壳体不产生附加弯曲应力。法兰用碳钢材料，可节约贵金属。但活套法兰刚度小，比较厚，一般只用于低压场合。螺栓法兰常用于高压管道上。

（2）整体法兰。将法兰与壳体煅成或铸成一体，或经全焊透的平焊法兰。这种结构能保证壳体与法兰同时受力，使法兰厚度适当减薄，但会在壳体上产生较大附加应力。带颈法兰可以提高法兰与壳体的连接刚度，降低附加应力水平，适用于压力、温度较高的重要场合。

（3）任意式法兰。从结构上看，这种法兰与壳体连成一体，但刚度要比整体法兰差。这类法兰结构简单，制造方便，故在中低压容器或管道上应用较普遍。

2. 法兰标准

法兰标准分管法兰和容器法兰（设备法兰）两大类。国际上管法兰标准主要有两个体系，即欧洲体系（以德国 DIN 标准为代表）和美洲体系（以美国 ASME B16.5、B16.47 标准为代表）。这两个体系间管法兰不可配用。由于历史原因，我国管法兰标准较多，除了国家标准《钢制管法兰类型与参数》（GB/T 9112—2000）外，还有化工行业标准《钢制管法兰、垫片、紧固件》（HG 20592 ~ 20635—1997）。

《钢制管法兰、垫片、紧固件》中既包括了欧洲体系（HG 20592 ~ 20614），也包含了美洲体系（HG 20615 ~ 20635）。法兰标准类型繁多，对法兰标准化不利，但近期很难统一。因此，对于装置的改造设计，因为需要与现有法兰相匹配或考虑与其他法兰的互换，多采用《钢制管法兰、垫片、紧固件》（或其他相应法兰标准）；对于新设计的装置，应采用《钢制管法兰类型与参数》。我国现行的容器法兰标准有《压力容器法兰》（JB 4700 ~ 4707—2000）。管法兰与容器法兰两类标准的连接尺寸不相同，两者不能相互套用。

3. 标准法兰的选择

选择标准法兰的主要参数是公称压力和公称直径。法兰的公称直径是容器和管道标准化后的直径系列，用 DN 表示。容器法兰的公称直径等于容器内径，而管法兰公称直径则是一个名义值，它既不等于管子的内径，又不同于其外径，而是一个介于两者之间的某一整数。如 DN100 的无缝钢管的外径为 108mm，而内径视壁厚各不相同（如 $\phi108 \times 4$ 的内径为 100mm，$\phi108 \times 5$ 的内径为 98mm 等）。容器与管道的公称直径应按标准规定的系列选用。

法兰的公称压力是按标准要求，将压力容器或管道所受的压力，分为若干标准等级而设定的。法兰公称压力用 PN 表示，每个 PN 表示一定材料工作温度下法兰的最高工作压力。容器法兰的公称压力是以 16Mn 在 200℃时的最高工作压力为依据制定的，当法兰材料的工作温度不同时，最大工作压力会不同。例如对表 6-16 所列的长颈对焊法兰，若选用 PN1.0 的标准法兰，用 16Mn 材料制造，在 -20 ~ 200℃时的允许工作压力为 1.00MPa，但将它用于 350℃时，最大工作压力为 0.81MPa；若改用 20 号钢，用于 -20 ~ 200℃时工作压力为 0.73MPa，若使用温度升至 350℃，允许工作压力将为 0.55MPa。

表 6-16 长颈法兰的最大允许工作压力 (单位:MPa)

公称压力 PN	法兰材料（锻件）	工作温度/℃					
		> -20 ~ 200	250	300	350	400	450
0.60	20	0.44	0.40	0.35	0.33	0.30	0.27
	16Mn	0.60	0.57	0.52	0.49	0.46	0.29
	20MnMo	0.65	0.64	0.63	0.60	0.57	0.50
	15CrMo	0.61	0.59	0.55	0.52	0.49	0.46
	12Cr1MoV	0.57	0.53	0.49	0.46	0.44	0.42
	12Cr2Mo1	0.65	0.63	0.60	0.56	0.53	0.50
1.00	20	0.73	0.66	0.59	0.55	0.50	0.45
	16Mn	1.00	0.96	0.86	0.81	0.77	0.49
	20MnMo	1.09	1.07	1.05	1.00	0.94	0.83
	15CrMo	1.02	0.98	0.91	0.86	0.81	0.77
	12Cr1MoV	0.93	0.88	0.81	0.77	0.73	0.70
	12Cr2Mo1	1.09	1.04	1.00	0.93	0.88	0.83

对容器法兰，选用某一材料，在设计温度下的最大允许工作压力 p_w 可由下式求得：

$$p_w = \frac{[\sigma]^t}{[\sigma]^0}PN \tag{6-88}$$

式中，$[\sigma]^0$ 为 16Mn 的常温下许用应力，$[\sigma]^t$ 为所选材料在设计温度下的许用应力。

对于管法兰也有类似的规定，具体可参阅有关标准。

6.6.2 开孔与补强

壳体在受外载荷时，壳体上开孔和接管附近会引起应力集中，产生很大的峰值应力。这种应力集中现象具有明显的局部性，一般在孔边最严重，随着离开孔边距离的增加，迅速衰减到未开孔部位的应力水平。从前面分析和实践证明，如果将连接处的壳体或接管壁适当加厚(也可以两者同时加厚)，并在结构上采取一些适当措施，上述局部地区的应力集中现象在很大程度上可以得到缓和，应力集中系数便可以控制在所要求的范围内，此即“开孔补强设计”。

6.6.2.1 允许不另行补强的最大孔径

1. 允许开孔不另行补强的原因

由于应力集中的局部性，开孔附近的峰值应力不会引起壳体整体屈服，因此局部峰值应力可允许超过壳体整体屈服时的平均应力，当容器应力集中系数控制在 3.0 以下时，除疲劳断裂外，不会发生一般的强度断裂。由大量试验得出碳钢受压容器的计算应力集中系数为：

$$\alpha = 2.5 + \frac{d}{D}\sqrt{\frac{D}{\delta_e}} \tag{6-89}$$

按上式在一定容器直径 D 和壁厚 δ_e 下，一定范围的开孔直径 d 可使 $\alpha \leqslant 3$。

此外，容器在设计和制造中，由于钢板规格的限制而增加板厚；焊制的筒体或封头，因焊缝系数而增加板厚；一般开孔不位于纵焊缝及其附近；封头取与筒体等厚，因封头强度高于筒体等情况，均可视为壳体被整体加强，使最大应力值降低。

容器开孔后的接管壁厚也大于实际需要，多余的部分可起到补强作用。故一定口径开孔不必另行补强。

2. 允许不另行补强的最大孔径

我国“设计规定”取单个开孔允许不另行补强的孔径 $d \leqslant 0.14\sqrt{D_0\delta_e}$，这是按极限分析法确定的数值。

对带有接管的开孔，我国“设计规定”不另行补强的最大孔径是根据容器直径、压力及厚度系数(减去壁厚附加量以后的壳体厚度与壳体计算厚度的比值，即$(\delta_n - C)/\delta$)给出具体数据。

6.6.2.2　补强结构与设计规则

1. 补强结构

常见的补强结构有整锻件补强、厚壁接管补强和补强圈补强 3 种形式，如图 6-22 所示。

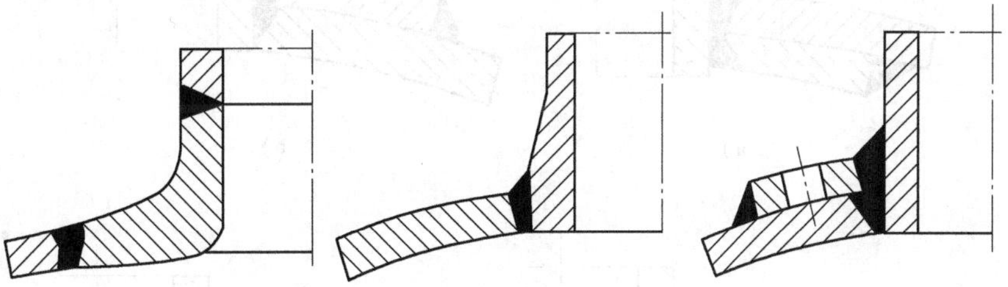

a)　　b)　　c)

图 6-22　常见补强结构

a）整煅件补强　b）厚壁接管补强　c）补强圈补强

（1）整锻件补强。整锻件补强是将部分壳体和圆柱连同补强部分做成整体锻件，再与容器壳体和接管焊接。其优点是：补强金属集中于开孔应力最大部位，能有效地降低应力集中系数；可采用全焊透结构形式，并使焊缝及其热影响区离开最大应力区；抗疲劳性能好，疲劳寿命可降低 10% ~15%。缺点是锻件供应困难，制造成本高。所以只在重要压力容器中采用。如核容器，材料屈服点在500MPa以上的容器开孔，以及受低温、高温、循环载荷容器的大直径开孔等。

（2）厚壁接管补强。厚壁接管补强是在开孔处焊上一段厚壁接管，由于接管的加厚部分正处于最大应力区域内，能有效地降低应力集中系数。接管补强结构简单，焊缝少，补强效果较好。高强度低合金钢制压力容器由于材料缺口敏感性较高，一般都采用该结构，但必须保证焊缝全焊透。

（3）补强圈补强。补强圈补强是将补强圈贴焊在壳体与接管的连接处，这是中低压容器经常采用的补强结构。它结构简单，制造方便，使用经验丰富。但补强圈与容器壳体之间的金属不能完全贴合，传热效果差，在中温以上使用时，两者存在较大的热膨胀差，因而使补强区域产生较大的热应力。另外，补强圈与壳体采用搭接焊，难以和壳体形成整体，故抗疲劳性能差。这种补强结构一般使用在静载、常温、中低压、材料的标准抗拉强度低于540MPa、补强圈厚度不大于$1.5\delta_n$、壳体名义厚度δ_n不大于38mm的场合。

补强圈补强的常见形式有：平齐式外补强、平齐式内补强、内伸式内外补强等，如图6-23所示。这些补强形式中最常见的是平齐式外补强，只有在单面贴板补强达不到设计要求时，才采用双面贴板结构。内伸式有利于降低应力

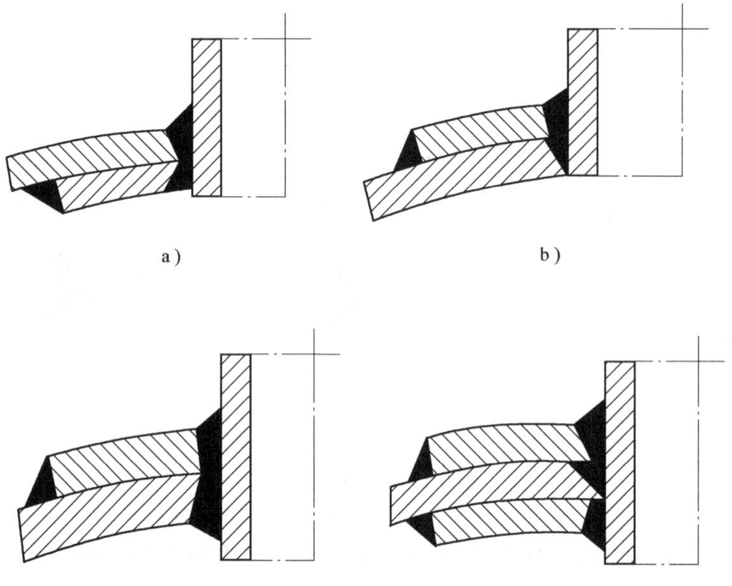

a） b）

c） d）

图6-23 补强圈补强的常见形式

a）平齐式内补强 b）平齐式外补强 c）内伸式外补强 d）内伸式内外补强

集中系数，但占用一定容器内空间，当与容器内件相碰时，则不宜采用。

2. 补强设计准则

开孔补强设计中最早采用的是等面积补强设计准则，至今仍被常规设计规范普遍采用。随着石油化工，特别是核容器技术的发展，在开孔补强设计方面做了大量理论工作和实践研究，出现了一些新的设计思想和设计准则，例如极限分析补强设计准则。以下作一简单介绍。

（1）等面积补强准则。等面积补强准则认为，容器壳体由于开孔减少的有效承载面积(指设计计算应力所在的截面,以强度计算壁厚计)，应由在有效补强范围内具有补强效果的“多余”金属(除了为承受设计压力本身所需外)进行等面积补偿。这种补强准则，着眼于开孔后的承载面积不致减少，是使开孔后截面的平均压力不致升高的含义，但没有考虑开孔处应力集中的影响，也没有计入容器直径变化的影响，补强后对不同接管会得到不同的应力集中系数，即安全裕量不同，有时显得富裕，有时显得不足。

等面积补强准则的优点是有长期的使用经验，简单易行。只要对其开孔尺寸和形状予以一定限制，在一般压力容器使用条件下能够保证安全，因此被压力容器常规设计规范(如美国 ASME,我国国家标准《钢制压力容器》等)普遍采用。

（2）极限分析补强准则。利用弹塑性力学方法，对整体补强结构求解出塑性失效的极限载荷，以该极限载荷为依据来进行补强结构设计，即以大量的计算确定出补强结构的尺寸，使其具有相同的应力集中系数，这就是极限分析补强准则。该设计准则常用于压力容器分析设计。

6.6.2.3 等面积补强设计

等面积补强设计方法主要适用于补强圈补强。如前所述，其设计准则为：

$$A_e \geqslant A$$

式中，A_e 为有效补强范围内可作为补强的截面积(以下简称补强截面积,mm)；A 为开孔削弱所需要的补强截面积(以下简称所需截面积)。等面积补强设计计算，就是确定所需截面积 A 和补强截面积 A_e。

1. 有效补强范围

在壳体上开孔的最大应力在孔边，并随离孔边距离的增加而迅速衰减。因此，在离孔边一定距离的补强范围内，加上补强金属，会起到降低应力水平的效果。图 6-24 中给出的 $WXYZ$ 即为有效补强范围，超出此范围的补强金属，不能计入补强截面积。有效补强宽度 B 按下式计算：

$$B = \max\{2d, d + 2\delta_n + 2\delta_{nt}\} \tag{6-90}$$

式中，d 为开孔直径，圆形开孔等于接管内径与 2 倍厚度附加量之和，椭圆孔或长圆形孔取所考虑平面上的尺寸(弦长,包括厚度附加量)；δ_n 为壳体开孔处

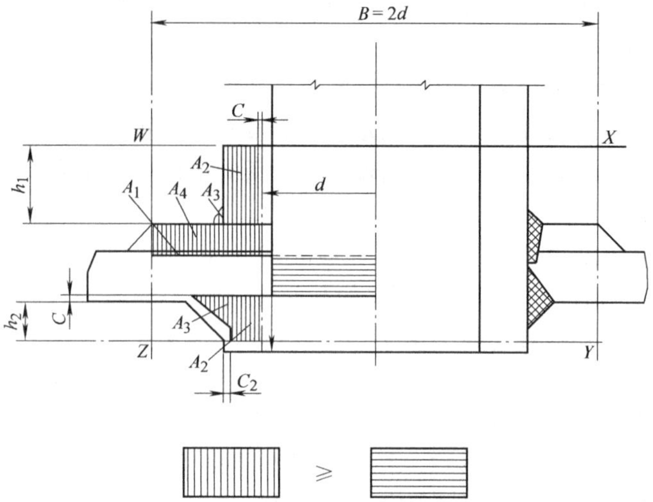

图 6-24　有效补强范围示意图

的名义壁厚；δ_{nt}为接管名义壁厚。

开孔外侧有效高度 h_1 按下式计算：

$$h_1 = \min\{\sqrt{d\delta_{nt}}, \text{接管实际外伸高度}\} \tag{6-91}$$

开孔内侧有效高度 h_2 按下式计算：

$$h_2 = \min\{\sqrt{d\delta_{nt}}, \text{接管实际内伸高度}\} \tag{6-92}$$

2. 所需截面积 A

对受内压的圆筒或球壳，A 由下式确定：

$$A = d\delta + 2\delta\delta_{et}(1 - f_r) \tag{6-93}$$

式中，δ 为壳体开孔处的强度计算壁厚；δ_{et}为接管的有效壁厚；f_r 为强度削弱系数，等于设计温度下接管材料与壳体材料许用应力之比值，当该比值大于1.0时，取$f_r = 1.0$。

3. 补强截面积 A_e

在有效补强范围 $WXYZ$ 内，A_e 由下式确定：

$$A_e = A_1 + A_2 + A_3 \tag{6-94}$$

式中，A_1 为壳体有效厚度减去计算厚度之外的多余面积：

$$A_1 = (B - d)(\delta_e - \delta) - 2\delta_{et}(\delta_e - \delta)(1 - f_r) \tag{6-95}$$

A_2 为接管有效厚度减去计算厚度之外的多余截面积：

$$A_2 = 2h_1(\delta_{et} - \delta_t)f_r + 2h_2(\delta_{et} - C_2)f_r \tag{6-96}$$

式中，δ_t 为接管的计算厚度，C_2 为腐蚀裕量，A_3 为有效补强范围内焊缝金属的截面积。

若
$$A_e = A_1 + A_2 + A_3 \geqslant A$$
则开孔后不需要另行补强。

若
$$A_e = A_1 + A_2 + A_3 < A$$
则开孔后需要另外补强，所增加的补强金属截面积 A_4 应满足：
$$A_4 \geqslant A - A_e \tag{6-97}$$

贴板补强材料一般需要与壳体材料相同，若补强材料许用应力小于壳体材料许用应力，则补强面积应按壳体材料与补强许用应力之比的比例增加。若补强材料许用应力大于壳体材料许用应力，则所需补强面积不得减少。

4. 适用的开孔范围

承受内压的壳体，有时需要大开孔。当开孔直径很大时，孔周边会出现较大的局部应力，此时用等面积补强法进行补强的效果不佳。因此，国家标准《钢制压力容器》对等面积补强法适用的最大开孔直径作了如下规定：

1）对于圆筒，当其内径 $D_i \leqslant 1500\text{mm}$ 时，开孔最大直径 $d \leqslant \frac{1}{2}D_i$ 且 $d \leqslant 520\text{mm}$；当其内径 $D_i > 1500\text{mm}$ 时，开孔最大直径 $d \leqslant \frac{1}{3}D_i$ 且 $d \leqslant 1000\text{mm}$。

2）凸形封头（半球形封头，椭圆形封头，碟形封头）或球壳上开孔最大直径 $d \leqslant \frac{1}{2}D_i$。

3）锥壳（或锥形封头）上开孔最大直径 $d \leqslant \frac{1}{3}D_i$，$D_i$ 为开孔中心处的锥壳内径。

4）在椭圆形或碟形封头过渡部分开孔时，其孔的中心线宜垂直于封头表面。

6.6.3　容器支座

容器和设备的支座是用来支承容器和设备的重量的；并把其固定在要求的位置上；在某些情况下，支座还要承受操作时的振动；安装在地震地区的容器和设备要考虑承受地震力；安装在室外的高大设备，还要承受风载荷。

支座的形式主要由容器和设备自身的形式来决定，分为立式设备支座、卧式设备支座和球形容器支座。本节主要介绍立式设备支座。

立式设备支座用于直立设备，例如各类塔器、反应器、蒸发器、立式换热器、立式储罐等。最常用的立式设备支座有悬挂式、支承式和裙式支座。

6.6.3.1　悬挂式支座

又称耳式支座，是立式容器（尤其是中小型设备）中用得极为广泛的一种，一般都是由几块钢板焊接而成，主要包括肋板和底板。底板的作用是与基础接触并连接，肋板的作用是增加支座的刚性，使作用在容器上的外力通过底板传递到支承梁上(见图6-25)。

每台设备一般配置2个或4个支座，必要时也可以多一些。但在安装时不容易保证各支座在同一平面上，也就不能保证各耳座受力均匀。对于大型薄壁容器或支座上载荷较大时，可将各支座的底板连成一体组成圈座(见图6-26)，既改善了容器局部受载过大，又可避免各支座受力不均。

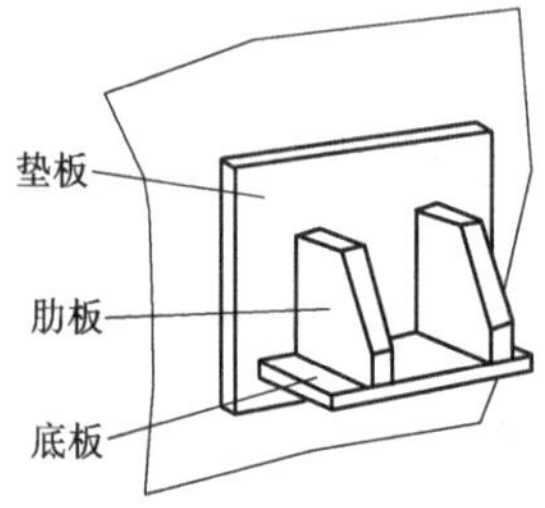

图6-25　耳式支座

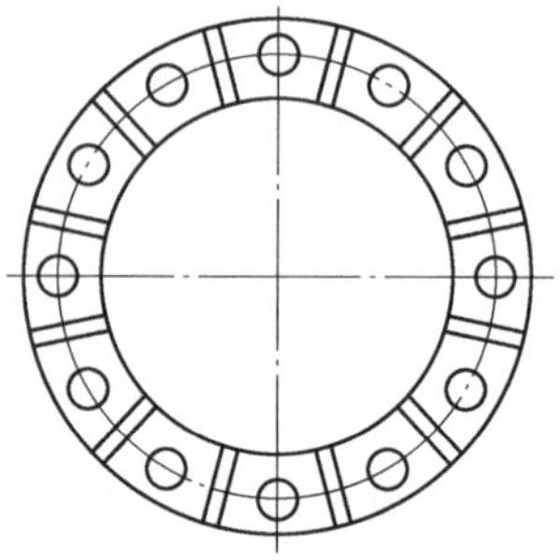

图6-26　圈座

焊接在每个支座上的肋板数目是根据作用在支座上载荷大小决定的，轻型设备的支座可由角钢做成。

悬挂式支座的主要特点是结构轻便，但会传给壳体较大的局部载荷，过大时致使壳体凹陷。因此，当设备较大或器壁较薄即壳体的计算壁厚小于或等于3mm，或者壳体的计算壁厚虽大于3mm，但小于$D_i/500$时，应在支座与器壁之间加一块垫板，以改善壳体局部受力情况。当容器内压力产生的应力和支座产生的局部应力相加后的合成应力超过规定的许用应力时，在支座处需设置加强垫板。小型设备因受力较小可不必加垫板，可将耳座直接与壳体连接。垫板材料一般选普通低碳钢。对于介质有严重腐蚀性，且器壁较薄(4mm以下)的不锈钢制设备，当用碳钢制作支座时，需在支座与器壁之间加1块不锈钢垫板。

小型设备的悬挂式支座，可以支承在管子或钢制的立柱上。大型设备的支座往往搁在钢梁或混凝土制的基础上。

悬挂式支座的选用步骤如下：

1）根据重量及作用在容器上的外力矩，算在每个支座需要承担的负荷Q。在确定负荷Q时，须考虑到在安装时可能出现的所有支座未能同时受力等情况。

2）确定支座形式后，从《耳座》(JB/T 4725—1992)中按照允许负荷等于或大于计算负荷(即$[Q]\geqslant Q$)的原则选出合适的支座。该标准中每个支座的允许负荷范围为5～150kN。

6.6.3.2　支承式支座

对于高度不大的立式容器，而且离地面又比较低的情况下，可采用支承式支座。即在容器的底部或在筒身下侧焊上数根支柱，直接支撑在楼板或基础地面上。支承式支座可用数块钢板焊成(见图 6-27)，也可用钢管、角钢、槽钢与一块底板焊成。用钢板组焊的支承式支座已经标准化《支承支座》(JB/T 4724—1992)，选用步骤是根据设备重量和作用在容器上的外力矩，算出单个支座需要承担的负荷 Q，然后从《支承支座》中按照许用负荷略大于计算负荷(即 $[Q] \geqslant Q$)的原则选出合适的支座。该标准中每个支座的允许负荷 $[Q]$ 的范围为 1 ~ 80kN。用角钢或槽钢支腿做的支座可直接焊在筒身的下侧，顶端有一块倾斜式盖板。用钢管支腿做的支座一般焊在容器底部封头处。

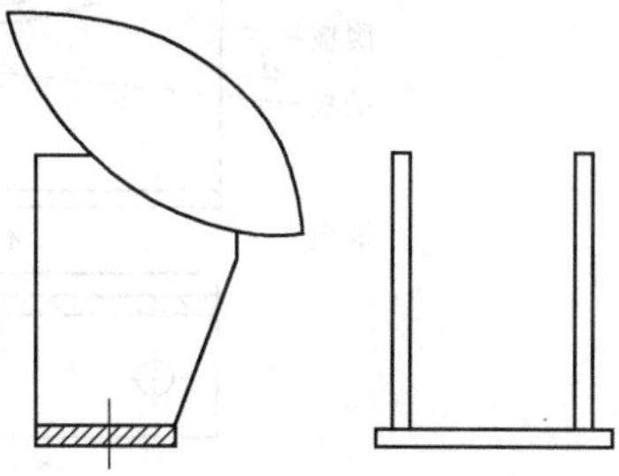

图 6-27 支承式支座

支承式支座结构简单、轻便，不需要专门的框架、钢梁来支承设备，可直接把设备载荷传到较低的基础上。此外，它能比其他形式的支座提供较大的操作、安装和维修空间，在立式容器中应用较为广泛。但这种支座对设备壳体会产生较大的局部应力。因此，当设备较大或器壁较薄时，应在支座和器壁间加垫板，以改善壳体局部受力情况。支座是否需要加垫板，主要由支座对筒壁所产生的附加应力大小而定。当容器是用不锈钢制作而配用碳钢支座时，需加不锈钢垫板。

6.6.3.3 鞍式支座

鞍式支座是卧式容器中广泛应用的一种支座。通常由数块钢板焊接制成(见图 6-28)。鞍座是由垫板(又叫加强板)、腹板、肋板和底板构成。垫板的作用是改善壳体局部受力情况。通过垫板，鞍座接受容器载荷。当筒壁较厚(即壳体的计算厚度大于 3mm，且大于或等于 $D_i/500$)，在鞍座支承反力的作用下，筒壁内的周向应力又不大于许用应力值时，可以不加垫板。这时筒体就直接放置在直立肋板上。肋板的作用是将垫板、腹板和底板连成一体，加大刚性，一同有效地传递压缩力和抵抗外弯矩。因此，腹板的肋板的厚度与鞍座的高度 H(即自筒体圆周最低点至基础表面)直接决定着鞍座允许负载的大小。鞍座包角有 120°和 150°两种，鞍座宽度则随筒体直径的增大而加大。

根据底板上螺栓孔形状的不同，鞍座分成 2 种形式：一种为固定鞍座，鞍座底板上开圆形螺栓孔；另一种为活动鞍座，鞍座底板上开长圆形螺栓孔。每台设备一般均用 2 个鞍座支承，此时应选用这 2 种形式的鞍座各 1 个。这是因为设备受热要伸长，如果不让设备有自由伸长，则在器壁中将产生热应力。钢制容器每 1℃温升将产生约 2.5MPa 的应力。($\sigma = \alpha E \Delta t = (12.0 \times 10^{-6} \times 2.1 \times 10^5 \times 1)\,\text{MPa} = 2.5\text{MPa}$)。因此在设计受热设备的支座时，总是仅将 1 个支座做

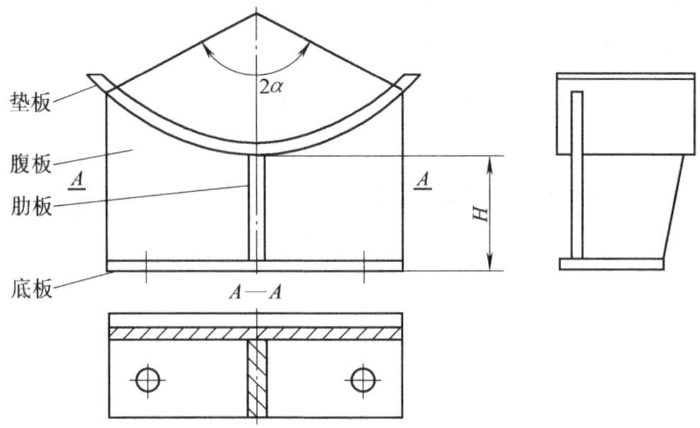

图 6-28　鞍式支座

成固定的，而其余做成活动的。在安装活动鞍座时，每个地脚螺栓都有 2 个螺母，第一个螺母拧紧后，倒退一圈，然后再用第二个螺母锁紧，使鞍座能在基础面上自由滑动。活动支座底板下面必须安装基础底板，基础底板必须保持平整光滑，以保证设备在温度变化时能够自由伸缩。

《鞍式支座》(JB/T 4712—1992)，其直径范围 $DN=159\sim4000$mm。对于同一个公称直径分轻、重型两种结构形式，由于轻、重型支座的几何尺寸和肋的个数有区别，因而就有不同的承载能力。轻型可以满足一般容器的使用要求：重型可以满足换热器、介质密度较大的设备或长径比较大的设备的使用要求。

鞍式支座的选用步骤如下：①根据设备的总重量，算出作用于每个鞍座的实际负荷 Q；②根据设备的公称直径和支座高度，从《鞍式支座》中可查出轻型(A 型)和重型(B 型)2 个允许负荷值[Q]；③按照允许负荷等于或略大于计算负荷(即[Q]$\geqslant Q$)的原则选定轻型或重型。如果计算负荷超过重型鞍座的允许负荷值时，则需加大腹、肋板厚度。

6.7　压力容器的破坏

6.7.1　压力容器设计中的问题

6.7.1.1　压力容器的应力分类及限制

常规的设计方法是以组成容器的各种壳体作为部件(如筒体和封头)，以壳体中的薄膜应力为基本依据分别按部件进行设计；而对其他局部应力(如边缘应力等)，只以应力增强系数的形式引入计算公式，并与薄膜应力取统一的强度判据。实际上，当局部应力达到屈服点时，容器大部分地区的应力仍处于弹性阶段，不会引起容器的整体破坏。这种对不同性质的应力取统一强度判据的方法虽简便易行，但却使容器大部分材料不能得到充分利用。

为适应石油、化工以及原子能工业迅速发展的需要，近年来对压力容器的理论和实验应力分析技术进行了更加广泛深入地研究，由于弹塑性理论的进一步发展，电测和光弹性应力测量技术的不断发展完善，特别是电子计算机技术在应力分析中的应用，因而能够对压力容器各部分的受力和变形情况作出符合实际的分析，有了比较精确的应力解。结合压力容器试验和使用过程中积累的经验，就可以进一步将容器中的应力进行分类，根据各类应力对容器强度影响的程度，采用不同的强度判据，使容器既能安全可靠的工作又能充分地发挥材料的潜力。

对容器进行详细地应力分析，并将应力进行分类，对各类应力采用不同的限制，这就是近年来出现的以应力分析为基础的新的容器设计规范的基本思想。

1. 应力分类

容器在外载荷作用下，各个部件中产生的应力按其性质可分为一次应力、二次应力和峰值应力。

(1) 一次应力(符号 p)：一次应力又叫“基本应力”。它是由外载荷引起的，是结构在载荷作用下为了保持平衡所必须的。它分布在容器各部件的整体或大部分区域上，因此，当一次应力的“相当应力”达到或超过屈服点时，将引起过度的变形而导致容器破坏。

一次应力按其沿容器壁厚方向分布的均匀程度又分为一次薄膜应力和一次弯曲应力。

一次薄膜应力(符号 p_m)是沿着厚度方向均匀分布的应力，如圆筒壳在内压作用下产生的薄膜应力即属此类。它分布在整个壳体上，对容器强度的危害性最大。当一次薄膜应力达到屈服点时，整个容器便发生屈服。

一次弯曲应力(符号 p_b)是扣除一次薄膜应力后，在厚度方向成线性分布的一次应力。平板封头内的应力和与容器相邻的结构物质量在容器上引起的弯曲应力等均属此类。这类应力对容器强度的危害性没有一次薄膜应力那样大，因为当最大应力进入屈服状态时，其他部分仍处于弹性状态，能继续承受载荷。这时应力将重新分布，所以对于一次弯曲应力可以应用极限设计的概念进行分析，允许它有较高的许用应力。

在某些设计规范中除了上述两种一次应力外，还有一种叫局部薄膜应力(符号 p_L)。它是指在局部范围内由内压力或其他机械载荷引起的薄膜应力，例如圆筒壳在边缘力和边缘力矩作用下产生的沿厚度均匀分布的周向应力。由于这种应力的局部性，故也允许它有较大的许用应力。这类应力具有二次应力的特征，但从保守角度考虑，仍将其划为一次应力。

（2）二次应力（符号 Q）：二次应力是由于相邻部件的约束或结构自身约束（指超静定的多余约束）所引起的应力。它是满足相邻部件的变形协调条件所必须的。这种应力组成了一个平衡力系，例如圆筒壳与平板封头连接时，在边缘区域由弯矩 M_x，M_0 引起的边缘应力即为二次应力。

二次应力的另一个特征是它的局部性，它的分布区域比一次应力小，其分布区域的范围与 $\sqrt{R\delta_n}$ 为同一量级。其中 R 为壳体平均半径，δ_n 为壳体名义壁厚。

由于这种应力是变形受到某种限制引起的，因此当应力达到屈服点时，所受的限制就大大减小，应力和变形会得到一定程度的缓和，所以二次应力又叫自限性应力。

在容器的设计中是根据安定性的概念对二次应力的许用值加以限制。

（3）峰值应力（符号 F）：扣除了薄膜应力和弯曲应力（包括一次应力和二次应力）后，沿壁厚方向呈非线性分布的应力叫做峰值应力，例如从壳体与接管处（内角或外角）最大应力中扣除沿壁厚均匀分布和成线性分布的数值后，剩余的部分就是峰值应力。这类应力发生在载荷、结构形状突然改变的局部区域。它的基本特征是：应力分布区域很小，其区域范围约与容器壁厚 δ_n 同一量级，它不会引起整个结构的任何明显地变形，只是导致容器产生疲劳破裂和脆性破坏的可能来源之一。因此，在一般设计中不予考虑，只在疲劳设计时才加以限制。

2. 对各类应力的限制

在采用应力分析法的计算中，目前各国都采用第三强度理论来计算各类应力的“相当应力”σ_{eq}^3，然后根据各类应力对容器强度危害程度，对 σ_{eq}^3 加以限制。

各国压力容器设计规定中，对各类应力的“相当应力”的限制如下：①一次应力中的薄膜应力 p_m 的“相当应力”应小于许用应力$[\sigma]$；②一次应力中的局部薄膜应力 p_L 的“相当应力”应小于 $1.5[\sigma]$；③一次应力中的薄膜应力 p_m 或局部薄膜应力 p_L 与弯曲应力 p_b 之和，即 p_m（或 p_L）$+p_b$ 的“相当应力”应小于 $1.5[\sigma]$；④一次应力中的薄膜应力 p_m 或局部薄膜应力 p_L 和弯曲应力 p_b 与二次应力 Q 之和，即 p_m（或 p_L）$+p_b+Q$ 的“相当应力”应小于 $3[\sigma]$；⑤一次应力包括薄膜应力、弯曲应力与二次应力及峰值应力之和，即 p_m（或 p_L）$+p_b+Q+F$ 的“相当应力”不能超过由疲劳曲线所确定的疲劳许用应力（疲劳设计时才需进行此项校核）。

应当注意上述有关各类应力的符号如 p_m、p_L、p_b、Q 和 F 等都不是一个量，而是代表 σ_θ、σ_φ、σ_γ、$\tau_{r\theta}$、$\tau_{\theta\varphi}$、$\tau_{\varphi r}$6 个应力分量，不能将它们与有关的

“相当应力”混淆起来。若要计算某一类应力的“相当应力”必须先算这一类应力的3个主应力，然后根据第三强度理论的“相当应力”公式：$\sigma_{eq}^{3}=\sigma_1-\sigma_3$ 算出“相当应力”，才能根据上述规定与许用应力进行比较。

上述限制一次应力中的薄膜应力的“相当应力”小于许用应力$[\sigma]$，这是遵循弹性失效的设计准则。对一次应力中的局部薄膜应力或弯曲应力的限制，是遵循塑性失效的设计准则，由于局部薄膜应力只发生在局部地区，弯曲应力沿壁厚成线性分布，因此当最大应力达到屈服点时，只能引起容器局部发生屈服，其他大部分仍处于弹性状态。处于弹性状态的材料将限制已屈服的局部区域的应力和变形继续增长，所以局部屈服不会导致整个容器失效，对于局部薄膜应力和弯曲应力应采用塑性失效的设计准则。

对于二次应力的限制是根据容器安定性的要求决定的。只要名义应力$\leqslant 2\sigma_s$，仅在初始阶段产生一些塑性变形，以后则完全按照弹性规律变化，不会发生反复的塑性变形，即处于安定状态。而$2\sigma_s=2(n_s[\sigma])$，一般取屈服强度的安全系数$n_s=1.5$，所以$2\sigma_s=3[\sigma]$，这就是限制二次应力的“相当应力”小于$3[\sigma]$。

6.7.1.2　压力容器的低循环疲劳

压力容器的设计与研究，多年来都是按静载荷的条件考虑的，即认为容器中所受的应力不随时间而变化。实际上容器在交变载荷作用下运转的情况是经常发生的，例如频繁地开、停车操作过程中周期性的温度变化和压力波动等。在交变载荷作用下，压力容器某些局部高应力区域，如开孔接管周围、支承部位以及局部结构不连续等处受力最大的晶粒将会产生滑移并逐渐发展成微小裂纹，裂纹两端不断扩展，最后导致容器的泄漏甚至破裂，容器在交变应力作用下的破坏称为疲劳。从上述可知，疲劳破坏的实质是裂纹的形成和裂纹的扩展。过去在进行压力容器设计时，由于设计应力低(因安全系数高)所用材料的韧性好，疲劳破坏不是主要问题。近年来，随着石油、化工、原子能工业的迅速发展，要求压力容器大型化，为了节省钢材并减轻容器质量，广泛采用了高强度钢，并普遍降低了安全系数，从而提高了设计应力，使高应力区的峰值应力更高；同时高强度钢在焊接过程中又容易产生裂纹等缺陷，这便增加了疲劳破坏的可能性。据统计，国外压力容器在使用期间的破坏大多数是由于疲劳裂纹扩展引起的，所以许多国家对压力容器的疲劳研究极为重视。近年来不少国家将以疲劳分析为基础的设计方法引入了有关设计规范中。

疲劳问题可分为高循环疲劳和低循环疲劳。在使用期内，应力循环次数超过10^5次的称作高循环疲劳；循环次数在$10^2\sim10^5$次范围内的称作低循环疲劳。压力容器在使用期内应力循环次数很少有超过10^5次的，通常几千次，属于低循环疲劳。

一般情况下交变应力随时间而变化如图 6-29 所示。

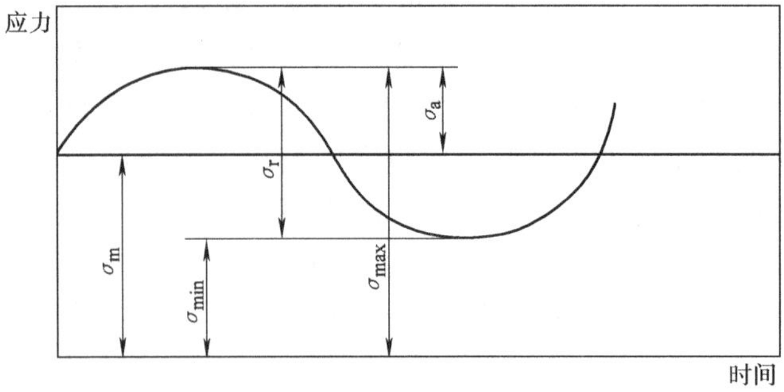

图 6-29　交变应力的变化

图 6-29 中，σ_{max}为循环期间的最大应力值；σ_{min}为循环期间的最小应力值；σ_m为平均应力；

$$\sigma_m=\frac{\sigma_{max}+\sigma_{min}}{2}$$

式中，σ_r 为应力范围，$\sigma_r=\sigma_{max}-\sigma_{min}$；$\sigma_a$ 为交变应力幅，$\sigma_a=\frac{\sigma_{max}-\sigma_{min}}{2}$，是应力范围的一半。当$\frac{\sigma_{min}}{\sigma_{max}}=-1$，即 $\sigma_m=0$，属于对称应力循环。疲劳试验曲线都是在对称应力循环的条件下获得的。当$\frac{\sigma_{min}}{\sigma_{max}}=1$，即 $\sigma_a=0$，此时应力不随时间而变化，为静应力情况。

6.7.1.3　压力容器的脆性断裂

按常规的设计方法，采用满足传统的塑性和韧性指标的材料制成的压力容器，有时并不能保证其安全使用，也会发生意外的脆性断裂。由于这种破坏是在工作应力低于屈服点的情况下发生的，故称作压力容器的低应力破坏。它是在没有大塑性变形预兆的情况下发生的，因而其后果是极其严重的。是什么因素造成了塑性材料制成的压力容器脆性断裂？低应力断裂事故的分析表明：压力容器的脆性破坏是由于容器内部存在裂纹，在外力作用下迅猛扩展造成的，因为在原材料的生产和容器的制作过程中，裂纹或缺陷是不可避免的。此外，在容器使用过程中还会发生腐蚀裂纹和疲劳裂纹。常规的设计方法认为材料是完全均匀连续的，所应用的强度和塑性数据（如强度限、屈服点、冲击韧性、伸长率等）又都是采用光滑试件的试验取得的，因此各国压力容器规范都作出明确规定：不允许容器中存在裂纹，若发现裂纹，不论裂纹大小，必须返修或报废。事实上，由于目前检测技术的限制，容器焊缝即使作了 100% 检测，也会有漏检，甚至较大裂纹也会被漏检，而且疲劳裂纹与腐蚀裂纹是在容器使用期内逐渐形成和发展的，因此应对大多数压力容器进行研究，区分哪些裂纹是允许存在的，哪些是不允许存在的，从而规定出裂纹尺寸的许用界限，而不是像原有压力容器规范那样对带有裂纹的部件一律采取否定态度。近 20 年来，以研究结构材料在外载荷作用下的裂纹扩展规律而兴起的断裂力学，为压力容器判废标准开创了新的途径。

6.7.1.4　压力容器的蠕变问题

在外力作用下金属的变形随时间的增长而增长，这种现象称做蠕变。

一般情况下，当使用温度 $T_{使用}$(K,热力学温度)与金属自身的熔点 $T_{熔}$(K,热力学温度)符合下列关系时

$$T_{使用} > (0.25 \sim 0.35)T_{熔}$$

金属就会在外载荷作用下发生蠕变。

按现有的压力容器设计规范，在解决蠕变问题时，采用的是一种简单的处理办法：在确定许用应力时，用蠕变极限(在 10 万小时产生 1% 的应变时的应力)或持久强度极限(经 10 万小时破坏的应力)除以安全系数，取其中较小值作为许用应力，而容器本身计算仍按弹性范围的强度公式进行。显然，利用这种办法来确定容器壁厚所考虑的因素是不全面的。它没有注意到容器连接处或支承处的局部应力，焊缝处的残余应力，而这些部位由于应力大将引起很高的蠕变速度。此外，将使用期固定为 10 万小时也不尽合理，例如核动力设备要求设计寿命为 30 万小时，而有些设备却不到 10 万小时。因此必须对在高温下使用的压力容器的蠕变性能进行具体地研究，以便寻求一个既安全又经济合理的设计方法。

6.7.2　压力容器的破坏

压力容器主要的破坏形式有延性破坏、脆性破坏、疲劳破坏和蠕变破坏。

6.7.2.1　延性破坏

延性破坏是材料承受过高的压力，以至超过了它的屈服点和强度极限，因而使它产生较大的塑性变形，最后发生破坏的一种形式，一般事故多属于这一类型。

由于圆筒形容器受力后的周向应力比轴向应力要大1倍，并且容器端部受到封头约束，所以一般总是压力容器的压力变大，周向发生较大的残余变形，呈两头小、中间大的鼓形，其周长伸长率通常可达 10% ~20%，容积增长率也可以超过 10%。

容器断口多与轴向平行，呈撕断状态，一般呈暗灰色的纤维状，断口不平齐与主应力方向成45°，将破坏部分拼接时，沿断口线有间隙。

容器破坏时不发生碎片或者仅有少量碎块，爆破口的大小视容器爆破的膨

胀能量而定。气体的膨胀能量较大，则断口较宽，特别是液化气体容器，破坏后容器内的压力下降，液体迅速气化，体积膨胀，促使裂口进一步扩大，其实际爆破压力与计算爆破压力十分接近。

6.7.2.2 脆性破坏

破坏发生在低应力状态下，绝大多数发生在材料的屈服点以下。破坏时没有或者有很少的塑性变形，有些压力容器在脆裂以后，如将碎片拼接起来，测量其周长与原来相比没有明显的变化。破裂的断口齐平并与主应力方向垂直，断面呈晶粒状的光亮，一般称为解理型断口。在较厚的断面中，还常出现人字形纹路(辐射状)，其尖端指向始裂点，而始裂点往往是缺陷或形状突变处。当加压介质为气体、液化气体时，压力容器一般都裂成碎块，且常有碎块飞出。破坏大多发生在温度较低的情况下，而且往往在室温低于容器的使用温度时或进行水压试验时发生。

脆性破坏的容器往往在一瞬间发生断裂，并以极快的速度扩展。

6.7.2.3 疲劳破坏

1. 破坏特征

疲劳破坏是材料经过长期的交变载荷后，在比较低的应力状态下，没有明显的塑性变形而突然发生的损坏。疲劳破坏一般是从应力集中的地方开始，即在容易产生峰值应力的开孔、接管、转角以及支承部位处。受交变压力作用的高应力区，当材料所受的应力超过屈服极限时，能逐渐产生微小裂纹，裂纹两端在交变应力作用下不断扩展，最后导致容器的破坏。疲劳破坏时的应力一般都低于材料的抗拉极限。疲劳破坏不产生脆性破坏那样的脆断碎片。

2. 有关防止疲劳破坏的设计问题

容器疲劳破坏的发生，是由于交变载荷以及局部应力过高所引起的。为防止这类事故，除了在运行中尽量避免不必要的频繁加压、卸压和悬殊的温度变化等不利因素外，更重要的还在于设计压力容器时应采取适当的措施。尽可能降低局部峰值应力并使其不超过材料的持久值，对于某些压力容器，要求使用寿命超过 10^6 以上的循环次数，此时应以材料的持久极限作为设计依据。但对绝大多数压力容器来说，即使压力温度波动比较频繁，其循环次数也不会超过 10^5，所以要合理选用这些压力容器的许用应力，就必须知道材料在循环次数为 $10^2 \sim 10^5$ 时不发生疲劳破坏的最大应力值，即所谓有限的持久极限。为防止压力容器发生疲劳破坏，有关方面作了不少试验研究工作，包括材料的低循环疲劳破坏应力、不同的交变载荷对它的影响、压力容器存在缺陷的影响、器壁开孔和接管的疲劳试验、循环次数的计算方法等。这些研究工作，对于频繁间歇操作、压力波动的幅度和频率都较大或器壁厚度相差较大的压力容器来说，是很有价值的。大多数的压力容器，因为它们的载荷变化次数较少(一般不超过1000次)，没有必要进行疲劳破坏分析。如有裂纹，可通过断裂力学作探讨研究，估计压力容器的使用寿命。

6.7.2.4　蠕变破坏

1. 破坏特征

材料在高于一定温度下受到外力作用，即使内部的应力小于屈服强度，也会随时间的增长而缓慢产生塑性变形，即蠕变。产生蠕变的材料，其金相组织有明显的变化，如晶粒粗大珠光体的球化等，有时还会出现蠕变的晶界裂纹。碳钢温度超过300～400℃这个阶段时发生蠕变。蠕变破坏的发生，需经过较长一段时间的高温下的外力载荷，破坏应力低于材料在使用温度下的强度极限压力容器发生蠕变破坏时，具有比较明显的塑性变形，变形量的大小视材料的塑性而定。

2. 防止蠕变破坏的措施

设计时，根据压力容器的使用温度，选用合适的材料。

制造中进行焊接及冷作加工时，为不影响材料的抗蠕变性能，应防止材料产生晶间裂缝。运行中必须防止容器局部过热。

6.8　压力容器的制造

6.8.1　对材料的要求

制造压力容器用的材料多种多样，但到目前为止，使用得最多的还是钢材。我国也和许多工业国家一样制定了许多容器用钢的标准，其中最常用的有《压力容器用碳素钢和低合金钢厚钢板》(GB 6654—1996)等。我国压力容器用钢在钢号的末尾加上一个“R”字母，以表示压力容器用钢。

压力容器用钢板比一般的钢板要求更严。主要体现在：对化学成分的要求较严，抽样检验率较高，在力学性能中增加了冲击值的要求等。

6.8.1.1　压力容器用钢的基本类型

我国压力容器用钢的生产已有多年的历史，现已形成三大基本类型，即碳素钢、低合金钢和高合金钢三大系列。

1. 碳素钢

碳素钢强度较低而延性和可焊性好，能适应压力容器制造的各种需要。常用的有普通碳素结构钢Q235系列和优质碳素结构钢20R。Q235系列用于压力容器的主要有Q235—AF和Q235—A这两种牌号。它们实际上不是压力容器用钢，但因使用经验丰富、价格低廉、来源广泛至今仍在使用。20R是在优质碳素结构钢20钢的基础上发展起来的压力容器用钢，主要对硫、磷等有害元素的控制更加严格，对钢材的表面质量和内部缺陷的要求也较高。Q235 系列钢出厂时只保证力学性能，不保证化学成分，而对于 20R 两者均要保证。

2. 低合金钢

加入少量合金元素，如 Mn、V、Mo、Nb 等，可显著地提高钢的强度而成本增加不多。同时，低合金钢的低温韧性和高温强度明显优于碳素钢。采用低合金钢不仅能减小壁厚，而且可以扩大应用范围。常用的低合金钢有增加强度的 16MnR、15MnVR、15MnVNR、18MnMoNbR 等，用于低温（<20℃）的 16MnDR、15MnNiDR 和 09MnNiDR（D 表示低温）等，以中温应用为主要目的的 15CrMoR、16MoR 等。

3. 高合金钢

压力容器用高合金钢仅限于低碳和超低碳钢，目的主要是抗腐蚀、抗高温氧化和耐高温。主要有铁素体不锈钢 0Cr13、奥氏体不锈钢 0Cr19Ni9N、0Cr18Ni10Ti 和 00Cr19Ni10，以及奥氏体—铁素体双相不锈钢 00Cr18Ni5Mo3Si2 等。

6.8.1.2 对压力容器用钢的基本要求

压力容器用钢的要求主要体现在三个方面：化学成分、力学性能和工艺性能。

1. 化学成分

钢材离不开化学成分问题，但化学成分控制较严是容器用钢的重要特点。化学成分的变化对钢材的基本力学性能（如强度及塑性、韧性等）有较大影响，对热处理效果也有较大影响。碳含量偏高能使强度提高，但会导致可焊性变差，焊接时易在热影响区出现裂纹。磷、砷、锑、锡等元素含量虽微，但必须严加控制，否则会加剧回火脆性，即在回火温度区间脆性上升，同时引起时效效应，材料变脆，都会导致增加发生裂纹和引起脆性破坏的可能性。钼元素能提高钢的高温强度，但含量超过 0.5% 时会影响可焊性。硫和磷是钢中最主要的有害杂质元素。硫能促进非金属夹杂物的形成，降低钢的塑性和韧性；磷会增加钢的脆性。因此，压力容器用钢对硫和磷等有害杂质元素的含量应有严格控制。

2. 力学性能

材料的力学性能是指强度、塑性和韧性。

(1) 抗拉伸强度：强度是衡量材料抵抗外载荷能力大小的力学指标。通常用拉伸式样测得的抗拉强度 σ_b 屈服点 σ_s（或屈服强度 $\sigma_{0.2}$）。这两个指标可表征材料的强度，也是容器设计计算中用以确定许用应力的主要依据。屈服点 σ_s 与 σ_b 之比称为屈强比，屈强比可反映材料屈服后强化能力的高低。高强钢的屈强比数值较高，可达 0.8 以上，而低强度钢的屈强比可低到 0.6 以下。屈强比越低表示屈服后仍有较大的强度裕量。

（2）塑性：由于容器制造中采用冷作弯卷成型工艺，要求材料必须具备充分的塑性。通常用以衡量材料塑性的指标是断后伸长率 δ_5 及断面收缩率 ψ，均可在拉伸试验中同时测得。化工容器应选用 $\delta_5=15\%\sim20\%$ 以上的材料来制造。但更能直接反映钢板冷弯性能的则是冷弯试验，即对某一厚度的钢板采用某一直径的弯芯作常温下的弯曲试验，规定在冷弯试验180°之后不裂方可用于制造容器。

（3）韧性：韧性是材料对缺口或裂纹敏感程度的反映。韧性好的材料即使存在宏观缺口或裂纹而造成应力集中时也具有相当好的防止脆性断裂和裂纹快速失稳扩展的能力。韧性对压力容器材料是十分重要的，是压力容器用钢的必检项目。塑性好的材料一般韧性也好，但塑性并不等于韧性。

（4）冲击韧度：这是衡量材料韧性的指标之一，可用带缺口的冲击试样在冲击试验中所吸收的冲击功数值 α_K 作为冲击韧度。我国以往沿用梅氏U形缺口试样并不能很好反映材料在缺口冲击试验中的敏感性，近年来趋向于采用国外已使用多年的夏比V形缺口冲击试验的冲击功指标 A_{KV}，它能更好地反映材料的韧性，而且对温度也很敏感。目前我国在容器标准中已明确提出在低温下必须采用夏比（V形缺口）试验来测得冲击功指标。

（5）韧脆转变温度：在不同温度下测定出一系列的冲击韧度，可以发现材料在某一温度区间随温度降低而韧度值突然明显下降，从而可得出该材料的韧脆转变温度，以便确定材料的最低使用温度。

（6）断裂韧度：材料的冲击韧度可指导选材工作，但冲击功不能用于设计计算，而且许多压力容器的脆性断裂事故也可以在塑性与冲击值足够的情况下发生。为了能更科学地判断容器万一存在较大宏观缺陷特别是裂纹性缺陷时是否会发生低应力脆断，引入断裂力学中的断裂韧度指标用于压力容器的防脆断设计或安全评定。目前用得较多的是应力强度因子临界值 K_{IC} 和裂纹尖端张开位移（COD）临界值 δ_C。这些断裂韧度值可以衡量材料的韧性情况，即可看出存在裂纹时材料所具有的防脆断能力。但目前尚未列入容器标准之中，因为还未有公认的应满足的断裂韧度指标值。另一方面，若有 K_{IC} 或 δ_C 的可靠数据，便可对缺陷作出定量的安全分析。断裂韧度试验测定时要注意试件的约束条件，这与冲击韧度测试的要求有所不同。

（7）疲劳特性：材料的疲劳寿命，即在达到断裂时所能承受的应力循环数，主要与外加交变应力的应力幅有关，同时平均应力也有重要影响，并且数据的分散性很大。

其他的力学性能还有持久强度（σ_D）、蠕变极限（σ_n）和疲劳极限（σ_{-1}），这里就不一一介绍了。

3. 工艺性能

钢材的制造工艺性能包括：可锻性，可焊性，切削加工性，研磨、冲击性能及热处理性能等。对压力容器用钢，其中焊接性能和加工性能显得更为重要。

一般来说，钢材强度越高，焊接热影响区的硬度也越高，出现焊接裂纹的可能性也就越大。为了保证钢材的焊接性能，必须对其含碳量或碳当量加以限制。我国《压力容器安全技术监察规程》规定，用于焊接结构压力容器主要受压元件的碳素钢和低合金钢，其含碳量不应大于0.25%。在特殊情况下，如选用含碳量超过0.25%的钢材，应限定碳当量不大于0.45%。国际焊接学会推荐碳当量 C_{eq} 按下式估算：

$$C_{eq}=C+\frac{1}{6}\mathrm{Mn}+\frac{1}{15}(\mathrm{Ni}+\mathrm{Cu})+\frac{1}{5}(\mathrm{Cr}+\mathrm{Mo}+\mathrm{V})$$

式中的元素符号表示该元素在碳中的百分含量。一般认为 C_{eq} 小于0.4%时，焊接性能优良；C_{eq} 大于0.6%时，焊接性能差。压力容器用钢一般要经过焊接试验，以确定相应的焊接材料及焊接工艺。

制造过程中进行冷卷、冷冲压加工的零部件，要求钢材有良好的冷加工成型能力和塑性，其伸长率应在15%～20%以上。为检验钢板的弯曲变形能力，一般应根据钢板的厚度，选用合适的弯芯直径，在常温下做弯曲角度为180°的弯曲试验，试样外表面在弯曲试验时不应出现裂纹。

综上所述，提高强度又要有良好的塑性、韧性和可焊性，以至低温韧性，这是对压力容器用钢的基本要求。钢材出厂时，化学成分、抗拉强度(σ_b)、屈服点(σ_s)、伸长率(δ_5)、冲击吸收功(A_{KV})、180°冷弯等都是必检的项目。制造厂接受钢材来货时，必须检查钢厂的质量证明书，对制造重要压力容器的钢材还要进行复验，甚至进行100%面积的超声波检验以确定轧制质量。

6.8.1.3 压力容器用钢的选择

在进行压力容器设计选材时，要根据容器的使用环境(压力、温度、介质特性和操作特性等)和功能，综合考虑材料的化学成分、力学性能和工艺性能，同时还应注意材料的价格、来源及使用经验，要符合有关设计与材料标准的规定。

一般来说，对普通低压容器，通常采用Q235—B、Q235—C及20R等；对于直径较大的低压容器和中压容器，通常选用低合金钢，例如16MnR、15MnVR及15MnVNR等；对于直径较大的中压容器和高压容器，宜选用低合金高强钢，例如18MnMoNbR等；对于温度较高(475～540℃)的中压容器，常采用中温抗氧钢15CrMoR。

当介质腐蚀性较强时，应选用高合金不锈钢。铬钢0Cr13在室温下对稀硝酸和弱有机酸有一定的抗腐蚀性，但不耐硫酸、盐酸和弱磷酸等介质的腐蚀。奥氏体不锈钢 0Cr18Ni9 在氧化性酸和大气、水、蒸汽等介质中有较好的耐酸性，但长期在水及蒸汽中工作时，有晶间腐蚀倾向，并且在氧化物溶液中易发生应力腐蚀开裂。0Cr18Ni10Ti 具有较高的抗晶间腐蚀的能力，可在 -196 ~ 600℃ 范围内长期使用。00Cr19Ni10 为超低碳不锈钢，具有更好的耐蚀性。奥氏体—铁素体双相不锈钢 00Cr18Ni5Mo3Si2 具有良好的耐应力腐蚀和小孔腐蚀的性能，可用于制造介质中含有氟离子的设备。

6.8.2　制造公差要求

制造公差主要是用来控制容器壳体或封头在制造加工中造成的几何缺陷的，如焊缝对口错边量、角位移、圆度误差及器壁表面的凸凹不平等。

关于错边量的分析，日本采用半球形压力容器试验模型中用的 2 个焊缝错边量和角变形对疲劳寿命的影响进行试验，结果说明了错边量增加时试板断裂的循环次数减少，表 6-17 列出错边量和角变形对疲劳寿命的影响。

有几何缺陷的容器，在内压力的作用下，会出现强烈的趋圆弯矩。

表 6-17　错边量和角变形对疲劳寿命的影响

容器记号	错边量 δ_{max}	角位移 θ/mm · m^{-1}	直到泄漏循环数
A	-2.2	0	19200
B	-4.1	20	4440
C	+4.5	0	13940
D	-1.4	0	24970

根据内压模型的分析，缺陷的曲率半径越小，弯曲应力就越大，因此，不允许出现尖角形缺陷。容器壁在加工中造成的几何缺陷规定如下。

（1）焊缝对口错边量过大，不仅影响产品成形及组装水平，而且将产生过大的应力集中，也影响容器使用的安全。

1）筒体纵焊缝的对口错边量：

单层钢板（见图 6-30a）$b \leqslant 10\%\delta$，且不大于 3mm。

复合钢板（见图 6-30b）$b \leqslant 10\%\delta$，且不大于 2mm。

2）筒体环焊缝的对口错边量：

单层钢板，两板厚度相等时（见图 6-31a），$b \leqslant 20\%\delta$，且不大于 6mm。两板厚度不等时（见图 6-31b），b_1 或 $b_2 \leqslant \frac{\delta_2}{5} + \frac{\delta_1 - \delta_2}{2}$，且 b_1 或 b_2 均不大于 2mm。

复合钢板（见图 6-31c），$b \leqslant 10\%\delta$，且不大于 2mm，两筒节壁厚不等时，按其中较小者。

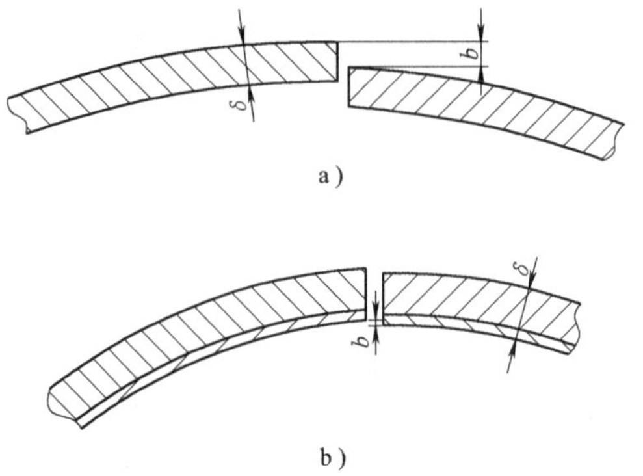

图6-30 纵缝对口错边量公差

a）单层钢板 b）复合钢板

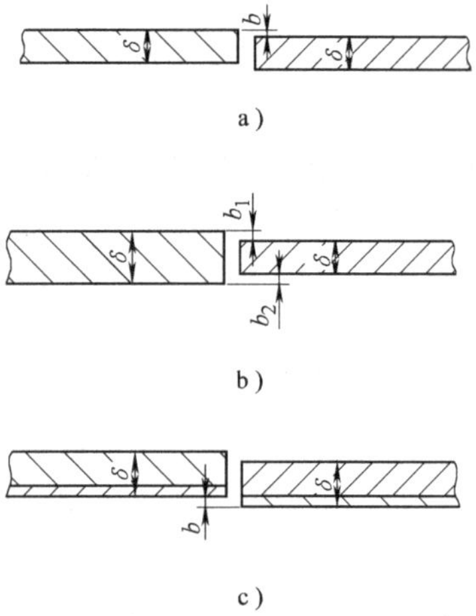

图6-31 环缝对口错边量公差

（2）对接焊缝形成的棱角 E 不得大于 $0.1S+2\text{mm}$，且不大于 5mm。检查时，纵焊缝用弦长等于筒体公称直径 D_0 的 $\frac{1}{6}$，且不小于 300mm 的外样板或内样板；环焊缝用长度不小于 300mm 的检查板。

（3）筒体同一断面上最大直径与最小直径差 e：

1）受内压：$e \leqslant 1\% D_0$，且 e 不大于 20mm。

2）受外压及真空：$e \leqslant 0.5\% D_0$，且不大于 25mm。

3）常压（0～0.07MPa）$e \leqslant 1\% D_0$。

（4）椭圆形、碟形封头主要尺寸允差按表6-18确定，亦适用于其他形式封头。

表6-18 椭圆形、碟形封头主要尺寸允差

封头公称直径 D_0	直径允差 ΔD_0	最大最小直径差 e	表面凹凸量 C	取面高度允差 Δh_1	质变高度允差 Δh_2
<800	±2	2	2	±4	+5 −3
800～1200	±3	4	3	±6	
1300～1600	±4	6	4	±8	
1700～2400	±5	8	4	±12	
2600～3000	±6	9	4	±16	
3200～4000	±6	10	4	±20	

（5）椭圆形封头、碟形封头、折边形封头的直边部分上纵向褶皱深度不得大于1.5mm。

6.9 压力容器的安全装置

6.9.1 总论

6.9.1.1 压力容器安全装置

安全装置是压力容器的安全附件之一。为了便于管理，一般将安全附件分为通用性和专用性两大类。通用性安全附件是指为满足一般机械设备的使用要求而设计和制造的装置，在压力容器上使用时无特殊要求，如一般供参数测量、控制用的压力表、温度计、液面计、水位表、警报器、紧急切断阀、减压阀、回火防止器等。专用性安全附件是指专门为防止压力容器超压、超温而设计和制造的装置，如安全阀、爆破片(帽)、易熔塞等，当压力容器中的压力超过允许值时，这些装置能自动形成泄压口，使超压或超温的操作介质及时泄放出去，以保护容器免于超压变形或爆破，这些装置称为压力容器的安全防护装置。制造专用性安全装置的单位应经国务院特种设备安全监督管理部门许可方可制造。

6.9.1.2 爆破片的选择原则

爆破片装置属于一次作用式的安全防护装置(亦称非自复位式的安全防护装置)。当爆破片爆破时，系统或容器即需要停车更换爆破片，不同于安全阀消除超压后能自动复位。为此，在下列情况下选用爆破片较为合适：

（1）压力可能急剧升高的装置，由于安全阀的惯性难以及时排除过高的压力。

（2）为避免有毒介质(或贵重产品)泄漏而需要提供一个可靠的密封装置时。

（3）工作介质为不洁净或易于结晶时。

（4）与安全阀组合使用时。

（5）对于腐蚀性大的工作介质，须用昂贵的材料(如金、银、铂金等)制造机械式安全阀，成本较高，而爆破片的成本相对较低。

（6）当气温较低影响安全阀正常工作时。

6.9.1.3 爆破片和安全阀的特点对比

爆破片和安全阀的特点对比见表6-19。

表 6-19 爆破片与安全阀特点对比

内容		对比项	爆破片	安全阀
结构形式	1	品种	多	较少
	2	基本结构	简单	复杂
适用范围	3	口径范围	$\phi3 \sim \phi1000$mm	大口径或小口径均困难
	4	压力范围	几十毫米汞柱～几千大气压力	很低压力或高压均困难
	5	温度范围	−250～500℃	低温或高温均困难
	6	介质腐蚀性	可选用各种耐腐蚀材料或可作简单防护	选用耐腐蚀材料有限，防腐蚀结构复杂
	7	介质粘稠、有沉淀、结晶等	不影响动作	明显影响动作
	8	对温度敏感性	高温动作时压力降低、低温下动作时压力升高均较敏感	不很敏感
	9	工作压力与动作压力差值	较大	较小
	10	经常超压的场合	不适用	适用
防超压动作	11	动作特点	一次性爆破	泄压后可以复位，多次用
	12	灵敏性	惯性小，急剧超压时反应迅速	不很及时
	13	正确性	一般为±5%	波动幅度大
	14	可靠性	一旦受损伤，爆破压力降低	甚至不起跳，或不闭合
	15	密闭性	无泄漏	可能泄漏
	16	动作后造成的损失	较大，必须更换后恢复生产	较小，复位后生产正常进行
维护与更换	17		简单	较复杂

6.9.2 安全阀

6.9.2.1 安全阀的动作原理

安全阀是压力容器安全装置中一种应用最广泛的形式。当压力容器中介质压力由于某种原因而升高超过规定值时，阀门自动开启，继而全量排放，以防止压力继续升高；当介质压力由于安全阀的排放而降低，达到另一规定值时，阀门又自动关闭，阻止介质继续排出。当介质压力处于正常工作压力时，阀门保持关闭和密封状态。

为了说明安全阀的动作原理，我们以使用最为广泛的弹簧载荷式安全阀作为例子。图6-32是这类安全阀的示意图。

当被保护系统（即阀门进口处）介质处于正常工作压力时，由于弹簧载荷的作用使阀门处于关闭状态。此时，作用在阀瓣的作用力是上述两个作用力之差造成，使阀瓣和阀座（统称为关闭件）密封面相互压紧的力。单位密封面积上的压紧力称为比压力。只要这个比压力足够大，就能阻止介质泄出，使阀门关闭件达到必要的密封性。如果被保护系统中介质压力升高，超过正常工作压力时，关闭件密封面上的比压力就随之减小。比压力小到一定程度时，介质就开始通过关闭件密封面间的间隙向外泄漏，这就是所谓“前泄”现象。随着压力进一步升高，阀瓣开始脱离阀座而升起。压力继续升高时，阀门完全打开，达到规定的开启高度。只要阀的排放量足够大，系统中的压力将降低。当压力降低到一定值时，由于弹簧力的作用使阀门重新关闭。

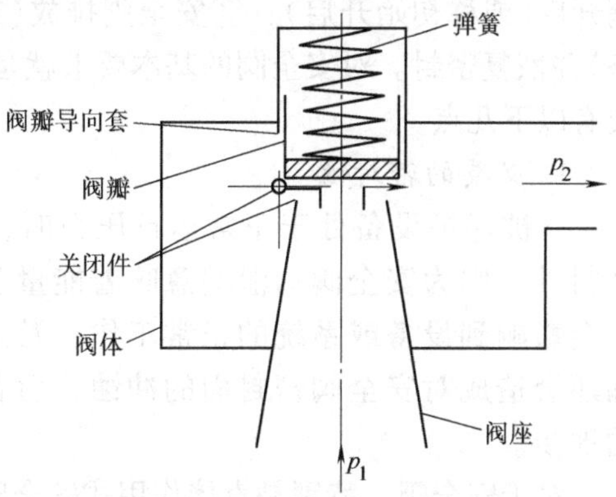

图6-32　安全阀示意图

重锤式或杠杆重锤式安全阀的动作原理与弹簧载荷式安全阀基本相同。所不同的是作用在阀瓣上的外加载荷不是由弹簧而是由重锤或者借助于杠杆来提供的。

先导式安全阀的动作原理则与此不同，这种安全阀由主阀和导阀（亦称副阀）组成。导阀随被保护系统压力的变化而动作，主阀则由于导阀动作的驱动或控制而动作。

6.9.2.2　安全阀的种类

安全阀的种类颇多，其分类方法也不一而足。

（1）按作用原理可分为直接作用式安全阀和非直接作用式安全阀，其中非直接作用式安全阀又可区分为先导式安全阀和带动力辅助装置的安全阀。

（2）按动作特性可分比例作用式安全阀和两段式安全阀。

（3）按开启高度可分为微启式安全阀、全启式安全阀和中启式安全阀。

（4）按有无背压平衡机构可分为背压平衡式安全阀和常规式安全阀。

（5）按加于阀瓣载荷形式可分为重锤式安全阀及杠杆重锤式安全阀、弹簧式安全阀和气室式安全阀。

6.9.2.3　对安全阀的基本要求

安全阀是一种用来防止受压设备中压力超过允许值的安全保护装置。它的这种功能是通过下列动作过程来实现的：①安全阀处于关闭密封状态；②安全阀开启（或称初始开启）；③安全阀排放（或称开启）；④安全阀关闭（或称回座）并恢复密封。对安全阀的基本要求就是同上述动作过程联系在一起的，主要有以下几点。

1. 必要的密封性

当被保护设备处于正常运行压力时，关闭状态的安全阀应具有必要的密封性。因为安全阀的泄漏意味着能量和介质的持续损耗。过大的泄漏甚至会影响到设备或系统的正常工作，乃至于迫使装置停止运行。持续的泄漏还会造成对安全阀密封面的冲蚀，后者使泄漏加剧，以致达到不可收拾的地步。

对于安全阀，特别是直接作用式安全阀，使其关闭件保持密封比截止阀要难得多。这是因为其关闭件密封面之间相互压紧的力是一个较小的有限值。这个力由阀门整定压力（即开启压力）同设备运行压力的差值决定，并在有关规范或标准中加以规定的，通常是一个不大的值。因此，对于安全阀特别是金属密封面的安全阀来说，要达到安全无泄漏，是很难实现的。所谓必要的密封性，实际上是指泄漏率小到可以忽略不计罢了。

对安全阀密封性的要求也依其使用场合不同而有所区别。压力容器用安全阀的密封性要求通常在相应的规范或标准中加以规定。

2. 可靠的开启

当进口压力达到预先整定的压力值时，安全阀应及时开启（初始开启）。开启压力对整定值的偏差应在规定的范围内。这个允许偏差亦在有关规范或标准中作了规定。

3. 及时稳定地排放

当阀前压力超过整定压力一个不大的值时，安全阀应达到规定的开启高度，进入稳定排放状态。排放压力（全开启压力）应小于标准规定的极限值，否则安全阀就起不到安全保护作用。排放应是稳定的，即没有频跳、颤振、卡阻等现象。因为这些不良现象会导致安全阀排放能力降低，并可能损坏关闭件密封面，在用于液体介质时还会引起被保护系统内很大的压力波动，以至造成水击现象。

4. 适时的关闭

由于安全阀排放而使系统中压力降低之后，安全阀应适时地关闭（即回座）。回座压力过低意味着能量和介质的过多损耗，并给系统恢复正常运行带来困难。但回座压力也不宜过高。当回座压力高到接近开启压力时，容易导致阀门重新开启，造成阀门频跳，回座压力过高也不利于关闭后重新建立密封。在有关规范或标准中通常也对回座压力的适当范围作了规定。

5. 关闭后的密封

阀门关闭后，应能有效地阻止介质继续流出，重新达到密封状态。安全阀动作之后重建密封，比维持既有密封状态更加困难，所以，安全阀往往容易在动作之后降低以致失去密封性。关闭后能否建立密封与许多因素有关。例如，上面所述回座压力的高低就是影响因素之一。关闭过程的动作特性也直接影响到关闭后的密封。迅速有力地回座自然比逐渐、缓慢地回座更有利于密封的建立。此外，介质状况也是影响密封建立的重要因素。介质中含有固体硬颗粒，介质排放时发生冷凝或结焦，由于高温介质排放致使关闭中温度分布状况发生变化等等，都会对关闭后的密封带来影响。应当指出，在上述对于安全阀的基本要求中，及时开启并可靠稳定地排放是首要的要求，因为安全阀防止设备过分超压的功能正是在它的排放状态发挥出来的。回座和密封等要求虽然很重要，但相比之下还是第二位的。

安全阀同爆破膜、易熔塞之类只能使用一次的安全装置不同，是一种可以多次使用的安全装置，因而还要求其动作性能具有满意的重复性。当然，这是指在相同运行条件下的重复性。在有关安全阀试验的标准中，通常要求对同一工况条件的动作试验至少进行3次，就是为了确认安全阀动作的重复性。

6.9.3　爆破片

爆破片是高压密闭装置(压力容器、设备及管道)防超压的安全附件之一。其作用犹如电器设备上的保险丝，本身的破坏保护了设备整体的安全。

6.9.3.1　爆破片动作原理

爆破片在设备处于正常操作时是密闭的。一旦超压，膜片本身立即爆破，超压介质迅速泄放，直至与环境压力相等，从而保护装置本身免受损伤。

爆破片爆破动作与其基本结构有关，一般可分为三种动作形式，即爆破形式、触破形式和脱落形式。

图6-33为爆破片动作原理示意图。图6-33a所示膜片破坏时的动作是一种典型的爆破形式。爆破前膜片受拉应力，当内部介质超压

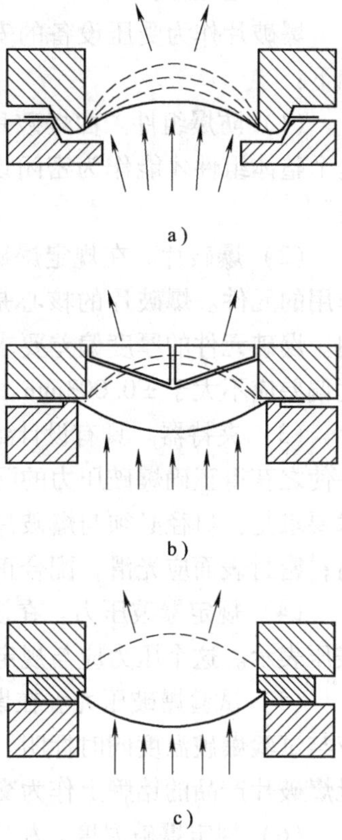

图6-33　爆破片动作原理

达到爆破片的规定爆破压力时，膜片因过度塑性变形而破裂。图6-33b是一种触破形式的爆破片，膜片受压应力，内部超压达到规定爆破压力时，因弹性压缩而翻转，由于边缘夹持，当翻转同时即触及刀刃而割破。如果边缘是铰支的，如图6-33c所示，膜片翻转即脱落，成为一种脱落形式的破坏动作。

6.9.3.2 爆破片的分类

根据爆破元件材料、成品外观、破坏动作与受力形式的不同，将爆破片作简单分类：

（1）按爆破元件材料可分为金属爆破片和非金属爆破片。

（2）按成品外观可分为预拱型爆破片、反挠型爆破片和平板型爆破片。

（3）按破坏动作可分为爆破型爆破片、触破型爆破片和脱落型爆破片。

（4）按受力形式可分为拉伸型爆破片、压缩型爆破片、剪切型爆破片和弯曲型爆破片。其中拉伸型爆破片又可分为单片式爆破片和组合式爆破片；压缩型爆破片又分为带刀刃式爆破片、刻槽式爆破片、带颚齿式爆破片和压缩脱落式爆破片。

6.9.3.3 主要技术术语

爆破片作为受压设备的安全附件有其特有的技术术语，其主要术语定义如下：

（1）防爆组件。由爆破片、夹持器（或支撑圈）等组成的一个整体。只有这个整体组件才能作为密闭设备防超压的安全附件。国外商品名称为“安全头”。

（2）爆破片。在规定爆破片压力和爆破温度下能够迅速爆破而起到泄压作用的元件。爆破片的核心是爆破元件，能够因超压而动作，起主要爆破作用。爆破元件的厚度偏差要求不大于±3%，当厚度为0.06~0.10mm时，厚度偏差应不大于±0.003mm。

（3）夹持器。具有设计给定的排放口径，能够保证爆破片边缘牢固夹紧，并使之获得正确爆破压力的配合件。分座圈与压圈，相互配合起夹持作用。技术要求是：口径必须与爆破片一致；排放口边缘须经精确加工以形成正确的圆角；密封表面应光滑，配合正确。

（4）规定爆破压力。在规定爆破温度下设计所要求的爆破压力，通常以表压表示。这个压力应与规定爆破温度同时标明。

（5）试验爆破压力。在爆破试验时实际测量得到的爆破压力。这个压力应与试验爆破温度同时标明。通常，制造厂将几次爆破试验的平均值打印在该批爆破片产品的铭牌上作为交货时的规定爆破压力。

（6）规定爆破温度。相应于规定爆破压力的爆破片的设计温度。该温度是指爆破元件的设计壁温。

（7）试验爆破温度。在爆破试验时实际测量得到的爆破元件的壁温。该温度与试验介质温度、环境温度、爆破片装配位置和隔热情况等有关。正确的爆破压力必须对应于正确的试验壁温。

（8）爆破压力允差。试验爆破压力相对于规定爆破压力的允许偏差。我国国家标准《爆破片与爆破片装置》(GB 567—1999)规定，常温爆破试验时的压力允许偏差见表6-20。在操作温度(≥20℃)下进行爆破试验。

表6-20　爆破压力允许偏差

爆破压力 p_B/MPa	允许偏差(%)	爆破压力 p_B/MPa	允许偏差(%)
≥0.001～0.01	±50	>0.3～100	±5
>0.01～0.1	±25	>100～500	±4
>0.1～0.3	±15		

（9）爆破片制造范围。爆破片的规定爆破压力在制造时是允许在规定的范围内变动的。这是一个带有商业性的技术条件，可由供需双方协定。实际上因为工业设备并不都要求规定爆破压力是一个规定值，根据制造范围制造厂可以减少工序，降低成本，而用户可以订购便宜适用的产品。

思　考　题

1. 我国压力容器规范体系中的标准、规范有哪些？
2. 《钢制压力容器》(GB 150—2005)的适用范围是什么？
3. 具备什么条件的压力容器受《压力容器安全技术监察规程》的管理？
4. 一、二、三类压力容器是怎样划分的？
5. 压力容器设计的基本要求是什么？
6. 压力容器有几种破坏形式，简述其破坏特征？
7. 压力容器安全装置有哪些？
8. 爆破片的选用原则是什么？
9. 简述安全阀和爆破片的工作原理。
10. 分别写出液压试验、气压试验和气密试验的试验压力计算公式。
11. 简述气压试验的试验过程。
12. 压力容器压力等级是如何划分的？
13. 我国压力容器常规设计依据是什么？
14. 按压力容器在工艺过程中的作用原理分类，压力容器分为哪几类，其代号是什么？

习　　题

1. 某厂需设计一反应釜，釜内径0.8m，釜体长度2.2m，外夹套直径0.9m，釜的最高工作压力为2.4MPa，温度为120℃，夹套内通入0.6MPa的热水，计算釜体和标准椭圆封头厚度并给出釜体和夹套水压试验的试验压力。

2. 某厂需设计一精馏塔，塔体内径为1000mm，塔体长度为12000mm（不包括封头），其封头为椭圆形，直边高度为20mm，长短轴比值 $D_0/2h_0=2$。精馏塔在40mmHg（绝对压力）及100℃下操作，塔体与封头均由Q235—A钢板制成，屈服点 $\sigma_s=235\text{MPa}$。试确定：

（1）无加强圈时塔体、封头所需的壁厚；

（2）如将塔壁厚度减少一半，应在塔体外壁设置几个加强圈？

第 7 章

泄漏源及扩散模式

化工、石油化工火灾爆炸、人员中毒事故很多是由于物料的泄漏引起的。导致泄漏的原因可能是腐蚀、设备缺陷、材质选择不当、机械穿孔、密封不良以及人为操作失误等。充分准确地判断泄漏量的大小，掌握泄漏后有毒有害、易燃易爆物料的扩散范围，对明确现场救援与实施现场控制处理非常重要。这类因泄漏而导致事故的危害很大程度上取决于有毒有害、易燃易爆物料的泄漏速度和泄漏量。泄漏速度快，则单位时间内的泄漏量就大；泄漏速度慢，单位时间内的泄漏量就小。物料的物理状态在其泄漏至空气后是否发生改变，对其危害范围也有非常明显的影响。常压下为液态的物料泄漏后四处流淌，同时蒸发为气体扩散；常温下加压压缩、液化储存的物料一旦泄漏至空气中会迅速膨胀、汽化，迅速扩散至大范围空间，如液化石油气、液氨、液氯的泄漏，显然其危害范围加大。泄漏物质的扩散不仅由其物态、性质所决定，又为当时气象条件、当地的地表情况所影响。本章将对不同模式的泄漏以及泄漏后物料的扩散过程进行介绍。

7.1 常见的泄漏源

泄漏机理可分为大面积泄漏和小孔泄漏。大面积泄漏是指在短时间内有大量的物料泄漏出来，储罐的超压爆炸就属于大面积泄漏。小孔泄漏是指物料通过小孔以非常慢的速率持续泄漏，上游的条件并不因此而立即受到影响；故通常假设上游压力不变。

图 7-1 显示了化工厂中常见的小孔泄漏的情况。对于这些泄漏，物质从储罐和管道上的孔洞和裂纹，以及法兰、阀门和泵体的裂缝和严重破坏或断裂的管道中泄漏出来。

图 7-2 显示了物料的物理状态是怎样影响泄漏过程的。对于存储于储罐内的气体或蒸气，裂缝导致气体或蒸气泄漏出来。对于液体，储罐内液面以下的裂缝导致液体泄漏出来。如果液体存储压力大于其大气环境下沸点所对应的压

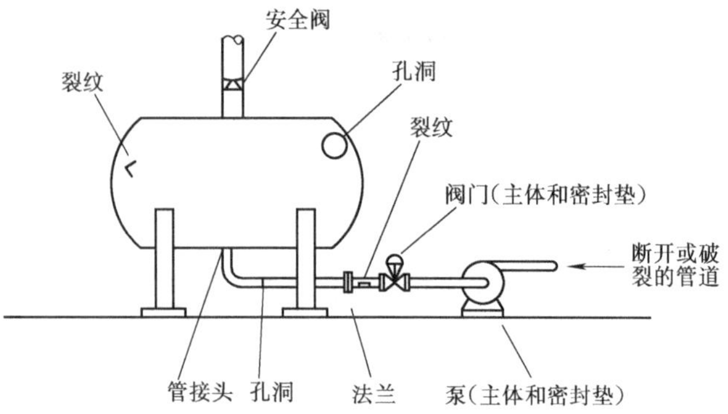

图 7-1　化工厂中常见的小孔泄漏

力，那么液面以下的裂缝，将导致泄漏的液体的一部分闪蒸为蒸气。由于液体的闪蒸，可能会形成小液滴或雾滴，并可能随风而扩散开来。液面以上的蒸气空间的裂缝能够导致蒸气流，或气液两相流的泄漏，这主要依赖于物质的物理特性。

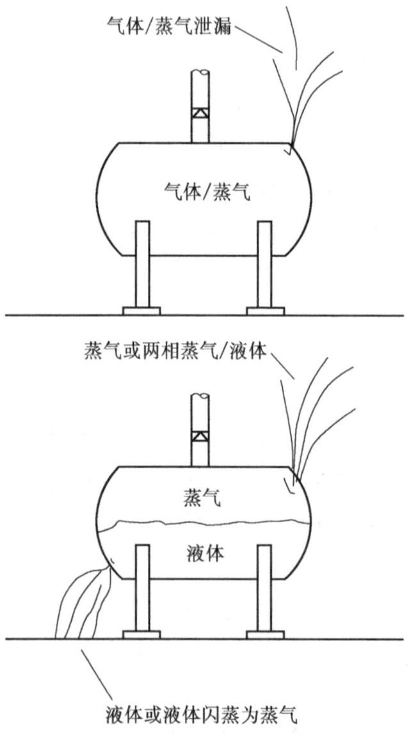

图 7-2　蒸气和液体以单相或两相状态从容器中泄漏出来

本章随后将对这些常见的泄漏作详细介绍。

7.2　液体经小孔泄漏的源模式

根据机械能守恒，液体流动的不同能量形式遵守如下方程：

$$\int \frac{\mathrm{d}p}{\rho} + \Delta\left(\frac{\bar{u}^2}{2\alpha}\right) + g\Delta z + F = -\frac{W_s}{m} \tag{7-1}$$

式中，p 是压强(Pa)；ρ 是液体密度(kg/m³)；$\bar{u}$ 是液体平均瞬时流速(m/s)；g 是重力加速度(m/s²)；z 是高于基准面的高度(m)；F 是静摩擦损失项(J/kg)；W_s 是轴功(J)；m 是质量(kg)；Δ 函数代表终止状态减去初始状；α 是无量纲速率修正系数，其取值如下：①对于层流，α 取0.5；②对于塞流，α 取1.0；③对于湍流 $\alpha \to 1.0$。

对于不可压缩液体，密度是常数，有

$$\int \frac{\mathrm{d}p}{\rho} = \frac{\Delta p}{\rho} \tag{7-2}$$

对于某过程单元上的一个小孔，如图7-3所示。当液体通过裂缝流出时，单元过程中的液体压力转化为动能。流动着的液体与裂缝所在壁面之间的摩擦力将液体的一部分动能转化为热能，从而使液体的流速降低。

对于这种小孔泄漏，假设过程单元中的表压为 p_g，外部大气压是1atm，因此 $\Delta p = p_g$。假设轴功为零，过程中的液体流速可以忽略。在液体通过小孔泄漏期间，认为液体高度没有发生变化，因此 $\Delta z = 0$。裂缝中的摩擦损失可由流出系数 C_1 来近似代替，其定义为

$$-\frac{\Delta p}{\rho} - F = C_1^2\left(-\frac{\Delta p}{\rho}\right) \tag{7-3}$$

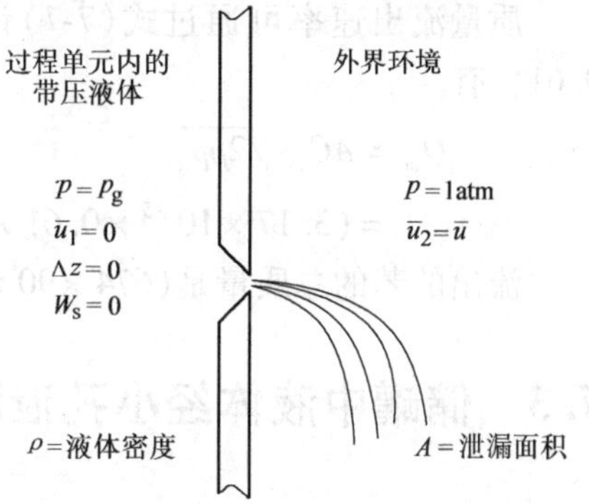

图7-3　液体通过过程单元上的小孔流出

由机械能守恒方程式(7-1)及以上假设，便可得到液体通过小孔泄漏的平均泄漏速率为：

$$\bar{u} = C_1\sqrt{\alpha}\sqrt{\frac{2p_g}{\rho}} \tag{7-4}$$

定义新的流出系数 C_0 为：

$$C_0 = C_1\sqrt{\alpha} \tag{7-5}$$

因此，得到液体通过小孔泄漏的新的平均泄漏速率计算公式为：

$$\bar{u} = C_0 \sqrt{\frac{2p_g}{\rho}} \tag{7-6}$$

若小孔的面积为 A，则液体通过小孔泄漏的质量流率 Q_m 为：

$$Q_m = \rho \bar{u} A = AC_0 \sqrt{2\rho p_g} \tag{7-7}$$

流出系数 C_0 是从小孔中流出液体的雷诺数和小孔直径的复杂函数。文献所建议的指导性经验数据：①对于锋利的小孔和雷诺数大于 30000 时，C_0 近似取 0.61；②对于圆滑的喷嘴，C_0 可近似取 1；③对于与容器连接的短管（即长度与直径之比小于 3），C_0 近似取 0.81；④当流出系数不知道或不能确定时，取 1.0 以使计算结果最大化。

[例 7-1] 下午 1:00，工厂的操作人员注意到输送苯的管道中的压力降低了，于是压力立即将压力回复为 690kPa。下午 2:30，操作人员发现了管道上一个直径为 6.35mm 的小孔并立即进行了修补。请估算流出来的苯的总质量。苯的密度按 879.4kg/m^3 计算。

解：下午 1:00 观察到的压力降低是管道上出现小孔的象征。假设小孔在下午 1:00 到 2:30 之间，即 90min 内一直存在。小孔的面积为：

$$A = \frac{\pi d^2}{4} = \frac{3.14 \times (6.35 \times 10^{-3})^2}{4}\mathrm{m}^2 = 3.17 \times 10^{-5}\mathrm{m}^2$$

质量流出速率可通过式(7-7)计算。假设为圆滑的小孔，取流出系数为 0.61，有

$$\begin{aligned} Q_m &= AC_0 \sqrt{2\rho p_g} \\ &= (3.17 \times 10^{-5} \times 0.61 \times \sqrt{2 \times 879.4 \times 1 \times 6.9 \times 10^5})\mathrm{g/s} = 674\mathrm{kg/s} \end{aligned}$$

流出的苯的总质量是$(674 \times 90 \times 60)\mathrm{kg} = 3640\mathrm{kg}$

7.3 储罐中液体经小孔泄漏的源模式

储罐如图 7-4 所示。小孔在液面以下 h_L 处形成。液体通过这个小孔的泄漏，可由机械能守恒，即式(7-1)来表达，假设液体为不可压缩流体，表达式如式(7-2)。

储罐中的表压为 p_g，外界表压力为大气压或为 0。轴功 W_s 为 0，且储罐中液体流速为 0。流出系数 C_1 定义为：

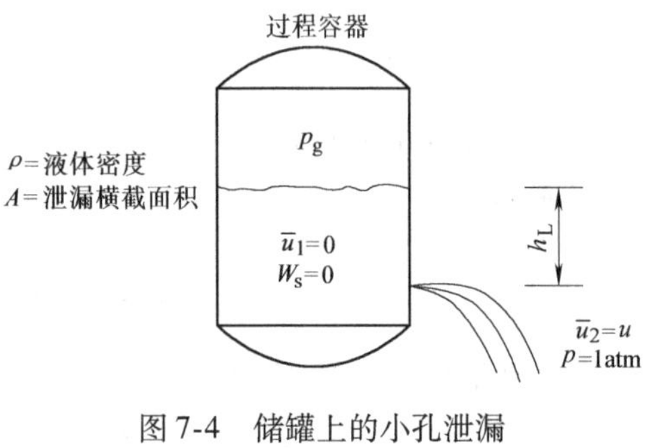

图 7-4 储罐上的小孔泄漏

$$-\frac{\Delta p}{\rho}-g\Delta z-F=C_1^2\left(-\frac{\Delta p}{\rho}-g\Delta z\right) \tag{7-8}$$

利用机械能守恒方程(式(7-1))，可计算出液体的平均瞬时泄漏速率 $\bar{u}$：

$$\bar{u}=C_1\sqrt{\alpha}\sqrt{2\left(\frac{p_g}{\rho}+gh_L\right)} \tag{7-9}$$

式中，h_L 是小孔上方液体高度。新的流出系数 C_0 定义为：

$$C_0=C_1\sqrt{\alpha} \tag{7-10}$$

从小孔中流出液体的瞬时流速方程为：

$$\bar{u}=C_0\sqrt{2\left(\frac{p_g}{\rho}+gh_L\right)} \tag{7-11}$$

如果小孔的面积为 A，则瞬时质量流率 Q_m 为：

$$Q_m=\rho\,\bar{u}A=\rho AC_0\sqrt{2\left(\frac{p_g}{\rho}+gh_L\right)} \tag{7-12}$$

随着储罐逐渐变空，液体高度减少，速度流率和质量流率也随之减少。

假设液体表面上的表压 p_g 是常数。例如，容器内充有惰性气体来防止爆炸，或与外界大气相通，这种情况就会出现。对于恒定横截面积为 A_t 的储罐，储罐中小孔以上的液体总质量为：

$$m=\rho A_t h_L \tag{7-13}$$

储罐中的质量变化率为：

$$\frac{\mathrm{d}m}{\mathrm{d}t}=-Q_m \tag{7-14}$$

式中 Q_m 可由式(7-12)给出。把式(7-12)和式(7-13)代入到式(7-14)中，并假设储罐的横截面和液体的密度为常数，可以得到一个描述液体高度变化的差分方程为：

$$\frac{\mathrm{d}h_L}{\mathrm{d}t}=-\frac{C_0A}{A_t}\sqrt{2\left(\frac{p_g}{\rho}+gh_L\right)} \tag{7-15}$$

把式(7-15)重新整理，并对其从初始高度 h_L^0 到任何高度 h_L 进行积分，得到：

$$\int_{h_L^0}^{h_L}\frac{\mathrm{d}h_L}{\sqrt{\dfrac{2p_g}{\rho}+2gh_L}}=-\frac{C_0A}{A_t}\int_0^t\mathrm{d}t \tag{7-16}$$

得到：

$$\frac{1}{g}\sqrt{\frac{2p_g}{\rho}+2gh_L}-\frac{1}{g}\sqrt{\frac{2p_g}{\rho}+2gh_L^0}=-\frac{C_0A}{A_t}t \tag{7-17}$$

求解储罐中液面高度 h_L，得：

$$h_{\mathrm{L}}=h_{\mathrm{L}}^{0}-\frac{C_{0}A}{A_{\mathrm{t}}}\sqrt{\frac{2p_{\mathrm{g}}}{\rho}+2gh_{\mathrm{L}}^{0}}t+\frac{g}{2}\left(\frac{C_{0}A}{A_{\mathrm{t}}}t\right)^{2} \tag{7-18}$$

将式(7-18)代入到式(7-12)中，可得到任何时刻 t 液体的质量流出速率为：

$$Q_{\mathrm{m}}=\rho C_{0}A\sqrt{2\left(\frac{p_{\mathrm{g}}}{\rho}+gh_{\mathrm{L}}^{0}\right)}-\frac{\rho gC_{0}^{2}A^{2}}{A_{\mathrm{t}}}t \tag{7-19}$$

式(7-19)右边的第一项是 $h_{\mathrm{L}}=h_{\mathrm{L}}^{0}$ 时的初始质量流出速率。

设 $h_{\mathrm{L}}=0$，通过求解式(7-18)，可以得到容器液面降至小孔所在高度处所需要的时间为：

$$t_{\mathrm{e}}=\frac{1}{C_{0}g}\left(\frac{A_{\mathrm{t}}}{A}\right)\left[\sqrt{2\left(\frac{p_{\mathrm{g}}}{\rho}+gh_{\mathrm{L}}^{0}\right)}-\sqrt{\frac{2p_{\mathrm{g}}}{\rho}}\right] \tag{7-20}$$

如果容器内的压力是大气压，即 $p_{\mathrm{g}}=0$，则式(7-20)可简化为：

$$t_{\mathrm{e}}=\frac{1}{C_{0}g}\left(\frac{A_{\mathrm{t}}}{A}\right)\sqrt{2gh_{\mathrm{L}}^{0}} \tag{7-21}$$

[例7-2] 圆柱形苯储罐高6.1m，直径2.44m。储罐内充装有氮气以防止爆炸，罐内表压为1atm，且恒定不变。目前储罐内的液面高度为5.2m。由于疏忽，铲车驾驶员将离地面1.52m的罐壁上撞出一个直径为25.4mm的小孔。请估算：①流出来多少苯；②苯全部流出来所需要的时间；③苯通过小孔的最大质量流率。该条件下苯的密度为879.4kg/m³。

解： 储罐的面积为 $A_{\mathrm{t}}=\dfrac{\pi d^{2}}{4}=\dfrac{3.14\times(2.44)^{2}}{4}\mathrm{m}^{2}=4.67\mathrm{m}^{2}$

小孔的面积为 $A=\dfrac{3.14\times(25.4\times10^{-3})^{2}}{4}\mathrm{m}^{2}=5.06\times10^{-4}\mathrm{m}^{2}$

表压为 $p_{\mathrm{g}}=1\mathrm{atm}=101300\mathrm{Pa}$

① 小孔上方苯的体积为 $V=A_{\mathrm{t}}h_{\mathrm{L}}^{0}=(4.67\times(5.2-1.52))\mathrm{m}^{3}=17.2\mathrm{m}^{3}$

这就是能够流出来的苯的全部的量。

② 苯全部流出来所需要的时间由式(7-20)给出。

$$t_{\mathrm{e}}=\frac{1}{C_{0}g}\left(\frac{A_{\mathrm{t}}}{A}\right)\left(\sqrt{2\left(\frac{p_{\mathrm{g}}}{\rho}+gh_{\mathrm{L}}^{0}\right)}-\sqrt{\frac{2p_{\mathrm{g}}}{\rho}}\right)$$

$$=\left(\frac{1}{0.61\times9.81}\times\frac{4.67}{5.06\times10^{-4}}\times\left(\sqrt{2\times\left(\frac{101300}{879.4}+9.81\times(5.2-1.52)\right)}-\sqrt{\frac{2\times101300}{879.4}}\right)\right)\mathrm{s}$$

$$=3.4\times10^{3}\mathrm{s}=56.7\mathrm{min}$$

这说明有充分的时间来阻止泄漏或启用应急程序来减少泄漏的影响。然而，当小孔一开始形成时，苯的流出量最大。

③ 最大流量发生在 $t=0$ 和液面高度为5.2m时。质量流率通过式(7-19)计算。

$$Q_m = \rho A C_0 \sqrt{2\left(\frac{p_g}{\rho} + g h_L^0\right)}$$

$$= \left(879.4 \times 5.06 \times 10^{-4} \times 0.61 \times \sqrt{2 \times \left(\frac{101300}{879.4} + 9.81 \times (5.2 - 1.52)\right)}\right) \mathrm{kg/s}$$

$$= 4.72 \mathrm{kg/s}$$

对于任何几何形状的容器，描述其中液体泄漏完所用时间的一般方程的建立如下。假设液体上方顶部空间的压强是大气压；联立式(7-12)和式(7-14)，得到：

$$\frac{\mathrm{d}m}{\mathrm{d}t} = \rho \frac{\mathrm{d}V}{\mathrm{d}t} = -\rho A C_0 \sqrt{2 g h_L} \tag{7-22}$$

经重新整理和积分，得到：

$$-\frac{1}{A C_0 \sqrt{2g}} \int_{V_1}^{V_2} \frac{\mathrm{d}V}{\sqrt{h_L}} = \int_0^t \mathrm{d}t \tag{7-23}$$

于是，得到对于任何容器泄漏完所需时间，即：

$$t = \frac{1}{A C_0 \sqrt{2g}} \int_{V_1}^{V_2} \frac{\mathrm{d}V}{\sqrt{h_L}} \tag{7-24}$$

式(7-24)的前提假设是孔洞并不位于容器的底部。

对于具有立式圆柱形的容器有：

$$\mathrm{d}V = \frac{\pi D^2}{4} \mathrm{d}h_L \tag{7-25}$$

代入式(7-24)，得到：

$$t = \frac{\pi D^2}{4 A C_0 \sqrt{2g}} \int \frac{\mathrm{d}h_L}{\sqrt{h_L}} \tag{7-26}$$

如果小孔位于容器的底部，那么，将式(7-26)从 $h = 0$ 积分到 $h = h_0$。式(7-26)给出了该种容器其中液体的漏完时间为：

$$t_e = \frac{\pi D^2/4}{A C_0} \sqrt{\frac{2 h_L^0}{g}} = \frac{1}{C_0 g}\left(\frac{\pi D^2/4}{A}\right) \sqrt{2 g h_L^0} \tag{7-27}$$

其与式(7-21)的结果相同。

7.4　液体经管道泄漏的源模式

液体输送管道如图 7-5 所示。沿管道的压力梯度是液体流动的驱动力。液体与管壁之间的摩擦力把动能转化为热能。这导致液体流速的减小和压力的下降。

不可压缩液体在管道中的流动，可由机械能守恒定律方程(式(7-1))并结合不可压缩液体这一假设式(7-2)来描述。最后的结果为：

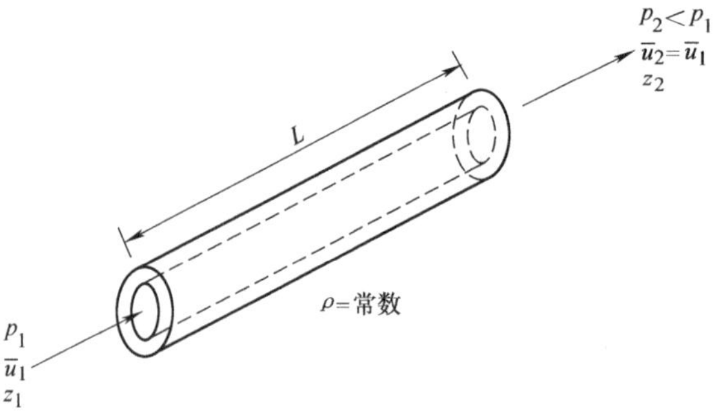

图 7-5 液体流经管道

$$\frac{\Delta p}{\rho} + \frac{\Delta \bar{u}^2}{2\alpha} + g\Delta z + F = -\frac{W_s}{m} \tag{7-28}$$

式(7-28)中的摩擦项 F 代表由摩擦导致的机械能损失，包括来自流经管道长度的摩擦损失；适合于诸如阀门、弯头、孔以及管道的进口和出口。对于每一种有摩擦的设备，可使用以下的损失项形式：

$$F = K_f\left(\frac{u^2}{2}\right) \tag{7-29}$$

式中，K_f 是管道或管道配件导致的压差损失；u 是液体流速。

对于流经管道的液体，压差损失项 K_f 为：

$$K_f = \frac{4fL}{d} \tag{7-30}$$

式中，f 是 Fanning 摩擦系数；L 是流道长度(m)；d 是流道直径(m)。

Fanning(范宁)摩擦系数 f，是雷诺数 Re 和管道粗糙度 ε 的函数。表 7-1 给出了各种类型干净管道的 ε 值。图 7-6 是 Fanning 摩擦系数与雷诺数、管道粗糙度(ε/d 为参数)之间的关系图。

表 7-1 干净管道的粗糙系数 ε

管道材料	ε/mm	管道材料	ε/mm
水泥覆护钢	1 ~ 10	型钢	0.046
混凝土	0.3 ~ 3	熟铁	0.046
铸铁	0.26	玻璃	0
镀锌铁	0.15	塑料	0

对于层流，摩擦系数由下式给出下式：

$$f = \frac{16}{Re} \tag{7-31}$$

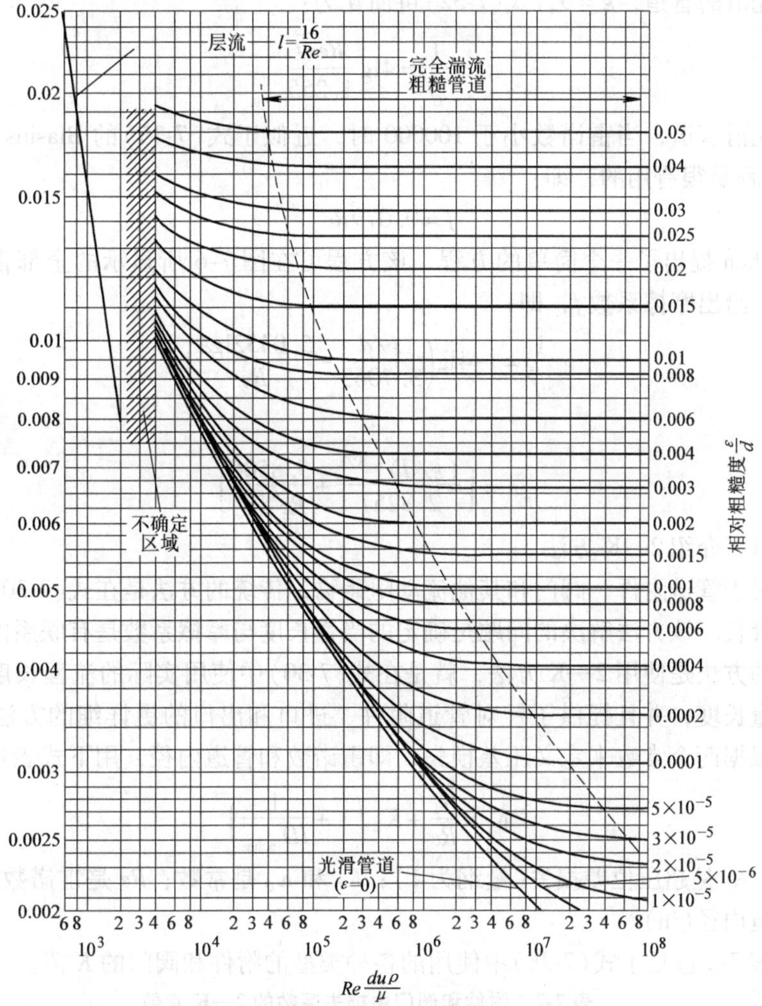

图 7-6　Fanning 摩擦系数与雷诺数之间的关系

对于湍流，图 7-6 中给出的数据可由 Colebrook 方程代替：

$$\frac{1}{\sqrt{f}}=-4\lg\left(\frac{1}{3.7}\frac{\varepsilon}{d}+\frac{1.255}{Re\sqrt{f}}\right) \tag{7-32}$$

式(7-32)的另外一种形式，对于由摩擦系数 f 来确定雷诺数是很有用的，即：

$$\frac{1}{Re}=\frac{\sqrt{f}}{1.255}\left(10^{-0.25/\sqrt{f}}-\frac{1}{3.7}\frac{\varepsilon}{d}\right) \tag{7-33}$$

对于粗糙管道中完全发展的湍流，f 独立于雷诺数，在图 7-6 中可看到，在雷诺数数值很高处，f 接近于常数。对于这种情况，式(7-33)可简化为：

$$\frac{1}{\sqrt{f}}=4\lg\left(3.7\frac{d}{\varepsilon}\right) \tag{7-34}$$

对于光滑的管道，$\varepsilon=0$，式(7-32)可简化为：

$$\frac{1}{\sqrt{f}}=4\lg\frac{Re\sqrt{f}}{1.255} \tag{7-35}$$

对于光滑管道，当雷诺数小于 100000 时，近似于式(7-35)的 Blasius(布拉修斯)方程是很有用的，即：

$$f=0.079Re^{-1/4} \tag{7-36}$$

Chen 提出了一个简单的方程，该方程可在图 7-6 所显示的全部雷诺数范围内，给出摩擦系数f，即：

$$\frac{1}{\sqrt{f}}=-4\lg\left(\frac{\varepsilon/d}{3.7065}-\frac{5.0452\lg A}{Re}\right) \tag{7-37}$$

式中

$$A=\left[\frac{(\varepsilon/d)^{1.1098}}{2.8257}+\frac{5.8506}{Re^{0.8981}}\right]$$

以下介绍 2—K 方法。

对于管道附件、阀门和其他流动阻碍物，传统的方法是在式(7-30)中使用当量管长。该方法解决的问题是确定的当量长度与摩擦系数是有联系的。一种改进的方法是使用 2—K 方法，就是在式(7-30)中使用实际的流程长度，而不是当量长度，并且提供了针对管道附件、进口和出口的更详细的方法。2—K 方法根据两个常数来定义压差损失，即雷诺数和管道内径，用下式表达：

$$K_f=\frac{K_1}{Re}+K_\infty\left(1+\frac{1}{ID_{\text{inches}}}\right) \tag{7-38}$$

式中，K_f 是超压位差损失(量纲为 1)；K_1 和 K_∞ 是常数；Re 是雷诺数；ID_{inches} 是流道内径(in)。

表 7-2 包括了式(7-38)中使用的各种类型的附件和阀门的 K 值。

表 7-2 附件和阀门中损失系数的 2—K 常数

附件		附件描述	K_1	K_∞
弯头	90°	标准($r/D=1$)，带螺纹的	800	0.40
		标准($r/D=1$)，用法兰连接/焊接	800	0.25
		长半径($r/D=1.5$)，所有类型	800	0.2
		斜接的($r/D=1.5$)：1 焊缝(90°)	1000	1.15
		2 焊缝(45°)	800	0.35
		3 焊缝(30°)	800	0.30
		4 焊缝(22.5°)	800	0.27
		5 焊缝(18°)	800	0.25

（续）

附件		附件描述	K_1	K_∞
弯头	45°	标准($r/D=1$)，所有类型	500	0.20
		长半径($r/D=1.5$)	500	0.15
		斜接的，1焊缝(45°)	500	0.25
		斜接的，2焊缝(22.5°)	500	0.15
	180°	标准($r/D=1$)，带螺纹的	1000	0.60
		标准($r/D=1$)，用法兰连接/焊接	1000	0.35
		长半径($r/D=1.5$)，所有类型	1000	0.30
三通管	作弯头用	标准的，带螺纹的	500	0.70
		长半径，带螺纹的	800	0.40
		标准的，用法兰连接/焊接	800	0.80
		短分支	1000	1.00
	贯通	带螺纹的	200	0.10
		用法兰连接/焊接	150	0.50
		短分支	100	0.00
阀门	闸阀、球阀或旋塞阀	全尺寸，$\beta=1.0$	300	0.10
		缩减尺寸，$\beta=0.9$	500	0.15
		缩减尺寸，$\beta=0.8$	1000	0.25
	球心阀	标准的	1500	4.00
		斜角或Y型	1000	2.00
	隔膜阀	Dam(闸坝)类型	1000	2.00
	蝶形阀		800	0.25
	止回阀	提升阀	2000	10.0
		回转阀	1500	1.50
		倾斜片状阀	1000	0.50

对于管道进口和出口，为了说明动能的变化，需要对式(7-38)进行修改，即：

$$K_f = \frac{K_1}{Re} + K_\infty \tag{7-39}$$

对于管道进口，$K_1=160$；对于一般的进口 $K_\infty=0.50$；对于边界类型的进口，$K_\infty=1.0$；对于管道出口，$K_1=0$，$K_\infty=1.0$。进口和出口效应的 K 系数，通过管道的变化说明了动能的变化，因此在机械能中不必考虑额外的动能项。对于高雷诺数($Re>10000$)，式(7-39)中的第一项是可以忽略的，并且 $K_f=$

K_∞。对于低雷诺数($Re<50$)，方程的第一项是占支配地位的，且 $K_f=K_1/Re$。方程对于孔和管道尺寸的变化也是适用的。

2—K 方法也可以用来描述液体通过孔洞的流出。液体经孔洞流出的流出系数的表达式可由 2—K 方法确定，其结果是：

$$C_0=\frac{1}{\sqrt{1+\sum K_f}} \tag{7-40}$$

式中，$\sum K_f$ 是所有压差损失项之和，包括进口、出口、管长和附件，这些由式(7-30)、式(7-38)和式(7-39)计算。对于没有管道连接或附件的储罐上的一个简单的孔，摩擦仅仅是由孔的进口和出口效应引起的。对于雷诺数大于10000，进口的 $K_f=0.5$，出口的 $K_f=1.0$。因而，$\sum K_f=1.5$，由式(7-40)，$C_0=0.63$，这与推荐值0.61 非常接近。

物质从管道系统中流出，质量流率的求解过程如下：①假设管道长度、直径和类型；沿管道系统的压力和高度变化；来自泵、涡轮等对液体的输入或输出功；管道上附件的数量和类型；液体的特性，包括密度和粘度；②指定初始点(设为点 1)和终止点(设为点 2)，指定时必须要仔细，因为式(7-28)中的个别项高度依赖于该指定；③确定点 1 和点 2 处的压力和高度；确定点 1 处的初始液体流速；④推测点 2 处的液体流速。如果认为是完全发展的湍流，则这一步不需要；⑤用式(7-31)到式(7-37)确定管道的摩擦系数；⑥确定管道的超压位差损失、附件的超压位差损失和进、出口效应的超压位差损失，将这些压差损失相加，使用式(7-29)计算净摩擦损失项；⑦计算式(7-28)中的所有各项的值，并将其带入到方程中；如果式(7-28)中所有项之和等于零，那么计算结束；如果不等于零，返回到第④步重新计算；⑧使用式 $m=\rho\bar{u}A$ 确定质量流率。

如果认为是完全发展的湍流，求解是非常简单的。将已知项带入到式(7-28)中，将点 2 处的速度设为变量，直接求解该速度。

[例 7-3] 含有少量有害废物的水经内径为 100mm 的型钢直管道，通过重力排出某一大型储罐。管道 100m 长，在储罐附近有一个闸式阀门。整个管道系统大都是水平的。如果储罐内的液面高于管道出口 5.8m，管道在距离储罐 33m 处发生事故性断裂，请计算液体自管道泄漏的速率。

解：排泄操作如图 7-7 所示。假设可以忽略动能的变化，没有压力变化，没有轴功，应用于点 1 和点 2 之间的机械能守恒方程(式(7-28))可简化为：

$$\frac{g}{g_c}\Delta z+F=0$$

对于水：$\mu=1.0\times10^{-3}\text{kg/ms}$，$\rho=1000\text{kg/m}^3$。

使用式(7-39)确定进、出口效应的 K 系数。闸式阀的 K 系数可在表 7-2 中

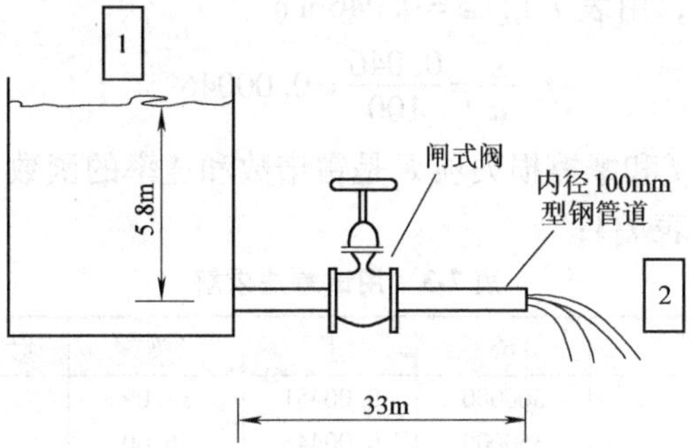

图7-7　例题[7-3]的排水几何尺寸

查得，管长的 K 系数由式(7-30)给出。对于管道进口：

$$K_f = \frac{160}{Re} + 0.5$$

对于闸式阀：$$K_f = \frac{300}{Re} + 0.10$$

对于管道出口：$$K_f = 1.0$$

对于管长：$$K_f = \frac{4fL}{d} = \frac{4f \times 33}{0.10} = 1320f$$

将 K 系数相加得：

$$\sum K_f = \frac{460}{Re} + 1320f + 1.6$$

对于 $Re > 10000$，方程中的第1项很小。因此：

$$\sum K_f \approx 1320f + 1.60$$

然后可得：

$$F = \sum K_f \left(\frac{\bar{u}^2}{2g_c} \right) = (660f + 0.80)\bar{u}^2$$

机械能守恒公式中的重力项为：

$$g\Delta z = (9.8 \times (0 - 5.8))\text{J/kg} = -56.8\text{J/kg}$$

因为没有压力变化和没有轴功，机械能守恒方程(式(7-28))简化为：

$$\frac{\bar{u}_2^2}{2} + g\Delta z + F = 0$$

求解出口速率并带入高度变化得：

$$\bar{u}_2^2 = -2(g\Delta z + F) = -2(-56.8 + F)$$

雷诺数为：

$$Re = \frac{d\,\bar{u}\rho}{\mu} = \frac{0.1 \times (\bar{u}) \times 1000}{1.0 \times 10^{-3}} = 1.0 \times 10^5\,\bar{u}$$

对于型钢管道，由表7-1，$\varepsilon=0.046\text{mm}$

$$\frac{\varepsilon}{d}=\frac{0.046}{100}=0.00046$$

因为摩擦系数f和摩擦损失项F是雷诺数和速率的函数，所以采用试差法求解。试差求解见表7-3：

表7-3　用试差法求解

猜测的$\bar{u}$值/(m/s)	Re	f	F	计算得到的$\bar{u}$值/(m/s)
3.00	300000	0.00451	34.09	6.75
3.50	350000	0.00446	46.00	4.66
3.66	366000	0.00444	50.18	3.66

因此，从管道中流出的液体速率是3.66m/s。表格也显示了摩擦系数f随雷诺数变化很小。因此，对于粗糙管道中的完全发展的湍流，可以使用式(7-34)来近似估算。式(7-34)计算的摩擦系数值等于0.0041。因此

$$F=(660f+0.80)\bar{u}_2^2=3.51\bar{u}_2^2$$

带入并求解，得到

$$\bar{u}_2^2=-2g_c(-56.8+3.51\bar{u}_2^2)=113.6-7.02\bar{u}_2^2$$

$$\bar{u}_2=3.76\text{m/s}$$

该结果与较精确的试差法的计算结果很接近。

管道的横截面积是：

$$A=\frac{\pi d^2}{4}=\frac{3.14\times(0.1)^2}{4}\text{m}^2=0.00785\text{m}^2$$

质量流率为：

$$Q_m=\rho\bar{u}A=(1000\times3.66\times0.00785)\text{kg/s}=28.8\text{kg/s}$$

这描述了一个有意义的流速。假设有15min的应急反应时间来阻止泄漏，总共有26t的有害物质泄漏出来。除了因流动泄漏出来的物质，存储在阀门和断裂处之间的管道内的液体也将释放出来。必须设计另外一套系统来限制泄漏。这包括减少应急反应时间，使用直径较小的管道，或者对管道系统进行改造，增加一个阻止液体流动的控制阀。

7.5　蒸气经小孔泄漏的源模式

对于流动着的液体来说，其动能的变化经常是可以忽略不计的，物理性质(特别是密度)是不变的。而对流动着的气体和蒸气来说，这些假设仅仅在压力变化不大($p_1/p_2<2$)、流速较低(小于0.3倍声音在气体中的传播速度)的情况下有效。由于压力作用，而使气体或蒸气含有的能量在其从小孔泄漏或扩散出去

时转化为动能。随着气体或蒸气经孔流出，其密度、压力和温度发生变化。

气体和蒸气的流动，可分为滞流和自由扩散泄漏。对滞流泄漏，气体通过孔流出，摩擦损失很大；很少一部分来自气体压力的内能会转化为动能。对自由扩散泄漏，大多数压力能转化为动能；过程通常假设为等熵。

滞流泄漏的源模型，需要有关孔洞物理结构的详细信息，在这里不予考虑。自由扩散泄漏源模型仅仅需要孔洞直径。

自由扩散泄漏如图7-8所示。机械能守恒方程（式(7-1)）描述了可压缩气体或蒸气的流动。假设可以忽略潜能的变化，没有轴功，得到描述经孔洞可压缩流动的机械能守恒方程的简化形式

$$\int \frac{\mathrm{d}p}{\rho} + \Delta\left(\frac{\overline{u}^2}{2\alpha}\right) + F = 0 \qquad (7\text{-}41)$$

流出系数 C_1 与第7.2节中定义的系数具有相似的形式

$$-\int \frac{\mathrm{d}p}{\rho} - F = C_1^2\left(-\int \frac{\mathrm{d}p}{\rho}\right) \qquad (7\text{-}42)$$

式(7-42)与式(7-41)联立，并在任意两个方便的点之间进行积分。初始点（下标为"0"）选在速度为0、压力为 p_0 处。到任意的终止点（无下标）积分。其结果为：

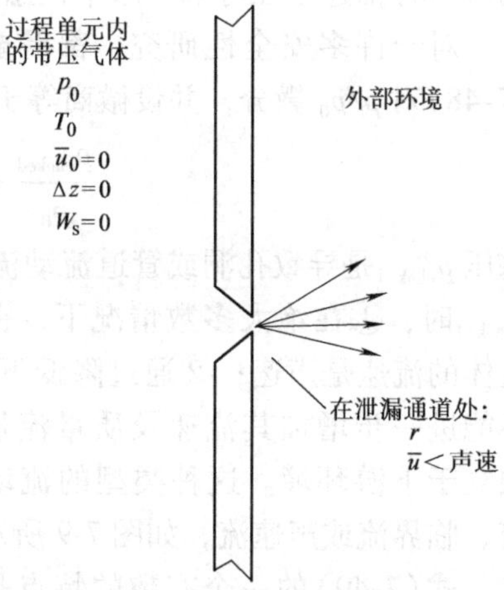

图7-8　气体自由扩散泄漏

$$C_1^2\int_{p_0}^{p} \frac{\mathrm{d}p}{\rho} + \frac{\overline{u}^2}{2\alpha} = 0 \qquad (7\text{-}43)$$

对任何等熵膨胀的理想气体有：

$$pv^\gamma = \frac{p}{\rho^\gamma} = 常数 \qquad (7\text{-}44)$$

式中，γ 是热容比，$\gamma = C_p/C_v$。把式(7-44)代入式(7-43)，定义与式(7-5)中相同的新的流出系数 C_0，并积分，得到等熵扩散中任意点处流体速度的方程，即：

$$\overline{u}^2 = 2C_0^2\frac{\gamma}{\gamma-1}\frac{p_0}{\rho_0}\left[1-\left(\frac{p}{p_0}\right)^{(\gamma-1)/\gamma}\right] = \frac{2C_0^2R_gT_0}{M}\frac{\gamma}{\gamma-1}\left[1-\left(\frac{p}{p_0}\right)^{(\gamma-1)/\gamma}\right] \qquad (7\text{-}45)$$

第二种形式将理想气体定律代入初始密度 ρ_0。R_g 是理想气体常数，T_0 是源的温度。使用连续性方程为：

$$Q_m = \rho\,\overline{u}A \qquad (7\text{-}46)$$

对等熵膨胀，理想气体定律可写成如下形式：

$$\rho=\rho_0\left(\frac{p}{p_0}\right)^{1/\gamma} \tag{7-47}$$

得到质量流率的表达式：

$$Q_m=C_0Ap_0\sqrt{\frac{2M}{R_gT_0}\frac{\gamma}{\gamma-1}\left[\left(\frac{p}{p_0}\right)^{2/\gamma}-\left(\frac{p}{p_0}\right)^{(\gamma+1)/\gamma}\right]} \tag{7-48}$$

式(7-48)描述了在等熵膨胀中任意点处的质量流率。

对于许多安全性研究，都需要通过小孔流出蒸气的最大流量。这由式(7-48)对 p/p_0 微分，并设微商等于零来确定。得到引起最大流速的压力比为：

$$\frac{p_{\text{choked}}}{p_0}=\left(\frac{2}{\gamma+1}\right)^{\gamma/(\gamma-1)} \tag{7-49}$$

塞压 p_{choked} 是导致孔洞或管道流动流量最大的下游最大压力。当下游压力小于 p_{choked} 时：①在绝大多数情况下，在洞口处流体的流速是声速；②通过降低下游压力，不能进一步增加其流速及质量流量，它们独立于下游环境。这种类型的流动称为塞流、临界流或声速流，如图 7-9 所示。

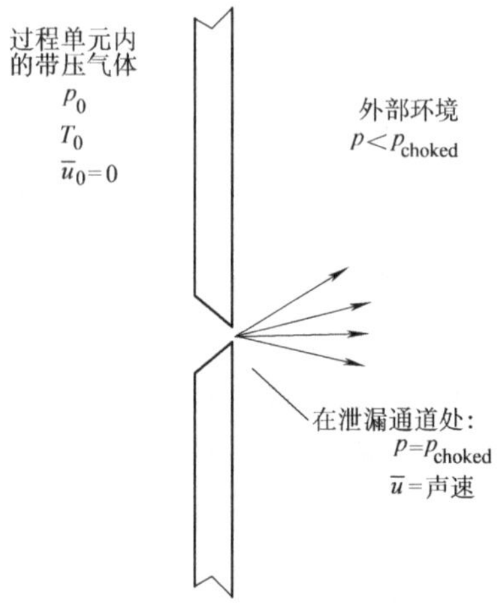

图 7-9　气体通过小孔的塞流

式(7-49)的一个有趣的特点是，对于理想气体来说，塞压仅仅是热容比 γ 的函数。因此对于空气泄漏到大气环境(p_{choked} = 14.7psia = 1atm)，如果上游压力比 14.7/0.528 = 27.8psia 或 13.1psig 大，则通过孔洞时流动将被扼止，流量达到最大化。在过程工业中，产生塞流的情况很常见。表 7-4 是几种气体的 γ 和 p_{choked} 值。

表 7-4　几种气体的 γ 和 p_{choked} 值

气体	γ	p_{choked}
单原子	≅1.67	$0.487p_0$
双原子和空气	≅1.40	$0.528p_0$
三原子	≅1.32	$0.542p_0$

把式(7-49)代入式(7-48)，可确定最大流量为：

$$(Q_m)_{\text{choked}}=C_0Ap_0\sqrt{\frac{\gamma M}{R_gT_0}\left(\frac{2}{\gamma+1}\right)^{(\gamma+1)/(\gamma-1)}} \tag{7-50}$$

式中，M 是泄漏气体或蒸气的摩尔质量(在数值上等于相对分子质量)；T_0 是漏源的温度(K)；R_g 是理想气体常数。

对于锋利的孔，在雷诺数大于30000的情况下，流出系数 C_0 取常数0.61。然而，对于塞流，流出系数随下游压力的下降而增加。对这些流动和 C_0 不确定的情况，推荐使用保守值1.0。

各种气体的热容比 γ 的值在表7-5中给出。

[**例7-4**]　装有氮气的储罐上有一个2.54mm的小孔，储罐内的压力为1378kPa，温度为26.7℃。计算通过该孔的液体质量流率。

解：由表7-5，氮气的热容比 $\gamma=1.41$。由式(7-49)

$$\frac{p_{\text{choked}}}{p_0}=\left(\frac{2}{\gamma+1}\right)^{\gamma/(\gamma-1)}=\left(\frac{2}{2.41}\right)^{1.41/0.41}=0.527$$

因此

表7-5　各种气体的热容比 γ

气　体	化学式或符号	近似相对分子质量	热容比 $\gamma=C_p/C_v$
乙炔	C_2H_2	26.0	1.30
空气	—	29.0	1.40
氨	NH_3	17.0	1.32
丁烷	C_4H_{10}	58.1	1.11
二氧化碳	CO_2	44.0	1.30
一氧化碳	CO	28.0	1.40
氯气	Cl_2	70.9	1.33
乙烷	C_2H_6	30.0	1.22
乙烯	C_2H_4	28.0	1.22
氯化氢	HCl	36.5	1.41
氢气	H_2	2.0	1.41
硫化氢	H_2S	34.1	1.30
甲烷	CH_4	16.0	1.32
氯甲烷	CH_3Cl	50.5	1.20
天然气	—	19.5	1.27
一氧化氮	NO	30.0	1.40
氮气	N_2	28.0	1.41
一氧化二氮	N_2O	44.0	1.31
氧气	O_2	32.0	1.40
丙烷	C_3H_8	44.1	1.15
丙烯	C_3H_6	42.1	1.14
二氧化硫	SO_2	64.1	1.26

$$p_{\text{choked}}=(0.527\times(1378000+101300))\text{kPa}=778\text{kPa}$$

外界压力低于778kPa将导致塞流。该例题中外界压力是大气压，所以认为塞流发生，应用式(7-50)，孔的面积是

$$A=\frac{\pi d^2}{4}=\frac{3.14\times(2.54\times10^{-3})^2}{4}\text{m}^2=5.06\times10^{-6}\text{m}^2$$

流出系数 C_0 假设为 1.0。同时

$$p_0 = (1378000 + 101300)\,\mathrm{Pa} = 1479300\mathrm{Pa}$$

$$T_0 = (26.7 + 273.15)\,\mathrm{K} = 299.85\mathrm{K}$$

$$\left(\frac{2}{\gamma+1}\right)^{(\gamma+1)/(\gamma-1)} = \left(\frac{2}{2.41}\right)^{2.41/0.41} = 0.829^{5.87} = 0.347$$

然后，用式(7-50)

$$(Q_m)_{\mathrm{choked}} = C_0 A p_0 \sqrt{\frac{\gamma M}{R_g T_0}\left(\frac{2}{\gamma+1}\right)^{(\gamma+1)/(\gamma-1)}}$$

$$= \left(1.0 \times 5.06 \times 10^{-6} \times 1479300 \times \sqrt{\frac{1.4 \times 1 \times 28}{8.314 \times 299.85} \times 0.347}\right)\mathrm{g/s}$$

$$(Q_m)_{\mathrm{choked}} = 17.5\mathrm{g/s}$$

7.6 气体经管道泄漏的源模式

对两种特殊的情形，建立气体经管道流动的模型：绝热法或等温法。绝热情形适用于气体快速流经绝热管道。等温法适用于气体以恒定不变的温度流经非绝热管道；地下水管线就是一个很好的例子。真实气体流动介于绝热和等温之间。遗憾的是，真实情形很难模型化，不能得到具有普遍性且适用的方程。

对于绝热和等温情形，定义马赫数很方便，其值等于气体流速与大多数情况下声音在气体中的传播速度之比：

$$Ma = \frac{\bar{u}}{a} \tag{7-51}$$

式中，a 是声速。声速可用以下热力学关系确定：

$$a = \sqrt{\left(\frac{\partial p}{\partial \rho}\right)_{s'}} \tag{7-52}$$

对于理想气体为：

$$a = \sqrt{\gamma R_g T/M} \tag{7-53}$$

这说明，对于理想气体声速仅仅是温度的函数。在 20℃ 的空气中，声速为 344m/s。

7.6.1 绝热流动

内部有蒸气流动的绝热管道如图 7-10 所示。对这一特殊情况，出口处流速低于声速。流动是由沿管道的压力梯度驱动的。当气体流经管道时，因压力下降而膨胀。膨胀导致速度增加以及气体动能增加。动能是从气体的热能中得到的；导致温度降低。然而，在气体与管壁之间还存在着摩擦力。摩擦使气体

温度升高。气体温度的增加或减少都是有可能的，这要依赖于动能和摩擦能的大小。

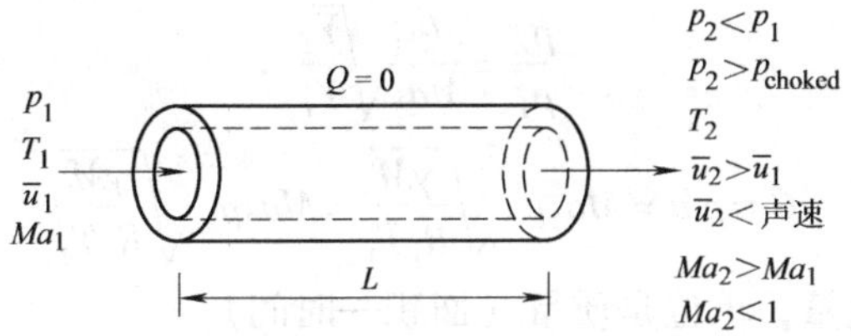

图7-10　气体通过管道的绝热非临界流动

机械能守恒方程（式(7-1)）也可应用于绝热流动。对该情形，可用以下更方便的形式书写：

$$\frac{dp}{\rho}+\frac{\bar{u}d\bar{u}}{\alpha}+gdz+dF=-\frac{\delta W_s}{m} \tag{7-54}$$

对这种情况，就气体而言，以下假设是有效的：

$$\frac{g}{g_c}dz\approx 0$$

假设一个没有任何阀门或附件的直管道，式(7-29)和式(7-30)联立并微分得到：

$$dF=\frac{2f\bar{u}^2dL}{gd}$$

因为没有机械连接，所以有：

$$\delta W_s=0$$

摩擦损失项中，一个重要的部分是假设沿管长方向的Fanning摩擦系数f为常数。该假设仅在高雷诺数下有效。

对于描述流动气体内温度的变化，总能量守恒是有用的。对于敞口稳定流动过程，总能量守恒是：

$$dh+\frac{\bar{u}d\bar{u}}{\alpha}+gdz=\delta q-\frac{\delta W_s}{m} \tag{7-55}$$

式中，h是气体的焓；q是热能。引用以下假设：①对于理想气体，$dh=C_p dT$；②对于气体，$g/dz\approx 0$是有效的；③因为管道是绝热的，因此$\delta q=0$；④因为不存在机械连结，所以$\delta W_s=0$。

这些假设用于式(7-55)和式(7-54)。公式联立，积分（在标有下标“0”的初始点和任意终止点之间），经过大量的推导，可得到：

$$\frac{T_2}{T_1}=\frac{Y_1}{Y_2}，式中：Y_i=1+\frac{\gamma-1}{2}Ma_i^2 \tag{7-56}$$

$$\frac{p_2}{p_1}=\frac{Ma_1}{Ma_2}\sqrt{\frac{Y_1}{Y_2}} \tag{7-57}$$

$$\frac{\rho_2}{\rho_1}=\frac{Ma_1}{Ma_2}\sqrt{\frac{Y_2}{Y_1}} \tag{7-58}$$

$$G=\rho\,\overline{u}=Ma_1p_1\sqrt{\frac{\gamma M}{R_gT_1}}=Ma_2p_2\sqrt{\frac{\gamma M}{R_gT_2}} \tag{7-59}$$

式中，G 是质量流量，单位是质量/(面积—时间)。

$$\underbrace{\frac{\gamma+1}{2}\ln\left(\frac{Ma_2^2Y_1}{Ma_1^2Y_2}\right)}_{\text{动能}}-\underbrace{\left(\frac{1}{Ma_1^2}-\frac{1}{Ma_2^2}\right)}_{\text{可压缩性}}+\underbrace{\gamma\left(\frac{4fL}{d}\right)}_{\text{管道摩擦}}=0 \tag{7-60}$$

式(7-60)将马赫数与管道中的摩擦损失联系在一起。确定了各种能量的分布。可压缩性一项说明了由于气体膨胀而引起的速度变化。

使用式(7-56)到式(7-58)，通过用温度和压力代替马赫数，使式(7-59)和式(7-60)转变为更方便有用的形式，即：

$$\frac{\gamma+1}{\gamma}\ln\frac{p_1T_2}{p_2T_1}-\frac{\gamma-1}{2\gamma}\left(\frac{p_1^2T_2^2-p_2^2T_1^2}{T_2-T_1}\right)\left(\frac{1}{p_1^2T_2}-\frac{1}{p_2^2T_1}\right)+\frac{4fL}{d}=0 \tag{7-61}$$

$$G=\sqrt{\frac{2M}{R_g}\frac{\gamma}{\gamma-1}\frac{T_2-T_1}{(T_1/p_1)^2-(T_2/p_2)^2}} \tag{7-62}$$

对大多数问题，管长 L、内径 d、上游温度 T_1 和压力 p_1 以及下游压力 p_2 都是已知的。要计算质量流量 G，步骤如下：①由表 7-1 确定管道的粗糙度 ε，计算 ε/d；②由式(7-34)确定 Fanning 摩擦系数 f；假设是高雷诺数的完全发展的湍流；随后将验证这一假设，但通常情况下该假设是正确的；③由式(7-61)确定 T_2；④由式(7-62)计算总的质量流量 G。

对于长管或沿管程有较大压差，气体流速可能接近声速。这种情况如图 7-11 所示。达到声速时，气体流动就叫做塞流。气体在管道的末端达到声速。如果上游压力增加，或者下游压力降低，管道末端的气流速率维持声速不变。如果下游压力下降到低于塞压 p_{choked}，那么通过管道的流动将保持塞流，流速不变且不依赖于下游压力。即使该压力高于周围环境压力，管道末端的压力将

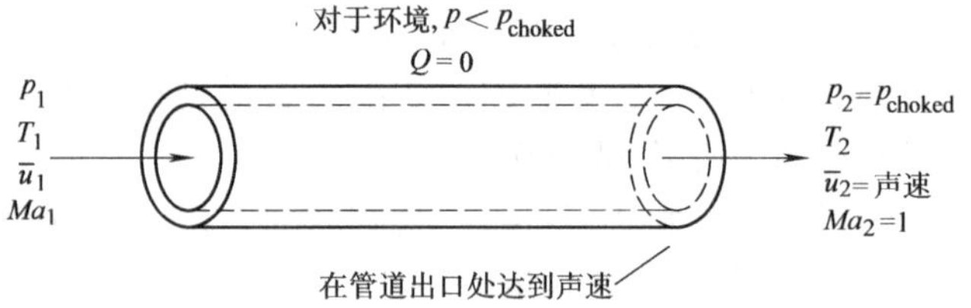

图 7-11　气体通过管道的绝热塞流

维持在 p_{choked}。流出管道的气体会有一个突然的变化，即压力从 p_{choked} 变为周围环境压力。对于塞流，式(7-56)到式(7-60)可以通过设置 $Ma_2=1.0$ 得到简化。结果为

$$\frac{T_{\text{choked}}}{T_1}=\frac{2Y_1}{\gamma+1} \tag{7-63}$$

$$\frac{p_{\text{choked}}}{p_1}=Ma_1\sqrt{\frac{2Y_1}{\gamma+1}} \tag{7-64}$$

$$\frac{\rho_{\text{choked}}}{\rho_1}=Ma_1\sqrt{\frac{\gamma+1}{2Y_1}} \tag{7-65}$$

$$G_{\text{choked}}=\rho\,\bar{u}=Ma_1p_1\sqrt{\frac{\gamma M}{R_gT_1}}=p_{\text{choked}}\sqrt{\frac{\gamma M}{R_gT_{\text{choked}}}} \tag{7-66}$$

$$\frac{\gamma+1}{2}\ln\left[\frac{2Y_1}{(\gamma+1)Ma_1^2}\right]-\left(\frac{1}{Ma_1^2}-1\right)+\gamma\left(\frac{4fL}{d}\right)=0 \tag{7-67}$$

如果下游压力小于 p_{choked}，塞流就会发生。这可用式(7-64)来验证。

对于涉及塞流绝热流动的许多问题，已知：管长 L、内径 d、上游压力 p_1 和温度 T_1，要计算质量流量 G，步骤如下：①由式(7-34)确定 Fanning 摩擦系数 f；假设是高雷诺数的完全发展的湍流；随后将验证这一假设，但通常情况下该假设是正确的；②由式(7-67)确定 Ma_1；③由式(7-66)确定质量流量 G_{choked}；④由式(7-64)确定 p_{choked}，以确认处于塞流情况。

对于绝热管道流，式(7-63)到式(7-67)可以用前面讨论的2—K方法，通过将 $4fL/d$ 替代为 $\sum K_f$，而得到简化。

通过定义气体膨胀系数 Y_g，可简化该过程。对于理想气体流动，声速和非声速情况下的质量流量都可以用 Darcy 公式表示：

$$G=\frac{m}{A}=Y_g\sqrt{\frac{2g\rho_1(p_1-p_2)}{\sum K_f}} \tag{7-68}$$

式中，G 是质量通量(质量/面积—时间)；m 是气体的质量流率(kg/s)；A 是孔面积(m^2)；Y_g 是气体膨胀系数；ρ_1 是上游气体密度(kg/m^3)；p_1 是上游气体压力(Pa)；p_2 是下游气体压力(Pa)；$\sum K_f$ 是压差损失项，包括管道进口和出口、管道长度和附件。

压差损失项 $\sum K_f$，可使用7.4节中介绍的2—K方法得到。对于大多数气体事故泄漏，气体流动都是完全发展的湍流。这意味着对于管道，摩擦系数是不依赖于雷诺数的，对于附件 $K_f=K_\infty$，其求解也很直接。

式(7-68)中的气体膨胀系数 Y_g，仅依赖于气体的热容比 γ 和流道中的摩擦项 $\sum K_f$。通过使式(7-68)与式(7-66)相等，并求解 Y_g，就可以得到塞流中气体膨胀系数的计算公式。结果是：

$$Y_g = Ma_1 \sqrt{\frac{\gamma \sum K_f}{2}\left(\frac{p_1}{p_1 - p_2}\right)} \tag{7-69}$$

式中，Ma_1 是上游马赫数。

确定气体膨胀系数的过程如下。首先，使用式(7-67)计算上游马赫数。必须用$\sum K_f$ 代替 $4fL/d$，以便考虑管道和附件的影响。使用试差法求解，假设上游的马赫数，并确定所假设的值是否与方程的结果相一致。这通过使用计算表格很容易实现。

下一步是计算塞压，这可以通过式(7-64)得到。如果实际值比由式(7-64)计算得到的大，那么流动就是声速流或塞流，并且由式(7-64)预测的压力值可继续用于计算。如果实际值比由式(7-64)计算得到的小，那么流动就不是声速流，并且使用实际的压力值。

最后，由式(7-69)计算膨胀系数 Y_g。

一旦确定了 γ 和摩擦损失项$\sum K_f$，确定膨胀系数的计算就可以完成了。该计算可以用图 7-12 和图 7-13 中的结果马上得到答案。如图 7-12，压力比$(p_1 - p_2)/p_1$ 随热容比 γ 略有变化。膨胀系数 Y_g 少许依赖于热容比，当热容比由$\gamma = 1.2$ 变化为 $\gamma = 1.67$ 时，Y_g 的变化相对于其在 $\gamma = 1.4$ 时的值仅变化了不到 1%。图 7-13 显示了 $\gamma = 1.4$ 时的膨胀系数。

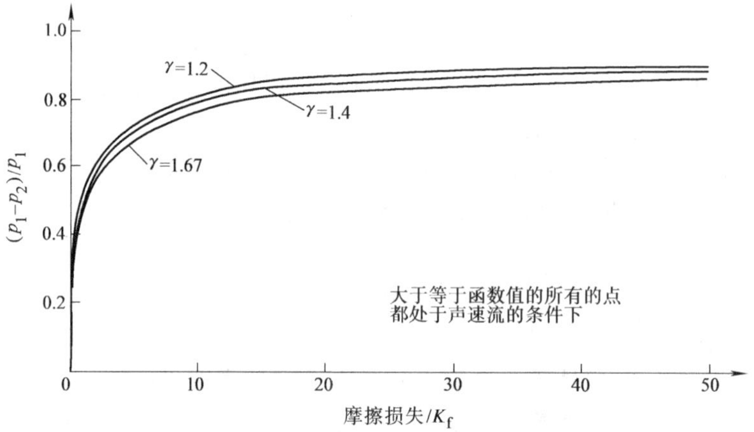

图 7-12 各种热容比下管道绝热流动的压力降比率

图 7-12 和图 7-13 中的函数值，可以使用形式为 $\ln Y_g = A(\ln K_f)^3 + B(\ln K_f)^2 + C(\ln K_f) + D$ 的公式拟合，式中 A、B、C 和 D 都是常数。结果见表 7-6，结果对于在给定的 K_f 变化范围内是精确的，误差在 1% 以内。

计算通过管道或孔洞流出的绝热质量流率的过程如下：①已知：基于气体类型的 γ；管道长度、直径和类型；管道进口和出口；附件的数量和类型；整

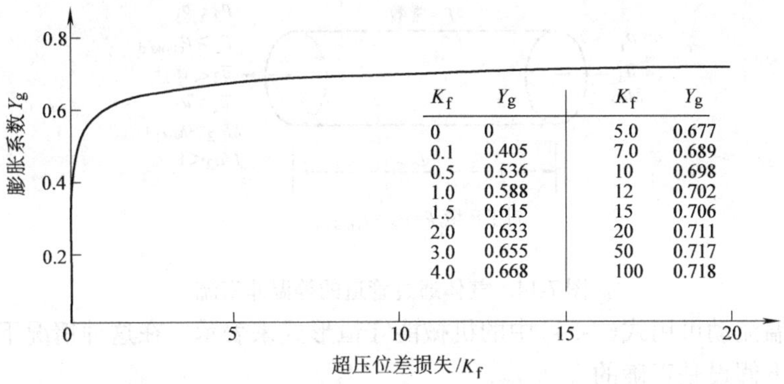

图 7-13　$\gamma=1.4$ 时绝热管道流动的膨胀系数 Y_g

体压降；上游气体密度；②假设是完全发展的湍流，确定管道的摩擦系数和附件以及管道进、出口的压差损失项。计算完成后，可计算雷诺数来验证假设。将各个压差损失项相加得到 $\sum K_f$；③由指定的压力降计算 $(p_1-p_2)/p_1$。在图 7-12 中，核对该值来确定流动是否是塞流。图 7-12 中，曲线上面的区域均代表塞流。通过图 7-12 直接确定声速塞压 p_2，即从表中内插一个值，或用表 7-4 中提供的公式；④由图 7-13 确定膨胀系数。读取图表中的数据、从表中内插数据、或者用表 7-6 中提供的公式；⑤用式(7-68)计算质量流率。在该公式中，使用步骤 3 中确定的声速塞压。这种方法可以应用于计算通过管道系统和孔洞的气体泄漏。

表 7-6　膨胀系数 Y_g 和声速压力降比率与压差损失 K_f 之间的函数关系

函数值 y	A	B	C	D	K_f 的范围
膨胀系数 Y_g	0.0006	-0.0185	0.1141	0.5304	0.1 ~ 100
声速压力降比率 $\gamma=1.2$	0.0009	-0.0308	0.261	-0.7248	0.1 ~ 100
声速压力降比率 $\gamma=1.4$	0.0011	-0.0302	0.238	-0.6455	0.1 ~ 300
声速压力降比率 $\gamma=1.67$	0.0013	-0.0287	0.213	-0.5633	0.1 ~ 300

注：1. 在指定区间内，函数关系值与真实值的误差在 1% 的之内。

2. 膨胀系数 Y_g 和声速压力降比率的方程式形同：$\ln Y_g=A(\ln K_f)^3+B(\ln K_f)^2+C(\ln K_f)+D$。

7.6.2　等温流动

气体在有摩擦的管道中的等温流动，如图 7-14 所示。这种情况下，假设气体流速远远低于声音在该气体中的速度。沿管程的压力梯度驱动气体流动。随着气体通过压力梯度的扩散，其流速必须增加到保持相同质量流量的大小。管子末端的压力与周围环境的压力相等。整个管道内的温度不变。

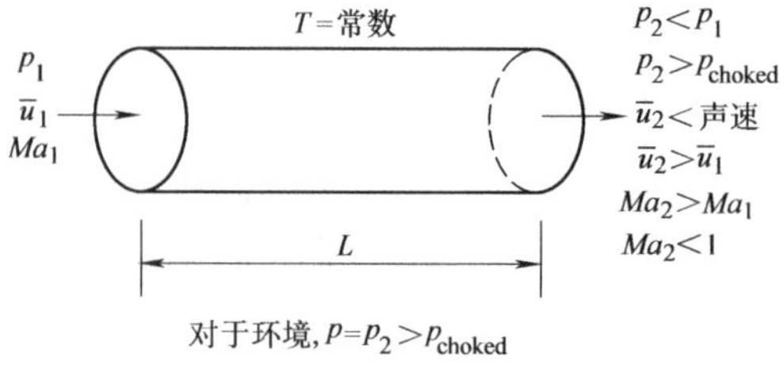

图 7-14 气体通过管道的等温非塞流

等温流动可用式(7-54)中的机械能守恒形式来表示。在这种情况下，对气体，以下假设是正确的。

$$g\mathrm{d}z \approx 0$$

联立式(7-29)和式(7-30)，并微分得到：

$$\mathrm{d}F = \frac{2f\bar{u}^2\mathrm{d}L}{d}$$

假设f为常数，由于不存在机械连接，故：

$$\delta W_s = 0$$

由于温度不变，故总能量守恒不需要。

把以上假设条件代入到式(7-54)中，经过大量的运算，得到：

$$T_2 = T_1 \tag{7-70}$$

$$\frac{p_2}{p_1} = \frac{Ma_1}{Ma_2} \tag{7-71}$$

$$\frac{\rho_2}{\rho_1} = \frac{Ma_1}{Ma_2} \tag{7-72}$$

$$G = \rho\bar{u} = Ma_1 p_1\sqrt{\frac{\gamma M}{R_g T}} \tag{7-73}$$

式中，G是质量流量(kg/m^2·s)。

$$\underset{\text{动能}}{2\ln\frac{Ma_2}{Ma_1}} - \underset{\text{可压缩性}}{\frac{1}{\gamma}\left(\frac{1}{Ma_1^2} - \frac{1}{Ma_2^2}\right)} + \underset{\text{管道摩擦}}{\frac{4fL}{d}} = 0 \tag{7-74}$$

式(7-74)中，各个能量项都已经确定。

式(7-74)更方便的形式是用压力代替马赫数。通过使用式(7-70)到式(7-72)，可以得到这种简化形式，结果为：

$$2\ln\frac{p_1}{p_2} - \frac{M}{G^2R_gT}(p_1^2 - p_2^2) + \frac{4fL}{d} = 0 \tag{7-75}$$

对于典型的问题，已知管长L、内径d、上游和下游的压力p_1和p_2，确定质量通量G。步骤如下：①由式(7-34)确定 Fanning 摩擦系数f；假设是高雷诺数的完全发展的湍流；随后将验证这一假设，但通常情况下该假设是正确的；②由式(7-75)计算质量通量 G。

Levenspiel 指出：如同绝热情形一样，气体在管道中作等温流动时，其最大流速可能不是声速。根据马赫数，最大流速是：

$$Ma_{\text{choked}} = \frac{1}{\sqrt{\gamma}} \tag{7-76}$$

通过使用机械能守恒公式，并将其重新变换为以下形式：

$$-\frac{\mathrm{d}p}{\mathrm{d}L} = \frac{2fG^2}{\rho d}\left[\frac{1}{1-(\bar{u}^2\rho/p)}\right] = \frac{2fG^2}{\rho d}\left(\frac{1}{1-\gamma Ma^2}\right) \tag{7-77}$$

当 $Ma \to 1/\sqrt{\gamma}$时，$-(\mathrm{d}p/\mathrm{d}L) \to \infty$。因此，对于等温管道中的塞流，如图 7-15 所示，可应用以下方程：

$$T_{\text{choked}} = T_1 \tag{7-78}$$

$$\frac{p_{\text{choked}}}{p_1} = Ma_1\sqrt{\gamma} \tag{7-79}$$

$$\frac{\rho_{\text{choked}}}{\rho_1} = Ma_1\sqrt{\gamma} \tag{7-80}$$

$$\frac{\bar{u}_{\text{choked}}}{\bar{u}_1} = \frac{1}{Ma_1\sqrt{\gamma}} \tag{7-81}$$

$$G_{\text{choked}} = \rho\bar{u} = \rho_1\bar{u}_1 = Ma_1 p_1\sqrt{\frac{\gamma M}{R_g T}} = p_{\text{choked}}\sqrt{\frac{M}{R_g T}} \tag{7-82}$$

式中，G_{choked}是质量流量(kg/m^2·s)。

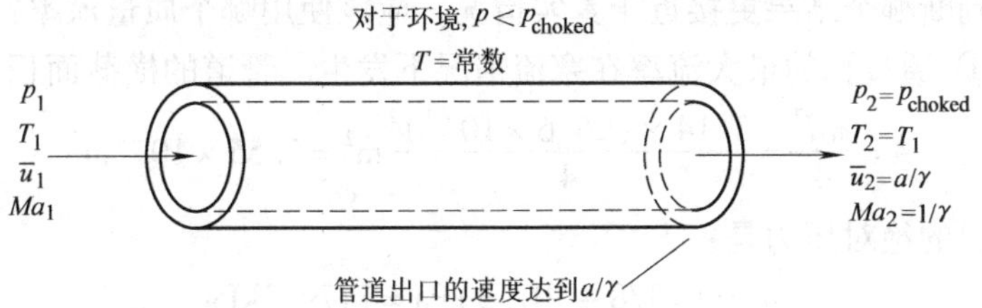

图 7-15 气体通过管道的等温塞流

另外，有：

$$\ln\left(\frac{1}{\gamma Ma_1^2}\right) - \left(\frac{1}{\gamma Ma_1^2} - 1\right) + \frac{4fL}{d} = 0 \tag{7-83}$$

对于大多数典型问题，管长 L、内径 d、上游压力 p_1 和温度 T 都是已知的。质量通量可通过以下步骤来确定：①用式(7-34)确定 Fanning 摩擦系数。假设是高雷诺数的完全发展的湍流，随后将验证这一假设，但通常情况下该假设是正确的；②由式(7-83)确定 Ma_1；③由式(7-82)确定质量通量 G。

对于通过管道的气体流动，流动是绝热的还是等温的很重要。对于这两种情形，压力下降导致气体膨胀，进而促使气体流速增加。对于绝热流动，气体的温度可能升高，也可能降低，这主要取决于摩擦项和动能项的相对大小。对于塞流，绝热塞压比等温塞压小。对于源处的温度和压力为常数的实际管道流动，实际的流率比绝热流率小，但比等温流率大。例 7-5 表明，对于管道流动问题，绝热流动和等温流动的差别很小。Levenspiel 指出倘若源处的压力和温度相同时，绝热模型通常会高估实际流动。Crane Co. 报道："当可压缩流体从某管道的末端流入较大横截面积的管道时，这种流动通常被认为是绝热流动。" Crane 是根据他的试验数据作出上述陈述的。他的试验是将空气排放到大气环境中，试验涉及 130 种不同的管长和 220 种不同的管径。最后，在塞流的情况下，由于气体流速很快，等温流动在实际情况下很难达到。因此，绝热流动模型是可压缩气体经管道排放的可选模型。

[例 7-5] 液态环氧乙烷储罐的上部蒸气空间必须将氧气排除掉并充入表压为 558kPa 的氮气以防止爆炸。容器中的氮气由表压为 1378kPa 的源供给。氮气被调节为 558kPa 后通过 10m 长、内径为 26.6mm 的型钢管道供应给储罐。

由于氮气调节器失效，储罐暴露于源的全部压力之下。这将超过储罐的压力等级。为了防止储罐的破裂，必须配备卸压设备将氮气排泄出去。在这种情况下，确定阻止储罐内压力上升所需要的经卸压设备排出的氮气的最小质量流率。

假设：①孔的内径与管道直径相等；②绝热管道；③等温管道，请确定质量流率。判断哪个结果更接近于真实情况，应该使用哪个质量流率？

解：① 通过孔的最大流率在塞流情况下发生。管道的横截面积是：

$$A=\frac{\pi d^2}{4}=\frac{3.14\times(26.6\times10^{-3})^2}{4}\text{m}^2=5.55\times10^{-4}\text{m}^2$$

氮气源的绝对压力是：

$$p_0=(1378+101.3)\text{Pa}=1479.3\text{kPa}$$

对于双原子气体，由式(7-49)，塞压是：

$$p_{\text{choked}}=0.528\times1479.3\text{kPa}=781\text{kPa}$$

由于系统与大气环境通相，该流动被认为是塞流。式(7-50)给出了最大质量流率。对于氮气，$\gamma=1.4$：

$$\left(\frac{2}{\gamma+1}\right)^{(\gamma+1)/(\gamma-1)}=\left(\frac{2}{2.4}\right)^{2.4/0.4}=0.335$$

氮气的摩尔质量(数值上等于相对分子质量,下同)是 28g/mol。由于没有任何信息，假设单元的流出系数 $C_0=1.0$。因此：

$$Q_m = \left(1.0 \times 5.55 \times 10^{-4} \times 1479.3 \times 10^3 \times \sqrt{\frac{1.4 \times 1 \times 28 \times 10^{-3}}{8.314 \times 299.85} \times 0.335}\right) \text{kg/s}$$

$$= 1.88 \text{kg/s}$$

② 假设是绝热塞流。对于型钢管道，由表7-1，$\varepsilon = 0.046\text{mm}$。因此：

$$\frac{\varepsilon}{d} = \frac{0.046}{26.6} = 0.00173$$

由式(7-34)

$$\frac{1}{\sqrt{f}} = 4\lg\left(3.7\frac{d}{\varepsilon}\right)$$

$$= 4\lg(3.7/0.00173) = 13.32$$

$$\sqrt{f} = 0.0751$$

$$f = 0.00564$$

对于氮气，$\gamma = 1.4$。

上游马赫数由式(7-67)计算：

$$\frac{\gamma+1}{2}\ln\left[\frac{2Y_1}{(\gamma+1)Ma_1^2}\right] - \left(\frac{1}{Ma_1^2} - 1\right) + \gamma\left(\frac{4fL}{d}\right) = 0$$

Y_1 由式(7-56)给出。将其代入得到：

$$\frac{1.4+1}{2}\ln\left[\frac{2+(1.4-1)Ma^2}{(1.4+1)Ma^2}\right] - \left(\frac{1}{Ma^2} - 1\right) + 1.4\left[\frac{4 \times 0.00564 \times 10}{26.6 \times 10^{-3}}\right] = 0$$

$$1.2\ln\left(\frac{2+0.4Ma^2}{2.4Ma^2}\right) - \left(\frac{1}{Ma^2} - 1\right) + 11.87 = 0$$

通过试差法求解该公式中的 Ma。结果列于表7-7。

表7-7　用试差法求解 *Ma* 值

预测的 Ma 值	方程左边的值	预测的 Ma 值	方程左边的值
0.20	−8.48	0.25	−0.007

根据最近一次预测的 Ma 值计算，结果接近于零。因此由式(7-56)可得：

$$Y_1 = 1 + \frac{\gamma-1}{2}Ma^2 = 1 + \frac{1.4-1}{2}(0.25)^2 = 1.012$$

由式(7-63)和式(7-64)得到：

$$\frac{T_{\text{choked}}}{T_1} = \frac{2Y_1}{\gamma+1} = \frac{2 \times 1.012}{1.4+1} = 0.843$$

$$T_{\text{choked}} = (0.843 \times 299.85)\text{K} = 252\text{K}$$

$$\frac{p_{\text{choked}}}{p_1} = Ma\sqrt{\frac{2Y_1}{\gamma+1}} = 0.25 \times \sqrt{0.843} = 0.230$$

$$p_{\text{choked}} = (0.230 \times 1479.3)\text{kPa} = 340\text{kPa}$$

为确保是塞流，管道出口处的压力必须小于 340kPa。由式(7-66)计算质量通量为：

$$G_{\text{choked}} = p_{\text{choked}}\sqrt{\frac{\gamma M}{R_g T_{\text{choked}}}} = \left(340 \times 10^3 \times \sqrt{\frac{1.4 \times 28 \times 10^{-3}}{8.314 \times 252}}\right)\text{kg/(m}^2 \cdot \text{s)}$$

$$= 1470\text{kg/(m}^2 \cdot \text{s)}$$

$$Q_m = GA = (1470 \times 5.55 \times 10^{-4})\text{kg/s} = 0.82\text{kg/s}$$

也可使用直接求解的简化过程。式(7-30)给出了管长的超压位差损失。摩擦系数 f 可以确定如下：

$$K_f = \frac{4fL}{d} = \frac{4 \times 0.00564 \times 10}{26.6 \times 10^{-3}} = 8.48$$

该求解过程中仅考虑管道摩擦，忽略出口的影响。首先需要考虑是流动是否为塞流。图 7-12（或表 7-6 中的公式）给出了声速压力比。对于 $\gamma = 1.4$ 和 $K_f = 8.48$：

$$\frac{p_1 - p_2}{p_1} = 0.770 \Rightarrow p_2 = 340\text{kPa}$$

由于下游压力小于 340kPa，因此流动是塞流。由图 7-13（或表 7-6）气体膨胀系数 $Y_g = 0.69$。处于上游压力条件下的气体密度是

$$\rho_1 = \frac{p_1 M}{R_g T} = \frac{1479.3 \times 10^3 \times 28 \times 10^{-3}}{8.314 \times 299.85}\text{kg/m}^3 = 16.6\text{kg/m}^3$$

将该值代入式(7-68)，使用塞压确定 p_2，得到：

$$m = Y_g A\sqrt{\frac{2\rho(p_1 - p_2)}{\sum K_f}}$$

$$= \left(0.69 \times 5.55 \times 10^{-4} \times \sqrt{\frac{2 \times 16.6 \times (1479.3 - 340) \times 10^3}{8.48}}\right)\text{kg/s}$$

$$= 0.81\text{kg/s}$$

此算法耗时较少，其结果与前面的结果基本上一样。

③ 对于等温流动，由式(7-83)给出上游的马赫数。将提供的数据代入，得到：

$$\ln\left(\frac{1}{1.4Ma^2}\right) - \left(\frac{1}{1.4Ma^2} - 1\right) + 8.48 = 0$$

通过试差法求解，见表 7-8。

表 7-8　用试差法求解 *Ma* 值

预测的 *Ma* 值	方程左边的值	预测的 *Ma* 值	方程左边的值
0.25	0.486	0.245	0.057
0.24	−0.402	0.244	−0.035←最终结果

由式(7-79)，塞压是：

$$p_{\text{choked}} = p_1 Ma_1 \sqrt{\gamma} = (1479.3 \times 0.244 \times \sqrt{1.4})\text{kPa} = 427\text{kPa}$$

由式(7-82)计算质量流率为：

$$G_{\text{choked}} = p_{\text{choked}} \sqrt{\frac{M}{R_g T}} = \left(427 \times 10^3 \times \sqrt{\frac{28 \times 10^{-3}}{8.314 \times 299.85}}\right)\text{kg/(m}^2 \cdot \text{s)}$$

$$= 1431\text{kg/(m}^2 \cdot \text{s)}$$

$$Q_m = G_{\text{choked}} A = 1431 \times 5.55 \times 10^{-4}\text{kg/s} = 0.79\text{kg/s}$$

计算结果总结于表7-9。

表7-9 计算结果

情　况	p_{choked}/kPa	Q_m/(kg/s)
孔	781	1.88
绝热管道	340	0.81
等温管道	427	0.79

这些类型问题的标准过程是将通过管道的流动描绘成通过小孔的流动。结果表明这种方法导致计算结果较大。小孔方法通常比绝热管道方法的计算结果大，能够确保保守的安全设计。然而，小孔计算应用起来很容易，仅仅需要管道直径和上游供给压力和温度，不需要管道的详细外形，而这一点在绝热和等温方法中是需要的。

需要声明的是，对于每一种情况计算得到的塞压是不同的，孔的情况和绝热/等温情况的差别很大。基于孔的计算进行的塞流设计可能在实际情况下因为较高的下游压力并不产生塞流。

最后，注意绝热和等温管道方法得到的结果很接近。对于大多数实际情况并不能很容易地确定热传递特性。因此应选择绝热管道方法；它通常能得到较大的计算结果，适合于保守的安全设计。

7.7 闪蒸液体的泄漏源模式

存储温度高于其通常沸点温度的受压液体，由于闪蒸会存在很多问题。如果储罐、管道或其他盛装设备出现孔洞，部分液体会闪蒸为蒸气，有时会发生爆炸。

闪蒸发生的速度很快，其过程可假设为绝热。过热液体中的额外能量使液体蒸发，并使其温度降到新的沸点。如果 m 是初始液体的质量，c_p 是液体的比热容，T_0 是降压前液体的温度，T_b 是降压后液体的沸点，则包含在过热液体中额外的能量为：

$$Q = mc_{\mathrm{p}}(T_0 - T_{\mathrm{b}}) \tag{7-84}$$

该能量使液体蒸发。如果 ΔH_{v} 是液体的蒸发热，蒸发的液体质量 m_{v} 为：

$$m_{\mathrm{v}} = \frac{Q}{\Delta H_{\mathrm{v}}} = \frac{mc_{\mathrm{p}}(T_0 - T_{\mathrm{b}})}{\Delta H_{\mathrm{v}}} \tag{7-85}$$

液体蒸发比例是：

$$f_{\mathrm{v}} = \frac{m_{\mathrm{v}}}{m} = \frac{c_{\mathrm{p}}(T_0 - T_{\mathrm{b}})}{\Delta H_{\mathrm{v}}} \tag{7-86}$$

式(7-86)基于假设在 T_0 到 T_{b} 的温度范围内液体的物理特性不变。没有此假设时更一般的表达形式将在下面介绍。

温度 T 的变化导致的液体质量 m 的变化为：

$$\mathrm{d}m = \frac{mc_{\mathrm{p}}}{\Delta H_{\mathrm{v}}}\mathrm{d}T \tag{7-87}$$

在初始温度 T_0（液体质量为 m）与最终沸点温度 T_{b}（液体质量为 $m - m_{\mathrm{v}}$）区间内，对式(7-87)进行积分，得到：

$$\int_m^{m-m_{\mathrm{v}}} \frac{\mathrm{d}m}{m} = \int_{T_0}^{T_{\mathrm{b}}} \frac{c_{\mathrm{p}}}{\Delta H_{\mathrm{v}}}\mathrm{d}T \tag{7-88}$$

$$\ln\left(\frac{m - m_{\mathrm{v}}}{m}\right) = -\frac{\bar{c}_{\mathrm{p}}(T_0 - T_{\mathrm{b}})}{\overline{\Delta H_{\mathrm{v}}}} \tag{7-89}$$

式中，$\bar{c}_{\mathrm{p}}$ 和$\overline{\Delta H_{\mathrm{v}}}$ 分别是 T_0 到 T_{b} 温度范围内的平均热容和平均蒸发潜热。求解液体蒸发比率$f_{\mathrm{v}} = m_{\mathrm{v}}/m$，可得到：

$$f_{\mathrm{v}} = 1 - \exp[-\bar{c}_{\mathrm{p}}(T_0 - T_{\mathrm{b}})/\overline{\Delta H_{\mathrm{v}}}] \tag{7-90}$$

[例 7-6] 0.4536kg 的饱和水存储在温度为 350℉ 的容器里。容器破裂了，压力下降至 1atm。使用：①水蒸气表；②式(7-86)和③式(7-90)计算水的蒸发比例。

解：① 初始状态是 $T_0 = 350$℉的饱和液体水。由水蒸气表可知：

$$p = 927.8\mathrm{kPa}$$

$$H = 748\mathrm{kJ/kg}$$

最终温度是 1atm 下的沸点，或 212℉。此温度和饱和状态下有：

$$H_{\mathrm{vapor}} = 2675.6\mathrm{kJ/kg}$$

$$H_{\mathrm{liquid}} = 418.8\mathrm{kJ/kg}$$

因为是绝热过程，$H_{\mathrm{final}} = H_{\mathrm{initial}}$，蒸汽比为：

$$H_{\mathrm{final}} = H_{\mathrm{liquid}} + f_{\mathrm{v}}(H_{\mathrm{vapor}} - H_{\mathrm{liquid}})$$

$$748 = 418.8 + f_{\mathrm{v}}(2675.6 - 418.8)$$

$$f_{\mathrm{v}} = 0.1459$$

14.59%质量的初始液体蒸发了。

② 对于212℉下的液体水：

$$c_p = 2349.1\text{J/kg K}$$
$$\Delta H_v = 2256.8\text{kJ/kg}$$

由式(7-86)

$$f_v = \frac{c_p(T_0 - T_b)}{\Delta H_v} = \frac{2349.1\times(350-212)}{2256.8\times10^3} = 0.1436$$

③ 液体水在 T_0 和 T_b 之间的平均特性是：

$$\bar{c}_p = 2418.9\text{J/(kg·℉)}$$
$$\overline{\Delta H_v} = 2141.4\text{kJ/kg}$$

将它们代入到式(7-90)中

$$\begin{aligned} f_v &= 1-\exp(-\bar{c}_p(T_0-T_b)/\overline{\Delta H_v}) \\ &= 1-\exp[-2418.9\times(350-212)/(2141.4\times10^3)] \\ &= 1-0.8557 = 0.1443 \end{aligned}$$

同来自水蒸气表的实际值相比，这两个表达式的计算结果均较好。

对于包含有多种易混合物质的液体，闪蒸计算非常复杂，这是由于更易挥发组分首先闪蒸。求解这类问题的方法有很多。

由于存在两相流情况，通过孔洞和管道泄漏出的闪蒸液体需要特殊考虑，即有几个特殊的情况需要考虑。如果泄漏的流程长度很短(通过薄壁容器上的孔洞)，则存在不平衡条件，以及液体没有时间在孔洞内闪蒸；液体在孔洞外闪蒸。应使用描述不可压缩流体通过孔洞流出的方程。

如果泄漏的流程长度大于10cm(通过管道或厚壁容器)，那么就能达到平衡闪蒸条件，且流动是塞流。可假设塞压与闪蒸液体的饱和蒸气压相等，结果仅适用于储存在高于其饱和蒸气压环境下的液体。在此假设下，质量流率由下式给出：

$$Q_m = AC_0\sqrt{2\rho_f(p-p^{sat})} \tag{7-91}$$

式中，A 是释放面积(m^2)；C_0 是流出系数；ρ_f 是液体密度(kg/m^3)；p 是储罐内压力(Pa)；p^{sat} 是闪蒸液体处于周围温度情况下的饱和蒸气压(Pa)。

[例7-7] 液氨存储在温度为24℃、压力为 1.4×10^6Pa 的储罐中。一根直径为0.0945m的管道在离储罐很近的地方断裂了，使闪蒸的氨漏了出来。液氨在此温度下的饱和蒸气压是 0.968×10^6Pa，密度是 $603kg/m^3$。请计算通过该孔的质量流率。假设是平衡闪蒸。

解：式(7-91)适用于平衡闪蒸的情况。假设流出系数为0.61。那么，

$$
\begin{aligned}
Q_m &= AC_0\sqrt{2\rho_f(p-p^{sat})}\\
&=\left(0.61\times\frac{3.14\times(0.0945)^2}{4}\times\sqrt{2\times603\times(1.4\times10^6-0.968\times10^6)}\right)\mathrm{kg/s}\\
&=97.6\mathrm{kg/s}
\end{aligned}
$$

对储存在其饱和蒸气压下的液体，$p=p^{sat}$，式(7-91)将不再有效。这需要更详细的方法。考虑初始静止的液体加速通过孔洞。假设动能占支配地位，忽略潜能的影响。那么，根据机械能守恒方程式(7-1)，引入比体积的概念(单位是体积/质量)，即 $v=1/\rho$，可以写出：

$$-\int_1^2 v\mathrm{d}p=\frac{\bar{u}_2^2}{2} \tag{7-92}$$

质量通量 G(单位是质量/(面积－时间))定义为

$$G=\rho\bar{u}=\frac{\bar{u}}{v} \tag{7-93}$$

联立式(7-93)和式(7-92)，假设质量通量是常数，得到

$$-\int_1^2 v\mathrm{d}p=\frac{\bar{u}_2^2}{2}=\frac{G^2v_2^2}{2} \tag{7-94}$$

求解质量通量 G，假设点 2 被定义为沿管长的任意一点，得到：

$$G=\frac{\sqrt{-2\int v\mathrm{d}p}}{v} \tag{7-95}$$

式(7-95)包含有一个最大值，在该处塞流发生。在塞流情况下，$\mathrm{d}G/\mathrm{d}p=0$。对式(7-95)微分，并将其结果设为零，得到：

$$\frac{\mathrm{d}G}{\mathrm{d}p}=0=-\frac{\frac{\mathrm{d}v}{\mathrm{d}p}}{v^2}\sqrt{-2\int v\mathrm{d}p}-\frac{1}{\sqrt{-2\int v\mathrm{d}p}} \tag{7-96}$$

$$0=-\frac{G\frac{\mathrm{d}v}{\mathrm{d}p}}{v}-\frac{1}{vG} \tag{7-97}$$

求解式(7-97)中的 G，可以得到：

$$G=\frac{Q_m}{A}=\sqrt{-\frac{1}{\frac{\mathrm{d}v}{\mathrm{d}p}}} \tag{7-98}$$

两相流的比体积为：

$$v=v_{fg}f_v+v_f \tag{7-99}$$

式中，v_{fg}是蒸气和液体之间的比体积差；v_f 是液体的比体积；f_v 是蒸气质量比率。

式(7-99)对压力进行微分，得到：

$$\frac{\mathrm{d}v}{\mathrm{d}p}=v_{\mathrm{fg}}\frac{\mathrm{d}f_{\mathrm{v}}}{\mathrm{d}p} \tag{7-100}$$

但是，由式(7-86)有：

$$\mathrm{d}f_{\mathrm{v}}=-\frac{C_{\mathrm{p}}}{\Delta H_{\mathrm{v}}}\mathrm{d}T \tag{7-101}$$

由克拉修斯-克拉佩龙方程，在饱和状态下：

$$\frac{\mathrm{d}p}{\mathrm{d}T}=\frac{\Delta H_{\mathrm{v}}}{Tv_{\mathrm{fg}}} \tag{7-102}$$

将式(7-102)和式(7-101)带入式(7-100)，得到：

$$\frac{\mathrm{d}v}{\mathrm{d}p}=-\frac{v_{\mathrm{fg}}^{2}}{\Delta H_{\mathrm{v}}^{2}}Tc_{\mathrm{p}} \tag{7-103}$$

联立式(7-103)和式(7-98)，可得到质量流率为：

$$Q_{\mathrm{m}}=\frac{\Delta H_{\mathrm{v}}A}{v_{\mathrm{fg}}}\sqrt{\frac{1}{Tc_{\mathrm{p}}}} \tag{7-104}$$

注意，式(7-104)中的温度 T 是来自克拉修斯-克拉佩龙方程的热力学温度，与比热容没有关系。

在闪蒸蒸气喷射时会形成一些小液滴。这些小液滴很容易就被风带走，离开泄漏发生处。经常假设所形成的液滴的量同闪蒸的量是相等的。

[例 7-8]　丙烯存储在温度为 25℃、压力为其饱和蒸气压的储罐中。储罐上有一个 1cm 直径的洞。请估算在该情况下，通过该洞流出的丙烯的质量流率。已知：$\Delta H_{\mathrm{v}}=3.34\times10^{5}\mathrm{J/kg}$；$v_{\mathrm{fg}}=0.042\mathrm{m^3/kg}$；$p^{\mathrm{sat}}=1.15\times10^{6}\mathrm{Pa}$；$c_{\mathrm{p}}=2.18\times10^{3}\mathrm{J/(kg\cdot K)}$。

解：该例题中使用式(7-104)。孔洞面积为

$$A=\frac{\pi d^{2}}{4}=\frac{3.14\times(1\times10^{-2})^{2}}{4}\mathrm{m^2}=7.85\times10^{-5}\mathrm{m^2}$$

使用式(7-104)，得到

$$\begin{aligned}Q_{\mathrm{m}}&=\frac{\Delta H_{\mathrm{v}}A}{v_{\mathrm{fg}}}\sqrt{\frac{1}{Tc_{\mathrm{p}}}}\\&=\left(3.34\times10^{5}\times\frac{7.85\times10^{-5}}{0.042}\times\sqrt{\frac{1.0}{2.18\times10^{3}\times298}}\right)\mathrm{kg/s}=0.774\mathrm{kg/s}\end{aligned}$$

7.8　易挥发液体蒸发的源模式

饱和蒸气压高的液体蒸发的较快。因此，蒸发速率被认为是饱和蒸气压的函数。实际上，对于静止空气中的蒸发，蒸发速率与饱和蒸气压和蒸气在静止

空气中的蒸气分压的差成比例，即：

$$Q_m \propto (p^{sat} - p) \tag{7-105}$$

式中，p^{sat}是液体温度下纯液体的饱和蒸气压；p 是位于液体上方静止空气中的蒸气分压。

蒸发速率更一般的表达式如下：

$$Q_m = \frac{MKA(p^{sat} - p)}{R_g T_L} \tag{7-106}$$

式中，Q_m 是蒸发速率；M 是易挥发物质的摩尔质量；K 是面积 A 的传质系数；R_g 是理想气体常数；T_L 是液体的热力学温度。

对大多数情况，$p^{sat} >> p$，式(7-106)可简化为：

$$Q_m = \frac{MKAp^{sat}}{R_g T_L} \tag{7-107}$$

用式(7-108)确定所研究物质的传质系数 K 与某种参考物质的传质系数 K_0 的比值为：

$$\frac{K}{K_0} = \left(\frac{D}{D_0}\right)^{2/3} \tag{7-108}$$

气相扩散系数可由物质的分子量 M 估算，即：

$$\frac{D}{D_0} = \sqrt{\frac{M_0}{M}} \tag{7-109}$$

联立式(7-109)和式(7-108)可得：

$$K = K_0 \left(\frac{M_0}{M}\right)^{1/3} \tag{7-110}$$

经常用水作为参照物质，其传质系数为 0.83cm/s。

[例 7-9] 一个直径为 1524mm 的装有甲苯的大型敞口储罐。假设温度为 298K，压强为 1atm，试估算该储罐中甲苯的蒸发速率。

解：甲苯的摩尔质量为 92g/mol。用水作为参考物质，由式(7-110)估算传质系数：

$$K = 0.83 \times \left(\frac{18}{92}\right)^{1/3} = 0.482$$

饱和蒸气压已知：$p^{sat}_{toluene} = 28.2\text{mmHg} = 3758.23\text{Pa}$

液池面积是：$A = \frac{\pi d^2}{4} = \frac{3.14 \times (1.524)^2}{4}\text{m}^2 = 1.82\text{m}^2$

用式(7-107)计算蒸发速率为：

$$Q_m = \frac{MKAp^{sat}}{R_g T_L} = \left(\frac{0.092 \times 0.482 \times 10^{-2} \times 1.82 \times 3758.23}{8.314 \times 298}\right)\text{kg/s}$$

$$= 0.00122\text{kg/s} = 1.22\text{g/s} = 73.2\text{g/min}$$

对于液池中的液体沸腾，沸腾速率受周围环境与池中液体间的热量传递的限制。热量通过以下方式进行传递：①地面的热传导；②空气的传导与对流；③太阳辐射或(和)邻近区域的热源辐射，如火源。

沸腾初始阶段，通常由来自地面的热量传递控制。特别是对于正常沸点低于周围环境或地面温度的溢出液体更是如此。来自地面的热量传递，由如下简单的一维热量传递方程模拟：

$$q_s = \frac{k_s(T_g - T)}{(\pi\alpha_s t)^{1/2}} \tag{7-110'}$$

式中，q_s 是来自地面的热通量；k_s 是土壤的热传导率；T_g 是土壤温度；T 是液池温度；α_s 是土壤的热扩散率；t 是溢出后的时间。

式(7-110)没有进行保守的考虑。

假设所有的热量都用于液体的沸腾，则沸腾速率的计算如下：

$$Q_m = \frac{q_s A}{\Delta H_v} \tag{7-111}$$

式中，Q_m 是质量沸腾速率；q_s 是地面向液池的热量传递，由式(7-110)确定；A 是液池面积；ΔH_v 液池中液体的气化热。

随后，来自太阳的热辐射和空气的热对流起重要作用。对于溢出到绝热堤防上的液体，这些热量可能是仅有的能量供给。这种方法对于液化天然气(LNG)、乙烷和乙烯似乎能够得到令人满意的结果。含碳较多的烃类(C_3 及其以上)，则需要更详细的热量传递机理。该模型也忽略了地面上可能存在的能够对热量传递行为产生重大改变的水冻结所带来的影响。

7.9　扩散模式及影响因素

物质泄漏后，会以烟羽(见图7-16)或烟团(见图7-17)两种方式在空气中

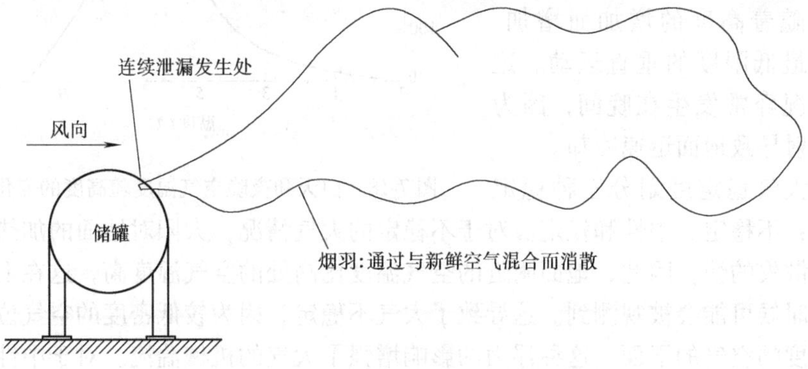

图7-16　物质连续泄漏形成的典型烟羽

传播、扩散。泄漏物质的最大浓度是在释放发生处(可能不在地面上)。由于有毒物质与空气的湍流混合和扩散，其在下风向的浓度较低。

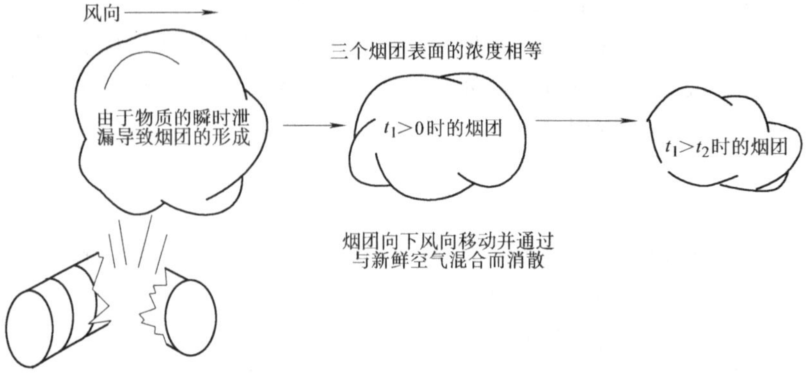

图 7-17　物质瞬时泄漏形成的烟团

众多因素影响着有毒物质在大气中的扩散：①风速；②大气稳定度；③地面条件(建筑物、水、树)；④泄漏处离地面的高度；⑤物质释放的初始动量和浮力。

随着风速的增加，图 7-16 中的烟羽变的又长又窄；物质向下风向输送的速度变快了，但是被大量空气稀释的速度也加快了。

大气稳定度与空气的垂直混合有关。白天，空气温度随着高度的增加迅速下降，促使了空气的垂直运动。夜晚，空气温度随高度的增加下降不多，导致较少的垂直运动。白天和夜晚的温度变化如图 7-18 所示。有时相反的现象也会发生。在相反的情况下，温度随着高度的增加而增加，导致最低限度的垂直运动。这种情况经常发生在晚间，因为热辐射导致地面迅速冷却。

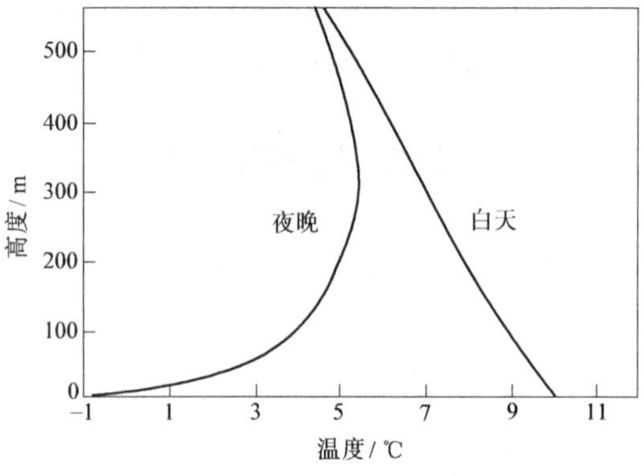

图 7-18　白天和夜晚空气温度随高度的变化

大气稳定度划分三种稳定类型：不稳定、中性和稳定。对于不稳定的大气情况，太阳对地面的加热要比热量散失的快，因此，地面附近的空气温度比高处的空气温度高，这在上午的早些时候可能会被观测到。这导致了大气不稳定，因为较低密度的空气位于较高密度的空气的下面。这种浮力的影响增强了大气的机械湍流。对于中性稳定度，地面上方的空气暖和，风速增加，减少了输入的太阳能或日光照射的影响。空气的温度差不影响大气的机械湍流。对于稳定的大气情况，太阳加热地面的速度没有地面的冷却速度快；因此地面附近的温度比高处空气的温度低。这种情况是稳定的，因为较高密度的空气位于较低密度的空气的下面。浮力的影响抑制了机械湍流。

地面条件影响地表的机械混合和随高度而变化的风速。树木和建筑物的存在加强了这种混合，而湖泊和敞开的区域，则减弱了这种混合。图7-19显示了不同地表情况下风速随高度的变化。

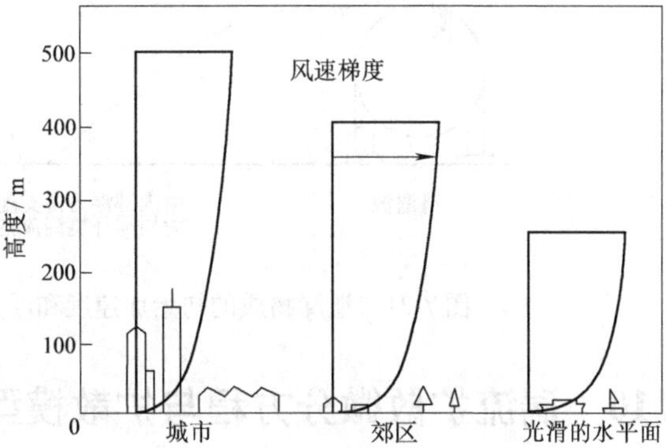

图7-19　地面情况对垂直风速梯度的影响

泄漏高度对地面浓度的影响很大。随着释放高度的增加，地面浓度降低，这是因为烟羽需要垂直扩散更长的距离，如图7-20所示。

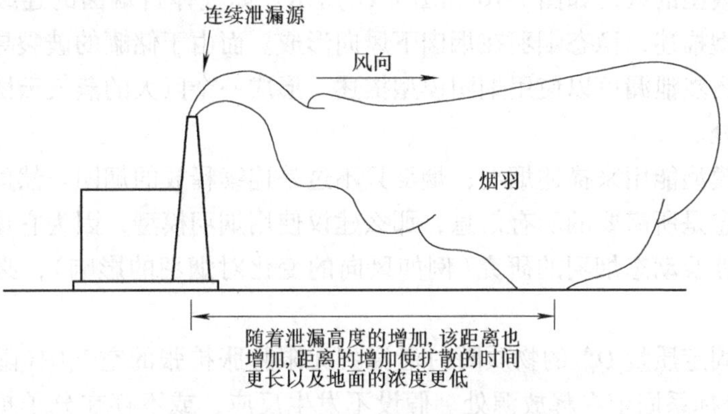

图7-20　增加泄漏高度将降低地面浓度

泄漏物质的浮力和动量改变了泄漏的有效高度。图7-21说明了这些影响。高速喷射所具有的动量将气体带到高于泄漏处，导致更高的有效泄漏高度。如果气体密度比空气小，那么泄漏的气体一开始具有浮力，并向上升高。如果气体密度比空气大，那么泄漏的气体开始就具有沉降力，并向地面下沉。泄漏气体的温度和相对分子质量决定了相对于空气（相对分子质量为28.97）的气体密度。对于所有气体，随着气体向下风向传播和同新鲜空气混合，最终将被充分稀释，并认为具有中性浮力。此时，扩散由周围环境的湍流所支配。

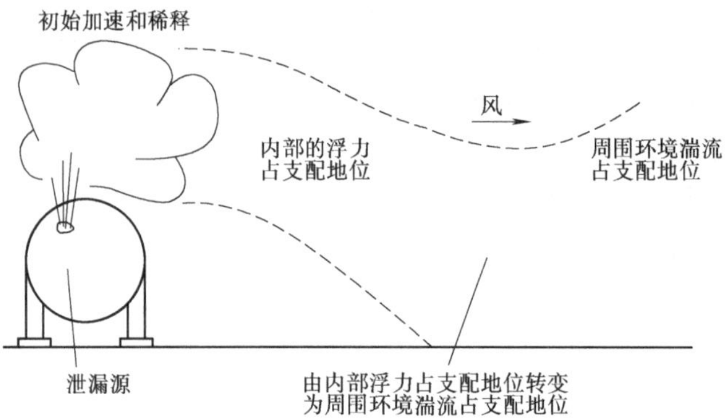

图 7-21 泄漏物质的初始加速度和浮力影响烟羽的特性

7.10 湍流扩散微分方程与扩散模型

经常用到两种类型的蒸气云扩散模型：烟羽和烟团模型。烟羽模型描述来自连续释放物质的稳态浓度。烟团模型描述一定量的单一物质释放后的暂时浓度。两种模型的区别如图 7-16 和图 7-17 所示。如气体自烟囱的连续释放可使用烟羽模型描述，稳态烟羽在烟囱下风向形成。而由于储罐的破裂导致的一定量的物质突然泄漏可以使用烟团模型描述，形成一个巨大的蒸气云团，并渐渐远离破裂处。

烟团模型能用来描述烟羽；烟羽只不过是连续释放的烟团。然而，如果稳态烟羽信息是所需要的所有信息，那么建议使用烟羽模型，因为它比较容易使用。对于涉及动态烟羽的研究(例如风向的变化对烟羽的影响)，必须使用烟团模型。

考虑固定质量 Q_m^* 的物质瞬时泄漏到无限膨胀扩张的空气中(随后再考虑地表)。坐标系固定在释放源处。假设不发生反应，或不存在分子扩散，释放所导致的物质的浓度 C 由水平对流方程给出：

$$\frac{\partial C}{\partial t}+\frac{\partial}{\partial x_j}(u_j C)=0 \tag{7-112}$$

式中，u_j 是空气速度，下标 j 代表所有坐标方向 x、y、z 的总和。如果令式(7-112)中速度 u_j 等于平均风速，并求解方程，可发现物质扩散得要比预测的快。这是由于速度场中湍流的作用。如果人们能够确切地给定某时某处的风速，包括来自湍流的影响，那么式(7-112)就能预测出正确的浓度。遗憾的是，目前没有任何模型能够充分地描述湍流。结果只能使用近似值。用平均值和随机量代替速度，即：

$$u_j = \langle u_j \rangle + u'_j \tag{7-113}$$

式中，$\langle u_j \rangle$是平均速度，u'_j是由湍流引起的随机波动，浓度 C 也随速度场而波动；因此：

$$C = \langle C \rangle + C' \tag{7-114}$$

式中，$\langle C \rangle$是平均浓度，C'是随机波动。由于 C 和 u_j 在平均值附近波动，所以：

$$\begin{aligned}\langle u'_j \rangle &= 0\\ \langle C' \rangle &= 0\end{aligned} \tag{7-115}$$

把式(7-113)和式(7-114)代入式(7-112)，并使结果对时间平均，即：

$$\frac{\partial \langle C \rangle}{\partial t} + \frac{\partial}{\partial x_j}(\langle u_j \rangle \langle C \rangle) + \frac{\partial}{\partial x_j}\langle u'_j C' \rangle = 0 \tag{7-116}$$

$\langle u_j \rangle C'$项和$u'_j \langle C \rangle$项时平均为零($\langle \langle u_j \rangle C' \rangle = \langle u_j \rangle \langle C' \rangle = 0$)，但是湍流项$\langle u'_j C' \rangle$不一定等于零，仍保留在方程中。

要描述湍流还需要其他方程。通常的方法是定义旋涡扩散率 K_j(单位是面积/时间)，即

$$\langle u'_j C' \rangle = -K_j \frac{\partial \langle C \rangle}{\partial x_j} \tag{7-117}$$

把式(7-117)代入式(7-116)，得到：

$$\frac{\partial \langle C \rangle}{\partial t} + \frac{\partial}{\partial x_j}(\langle u_j \rangle \langle C \rangle) = \frac{\partial}{\partial x_j}\left(K_j \frac{\partial \langle C \rangle}{\partial x_j}\right) \tag{7-118}$$

如果假设空气是不可压缩的，那么：

$$\frac{\partial \langle u_j \rangle}{\partial x_j} = 0 \tag{7-119}$$

式(7-118)变为：

$$\frac{\partial \langle C \rangle}{\partial t} + \langle u_j \rangle \frac{\partial \langle C \rangle}{\partial x_j} = \frac{\partial}{\partial x_j}\left(K_j \frac{\partial \langle C \rangle}{\partial x_j}\right) \tag{7-120}$$

式(7-120)结合适当的边界条件和初始条件，就形成了扩散模型的理论基础。这个方程可对各种情况进行求解。

图 7-22 和图 7-23 所示为是用于扩散模型的坐标系。x 轴是从释放处径直向下风处的中心线，并且可针对不同的风向旋转。y 轴是距离中心线的距离，z 轴是高于释放处的高度。点$(x,y,z)=(0,0,0)$是释放点。坐标$(x,y,0)$是释放处所在的水平面，坐标$(x,0,0)$沿中心线或 x 轴。

1. 无风情况下的稳态连续点源释放

适用条件：①质量释放速率不变(Q_m = 常数)；②无风($\langle u_j \rangle = 0$)；③稳态($\partial \langle C \rangle / \partial t = 0$)；④涡流扩散率不变(所有方向上 $K_j = K^*$)。对于这种情况，式(7-120)简化为如下形式：

$$\frac{\partial^2\langle C\rangle}{\partial x^2}+\frac{\partial^2\langle C\rangle}{\partial y^2}+\frac{\partial^2\langle C\rangle}{\partial z^2}=0 \qquad (7\text{-}121)$$

通过定义半径为 $r^2=x^2+y^2+z^2$，式(7-121)将更易处理。根据 r 变换式(7-121)为：

$$\frac{\mathrm{d}}{\mathrm{d}r}\left(r^2\frac{\mathrm{d}\langle C\rangle}{\mathrm{d}r}\right)=0 \qquad (7\text{-}122)$$

对于连续的稳态释放，任何点 r 处的浓度流量从一开始就必须与泄漏速率 Q_m（单位是质量/时间）相等。这可由如下的流量边界条件，进行数学表达，即：

$$-4\pi r^2K^*\frac{\mathrm{d}\langle C\rangle}{\mathrm{d}r}=Q_m \qquad (7\text{-}123)$$

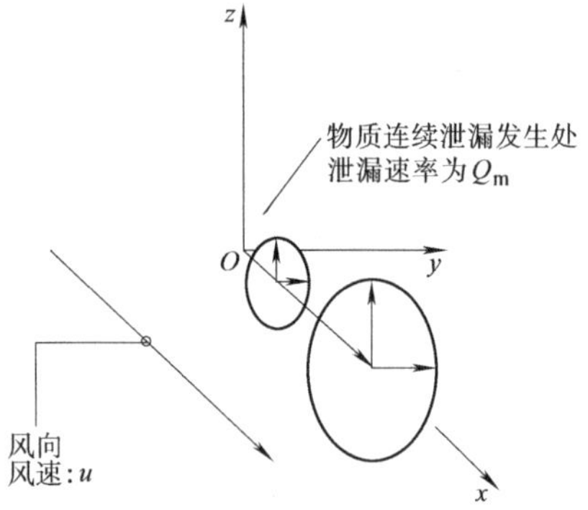

图 7-22　有风时稳定情况下连续点源泄漏（注意坐标系统：x 为下风向，y 为横风向，z 为垂直风向）

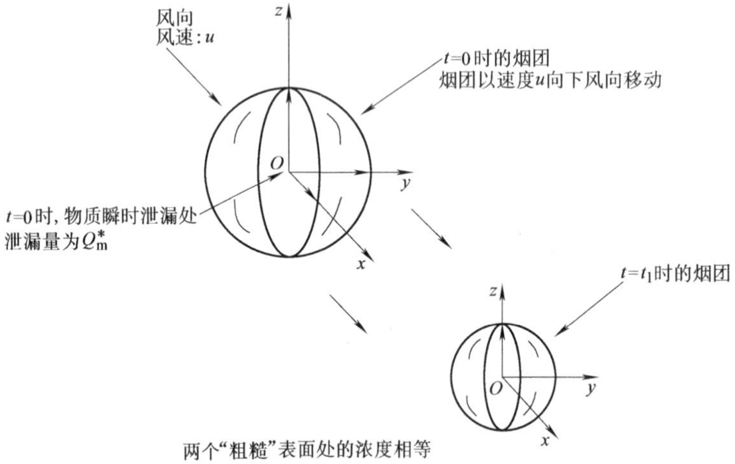

图 7-23　有风时的烟团

边界条件是：

$$\text{当 } r\to\infty \text{ 时，}\langle C\rangle\to 0 \qquad (7\text{-}124)$$

将式(7-123)分离，并在任意点 r 和 $r=\infty$ 之间进行积分：

$$\int_{\langle C\rangle}^{0}\mathrm{d}\langle C\rangle=-\frac{Q_m}{4\pi K^*}\int_r^{\infty}\frac{\mathrm{d}r}{r^2} \qquad (7\text{-}125)$$

计算式(7-125)中的 $\langle C\rangle$，得：

$$\langle C\rangle(r)=\frac{Q_m}{4\pi K^* r} \qquad (7\text{-}126)$$

通过变换，很容易证明式(7-126)和式(7-122)同解，同时也是此种情况下的解。将式(7-126)变换成直角坐标系，得：

$$\langle C\rangle(x,y,z)=\frac{Q_{\mathrm{m}}}{4\pi K^{*}\sqrt{x^{2}+y^{2}+z^{2}}} \tag{7-127}$$

2. 无风时的烟团

适用条件：①烟团释放，即一定量 Q_{m}^{*} 的物质(单位为质量)瞬时释放；②无风($\langle u_j\rangle=0$)；③涡流扩散率不变(所有方向上 $K_j=K^{*}$)。
对于这种情况，式(7-120)化简为：

$$\frac{1}{K^{*}}\frac{\partial\langle C\rangle}{\partial t}=\frac{\partial^{2}\langle C\rangle}{\partial x^{2}}+\frac{\partial^{2}\langle C\rangle}{\partial y^{2}}+\frac{\partial^{2}\langle C\rangle}{\partial z^{2}} \tag{7-128}$$

式(7-128)计算所需要的初始条件是：

$$t=0\text{ 时，}\langle C\rangle(x,y,z,t)=0 \tag{7-129}$$

在球坐标下，式(7-128)的解是：

$$\langle C\rangle(r,t)=\frac{Q_{\mathrm{m}}^{*}}{8(\pi K^{*}t)^{3/2}}\exp\left(-\frac{r^{2}}{4K^{*}t}\right) \tag{7-130}$$

直角坐标系下的解是：

$$\langle C\rangle(x,y,z,t)=\frac{Q_{\mathrm{m}}^{*}}{8(\pi K^{*}t)^{3/2}}\exp\left[-\frac{(x^{2}+y^{2}+z^{2})}{4K^{*}t}\right] \tag{7-131}$$

3. 无风情况下的非稳态连续点源释放

适用条件是：①恒定的质量释放率($Q_{\mathrm{m}}=$常数)；②无风($\langle u_j\rangle=0$)；③涡流扩散率不变(所有方向上 $K_j=K^{*}$)。对于这种情况，根据式(7-129)给出的初始条件和式(7-124)给出的边界条件，式(7-120)可简化为式(7-128)。通过将瞬时计算结果对时间积分可进行计算。球坐标系下的结果是

$$\langle C\rangle(r,t)=\frac{Q_{\mathrm{m}}}{4\pi K^{*}r}\operatorname{efrc}\left(\frac{r}{2\sqrt{K^{*}t}}\right) \tag{7-132}$$

在直角坐标系下是：

$$\langle C\rangle(x,y,z,t)=\frac{Q_{\mathrm{m}}}{4\pi K^{*}\sqrt{x^{2}+y^{2}+z^{2}}}\operatorname{erfc}\left(\frac{\sqrt{x^{2}+y^{2}+z^{2}}}{2\sqrt{K^{*}t}}\right) \tag{7-133}$$

当 $t\to\infty$ 时，式(7-132)和式(7-133)可简化为相应的稳态解(式(7-126)和式(7-127))。

4. 有风情况下的稳态连续点源释放

这种情况如图7-22所示。适用条件：①连续释放($Q_{\mathrm{m}}=$常数)；②风只沿 x 轴方向吹($\langle u_j\rangle=\langle u_x\rangle=u=$常数)；③涡流扩散率不变(所有方向上 $K_j=K^{*}$)。对于这种情况，式(7-120)简化为：

$$\frac{u}{K^*}\frac{\partial\langle C\rangle}{\partial x}=\frac{\partial^2\langle C\rangle}{\partial x^2}+\frac{\partial^2\langle C\rangle}{\partial y^2}+\frac{\partial^2\langle C\rangle}{\partial z^2} \tag{7-134}$$

根据式(7-123)和式(7-124)所表达的边界条件，可对式(7-134)求解。在任意点处的平均浓度为：

$$\langle C\rangle(x,y,z)=\frac{Q_{\mathrm{m}}}{4\pi K^*\sqrt{x^2+y^2+z^2}}\exp\left[-\frac{u}{2K^*}\left(\sqrt{x^2+y^2+z^2}-x\right)\right] \tag{7-135}$$

如果假设烟羽细长(烟羽很长、很细,并且没有远离 X 轴)，即：

$$y^2+z^2\ll x^2 \tag{7-136}$$

利用 $\sqrt{1+a}\approx1+a/2$，式(7-135)可简化为：

$$\langle C\rangle(x,y,z)=\frac{Q_{\mathrm{m}}}{4\pi K^* x}\exp\left[-\frac{u}{4K^* x}(y^2+z^2)\right] \tag{7-137}$$

沿烟羽的中心线，$y=z=0$，有：

$$\langle C\rangle(x)=\frac{Q_{\mathrm{m}}}{4\pi K^* x} \tag{7-138}$$

5. 无风时的烟团

与情况 2 相同，但涡流扩散率是方向的函数。适用条件：①烟团释放($Q_{\mathrm{m}}^*=$常数)；②无风($\langle u_j\rangle=0$)；③每一坐标方向都有不同的恒定不变的涡流扩散率(K_x、K_y、K_z)。此种情况下，式(7-120)可简化为如下公式：

$$\frac{\partial\langle C\rangle}{\partial t}=K_x\frac{\partial^2\langle C\rangle}{\partial x^2}+K_y\frac{\partial^2\langle C\rangle}{\partial y^2}+K_z\frac{\partial^2\langle C\rangle}{\partial z^2} \tag{7-139}$$

公式推导结果是：

$$\langle C\rangle(x,y,z,t)=\frac{Q_{\mathrm{m}}^*}{8(\pi t)^{3/2}\sqrt{K_xK_yK_z}}\exp\left[-\frac{1}{4t}\left(\frac{x^2}{K_x}+\frac{y^2}{K_y}+\frac{z^2}{K_z}\right)\right] \tag{7-140}$$

6. 有风情况下稳态连续点源释放

与情况 4 相同，但涡流扩散率是方向的函数。适用条件：①连续释放($Q_{\mathrm{m}}=$常数)；②稳态$\left(\frac{\partial\langle C\rangle}{\partial t}=0\right)$；③风向仅仅沿 x 轴方向($\langle u_j\rangle=\langle u_x\rangle=u=$常数)；④每一坐标方向都有不同的但是恒定的涡流扩散率(K_x、K_y、K_z)；⑤接近细长的烟羽(式(7-136))。

式(7-120)简化为：

$$u\frac{\partial\langle C\rangle}{\partial x}=K_x\frac{\partial^2\langle C\rangle}{\partial x^2}+K_y\frac{\partial^2\langle C\rangle}{\partial y^2}+K_z\frac{\partial^2\langle C\rangle}{\partial z^2} \tag{7-141}$$

公式的推导结果是：

$$\langle C\rangle(x,y,z)=\frac{Q_{\mathrm{m}}}{4\pi x\sqrt{K_xK_y}}\exp\left[-\frac{u}{4x}\left(\frac{y^2}{K_y}+\frac{z^2}{K_z}\right)\right] \tag{7-142}$$

沿烟羽的中心线，$y=z=0$，平均浓度是：

$$\langle C\rangle(x)=\frac{Q_{\mathrm{m}}}{4\pi x\sqrt{K_yK_z}} \tag{7-143}$$

7. 有风时的烟团

与情况 5 相同，但有风。图 7-23 显示了其几何形状。适用条件：①烟团释放（$Q_{\mathrm{m}}^*=$常数）；②风向仅仅沿 x 轴方向（$\langle u_j\rangle=\langle u_x\rangle=u=$常数）；③每一坐标方向都有不同的但是恒定的涡流扩散率（K_x、K_y、K_z）。

通过简单的坐标移动，就可解决此问题。情况 5 代表了围绕在释放源周围的固定烟团。如果烟团随风沿 x 轴移动，则用随风移动的新坐标系 $x-ut$ 代替原来的坐标系 x，就可得到解。变量 t 是自烟团释放以后的时间，u 是风速，解就是式（7-140），只不过变换成了新坐标系，即：

$$\langle C\rangle(x,y,z,t)=\frac{Q_{\mathrm{m}}}{4(\pi t)^{3/2}\sqrt{K_xK_yK_z}}\exp\left\{-\frac{1}{4t}\left[\frac{(x-ut)^2}{K_x}+\frac{y^2}{K_y}+\frac{z^2}{K_z}\right]\right\} \tag{7-144}$$

8. 释放源在地面上的无风时的烟团

与情况 5 相同，但释放源在地面上。地面代表了不能渗透的边界。结果是，浓度是情况 5 中浓度的 2 倍，解是式（7-140）的 2 倍。

$$\langle C\rangle(x,y,z,t)=\frac{Q_{\mathrm{m}}^*}{4(\pi t)^{3/2}\sqrt{K_xK_yK_z}}\exp\left[-\frac{1}{4t}\left(\frac{x^2}{K_x}+\frac{y^2}{K_y}+\frac{z^2}{K_z}\right)\right] \tag{7-145}$$

9. 释放源在地面上的稳态烟羽

与情况 6 相同，但释放源在地面上；如图 7-24 所示。地面代表了不能渗透的边界。结果是，浓度是情况 6 中浓度的 2 倍，解是式（7-142）的 2 倍。

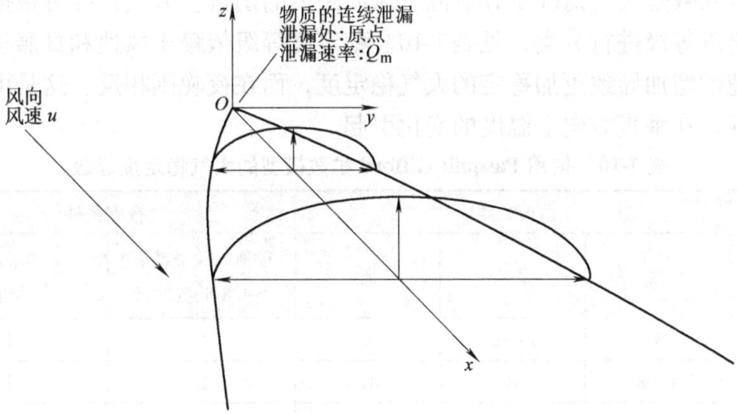

图 7-24　泄漏源位于地面的稳定状态的烟羽

$$\langle C\rangle(x,y,z)=\frac{Q_{\mathrm{m}}^{*}}{2\pi x\sqrt{K_{x}K_{y}}}\exp\left[-\frac{u}{4x}\left(\frac{y^{2}}{K_{y}}+\frac{z^{2}}{K_{z}}\right)\right] \tag{7-146}$$

10. 连续的稳态源

释放源在地面上方 H_r 高度，对于这种情况，地面起距离释放源 H 高度处的不能渗透的边界的作用。结果是：

$$\langle C\rangle(x,y,z)=\frac{Q_{\mathrm{m}}}{4\pi x\sqrt{K_{y}K_{z}}}\exp\left(-\frac{uy^{2}}{4K_{y}x}\right)\times \left\{\exp\left[-\frac{u}{4K_{z}x}(z-H_{r})^{2}\right]+\exp\left[-\frac{u}{4K_{z}x}(z+H_{r})^{2}\right]\right\} \tag{7-147}$$

如果 $H_r=0$，式(7-147)就简化为释放源在地面上的情况，即式(7-146)。

7.11 Pasquill-Gifford 模型

情况 1 到 10 都依赖于指定的涡流扩散度 K_j 的值。通常情况下，K_j 随着位置、时间、风速和主要天气情况而变化。虽然涡流扩散率这一方法在理论上是有用的，但试验上不方便，并且不能提供有用的关系框架。

Sutton 提出了如下的扩散系数的定义，解决了这一难题：

$$\sigma_x^2=\frac{1}{2}\langle C\rangle^2\,(ut)^{2-n} \tag{7-148}$$

同样，可给出 σ_y 和 σ_z 的表达式。扩散系数 σ_x、σ_y 和 σ_z 分别代表下风向、侧风向和垂直方向(x,y,z)浓度的标准偏差。扩散系数的值要比涡流扩散率的值更容易通过试验得到。

扩散系数是大气情况及释放源下风向距离的函数。大气情况可根据 6 种不同的稳定度等级进行分类，见表 7-10。稳定度等级依赖于风速和日照程度。白天，风速的增加导致更加稳定的大气稳定度，而在夜晚则相反。这是由于从白天到夜晚，在垂直方向上温度的变化引起。

表 7-10　使用 Pasquill-Gifford 扩散模型的大气稳定度等级

表面风速/(m/s)	白天日照[1]			夜间条件[2]	
	强	适中	弱	很薄的覆盖或者>4/8 低沉的云	≤3/8 朦胧
<2	A	A—B	B	F	F
2～3	A—B	B	C	E	F
3～4	B	B—C	C	D[3]	E

（续）

表面风速 /(m/s)	白天日照[1]			夜间条件[2]	
	强	适中	弱	很薄的覆盖或者 >4/8 低沉的云	≤3/8 朦胧
4～6	C	C—D	D[3]	D[3]	D[3]
>6	C	D[3]	D[3]	D[3]	D[3]

注：稳定度等级：A：极度不稳定；B：中度不稳定；C：轻微不稳定；D：中性稳定；E：轻微稳定；F：中度稳定。

1. 强烈的日光照射是指英国盛夏正午期间的充足的阳光。弱的日光照射是指严冬时期类似的情况。
2. 夜间是指日落前1h到破晓后1h这一段时间。
3. 对于白天或夜晚的多云情况以及日落前或日出后数小时的任何天气情况，不管风速有多大，都应该使用中等稳定度等级D。

对于连续源的扩散系数 σ_y 和 σ_z，由图7-25和图7-26中给出，相应的关系式由表7-11给出。没有给出 σ_x 的值，因为有理由假设 $\sigma_x=\sigma_y$。烟团释放的扩散系数 σ_y 和 σ_z 由图7-27给出，方程由表7-12给出。烟团的扩散系数是基于有限的数据（见表7-11）得到的，是不够精确的。

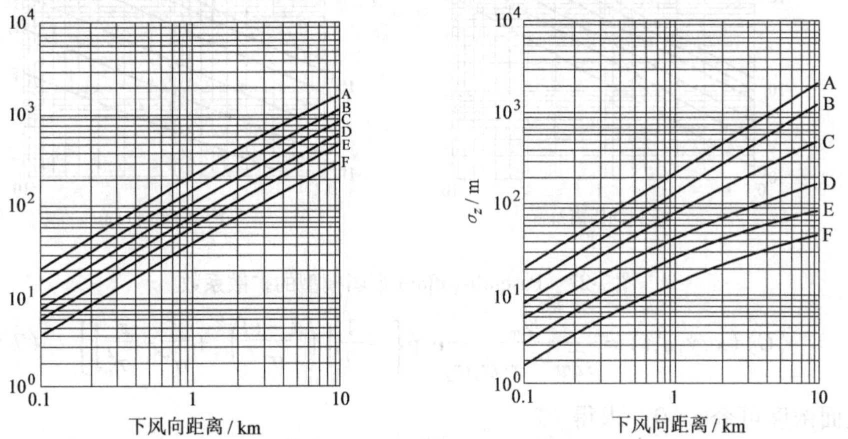

图7-25　泄漏位于农村时Pasquill-Gifford烟羽模型的扩散系数

Pasquill用式(7-148)重新得到了情况1到10的方程。这些方程和其相应的扩散系数就是众所周知的Pasquill-Gifford模型。

1. 地面上瞬时点源的烟团

坐标系固定在释放点，风速 u 恒定，风向仅沿 x 方向，这种情况与情况7相同。其结果与式(7-144)相近，即：

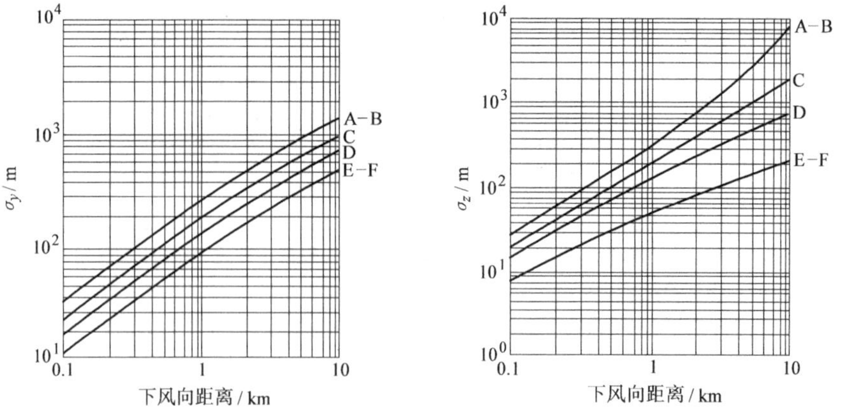

图 7-26　泄漏位于城市时 Pasquill-Gifford 烟羽模型的扩散系数

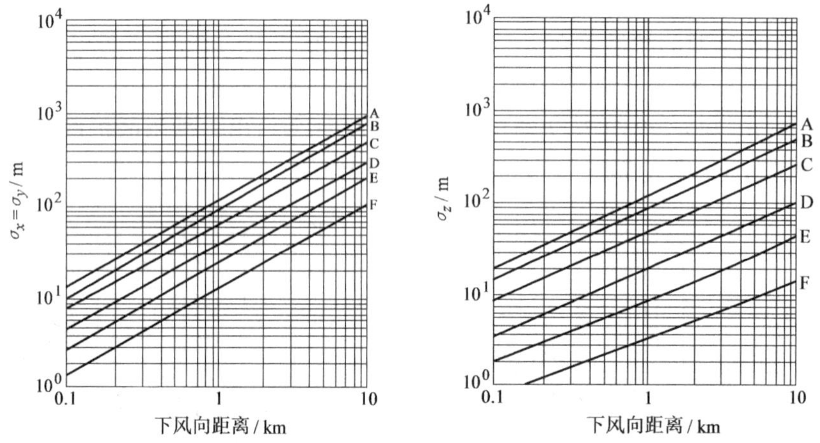

图 7-27　Pasquill-Gifford 烟团模型的扩散系数

$$\langle C\rangle(x,y,z,t)=\frac{Q_{\mathrm{m}}^{*}}{\sqrt{2}\pi^{3/2}\sigma_x\sigma_y\sigma_z}\exp\left\{-\frac{1}{2}\left[\left(\frac{x-ut}{\sigma_x}\right)^2+\frac{y^2}{\sigma_y^2}+\frac{z^2}{\sigma_z^2}\right]\right\} \quad (7\text{-}149)$$

地面浓度可令 $z=0$，求得

表 7-11　推荐的烟羽扩散 Pasquill-Gifford 模型扩散系数方程（x 为下风向距离，单位：m）

Pasquill-Gifford 稳定度等级	σ_y/m	σ_z/m
农村条件		
A	$0.22x(1+0.0001x)^{-1/2}$	$0.20x$
B	$0.16x(1+0.0001x)^{-1/2}$	$0.12x$
C	$0.11x(1+0.0001x)^{-1/2}$	$0.08x(1+0.0002x)^{-1/2}$

（续）

Pasquill-Gifford 稳定度等级	σ_y/m	σ_z/m
农村条件		
D	$0.08x(1+0.0001x)^{-1/2}$	$0.06x(1+0.0015x)^{-1/2}$
E	$0.06x(1+0.0001x)^{-1/2}$	$0.03x(1+0.0003x)^{-1}$
F	$0.04x(1+0.0001x)^{-1/2}$	$0.016x(1+0.0003x)^{-1}$
城市条件		
A—B	$0.32x(1+0.0004x)^{-1/2}$	$0.24x(1+0.0001x)^{-1/2}$
C	$0.22x(1+0.0004x)^{-1/2}$	$0.20x$
D	$0.16x(1+0.0004x)^{-1/2}$	$0.14x(1+0.0003x)^{-1/2}$
E—F	$0.11x(1+0.0004x)^{-1/2}$	$0.08x(1+0.0015x)^{-1/2}$

表 7-12　推荐的烟团扩散 Pasquill-Gifford 模型扩散系数方程（x 为下风向距离，单位：m）

Pasquill-Gifford 稳定度等级	σ_y 或者 σ_x/m	σ_z/m
A	$0.18x^{0.92}$	$0.60x^{0.75}$
B	$0.14x^{0.92}$	$0.53x^{0.73}$
C	$0.10x^{0.92}$	$0.34x^{0.71}$
D	$0.06x^{0.92}$	$0.15x^{0.70}$
E	$0.04x^{0.92}$	$0.10x^{0.65}$
F	$0.02x^{0.89}$	$0.05x^{0.61}$

$$\langle C\rangle(x,y,0,t)=\frac{Q_m^*}{\sqrt{2}\pi^{3/2}\sigma_x\sigma_y\sigma_z}\exp\left\{-\frac{1}{2}\left[\left(\frac{x-ut}{\sigma_x}\right)^2+\frac{y^2}{\sigma_y^2}\right]\right\}\tag{7-150}$$

地面上沿 x 轴的浓度可令 $y=z=0$，求得：

$$\langle C\rangle(x,0,0,t)=\frac{Q_m^*}{\sqrt{2}\pi^{3/2}\sigma_x\sigma_y\sigma_z}\exp\left[-\frac{1}{2}\left(\frac{x-ut}{\sigma_x}\right)^2\right]\tag{7-151}$$

气云中心坐标在$(ut,0,0)$处。该移动气云中心的浓度为：

$$\langle C\rangle(ut,0,0,t)=\frac{Q_m^*}{\sqrt{2}\pi^{3/2}\sigma_x\sigma_y\sigma_z}\tag{7-152}$$

站在固定点(x,y,z)处的个体，所接受的全部剂量 D_{tid} 是浓度的时间积分，即：

$$D_{tid}(x,y,z)=\int_0^\infty\langle C\rangle(x,y,z,t)\,dt\tag{7-153}$$

地面的全部剂量，可依照式(7-153)对式(7-150)进行积分得到。结果是：

$$D_{\text{tid}}(x,y,0)=\frac{Q_{\mathrm{m}}^{*}}{\pi\sigma_y\sigma_z u}\exp\left(-\frac{1}{2}\frac{y^2}{\sigma_y^2}\right) \tag{7-154}$$

地面上沿 x 轴的全部剂量是：

$$D_{\text{tid}}(x,0,0)=\frac{Q_{\mathrm{m}}^{*}}{\pi\sigma_y\sigma_z u} \tag{7-155}$$

通常情况下，需要用固定浓度定义气云边界。连接气云周围相等浓度的点的曲线称为等值线。对于指定的浓度$\langle C\rangle^{*}$，地面上的等值线通过用中心线浓度方程（式(7-151)）除以一般的地面浓度方程（式(7-150)）来确定。直接对 y 求解该方程，即：

$$y=\sigma_y\sqrt{2\ln\left(\frac{\langle C\rangle(x,0,0,t)}{\langle C\rangle(x,y,0,t)}\right)} \tag{7-156}$$

过程是①指定$\langle C\rangle^{*}$，u 和 t；②用式(7-151)确定沿 x 轴的浓度$\langle C\rangle(x,0,0,t)$。定义沿 x 轴的气云边界；③在式(7-156)中令$\langle C\rangle(x,y,0,t)=\langle C\rangle^{*}$，确定由步骤②确定的每一个中心线上的 y 值。对于每一个所需要的 t 值，可重复使用该过程。

2. 地面上的连续稳态源的烟羽

风向为沿 x 轴，风速恒定为 u，这种情况与情况 9 相同。其结果与式(7-146)的形式相近，即：

$$\langle C\rangle(x,y,z)=\frac{Q_{\mathrm{m}}}{\pi\sigma_y\sigma_z u}\exp\left[-\frac{1}{2}\left(\frac{y^2}{\sigma_y^2}+\frac{z^2}{\sigma_z^2}\right)\right] \tag{7-157}$$

地面浓度可令 $z=0$ 求出，即：

$$\langle C\rangle(x,y,0)=\frac{Q_{\mathrm{m}}}{\pi\sigma_y\sigma_z u}\exp\left[-\frac{1}{2}\left(\frac{y}{\sigma_y}\right)^2\right] \tag{7-158}$$

下风向，沿烟羽中心线的浓度可令 $y=z=0$ 求出，即：

$$\langle C\rangle(x,0,0)=\frac{Q_{\mathrm{m}}}{\pi\sigma_y\sigma_z u} \tag{7-159}$$

可使用类似于情况 11 中所使用的等值线求解过程来求得等值线。对于地面上的连续释放，最大浓度出现在释放处。

3. 位于地面 H_{r} 高处的连续稳态源的烟羽

风向沿 x 轴，风速恒定为 u，这种情况与情况 10 相同。结果与式(7-147)的形式相近，即：

$$\langle C\rangle(x,y,z)=\frac{Q_{\mathrm{m}}}{2\pi\sigma_y\sigma_z u}\exp\left[-\frac{1}{2}\left(\frac{y}{\sigma_y}\right)^2\right]\times$$
$$\left\{\exp\left[-\frac{1}{2}\left(\frac{z-H_{\mathrm{r}}}{\sigma_z}\right)^2\right]+\exp\left[-\frac{1}{2}\left(\frac{z+H_{\mathrm{r}}}{\sigma_z}\right)^2\right]\right\} \tag{7-160}$$

地面浓度，可令 $z=0$ 求出，即：

$$\langle C\rangle(x,y,0)=\frac{Q_{\mathrm{m}}}{\pi\sigma_y\sigma_z u}\exp\left[-\frac{1}{2}\left(\frac{y}{\sigma_y}\right)^2-\frac{1}{2}\left(\frac{H_{\mathrm{r}}}{\sigma_z}\right)^2\right] \tag{7-161}$$

地面中心线浓度，可令 $y=z=0$ 求得，即：

$$\langle C\rangle(x,0,0)=\frac{Q_{\mathrm{m}}}{\pi\sigma_y\sigma_z u}\exp\left[-\frac{1}{2}\left(\frac{H_{\mathrm{r}}}{\sigma_z}\right)^2\right] \tag{7-162}$$

地面上沿 x 轴的最大浓度$\langle C\rangle_{\max}$，由下式求得，即：

$$\langle C\rangle_{\max}=\frac{2Q_{\mathrm{m}}}{e\pi u H_{\mathrm{r}}^2}\left(\frac{\sigma_z}{\sigma_y}\right) \tag{7-163}$$

下风向地面上最大浓度出现的位置，可从下式求得：

$$\sigma_z=\frac{H_{\mathrm{r}}}{\sqrt{2}} \tag{7-164}$$

求解最大浓度和下风向距离的过程是：使用式(7-164)确定距离，然后使用式(7-163)计算最大浓度。

4. 位于地面 H_{r} 高处的瞬时点源的烟团

坐标系位于地面并随烟团移动，对于这种情况，烟团中心在 $x=ut$ 处。平均浓度是：

$$\langle C\rangle(x,y,z,t)=\frac{Q_{\mathrm{m}}^*}{(2\pi)^{3/2}\sigma_x\sigma_y\sigma_z}\exp\left[-\frac{1}{2}\left(\frac{y}{\sigma_y}\right)^2\right]\times \left\{\exp\left[-\frac{1}{2}\left(\frac{z-H_{\mathrm{r}}}{\sigma_z}\right)^2\right]+\exp\left[-\frac{1}{2}\left(\frac{z+H_{\mathrm{r}}}{\sigma_z}\right)^2\right]\right\} \tag{7-165}$$

时间相关性通过扩散系数来完成，因为，随着烟团从释放处向下风向运动，它们的值也发生变化。如果没有风($u=0$)，式(7-165)预测的结果是不正确的。

在地面，即 $z=0$，浓度可通过如下方程计算：

$$\langle C\rangle(x,y,0,t)=\frac{Q_{\mathrm{m}}^*}{\sqrt{2}\pi^{3/2}\sigma_x\sigma_y\sigma_z}\exp\left[-\frac{1}{2}\left(\frac{y}{\sigma_y}\right)^2-\frac{1}{2}\left(\frac{H_{\mathrm{r}}}{\sigma_z}\right)^2\right] \tag{7-166}$$

沿地面中心线的浓度，可令 $y=z=0$ 求出，即：

$$\langle C\rangle(x,0,0,t)=\frac{Q_{\mathrm{m}}^*}{\sqrt{2}\pi^{3/2}\sigma_x\sigma_y\sigma_z}\exp\left[-\frac{1}{2}\left(\frac{H_{\mathrm{r}}}{\sigma_z}\right)^2\right] \tag{7-167}$$

通过应用式(7-153)到式(7-166)，可得到地面上的全部剂量。结果是：

$$D_{\mathrm{tid}}(x,y,0)=\frac{Q_{\mathrm{m}}^*}{\pi\sigma_y\sigma_z u}\exp\left[-\frac{1}{2}\left(\frac{y}{\sigma_y}\right)^2-\frac{1}{2}\left(\frac{H_{\mathrm{r}}}{\sigma_z}\right)^2\right] \tag{7-168}$$

5. 位于地面 H_{r} 高处的瞬时点源的烟团

坐标系位于地面的释放点，对于这种情况，用相似于情况 7 所使用的坐标变化可得到结果。结果是：

$$\langle C\rangle(x,y,z,t)=[\text{使用移动坐标系的烟团方程(式(7-165)～式(7-167))}]\times \exp\left[-\frac{1}{2}\left(\frac{x-ut}{\sigma_x}\right)^2\right] \tag{7-169}$$

式中，t 是自从烟团释放后的时间。

7.11.1 最坏事件情形

对于烟羽，最大浓度通常是在释放点处。如果释放是在高于地平面的地方发生，那么地面上的最大浓度出现在释放处的下风向上的某一点。

对于烟团，最大浓度通常在烟团的中心。对于释放发生在高于地平面的地方，烟团中心将平行于地面移动，并且地面上的最大浓度直接位于烟团中心的下面。对于烟团等值线，随着烟团向下风向的移动，等值线将接近于圆形。等值线的直径一开始随着烟团向下风向的移动而增加，然后达到最大，最后将逐渐减小。

如果不知道天气条件或不能确定，那么可进行某些假设，来得到一个最坏情形的结果；即估算一个最大浓度。Pasquill-Gifford 扩散方程中的天气条件可通过扩散系数和风速予以考虑。通过观察估算浓度用的 Pasquill-Gifford 扩散方程可知，很明显扩散系数和风速在分母上。因此，通过选择导致最小值的扩散系数和风速的天气条件和风速，可使估算的浓度最大。通过观察图 7-25、图 7-26、图 7-27，能够发现 F 稳定度等级可以产生最小的扩散系数。很明显，风速不能为零，所以必须选择一个有限值。EPA 认为，当风速小到 1.5m/s 时，F 稳定度等级能够存在。

7.11.2 Pasquill-Gifford 扩散模型的局限性

Pasquill-Gifford 或高斯扩散仅应用于气体的中性浮力扩散，在扩散过程中，湍流混合是扩散的主要特征。它仅对距离释放源在 0.1～10km 范围内的距离有效。

由高斯模型预测的浓度是时间平均值。因此，局部浓度的时间值有可能超过所预测的平均浓度值，这对于紧急反应可能是重要的。这里介绍的模型是假设 10min 的时间平均。实际的瞬间浓度可能会在由高斯模型计算出来的浓度的 2 倍范围内变化。

[例 7-10] 在某一个阴天，一个有效高度为 60m 的烟囱，正在以 80g/s 的速度排放二氧化硫。风速为 6m/s。烟囱位于农村。请确定：①下风向 500m 处地面上二氧化硫的平均浓度；②下风向 500m、横风向 50m 处地面上二氧化硫的平均浓度；③径直下风向地面上的最大平均浓度的位置和数值。

解：① 属于连续排放。径直下风向地面浓度由式(7-162)给出，即：

$$\langle C\rangle(x,0,0)=\frac{Q_m}{\pi\sigma_y\sigma_z u}\exp\left[-\frac{1}{2}\left(\frac{H_r}{\sigma_z}\right)^2\right]$$

由表 7-10，大气稳定度等级是 D。

扩散系数可由图 7-26 或表 7-11 得到。用表 7-11 计算得到：

$$\sigma_y=0.08x(1+0.0001x)^{-1/2}$$
$$=(0.08\times500\times(1+0.0001\times500)^{-1/2})\text{m}=39.0\text{m}$$
$$\sigma_z=0.06x(1+0.0015x)^{-1/2}$$
$$=(0.06\times500\times(1+0.0015\times500)^{-1/2})\text{m}=22.7\text{m}$$

带入式(7-162)，得到：

$$\langle C\rangle(500,0,0)=\left\{\frac{80}{3.14\times39.0\times22.7\times6}\exp\left[-\frac{1}{2}\left(\frac{60}{22.7}\right)^2\right]\right\}\text{g/m}^3$$
$$=1.45\times10^{-4}\text{g/m}^3$$

② 横风向 50m 处的平均浓度可通过式(7-161)及设 $y=50$ 得到。直接应用来自①的结果，即：

$$\langle C\rangle(500,50,0)=\langle C\rangle(500,0,0)\exp\left[-\frac{1}{2}\left(\frac{y}{\sigma_y}\right)^2\right]$$
$$=\left\{1.45\times10^{-4}\exp\left[-\frac{1}{2}\left(\frac{50}{39}\right)^2\right]\right\}\text{g/m}^3$$
$$=6.37\times10^{-5}\text{g/m}^3$$

③ 最大浓度的位置由式(7-164)确定，即：

$$\sigma_z=\frac{H_r}{\sqrt{2}}=\frac{60}{\sqrt{2}}\text{m}=42.4\text{m}$$

由图 7-25，对于 D 稳定度等级，在下风向大约 1200m 处 $\sigma_z=42.4$m。由图 7-25 或表 7-11，$\sigma_y=88$m。最大浓度由式(7-163)确定，即：

$$\langle C\rangle_{\max}=\frac{2Q_m}{e\pi uH_r^2}\left(\frac{\sigma_z}{\sigma_y}\right)$$
$$=\left(\frac{2\times80}{2.72\times3.14\times6\times60}\times\frac{42.4}{88}\right)\text{g/m}^3$$
$$=4.18\times10^{-4}\text{g/m}^3$$

[例 7-11] 氯在精细化工生产过程中使用。源模型研究表明，对于某个特殊的事故场景，1.0kg 的氯瞬时泄漏出来。泄漏发生在地面。居民区距离泄漏源 500m。请确定：①气云中心到达居民区所需时间，假设风速为 2m/s；②居民区氯的最大浓度。将结果与氯的 ERPG-1 值 3.0mg/m^3 进行比较，什么样的大气稳定度和风速会产生最大浓度；③使用②中的条件，确定气云最大浓度低于 ERPG-1 值所必须移动的距离；④根据 ERPG-1 确定下风向地面 5km 处气云的大小。假设在所用的情况下氯气云泄漏都是中性浮力(这可能是不正确

的假设)。

解: ① 对于下风向500m距离和2m/s的风速，气云中心达到居民区所需要的时间为：

$$t=\frac{x}{u}=\frac{500}{2}\text{s}=250\text{s}=4.2\text{min}$$

对于紧急警告，该时间很短。

② 最大浓度出现在释放源下风向的气云中心。浓度由式(7-152)给出，即：

$$\langle C\rangle(ut,0,0,t)=\frac{Q_m^*}{\sqrt{2}\pi^{3/2}\sigma_x\sigma_y\sigma_z}$$

选择稳定度条件,使式(7-152)中的$\langle C\rangle$最大。这需要扩散系数的值最小。由图7-27，任一个扩散系数的最小值都发生在F稳定度。这种情况对应着有着薄云和少云的夜晚条件，同时风速小于3m/s。烟团中的最大浓度也出现在居民区中离释放源最近的点。这发生在500m处。因此：

$$\sigma_x=\sigma_y=0.02x^{0.89}=0.02\times500^{0.89}\text{m}=5.0\text{m}$$

$$\sigma_z=0.05x^{0.61}=0.05\times500^{0.61}\text{m}=2.2\text{m}$$

由式(7-152)，有：

$$\langle C\rangle=\frac{1.0}{\sqrt{2}\times3.14^{3/2}\times5.0^2\times2.2}\text{kg/m}^3=2.31\times10^{-3}\text{kg/m}^3=2310\text{mg/m}^3$$

这比3.0mg/m^{3}的ERPG-1高很多。如果是在户外和泄漏源的下风向，那么，工厂内的人和任何一个处在紧邻居民区内的人都将过量暴露。

③ 气云中心的浓度由式(7-152)给出。带入已知数据，可以得到：

$$3.0\times10^{-6}\text{m}^3=\frac{1.0}{\sqrt{2}\times3.14^{3/2}\sigma_y^2\sigma_z}$$

$$\sigma_y^2\sigma_z=4.24\times10^4\text{m}^3$$

使用表7-7中提供的方程，求解下风向距离。因此对于F级大气稳定度有：

$$\sigma_y^2\sigma_z=(0.02x^{0.89})^2(0.05x^{0.61})\text{m}^3=4.24\times10^4\text{m}^3$$

通过试差法求解x，得到$x=8.0$km。

④ 下风向中心线的浓度由式(7-151)给出，即：

$$\langle C\rangle(x,0,0,t)=\frac{Q_m^*}{\sqrt{2}\pi^{3/2}\sigma_x\sigma_y\sigma_z}\exp\left[-\frac{1}{2}\left(\frac{x-ut}{\sigma_x}\right)^2\right]$$

烟团中心到达下风向5km处，所需要的时间为：

$$t=\frac{x}{u}=\frac{5000}{2}\text{s}=2500\text{s}$$

在下风向5km处，假设大气为F稳定度情况，计算如下：

$$\sigma_x = \sigma_y = 0.02x^{0.89}\text{m} = 39.2\text{m}$$

$$\sigma_z = 0.05x^{0.61}\text{m} = 9.0\text{m}$$

带入已知数据，得到：

$$3.0\times10^{-6} = \frac{1.0}{\sqrt{2}\pi^{3/2}\times39.2^2\times9.0}\exp\left[-\frac{1}{2}\left(\frac{x-5000}{39.2}\right)^2\right]$$

式中，x 的单位是 m。$(x-5000)$代表了烟羽的宽度。求解该值，得到：

$$0.326\text{m} = \exp\left[-\frac{1}{2}\left(\frac{x-5000}{39.2}\right)\right]$$

$$x-5000\text{m} = 87.8\text{m}$$

在ERPG-1浓度的基础上，该处的气云宽度为87.8m。在2m/s的风速下，将需要大约：$\frac{87.8}{2}$s = 43.9s的时间。

恰当的紧急程序是警告居民呆在室内，将窗户关闭并停止通风，直到气云过去。同样需要指出的是，工厂应该尽量减少泄漏的氯气的量。

思 考 题

1. 化工企业中常见的泄漏源有哪些？
2. 泄漏根据泄漏机理的不同可分为哪几种形式？试举例说明。
3. 气体或蒸气的扩散模式有哪几种？
4. 影响气体或蒸气扩散的因素有哪些？它们是如何影响的？

习 题

1. 输送甲苯的管道上有1个直径为5.08mm的孔。孔洞处表压689kPa。请计算泄漏速率。甲苯的比重是0.866。

2. 某储罐高10m。某时刻储罐内的液位高度为5m。储罐用氮气加压至10kPa(表压)以防止储罐内形成可燃性气氛。储罐内液体的密度是490kg/m^3。如果储罐上在离地面3m高处有1个10mm的小孔，那么液体的初始质量泄漏速率是多少？

3. 实验室里的1个圆桶装有压力为15164.7kPa的氮气。如果圆桶倒下阀门被折断，那么请估算氮气从储罐内流出的初始质量流率。假设孔的直径为12.7mm。

4. 一个直径为30.48m、高为6.096m的储罐在离罐顶0.6096m以下都装有原油。如果与储罐底部相连的一个直径为152.4mm的管道断裂并脱离了储罐，导致原油泄漏。如果需要30min的应急反应时间来阻止泄漏，估算原油的最大泄漏量。储罐与大气相通，原油的比重为0.9。

5. 内径为3cm的管道同容量为1t的氮气储罐断开了。如果储罐内的初始压力为800kPa，请估算气体的最大质量流率(kg/s)。温度为25℃，周围环境压力为1atm。

6. 一个直径为2m的装有苯的大型敞口储罐。假设温度为298K，压强为1atm，试估算该储罐中苯的蒸发速率。

7. 一个正在燃烧的煤堆估计以3g/s的速度释放出氧化氮。下风向3km处由该释放源产生的氧化氮平均浓度是多少？已知风速为7m/s，释放发生在一个多云的夜晚。假设煤堆为地面点源。

8. 垃圾焚化炉有一个有效高度为100m的烟囱。在一个阳光充足的白天，风速为2m/s，在下风向径直200m处测得的二氧化硫浓度为$5.0\times10^{-5}g/m^3$。请估算从该烟囱排放出的二氧化硫的质量流率(g/s)。并估算地面上二氧化硫的最大浓度及其位于下风向的位置。

9. 硅片的制造需使用乙硼烷。某工厂使用了1瓶250kg的乙硼烷。假设现在瓶破裂了，乙硼烷瞬时释放了出来。请确定放发生15min后蒸气云的位置和气云中心的浓度，以及气云需要运移多远和多长时间才能将最大浓度减小到$5mg/m^3$。

第 8 章

化工企业现代安全管理

8.1 危险源管理与事故应急救援

8.1.1 危险化学品安全管理

2002 年 3 月 15 日施行的《危险化学品安全管理条例》中明确指出，生产、经营、储存、运输、使用危险化学品和处置废弃危险化学品的单位，其主要负责人必须保证本单位危险化学品的安全管理符合有关法律、法规、规章的规定和国家标准的要求，并对本单位危险化学品安全负责。

危险化学品单位从事生产、经营、储存、运输、使用危险化学品或者处置废弃危险化学品活动的人员，必须接受有关法律、法规、规章和安全知识、专业技术、职业卫生防护和应急救援知识的培训，并经考核合格，方可上岗作业。

1. 危险化学品的生产和储存审批

国家对危险化学品的生产和储存实行审批制度，危险化学品生产、储存企业应向省、自治区、直辖市和设区的市级人民政府负责危险化学品安全监督综合管理工作的部门提出申请，并提交有关文件。有关部门应当组织专家进行审查，提出审查意见后，报本级人民政府作出批准或者不予批准的决定。予以批准的，由相关部门颁发批准书，申请人凭批准书向工商行政管理部门办理登记注册手续，方可从事危险化学品生产和储存工作。

2. 危险化学品登记注册

通过化学品登记，可以为政府主管部门进行危险化学品宏观管理与控制，为建立危险化学品应急信息服务系统，提供丰富可靠的资料。申请单位凭批准书向工商行政管理部门办理登记注册手续。生产危险化学品的单位按照《危险化学品登记注册制度》登记注册，在领取《危险化学品登记注册证书》后，方可从事危险化学品的生产经营活动。国家安全生产监督管理总局负责全国危险化学品登记的监督管理工作。国家化学品登记注册中心承担危险化学品登记注册方面的技术管理工作、危险化学品的鉴别与分类、公布登记注册目录、建立信息网络技术咨询服务，并指导各省、自治区、直辖市的危险化学品登记注册管理机构的业务工作。危险化学品登记注册的主要内容包括：产品标志、理化特性、燃爆特性、消防措施、稳定性、反应活性、健康危害、急救措施、操作处置、防护措施、泄漏应急处理等以及企业的基本情况。

3. 危险化学品经营销售许可

国家对危险化学品经营销售实行许可制度，未经许可，任何单位或个人不得经营销售危险化学品。经营危险化学品的企业应向省、自治区、直辖市和设区的市级人民政府负责危险化学品安全监督管理综合工作的部门提出申请，并提交有关证明材料。经审查，符合条件的，由负责危险化学品安全监督管理综合工作的部门颁发经营许可证，申请人凭危险化学品经营许可证向工商行政部门办理登记注册手续。

4. 危险化学品运输资质认定

国家对危险化学品的运输实行资质认定制度，未经资质认定，不得运输危险化学品。危险化学品运输企业必须具备的条件由国务院交通部门规定，对于道路运输企业需要向交通运输管理机关提出申请，经审查合格，取得相关证件，方可运输。水路、铁路、航空运输危险化学品的，按照国务院交通部门、铁路、民航部门的有关规定执行。

5. 危险化学品包装物、容器专业生产企业的审查和定点管理

危险化学品的包装物、容器，必须由省、自治区、直辖市人民政府主管部门审查合格的专业生产企业定点生产，并经国务院有关部门认可的专业检测、检验机构检测、检验合格，方可使用。危险化学品的包装物和容器是为防止危险化学品泄漏或任意流散的，其质量是否合格至关重要。危险品的包装物和容器必须实施定点生产、集中控制、规范操作，是为了有效防止生产厂家生产能力及技术条件达不到要求，不能保证包装物和容器质量，以致在装卸、运输、储存过程中因包装物和容器破损而引发事故。危险化学品的包装物和容器包括：压力容器、储罐(储槽)、储车、油罐车、钢瓶等。各类产品的设计、制造企业，都应按照相应的法规或者规定进行资格申报、审核批准，才能进行设计、生产。

8.1.2 重大危险源的辨识与安全管理

8.1.2.1 重大危险源的概念及其由来

现代科学技术和工业的发展一方面促进了人类的经济繁荣，另一方面现代

化大生产也潜在着很多会引发重大事故的危险。例如,1976年意大利塞维索工厂环已烷泄漏事故,造成30多人伤亡,迫使22万人紧急疏散;1984年墨西哥城液化石油气爆炸事故,使650人丧生,数千人受伤;同年印度博帕尔市郊农药厂发生甲基异氰酸酯泄漏的恶性中毒事故,有2500多人中毒死亡,20余万人中毒受伤且双目致残,67万人受到残留毒气的影响。在我国,1993年8月5日深圳化学危险品仓库爆炸火灾事故造成15人死亡,100多人受伤,损失2亿多元;1997年6月27日北京东方化工厂爆炸事故造成8人死亡,直接经济损失1亿多元。

这些涉及危险化学品的事故,尽管其起因和影响不尽相同,但它们都有一些共同的特征:它们属于失控的偶然事件,会造成工厂内外大量人员伤亡、巨大的财产损失以及环境损害。事实证明,重大危险源事故的可能性与严重程度既与化学品的固有性质有关,又与设施或系统中存在的实际数量有关。

20世纪70年代以来,预防重大工业事故的发生已成为各国社会和技术发展的重点研究对象之一,引起国际社会的广泛重视,随之产生了"重大危害(Major Hazards)","重大危害设施(国内通常称为重大危险源)(Major Hazard Installation)"等概念。

"重大危险源"定义为:长期地或临时地生产、加工、搬运、使用或储存危险物质,且危险物质的数量等于或超过了临界量的单元。单元指一个(套)生产装置、设施或场所,或同属一个工厂的且边缘距离小于500m的几个(套)生产装置、设施或场所。

8.1.2.2 重大危险源控制系统概述

重大危险源控制的目的,不仅是预防重大事故的发生,而且要做到一旦发生事故,能将事故危害限制到最低程度。一般来说,重大危险源总是涉及易燃、易爆或有毒性的危险物质,并且在一定范围内使用、生产或储存超过了临界数量。由于工业活动的复杂性,有效地控制重大危险源需要采用系统工程的思想和方法。

重大危险源控制系统主要由以下几个部分组成:

1. 重大危险源的辨识

防止重大工业事故发生的第一步,是辨识或确认高危险性的工业设施(危险源)。由政府主管部门和权威机构在物质毒性、燃烧、爆炸特性基础上,制定出危险物质及其临界量的标准。通过危险物质及其临界量标准,可以确定哪些是可能发生事故的潜在危险源。

国际劳工组织认为:各国应根据具体的工业生产情况制定合适的危险物质及其临界量标准。该标准应代表本国优先控制的危险物质,并便于根据新的知识和经验进行修改和补充。

2. 重大危险源的评价

根据危险物质及其临界量标准进行重大危险源辨识和确认后，就应对其进行风险分析评价。

一般来说，重大危险源的风险分析评价包括下述几个方面：①辨识各类危险因素及其原因与机制；②依次评价已辨识的危险事件发生的概率；③评价危险事件的后果；④进行风险评价，即评价危险事件发生概率和发生后果的联合作用；⑤风险控制，即将上述评价结果与安全目标值进行比较，检查风险值是否达到可接受水平，否则需进一步采取措施，降低危险水平。

3. 重大危险源的管理

企业应对工厂的安全生产负责，在对重大危险源进行辨识和评价后，应对每一个重大危险源制定出一套严格的安全管理制度，采取技术措施和组织措施对重大危险源进行严格的控制和管理，其中技术措施包括化学品的选用，设施的设计、建造、运行、维修以及有计划地检查；组织措施包括对人员的培训与指导，提供保证其安全的设备，工作人员水平、工作时间、职责的确定，以及对外部合同工和现场临时工的管理。

4. 重大危险源的安全报告

企业应在规定的期限内，对已辨识和评价的重大危险源向政府主管部门提交安全报告。如属新建的有重大危险的设施，则应在其投入运转之前提交安全报告。安全报告应详细说明重大危险源的情况，可能引发事故的危险因素以及前提条件，安全操作和预防失误的控制措施，可能发生的事故类型，事故发生的可能性后果，限制事故后果的措施，现场应急计划等。

安全报告应根据重大危险源的变化以及新知识和技术进展的情况进行修改和增补，并由政府主管部门经常进行检查和评审。

5. 应急计划

应急计划是重大危险源控制系统的重要组成部分。企业应负责制定现场应急计划，并且定期检验和评估现场应急计划和程序的有效程度，并在必要时进行修订。场外应急计划由政府主管部门根据企业提供的安全报告和有关资料制定。应急计划的目的是抑制突发事件，减少事故对工人、居民和环境的危害。因此，应急计划应提出详尽、实用、明确和有效的技术与组织措施。政府主管部门事先应保证把发生事故时要采取的安全措施和正确做法的有关资料散发给可能受事故影响的公众，并保证公众充分了解发生重大事故时的安全措施，一旦发生重大事故，应尽快报警。

每隔适当的时间应修订和重新散发应急计划宣传材料。

6. 工厂选址和土地使用规划

政府有关部门应制定综合性的土地使用政策，确保重大危险源与居民区、其他工作场所(机构)与水库等公共设施以及其他危险源的安全隔离。

7. 重大危险源的监察

政府主管部门必须派出经过培训的、考核合格的技术人员定期对重大危险源进行监察、调查、评估和咨询。

8.1.2.3 重大危险源辨识的有关标准

国际劳工组织认为，各国应根据具体的工业生产情况制定合适国情的重大危险源辨识标准。标准的定义应能反映出当地急需解决的问题以及一个国家的工业模式，可能需有一个特指的或是一般类别或是两者兼有的危险物质一览表，并列出每个物质的限额或允许的数量，设施现场的危险物质超过这个数量，就可以定为重大危险源。标准的定义需根据经验和对危险物质了解的不断加深进行修改。

目前，我国已经制定了国家标准《重大危险源辨识》(GB 18218—2000)。我国重大危险源的普查、辨识、申报工作按此标准进行。

8.1.3 事故隐患及处理

为贯彻“安全第一，预防为主”的方针，加强对重大事故隐患的管理，预防重大事故的发生，必须对危险化学品事故隐患进行管理和处置。

8.1.3.1 重大事故隐患的概念

重大事故隐患，是指可能导致重大人身伤亡或者重大经济损失的事故隐患。

8.1.3.2 评估和报告

重大事故隐患根据作业场所、设备及设施的不安全状态、人的不安全行为和管理上的缺陷，可能导致事故损失的程度分为两级：①特别重大事故隐患是指可能造成死亡50人以上，或直接经济损失1000万元以上的事故隐患；②重大事故隐患是指可能造成死亡10人以上，或直接经济损失500万元以上的事故隐患。

重大事故隐患的具体分级标准和评估方法由国务院劳动行政部门会同国务院有关部门制定。

特别重大事故隐患由国务院劳动行政部门会同国务院有关部门组织评估。重大事故隐患由省、自治区、直辖市劳动行政部门会同主管部门组织评估。重大事故隐患评估费用由被评估单位支付。

单位一旦发现事故隐患，应立即报告主管部门和当地人民政府，并申请对事故隐患进行初步评估和分级。主管部门和当地人民政府对单位存在的事故隐患进行初步评估和分级，确定存在重大事故隐患的单位。重大事故隐患的初步评估结果报送省级以上劳动行政部门和主管部门，并申请对重大事故隐患组织评估。

经省级以上劳动行政部门和主管部门评估，并确认存在重大事故隐患的单位应编写重大事故隐患报告书。特别重大事故隐患报告书应报送国务院劳动行政部门和有关部门，并应同时报送当地人民政府和劳动行政部门。重大事故隐患报告书应报送省级劳动行政部门和主管部门，并应同时报送当地人民政府和劳动行政部门。

重大事故隐患报告书应包括以下内容：①事故隐患类别；②事故隐患等级；③影响范围；④影响程度；⑤整改措施；⑥整改资金来源及保障措施；⑦整改目标。

8.1.3.3 组织管理

存在重大事故隐患的单位应成立隐患管理小组。小组由法定代表人负责。隐患管理小组应履行以下职责：①掌握本单位重大事故隐患的分布、发生事故的可能性及其程度，负责重大事故隐患的现场管理；②制定应急计划，并报当地人民政府和劳动行政部门备案；③进行安全教育，组织模拟重大事故发生时应采取的紧急处置措施，必要时组织救援设施、设备调配和人员疏散演习；④随时掌握重大事故隐患的动态变化；⑤保持消防器材、救护用品完好有效。

省级以上主管部门负责督促单位对重大事故隐患的管理和组织整改。省级以上劳动行政部门会同主管部门组织专家对重大事故隐患进行评估，监督和检查单位对重大事故隐患进行整改。各级工会组织督促并协助单位对重大事故隐患进行管理和整改，县级以上劳动行政部门应负责处理、协调重大事故隐患管理和整改中的重大问题，经同级人民政府批准后，签发《重大事故隐患停产、停业整改通知书》。

8.1.3.4 整改

存在重大事故隐患的单位，应立即采取相应的整改措施。难以立即整改的单位，应采取防范、监控措施。对在短时间内即可发生重大事故的隐患，县级以上劳动行政部门可按有关法律规定查处，也可以报请当地人民政府批准，指令单位停产、停业进行整改。

接到《重大事故隐患停产、停业整改通知书》的单位，应立即停产、停业进行整改。完成重大事故隐患整改的单位，应及时报告省级以上劳动行政部门和主管部门，申请审查验收。

重大事故隐患整改资金由单位筹集，必要时报请当地人民政府和主管部门给予支持。

8.1.3.5 奖励与处罚

对及时发现重大事故隐患，积极整改并有效防止事故发生的单位和个人，应给予表彰和奖励。对存在的重大事故隐患隐瞒不报的单位，应给予批评教育，并责令上报。

对重大事故隐患未进行整改或未采取防范、监控措施的单位，由劳动行政部门责令改正；情节严重的，可给予经济处罚或提请主管部门给予单位法定代表人行政处分。对接到《重大事故隐患停产、停业整改通知书》而未立即停产、停业进行整改的单位，劳动行政部门可给予经济处罚或提请主管部门给予单位法定代表人行政处分。对重大事故隐患不采取措施，致使发生重大事故，造成生命和财产损失的，对责任人员按照刑法第一百八十七条的规定追究刑事责任。

8.1.4 化工事故应急救援

世界经济发达国家建立化学事故应急救援系统已有很多年的历史，目前已经形成一套规范的做法。如美国早在1968年就建有国家石油与有害物质污染应急计划，并得到广泛应用。其基本内容包括事故报警、泄漏污染清理、应急指挥部的建立、国家响应队伍和地区响应队伍的构成等。

我国随着经济建设的不断发展和近几年来各种危险化学品事故的不断增多，也越来越感受到建立危险化学品应急救援体系的重要性与必要性，国家有关部门正在着手建立、健全各级危险化学品事故应急救援组织和管理系统。

8.1.4.1 我国危险化学品事故应急救援的基本原则

1. 危险化学品事故应急救援的定义

危险化学品事故应急救援是指危险化学品由于各种原因造成或可能造成众多人员伤亡及其他较大社会危害时，为及时控制危险源，抢救受害人员，指导群众防护和组织撤离，清除危险后果而组织的救援活动。

2. 危险化学品事故应急救援的基本任务

①控制危险源；②抢救受害人员；③指导群众防护，组织群众撤离；④排除现场灾患，消除危险后果。

3. 危险化学品事故应急救援的基本形式

根据危险化学品事故波及范围及其危险程度，事故应急救援可采取单位自救和社会救援两种形式。

（1）单位自救。《安全生产法》第六十九条规定：危险化学品的经营单位应当建立应急救援组织或指定兼职的应急救援人员；《危险化学品管理条例》第五十一条也明确规定了单位内部发生危险化学品事故时，单位负责人对组织救援所负有的责任和义务。要求单位内部一旦发生危险化学品事故，单位负责人必须立即按照本单位制定的应急救援预案组织救援，并立即报告当地负有危险化学品安全监督管理职责的部门和公安、环境保护、质检部门。

（2）社会救援。《危险化学品管理条例》第五十二条明确规定，发生社会事故时，当地人民政府和其他有关部门所负有的责任和义务，规定有关地方人民政府应当做好指挥、领导工作。负有危险化学品安全监督管理职责的部门和环境保护、公安、卫生等有关部门，应当按照当地应急救援预案组织实施救援，不得拖延、推诿。

4. 危险化学品事故应急救援的组织与实施

（1）事故报警。事故报警的及时与准确是能否及时控制事故的关键环节。当发生危险化学品事故时，现场人员必须根据各自企业制定的事故预案采取积极而有效的抑制措施，尽量减少事故的蔓延，同时向有关部门报告和报警。

（2）出动应急救援队伍。各主管部门在接到事故报警后，应迅速组织应急救援专职队，赶赴现场，在做好自身防护的基础上，快速实施救援，控制事故发展，并将伤员救出危险区域和组织群众撤离、疏散，消除危险化学品事故的各种隐患。

（3）紧急疏散。建立警戒区域，迅速将警戒区及污染区内与事故应急处理无关的人员撤离，并将相邻的危险化学品疏散到安全地点，以减少不必要的人员伤亡和财产损失。

（4）现场急救。现场急救注意事项：①选择有利地形设置急救点（一般应设在事故地点的上风向开阔处）；②做好自身及伤病员的个体防护；③防止发生继发性损害；④应至少 2 人为一组集体行动，以便相互照应；⑤所用的救援器材需具备防爆功能。

（5）泄漏处理。

1）泄漏源控制：①关闭阀门、停止作业或改变工艺流程、物料走副线、局部停车、打循环、减负荷运行等；②堵漏，采用合适的材料和技术手段堵住泄漏处。

2）泄漏物处理。①围堤堵截：筑堤堵截泄漏液体或者引流到安全地点；②稀释与覆盖：向有害物蒸气云喷射雾状水，加速气体向高空扩散。对于可燃物，也可以在现场施放大量水蒸气或氮气，破坏燃烧条件；对于液体泄漏，为降低物料向大气中的蒸发速度，可用泡沫或其他覆盖物品覆盖外泄的物料，在其表面形成覆盖层，抑制其蒸发；③收容（集）：对于大型泄漏，可选择用隔膜泵将泄漏出的物料抽入容器内或槽车内；当泄漏量小时，可用沙子、吸附材料、中和材料等吸收中和；④废弃：将收集的泄漏物运至废物处理场所处置。用消防水冲洗剩下的少量物料，冲洗水排入污水系统处理。

3）危害监测。对事故危害状况，要不断检测，直至符合国家环保标准。

（6）灭火注意事项。发生危险化学品火灾时，灭火人员不应个人单独灭火，出口通道应始终保持清洁和畅通，要选择正确的灭火剂，灭火时还应考虑人员的安全。

8.1.4.2　危险化学品事故应急救援预案

1. 危险化学品事故应急救援预案编制的目的

事故应急救援预案是为了提高对突发事故的处理能力，根据实际情况预计未来可能发生的事故，预先制订的事故应急救援对策，它是为在事故中保护人员和设施的安全而制订的行动计划。

编制应急救援预案的目的是迅速而有效地将事故损失减至最小。应急措施能否有效地实施，在很大程度取决于预案与实际情况符合与否，以及准备的充分与否。应急救援预案的总目标是：将紧急事故局部化，并尽可能予以消除；尽量缩小事故对人和财产的影响。

2. 危险化学品事故应急救援预案编制的基本要求

（1）根据实际情况，按事故的性质、类型、影响范围、严重后果等分等级地制订相应的预案。为使预案更有针对性和能迅速应用，一般要制订不同类型的应急预案，如火灾型、爆炸型、泄漏型等。一个单位的不同类型的应急预案要形成统一整体，救援力量要统筹安排。

（2）预案要有实用性，要根据本单位的实际条件制订，使预案便于操作。

（3）预案要有权威性，各级应急救援组织应职责明确，通力协作。

（4）预案要定期演习和复查，要根据实际情况定期检查和修正。

（5）应急救援队伍要进行专业培训，并要有培训记录和档案。应急救援人员要通过考核证实确能胜任所担负的应急任务后，才能上岗。

（6）各应急救援专职队平时就要组建落实并配有相应器材。

（7）应急救援的器材要定期检查，保证设备性能完好。

3. 危险化学品事故应急救援预案编制的过程

在编制事故应急救援预案时，以下4个阶段的工作是必不可少的。

第一阶段：调查研究，收集资料。

第二阶段：全面分析，科学评估。包括：危险源的分析、危险程度评价、救援力量的分析等。

第三阶段：进行分工，组织编写。

第四阶段：实地勘察，反复修改。

4. 危险化学品事故应急救援预案的主要内容

事故应急救援预案应覆盖事故发生后应急救援各阶段的计划，即预案的启动、应急、救援、事后监测与处置等各阶段。以下是最基本的内容：①基本情况；②可能事故及其危险、危害程度（范围）的预案；③应急救援的组成和职责；④报警与通信；⑤现场抢救；⑥条件保障；⑦培训和演练。

5. 重大危险源事故应急救援编写提纲

（1）企业的基本情况。主要有以下几方面：

1）周边环境与内部情况：包括危险化学品的品名及储量；职工人数及人员分布；厂区(库区)占地面积；距厂区(库区)围墙外500m、1000m范围内居民、企业情况等。

2）企业重大危险源的数量及分布情况：根据本单位重大危险源的数量情况及事故后果可按危险性的大小依次排序，如1号目标、2号目标等。

（2）预防事故的措施。对已确定的重大危险源，除在建筑设计、设备设计、环境设计上采取有关的消防、安全设计外，还应在以下2个方面搞好监控和预防，采取有效措施降低危害程度和损失。

1）设备、设施的硬件方面：包括：①采取双电源保护；②库房通风、排毒、避雷措施；③对温度、压力、流量、浓度等采取自动监测报警措施；④采取便捷、有效的消防、治安报警措施和联络通信、记录措施；⑤对储存或使用易燃、易爆、有毒、有害物质或商品等采取定期检测措施；⑥对各种消防设备、设施、器材能够合理配备，经常维修、保养，并按照有关要求，对灭火器具及时检验、报废或更新。

2）设备、设施的管理方面。主要建立、健全各种规章制度和岗位操作规程，落实安全生产责任。应制订的主要内容有：①安全生产责任制度；②安全生产教育培训制度；③安全生产检查制度；④动火管理制度；⑤防爆设备的安全管理制度；⑥各种危险化学品的管理制度；⑦重大危险源的管理制度；⑧各岗位安全操作规程。

（3）组织保障和处置方案及程序。

1）指挥机构：企业成立重大危险源事故应急救援指挥领导小组，由企业法定代表人、有关副职领导及总务、安技、保卫、环保、卫生保健等部门的负责人组成，下设应急救援办公室负责日常的管理工作，并成立事故应急救援指挥部，企业法定代表人任总指挥；有关副职领导任副指挥，负责一旦发生事故时的全厂应急救援的组织和指挥，并落实各部门的职责；若企业法定代表人不在时，应明确由哪位企业副职领导全权负责应急救援工作。组织机构应包括应急处置行动组、通信联络组、疏散引导组、安全防护救护组等。

2）指挥机构职责：指挥领导小组，负责本单位预案的制订、修订，组建应急救援队伍，组织预案的实施和演练，检查督促做好重大危险源事故的预防措施和应急救援的各项准备工作。一旦发生事故，按照应急救援预案实施救援。各部门及人员分工：①总指挥：全面组织指挥企业的应急救援；②副总指挥：协助总指挥负责应急救援的具体指挥工作；③安技部门：协助总指挥做好事故报警、情况通报及事故处置等工作；④保卫部门：负责灭火、警戒、治安保卫、疏散、事故现场通信联络和对外联系、道路管制等工作；⑤卫生或保健部门：负责现场医疗救护指挥及受伤人员抢救和护送转院等工作；⑥总务部门：负责抢险抢救物资的供应和保障等工作；⑦环保部门：负责事故现场的环境监测及毒害物质扩散区域内的洗消工作等。

3）处置方案：根据重大危险源目标模拟事故状态，制订出各种事故状态下的应急处置方案，如火灾、爆炸、职业中毒、坍塌、停电、停水、停气等。

4）处置程序：企业应制订事故处置程序图，一旦发生重大危险源事故，第一步先做什么、第二步应做什么、第三步再做什么……，都要有明确的规定，做到临危不惧，指挥不乱。

（4）相关措施和要求。

1）通信装备：企业必须针对重大危险源的目标，将用于抢险抢救、个体防护、医疗救援、通信装备及器材配备齐全，确保器材始终处于完好状况，做到维护、保管、检验有专人负责。

2）信号规定：对各种通信工具的报警方法、联络方式和信号使用有明确规定，并使每一位值班人员熟悉章程。

3）应急救援队伍的培训和演练：要加强对各种救援队伍的培训，保证人员能够熟悉事故发生后所要采取的应对方法和步骤，做到应知应会。企业要根据实际情况，保证每年至少组织一次事故救援演练，以检验救援效果。

4）紧急安全疏散：在重大危险源事故可能对企业内、外部人员构成威胁时，必须在指挥部的统一指挥下，对与事故救援无关的人员进行紧急疏散，疏散的方向、距离和地点，应是安全的地点。对可能威胁到企业外的居民，指挥部应立即上报有关部门，将居民迅速撤离到安全地点。

当重大危险事故可能引发相邻的危险化学品发生新的事故时，应及时组织救援人员迅速将相邻的危险化学品疏散到安全地点。

5）工程抢险抢修：有效的工程抢险抢修应以控制事故，减少损失，达到更加安全为目的。抢险人员应根据事先拟定的抢险方案，在做好个体防护的基础上，以最快的速度排除险情，要严格避免二次事故的发生。

6）现场医疗救护：事故发生后，首先要做好自救互救，在医护人员到达时，要听从医护人员的指挥，采取切实可行的救助方法，以达到减少人员伤亡的目的。

7）社会支援：企业一旦发生重大危险源事故，在本企业抢险抢救力量不足或有可能危及社会安全时，指挥部必须立即上报有关部门和告知友邻单位，必要时请求社会力量援助。社会援助队伍到达企业时，指挥部要派员引导并告知安全注意事项。

8.2 特种设备的安全管理

8.2.1 锅炉的安全管理

8.2.1.1 在用锅炉的定期检验

1. 锅炉检验的意义

锅炉是一种直接受火(受热)、承受压力载荷、具有爆炸危险的特种设备，锅炉设备具有使用广泛性、运行连续性、严重的易损性、较大的危险性等显著特点。

为确保锅炉设备安全，必须按照政府制定的法规、规范，由专门的法定机构(和人员)对锅炉设备进行安全监察和技术检验。

锅炉检验是指具备一定条件、取得政府主管机关颁发证书的人员，依照国家制定的有关法规和技术标准，对锅炉设备和与之相关的辅机附件及设施进行全面检验，并对它们的安全性、质量情况和可靠性、合理性等作出检验结论。

锅炉设备经过一段时间运行之后，有可能会发生各种各样的故障或缺陷。如果不及时发现并消除，很可能会发展成事故隐患，直到酿成事故。实行锅炉定期检验，既有利于及时查出因运行而可能发生的缺陷，也有利于锅炉设计、制造等技术的提高，更有利于促进使用者的运行管理水平。

2. 检验范围和期限

根据《规程》和《在用锅炉定期检验规则》，凡属于在安全监督部门使用登记的在用锅炉和将要使用的锅炉，都应实行定期检验制度，检验工作具体可分为：

(1) 外部检验：外部检验是指锅炉在运行状态下对锅炉的安全状况进行的检验，一般每年1次。

(2) 内部检验：内部检验是指锅炉在停炉状态下对锅炉安全进行的检验，一般每2年进行1次。

(3) 水压试验：水压试验是指锅炉以水为介质，以规定的试验压力对锅炉受压部件强度和严密性进行的检验。一般锅炉连续使用6年应做1次水压试验。对于无法进行内部检验的锅炉应每3年进行1次水压试验。

3. 检验前的准备工作

(1) 使用单位的准备工作。

1) 准备好有关技术资料，包括锅炉制造和安装的技术资料、锅炉技术登记资料、锅炉运行记录、水质化验记录、修理和改造记录、事故记录及历次检验资料等。

2）提前停炉，放净锅炉内的水，打开锅炉上的人孔、头孔、手孔、检查孔和灰门等一切门孔装置，使锅炉内部得到充分冷却，并通风换气。

3）采取可靠措施隔断受检锅炉与热力系统相连的蒸汽、给水、排污等管道及烟、风道并切断电源，对于燃油、燃气的锅炉还需可靠地隔断油、气来源并进行通风置换。

4）清理锅炉内的垢渣、炉渣、烟灰等污物。

5）拆除妨碍检查的汽水挡板、分离装置及给水、排污装置等锅筒内件，并准备好用于照明的安全电源。

6）对于需要登高检验作业（离地面或固定平面2m以上）的部位，应搭脚手架。

（2）检验人员的准备。

1）检验人员应首先对锅炉的技术资料进行查阅，重点及要求如下：①应有完整的锅炉建档登记资料；②与锅炉安全有关的出厂、安装、修理和改造等技术资料应齐全，并与实物相符；③查阅锅炉运行记录和水质化验记录中是否有异常情况的记载；④查阅历次检验资料，特别是上次检验报告中提出的问题是否已解决或已有防范措施；⑤对现场的准备工作应进行检查确认。

2）检验人员应根据待检锅炉的具体情况，确定检验项目和检验方法。对于额定蒸发量大于20t/h的蒸汽锅炉或额定热功率大于14MW的热水锅炉，检验人员还应制订检验方案。

3）检验时，锅炉使用单位应派锅炉管理人员做好安全监护工作和配合工作，并按检验员的要求拆除保温或其他部件。

4. 内部检验

（1）内部检验的承压部件。

1）内部检验的承压部件是：锅筒（壳）、封头、管板、炉胆、回燃室、水冷壁、烟管、对流管束、集箱、过热器、省煤器、外置式汽水分离器、导汽管、下降管、下脚圈、冲天管和锅炉范围内的管道等部件；分汽（水）缸原则上应跟随一台锅炉进行同周期的检验。

2）内部检验主要是检验锅炉承压部件是否在运行中出现裂纹、起槽、过热、变形、泄漏、腐蚀、磨损、水垢等影响安全的缺陷。

（2）内部检验的重点。

1）历次检验有缺陷的部位，应采用同样的检验方法或增加相应的检验方法对存有缺陷或缺陷修复的部位进行重点复检复测。

2）重点检验锅筒（壳）、封头、管板、炉胆、回燃室和集箱：①内、外表面和对接焊缝及热影响区有无裂纹等缺陷，必要时，应采用表面探伤或其他探伤方法；②拉撑件、人孔圈、手孔圈、下降管、立式锅炉的炉门圈、喉管、进水管等处的角焊缝是否有裂纹等缺陷，必要时，应采用表面探伤；③部件板边区有无裂纹、沟槽，高温烟区管板有无泄漏和裂纹，必要时，应采用表面探伤；④是否有严重的腐蚀、磨损减薄和结垢，特别是锅筒底部、管孔区、水位线附近、进水管或排污管与锅筒集箱连接处、炉胆的内外表面、立式锅炉的下脚圈等部位，必要时，应进行厚度测定；从锅筒内部检查水位表、压力表等的连通管是否有堵塞；⑤受高温辐射和较大应力的部位是否有裂纹和严重的变形；⑥胀接口是否严密，胀接管口和孔桥有无裂纹和苛性脆化，必要时应采用表面探伤方法或附加金相分析。

3）管子：①是否有严重的腐蚀和磨损，重点是烟管、对流管束、沸腾炉埋管、吹灰口附近等受烟气高速冲刷部位和易受低温腐蚀的尾部烟道管束，必要时，应进行厚度测定；②是否有严重的变形，重点是高温部位，必要时应对变形量进行定量测量；③管子表面是否有裂纹，必要时应进行表面探伤检查。

4）对于采用T形接头的焊缝，应检验其是否有变形和焊缝的表面裂纹，必要时应进行表面探伤和超声波探伤。

5）承受锅炉本身重量的主要支撑件是否有过热、过烧、变形等现象。

6）燃烧设备（如燃烧器、炉排等）是否有烧损、变形；炉供、保温是否有脱落，炉排是否有卡死，燃油、燃气锅炉是否有漏油、漏气现象。

7）成型件和阀体（如水位示控装置、安全阀、主蒸汽阀等）的外部是否有裂纹、泄漏等缺陷。

8）安全附件是否有明显缺陷。

（3）内部检验结论。

1）允许运行：内部检验合格，未发现缺陷或只有轻度不影响安全的缺陷。

2）整改后运行：发观影响锅炉安全运行的缺陷，必须对缺陷部位进行处理。

3）限制条件运行：不能保证锅炉在原额定参数下安全运行，或需缩短检验周期。

4）停止运行：锅炉损坏严重，不能保证锅炉安全运行。

5. 外部检验

外部检验包括锅炉管理检查、锅炉本体检验、安全附件、自控调节及保护装置检验、辅机和附件检验、水质管理和水处理设备检验等方面；检验方法以宏观检验为主，并配合对安全装置、设备的功能确认，但不得因检验而出现不安全因素。

(1) 锅炉管理方面的主要检查内容。

1) 上次检验报告中所提出的问题是否已解决;

2) 在岗司炉人员是否持证操作,其类别是否与所操作的设备相适应,人员数量和持证司炉人员总数是否满足设备运行需要;

3) 锅炉房管理制度是否符合要求,各种记录是否齐全、真实;

4) 锅炉周围的安全通道是否畅通;

5) 各种照明是否满足操作要求以及是否完好;

6) 防火、防雷、防风、防雨、防冻、防腐等设施是否完好。

(2) 锅炉本体检验的主要内容。

1) 从窥视孔、门孔等观察受压部件可见部位是否有变形、泄漏、结焦、积灰,耐火砌筑是否有破损、脱落。

2) 管接头可见部位、阀门、法兰及人孔、手孔、头孔、检查孔、汽水取样孔周围是否有腐蚀、渗漏。

3) 装有膨胀指示器的锅炉,膨胀指示器是否完好,其指示值是否在规定的范围之内。

4) 炉顶、炉墙、保温是否密封良好,有无漏烟现象,是否有开裂、凸鼓、脱落等缺陷。

5) 承重结构和支、吊架等是否有过热、变形、裂纹、腐蚀、卡死。

(3) 安全附件、自控调节及保护装置检验的主要内容。

1) 安全阀:①安全阀的安装、数量、规格是否符合国家有关《规程》的要求;②对安全阀进行自动排放试验并对其进行校验,其整定压力、回座压力、密封性等检验结果应记入锅炉档案,并对安全阀加锁或铅封;若安全阀仍在校验有效期内(查看校验记录),可在不低于75%的工作压力下进行手动排放试验,检验安全阀阀芯是否锈死和它的密封性能;③对于控制式安全阀,除进行上述自动排放试验外还应检验其控制源和控制回路等是否完好、可靠;④检验阀体和法兰是否有泄漏,排汽、疏水是否畅通,排汽管、放水管是否引到安全地点。

2) 压力表:①压力表的数量、安装、表盘直径、量程、精度等是否符合《规程》的要求;②压力表是否在校验有效期内,有无铅封;③蒸汽空间的压力表与锅筒或集箱之间是否有存水弯管,存水弯管与压力表之间有无三通阀门,吹洗压力表的连接管,检查压力表的连接管是否畅通;④同一部件内各压力表的读数是否一致、正确。

3) 水位表:①水位表的数量、安装等是否满足《规程》要求;②水位表是否有防护罩,照明是否良好,事故照明电源是否完好;③两只水位表显示的水位是否一致；同一水位检测系统中，一次仪表与二次仪表显示的水位是否一致；④在检验员的观察下，由司炉工冲洗水位表，检验汽、水连管是否畅通。

4）水位示控装置：检验锅炉水位示控装置的设置是否符合《规程》的要求，其功能(高、低水位报警,自动进水、低水位连锁保护)是否齐全。在检验员的指导下，由司炉工进行模拟功能试验，检验其是否灵敏、可靠。

5）温度仪表：温度仪表的安装位置、量程是否符合《规程》要求，温度仪表是否在经法定计量单位校验的有效期内。

6）超温报警和连锁装置：检验超温报警装置的设置是否符合《规程》的要求，在检验员的指导下由司炉工进行功能试验，或查询有关超温报警记录，以证实报警装置灵敏可靠。

7）超压报警和连锁装置：检验超压报警装置和连锁装置的设置是否符合《规程》的要求，在检验员的指导下由司炉工进行功能试验，检查报警和连锁压力值是否正确。

8）点火程序、熄火保护装置：检查燃油、燃气、燃煤粉锅炉是否有点火程序及熄火保护装置，在检验员的指导下由司炉工进行功能试验，检查其是否灵敏、可靠。

9）防爆门：对于有防爆门的锅炉，应检验防爆门是否完好。

（4）辅机和附件检验的主要内容。

1）排污装置：排污阀与排污管道是否有渗漏，在检验员的指导下由司炉工进行排污试验，检查排污管是否畅通，排污时是否有振动。

2）给水系统：给水设备、阀门是否能保证可靠地向锅炉供水。

3）循环泵：循环泵和备用循环泵是否完好、正常。

4）吹灰器：检查吹灰器的运转是否正常、冷却是否良好、吹嘴及角度是否正常。

5）燃烧系统：检查燃烧设备、燃料供应设备及管道、除渣机、鼓、引风机运转是否正常。

6）热水锅炉的附加检验：集、排气装置、除污器、定压和循环水的膨胀装置等是否符合《规程》要求。

7）对分汽(水)缸和锅炉范围内的管道及支吊架应检查其是否有变形、泄漏、保温脱落等现象。

（5）水质管理和水处理设备检验的主要内容。

1）水质化验员是否持证操作。

2）汽水取样装置及取样点设置是否符合规定，化验记录和化验项目是否齐全，汽水品质是否符合国家标准。

3）水处理设备是否满足制水量的需要。

4）水处理设备运转或实施情况是否正常。

5）必要时，可现场取汽水样分析。

（6）检验结论。

1）允许运行：是指未发现或只有轻度不影响安全的缺陷问题。

2）监督运行：是指发现一般缺陷问题，经使用单位采取措施后能保证锅炉安全运行。

3）停止运行：是指发现严重的缺陷问题，不能保证锅炉安全运行。

6. 水压试验

（1）水压试验前检验人员与锅炉使用单位应做好下列准备工作：①检验员应认真查阅锅炉的技术资料，尤其是本次内部检验或修理、改造后的检验记录和报告；②清除受压部件表面的烟灰和污物，对于需要重点进行检查的部位还应拆除炉墙和保温层，以利于观察；③对不参加水压试验的连通部件(如锅炉范围以外的管路、安全阀等)应采取可靠的隔断措施；④锅炉应装 2 只在校验合格期内的压力表，其量程应为试验压力的 1.5 ~ 3 倍，精度应不低于 1.5 级；⑤调试试压泵，使之能确保压力按照规定的速率缓慢上升；⑥水压试验时，周围的环境温度不应低于 5℃，否则应采取有效的防冻措施；⑦水压试验的用水应防止对锅炉材料有腐蚀；对奥氏体材料的受压部位，水中的氯离子浓度不得超过 25mg/L，否则应有相应的措施；⑧水压试验的用水温度应不低于大气的露点温度，一般选取 20 ~ 70℃；对合金钢材料的受压部件，水温应高于所用钢种的脆性转变温度或按照锅炉制造厂规定的数据控制；⑨水压试验加压前，参加试验的各个部件内都应上满水，不得残留气体；⑩水压试验时，锅炉使用单位的管理人员应到场。

（2）水压试验应在锅炉内部检验合格后进行；承压部件有较大减薄的应进行强度校核计算，保证试验时承压部件薄膜应力不超过材料在试验温度下屈服点的 90%。

（3）水压试验的试验压力应符合表 8-1 规定：①再热器(再热器管道除外)的水压试验压力为 1.5p_1(p_1 为再热器的工作压力)；②直流锅炉本体的水压试验压力为介质出口压力的 1.25 倍，且不小于省煤器进口压力的 1.1 倍。

表 8-1　水压试验的试验压力

锅筒(锅壳)工作压力 p	试验压力	锅筒(锅壳)工作压力 p	试验压力
<0.8MPa	1.5p 但不小于 0.2MPa	>1.6MPa	1.25p
0.8 ~ 1.6MPa	p 为 0.4MPa		

（4）当锅炉实际使用的最高工作压力低于额定工作压力时，试验压力也可以按实际经确定的最高工作压力计算；当使用单位提高锅炉使用压力（但不得超过额定工作压力）时，应以提高后的工作压力为基础重新进行水压试验。

（5）水压试验的过程至少应包括下列步骤：①缓慢升压至工作压力，升压速率应不超过 0.5MPa/min；②暂停升压，检查是否有泄漏或异常现象；③继续升压至试验压力，升压速率应不超过 0.2MPa/min，并注意防止超压；④在试验压力下至少保持 20min，保压期间压降应满足：a. 对于不能进行内部检验的锅炉，在保压期间不允许有压力下降现象；b. 对于其他锅炉，在保压期间的压力下降值 Δp 一般应满足表 8-2 要求；⑤缓慢降压至工作压力；⑥在工作压力下，检查所有参加水压试验的承压部件表面、焊缝、胀口等处是否有渗漏、变形，以及管道、阀门、仪表等连接部位是否有渗漏；⑦缓慢泄压；⑧检查所有参加水压试验的承压部件是否有残余变形。

表 8-2 压力下降值

锅筒（壳）工作压力 p	允许压降 Δp	锅筒（壳）工作压力 p	允许压降 Δp
$p<0.8$MPa	$\Delta p \leqslant 0.05$MPa	$3.8\text{MPa} \leqslant p < 9.8$MPa	$\Delta p \leqslant 0.3$MPa
$0.8\text{MPa} \leqslant p \leqslant 1.6$MPa	$\Delta p \leqslant 0.1$MPa	$p \geqslant 9.8$MPa	$\Delta p \leqslant 0.5$MPa
$1.6\text{MPa} < p < 3.8$MPa	$\Delta p \leqslant 0.15$MPa		

（6）检查结果符合下列情况时判定为合格：①在受压元件金属壁和焊缝上没有水珠和水雾；②当降到工作压力后胀口处不滴水珠；③铸铁锅炉锅片的密封处在降到额定出水压力后不滴水珠；④水压试验后，没有明显残余变形。

（7）水压试验不合格的锅炉不得投入运行。

8.2.1.2 锅炉操作人员管理

1. 司炉人员

司炉工的素质及责任心对保证锅炉安全运行至关重要，为此，国家颁布了《锅炉司炉人员考核管理规定》。对司炉工人的管理作了一系列规定。

（1）司炉工的基本条件：

1）司炉工的基本条件是年满 18 周岁，身体健康，没有妨碍从事司炉作业的疾病和生理缺陷，遵守纪律、热爱本职工作，一般应有初中以上文化程度。

2）符合基本条件并经考试合格的司炉工人，由当地安全监察机构签发司炉操作证。考试包括理论和实际操作两部分，对从事 5 年以上司炉工作、文化水平较低的司炉工人，以考核实际操作为主。

（2）司炉操作证：司炉操作证分四类，见表8-3。

表8-3　司炉工操作证分类表

类　别	允许操作的锅炉
1	工作压力≥3.8MPa的蒸汽锅炉
2	工作压力<3.8MPa，蒸发量>4t/h的蒸汽锅炉和供热量>2.8MW的热水锅炉
3	工作压力≥1.0MPa，蒸发量≤4t/h的蒸汽锅炉和供热量≤2.8MW的热水锅炉
4	工作压力<1.0MPa的蒸汽锅炉和供热量≤0.7MW的热水锅炉

低类别司炉工人升为高类别应重新培训和考试，核发操作证。对取得操作证的司炉工人，一般每4年进行1次复审。

（3）司炉工的配备：

每台锅炉每班持证的司炉工一般可按下列数量配备：

1）蒸发量≤1t/h的蒸汽锅炉（热水锅炉0.7MW）不少于1人。

2）蒸发量≤6t/h的蒸汽锅炉（热水锅炉4.2MW）不少于2人。

3）蒸发量≤10t/h的蒸汽锅炉（热水锅炉7MW）不少于3人。

4）蒸发量≤35t/h的蒸汽锅炉（热水锅炉24.5MW）不少于4人。

5）锅炉房内有多台锅炉的，持证人数应为每台锅炉人数总和的70%以上。

（4）司炉工的职责：

1）司炉工本人必须持有相应类别、未超期的司炉证，方准独立操作锅炉。

2）认真执行国家有关锅炉安全管理规定，发现有违章行为时应报告当地安全监察机构。

3）严格执行锅炉运行安全管理规章制度，精心操作，确保锅炉安全运行。

4）发现锅炉有异常现象和危及安全时，应采取紧急措施，并及时报告有关负责人。

5）对任何有害锅炉安全运行的违章指挥，应拒绝执行。

6）操作新炉型前，首先应对设备进行熟悉。

7）努力学习技术业务，不断提高操作管理水平。

2. 水处理人员

（1）锅炉水处理人员是指下列人员：①锅炉水处理检验人员；②锅炉使用单位的水处理管理操作人员；③锅炉化学清洗单位的清洗操作人员。

（2）锅炉水处理人员须经过培训、考核合格，并取得安全监察机构颁发的相应资格证书后，才能从事相应的水处理工作。

（3）水处理人员资格证书有效期为5年，期满前须办理换证手续。

（4）锅炉水处理人员资格证书类别、允许工作范围及考核发证机构按表8-4实行。

表8-4 允许工作范围及考核发证机构

类别	允许工作范围	考核发证机构
Ⅰ	额定工作压力不超过2.5MPa的蒸汽锅炉和热水锅炉水处理设备管理操作	市、地级以上（含市、地级）安全监察机构
Ⅱ	额定工作压力大于2.5MPa的蒸汽锅炉水处理设备管理操作	省级以上（含省级）安全监察机构
Ⅲ	锅炉化学清洗操作	省级以上（含省级）安全监察机构
Ⅳ	锅炉水处理检验	省级以上（含省级）安全监察机构

8.2.1.3 锅炉房的管理

1. 基本要求

锅炉房的位置及工艺要求必须符合《蒸汽锅炉安全技术监察规程》和《热水锅炉安全技术监察规程》及《锅炉房设计规范》的要求，这些要求具体如下：

（1）锅炉一般应安装在单独建造的锅炉房内。锅炉房不应直接设在聚集人多的房间（如公共浴室、教室、餐厅、影剧院的观众厅、候车室等）或其上面、下面、贴邻或主要疏散口的两旁。新建的锅炉房不应与住宅相连。

（2）锅炉房如设在多层或高层建筑的半地下室或第一层中，则必须同时符合以下条件：①每台锅炉的定额蒸发量不超过10t/h，额定蒸汽压力不超过1.6MPa，或每台锅炉的额定热功率应小于或等于7MW，且额定出水温度小于或等于120℃；②每台锅炉必须有可靠的超压连锁保护装置和低水位连锁保护装置；③每台锅炉的安全附件和连锁保护装置要定期维护和试验，以保证其灵敏、可靠；④锅炉间的建筑结构应有相应的抗爆措施；⑤独立操作的司炉工人必须持有相应级别的司炉操作证，且连续操作同类别锅炉5年以上，未发生过事故；⑥必须有安全疏散通道。

（3）锅炉房不宜设在高层或多层建筑的地下室、楼层中间或顶层，但由于条件限制需要设置时，除符合上述第二条的要求外，还应符合以下条件，且锅炉房的设置应事先征得市、地及以上安全监察机构同意：①每台锅炉的定额蒸发量不超过4t/h，额定蒸汽压力不超过1.6MPa或每台锅炉的额定热功率小于或等于2.8MW且额定出水温度小于或等于120℃；

②必须用油、气体做燃料或电加热的锅炉；③燃料供应管路的连接采用氩弧焊打底。

此外，当锅炉房设置在地下室时，应采取强制通风措施。

（4）锅炉房不得与甲、乙类及使用可燃液体的丙类火灾危险性房间相连。若与其他生产厂房相连时，应采用防火墙隔开。

（5）锅炉房建筑的耐火等级和防火要求应符合《建筑设计防火规范》及《高层民用建筑设计防火规范》的要求。

锅炉间的外墙或屋顶至少应有相当于锅炉间占地面积10%的泄压面积(如玻璃窗、天窗、薄弱墙等)。

2. 锅炉房应符合下列要求

（1）锅炉房内的设备布置应便于操作、通行和检修。

（2）应有足够的光线和良好的通风以及必要的降温和防冻措施。

（3）地面应平整无台阶，且应防止积水。

（4）锅炉房承重梁柱等构件与锅炉应有一定距离或采取其他措施，以防止受高温损坏。

（5）锅炉房每层至少应有2个出口，分别设在两侧。

（6）锅炉前端的总宽度(包括锅炉之间的过道在内)不超过12m，且面积不超过200m^{2}的单层锅炉房，可以只开1个出口。

（7）锅炉房通向室外的门应向外开，在锅炉运行期间不准锁住，锅炉房的出入口和通道应畅通无阻。

（8）在锅炉房内的操作地点以及水位表、压力表、温度计、流量计等处，应有足够的照明。锅炉房应有备用的照明设备或工具。

（9）露天布置的锅炉应有操作间，并应有可靠的防雨、防风、防冻、防腐的措施。

3. 锅炉房管理制度和规程

（1）锅炉房管理应具备的基础资料：①锅炉安装使用说明书和质量证明书；②锅炉总图、受压部件总图、易磨易损零件图等图；③受压元件强度计算书；④热力计算数据；⑤安装及验收资料、竣工图；⑥锅炉安全技术登录簿；⑦检修及改造资料(包括计算书、竣工图)；⑧运行资料(包括事故报告、缺陷记录)；⑨锅炉房现场应有下列模拟图板：a. 锅炉汽、水系统图；b. 锅炉烟风系统图；c. 锅炉纵剖面图。

（2）锅炉房管理制度。

1）岗位责任制：分别规定班组长、司炉工、维修工、水质化验人员等职责范围内的任务和要求。

2）锅炉及其辅机的操作规程，应包括如下内容：①设备投运前的检查与准备工作；②启动与正常运行的操作方法；③正常停运和紧急停运的操作方法；④设备的维护保养。

3）巡回检查制度：明确定时检查的内容、路线及应记录的项目。

4）设备维护保养制度：规定锅炉本体安全保护装置、仪表及辅机的维护保养周期、内容和要求。

5）交接班制度：应明确交接班的要求、检查内容和交接手续。

6）水质管理制度：应明确水质定期化验的项目和合格标准。

7）清洁卫生制度：应明确锅炉房设备及内、外卫生区域的划分和清扫要求。

8）安全保卫制度。

（3）锅炉房的安全管理记录。

锅炉房应做下列内容的记录：①锅炉及附属设备的运行记录；②交接班记录；③水处理设备运行及水质化验记录；④设备检修保养记录；⑤单位主管领导和锅炉房管理人员的检查记录；⑥事故记录。

（4）专(兼)职管理人员的职责。

管理人员应具备锅炉安全技术知识和熟悉国家安全法规中的有关规定，其职责是：①对司炉工组织技术培训、事故演习和安全教育；②制定和不断完善锅炉房各项规章制度；③检查各项规章制度的实施情况；④传达并贯彻各项锅炉安全指令；⑤督促锅炉及其附属设备的维护保养和定期检修计划的实施；⑥向锅炉安全监察机构报告锅炉使用管理情况，积极参加各项安全管理活动。

（5）锅炉使用登记制度。

1）使用锅炉的单位，必须向当地锅炉安全监察机构登记；取得锅炉使用证，才能将设备投入运行。

2）使用单位申请办理锅炉登记手续时，应填写《锅炉登记表》和《锅炉登记卡》，并交验下列资料：①《蒸汽锅炉安全技术监察规程》或《热水锅炉安全技术监察规程》规定的与安全有关的出厂技术资料；②安装质量检验报告；③锅炉房平面图；④水处理方法及水质指标；⑤锅炉安全管理的各项规章制度；⑥持证司炉工人数。

3）在用或移装的旧锅炉办理登记时，如使用单位提交不出上述①、②两项资料时，允许以下列资料代替：a. 锅炉结构示意图及需核算强度的受压部件图；b. 锅炉受压元件强度及安全阀排放量的计算资料；c. 锅炉检验报告。

4）额定蒸汽压力小于0.1MPa的蒸汽锅炉和额定出水压力小于0.1MPa的热水锅炉在登记时，只需交验制造厂质量证明书或检验报告。

4. 使用管理

（1）锅炉房主管人员应熟悉锅炉安全知识，按章作业。

（2）锅炉运行时，操作人员应执行有关锅炉安全运行的各项制度，做好运行值班记录和交接班记录。

（3）锅炉操作间和主要用汽地点，应设有通信或信号装置。

（4）锅炉运行中，遇有下列情况之一时，应立即停炉：①锅炉水位低于水位表最低可见边缘；②不断加大给水及采取其他措施，但水位仍继续下降；③锅炉水位超过最高可见水位(满水)，经放水仍不能见到水位；④给水泵全部失效或给水系统故障，不能向锅炉进水；⑤水位表或安全阀全部失效；⑥设置在汽空间的压力表全部失效；⑦锅炉元件损坏且危及运行人员安全；⑧燃烧设备损坏，炉墙倒塌或锅炉构架被烧红等严重威胁锅炉安全运行；⑨其他异常情况危及锅炉安全运行。

（5）当锅炉运行中发现受压元件泄漏、炉膛严重结焦、受热面金属超温又无法恢复正常以及其他重大问题时，应停止锅炉运行。

（6）检修人员进入锅炉内进行工作时，应符合以下要求：①在进入锅筒(锅壳)内部工作前，必须用能指示出隔断位置的强度足够的金属堵板将连接其他运行锅炉的蒸汽、给水、排污等管道全部可靠地隔开，且必须将锅筒(锅壳)上的人孔和集箱上的手孔打开，使空气对流一定时间；②在进入烟道或燃烧室工作前，必须进行通风，并将与总烟道或其他运行锅炉的烟道相连的烟道闸门关严密，以防毒、防火、防爆；③用油或气体作燃料的锅炉，应可靠地隔断油、气的来源；④在锅筒(锅壳)和潮湿的烟道内工作而使用电灯照明时，照明电压应不超过24V；在比较干燥的烟道内，应有妥善的安全措施，可采用不高于36V的照明电压。禁止使用明火照明。⑤在锅筒(锅壳)内进行工作时，锅炉外面应有人监护。

（7）对备用或停用的锅炉，必须采取防腐措施。

（8）为了延长锅炉使用寿命，节约燃料，保证蒸汽品质，防止由于水垢、水渣、腐蚀而引起锅炉部件损坏或发生事故，使用锅炉的单位应按《锅炉水处理管理规则》的规定做好水质管理工作。

（9）额定蒸汽压力小于或等于2.5MPa的锅炉的水质，应符合《低压锅炉水质》(GB 1576—2001)的规定。额定蒸汽压力大于或等于3.8MPa的锅炉的水质，应符合GB 12145《火力发电机组及蒸汽动力设备水汽质量标准》(GB 12145—1999)的规定。没有可靠的水处理措施，不得投入运行。

（10）使用锅炉的单位应执行排污制度。定期排污应在低负荷下进行，同时严格监视水位。

8.2.2 压力容器的安全管理

8.2.2.1 压力容器的安全管理制度

为了加强在用压力容器的安全管理，每个压力容器使用单位应编制以岗位责任制为中心的各项安全管理制度，对在用压力容器实行制度化管理。

1. 各级岗位责任制

各级岗位责任制是指从单位主要技术负责人(主管厂长或总工程师)、有关科室、车间到容器操作人员的各级岗位责任制。制定各级岗位责任制应职、责、权分明，做到有职、有权。

2. 压力容器工艺和岗位操作规程

正确地使用压力容器也是保证压力容器安全运行的一项重要措施。各压力容器使用单位应根据《压力容器安全技术监察规程》及其他有关法规，结合本单位生产工艺要求及容器的安全技术状况，制定完整的切合本单位实际情况的各压力容器或系统的工艺和岗位操作规程，并严格执行。

压力容器工艺和岗位操作规程的内容至少应包括：

(1) 压力容器的操作工艺指标(含最高工作压力,最高或最低工作温度等)。

(2) 压力容器的岗位操作法(含开、停车的操作程序和注意事项)。

(3) 压力容器运行中应重点检查的项目和部位。

(4) 运行中可能出现的异常现象和防范措施，以及紧急情况的报告程序。

3. 压力容器的技术档案管理制度

压力容器技术档案是及时、真实地反映容器安全状态的重要依据，它可以使我们全面掌握容器情况，摸清设备使用条件，防止因盲目使用容器而造成事故。它和人事档案一样重要，各设备主管部门必须认真加强容器设备使用方面的管理工作及技术档案的收集、保管工作，统一编号，并做到实物与档案相符。

(1) 容器技术档案的内容。

1) 压力容器登记卡。

2) 压力容器设计技术文件，包括以下几个方面：①设计图样，在压力容器设计总图(蓝图)上，必须盖有容器设计资格印章。设计资格印章中应注明单位名称、技术负责人姓名、《压力容器设计单位批准书》编号、批准日期，设计总图上应有有关人员签字等；②设计、安装(使用)说明书(必要时)；③中压、高压反应容器和储存容器的强度计算书。

3) 压力容器制造、安装技术文件和有关资料，包括以下方面：①竣工图(如在原蓝图上修改的,则必须有修改人、技术审核人确认标记)；

②产品质量证明书(含产品合格证)；③现场组焊的压力容器竣工验收后，由施工单位提供的组焊和质量检验的资料；④压力容器产品安全质量监督检验证书。

4）检验、检测记录，以及有关检验的技术文件和资料。

5）修理方案、实际修理情况记录以及有关技术文件和资料。

6）压力容器技术改造的方案、图样、材料质量证明书、施工质量检验及技术文件和资料。

7）安全附件校验、修理、更换记录。

8）有关事故的记录资料和处理报告。

（2）容器档案的转移。当压力容器调出原使用单位时，应将全部技术档案，包括原始技术资料和使用资料等连同容器一并移交给新的使用单位，并办理移交手续。

（3）容器技术档案的管理。

1）及时收集：容器技术资料应认真收集归档，特别是新容器购进验收时，应有档案部门有关人员参加，以便容器出厂资料及时归档。

2）按台建档：即使同时购进2台或多台相同的容器，由于制造中的情况各不相同，以及使用、修理等情况也不尽相同，所以必须按台建档，以免混淆错用。

3）统一编号：容器档案应有统一编号，并做到设备出厂号、单位设备编号及档案号相符。

4）建立目录：由于容器技术档案内容较多，为便于查找和防止丢失，每台容器档案的前面应有技术资料目录。

5）专人保存：从容器出厂到使用单位后，就应及时建立容器技术档案并妥善保管，直到批准报废后为止。为防止虫蛀鼠咬或丢失等情况的发生，要求容器技术档案应有专人保管，人员变动时，应及时办理移交手续。

6）严格借用：容器技术档案应建立借用登记手续，如外单位需借用时，应经单位有关主管领导批准，严禁借用给外单位复制，造成容器非法制造。

4. 安全装置检验或更换管理制度

（1）安全装置的送检、校验、更换工作应明确有关部门负责，做到职责分明，容器数量较多的单位可指定专人负责此项工作。

（2）安全阀、紧急切断装置的检修需由专业单位进行，压力表的校验应由取得压力表校验资格认可的计量单位或部门进行。

（3）安全阀及压力表等安全附件校验后进行铅封，并出具有关校验、检定合格手续。

(4) 安全装置的校验或更换周期应明确，并应按规定的校验周期进行校验或送校。

1) 安全阀一般每年至少校验1次，新安全阀安装前应根据使用情况调试后方可安装使用。

2) 爆破片应定期更换，更换期限由使用单位根据本单位的实际情况确定；超过爆破片标定爆破压力而未爆破的爆破片应立即更换；在苛刻条件下使用的爆破片应每年更换；除制造单位确保使用寿命者外，一般的爆破片装置应在2~3年内更换。

3) 压力表和测温仪表应按计量部门规定的期限校验，但是需更换范围内的压力表必须及时更换，压力表安装前应进行校验。

5. 容器操作人员的安全教育和考核管理制度

(1) 压力容器使用单位应重视对压力容器操作人员的安全技术教育和培训工作，制订安全技术教育和培训计划。

(2) 容器操作人员的安全技术教育和培训工作由劳资、教育、安全、设备等部门共同组织进行；通过安全技术教育以不断提高操作水平和对事故与故障的处理能力。

(3) 容器操作人员必须经专业技术培训，并经锅炉压力容器安全监察机构考核合格颁发压力容器操作证后，方可上岗独立操作。

(4) 容器操作人员培训的考核资料应记入个人技术档案中。

6. 安全检查制度

(1) 容器使用单位应根据本单位容器的数量、使用状况，由本单位设备、安全等部门会同车间对压力容器使用情况进行定期或不定期的检查。

(2) 检查的重点。主要包括：

1) 规章制度的执行情况（如岗位责任制、操作规程、巡回检查制度等）。

2) 容器运行记录的填写是否认真、准确（包括故障及故障排除记录）。

3) 设备的完好状况、负荷情况、设备的持证运行及操作人员持证上岗情况等。

4) 容器本体及连接管道、阀门等处密封情况。

5) 安全附件是否灵敏、可靠，是否在有效期内。

6) 容器的防腐层、保温层及设备铭牌是否完好。

7) 容器外表面有无裂纹、变形、局部过热等不正常情况。

8) 紧固螺栓是否完好，基础有无下沉、倾斜等现象。

9) 检验计划的执行情况。

10) 修理、技术改造计划的执行情况。

11) 结合节日及中心工作进行专项检查，对设备的防雷、防灾防冻等设施进行检查。

（3）对查出的问题或事故隐患应提出整改意见，落实措施，限期整改；对逾期不解决或有发生事故危险的，安全部门有权采取措施禁止该设备的运行。

7. 压力容器的统计和事故报告制度

（1）压力容器的统计报告制度

1）压力容器的统计报告工作应指定专(兼)职人员分管，并及时、准确地填报各种统计报表。

2）按照规定，容器使用单位应根据容器定期检验周期，编制年度检验计划并组织实施，年度检验计划和执行情况要及时上报给当地所辖的锅炉压力容器安全监察机构和授权的检验单位。

3）按时完成上级下达的各种统计报表，并做到及时、准确。

（2）事故报告制度

1）事故的报告：压力容器发生爆炸或造成人员伤亡、设备损坏事故后，事故发生单位应用快捷形式将事故设备名称、事故类别、发生地点、时间(月、日、时、分)、人员伤亡和事故破坏简要情况报告企业主管部门和当地锅炉压力容器安全监察机构。

2）事故的调查：发生压力容器事故后，应采取措施，抢救人员和防止事故扩大，并应保护好事故现场。事故调查组应由事故单位的主管部门、锅炉压力容器安全监察机构、人民检察院和工会的人员组成。并可根据事故调查的需要，邀请锅炉压力容器检验单位、科研单位以及大专院校有关专家参加。事故调查结束以后，事故调查组应填写事故调查报告书，送至组织调查该起事故的锅炉压力容器安全监察机构的行政部门及主管部门。

3）事故的处理：事故发生单位及其主管部门，应根据经当地锅炉压力容器安全监察机构的行政部门认定的事故调查报告书的处理建议，对有关负责人员进行处理。事故处理结束后，事故发生单位或其主管部门应就对事故责任者处理及防范措施落实情况向组织该起事故调查的行政部门写出书面报告、批复结案。

8. 奖惩制度

（1）对认真执行安全操作规程、长期保证容器安全运行、发现重大事故隐患能及时进行处理的操作人员应给予必要的奖励；对违反劳动纪律、工艺操作规程及岗位操作规程的，应给予批评教育；对屡教不改的，应给予必要的处罚。

（2）对设备维护保养工作做得好的、成绩突出者给予必要的奖励；对不认真做好设备维护保养并由此导致事故发生的，应视情节追究其责任。

（3）对安全教育培训学习认真、成绩优异者给予必要的奖励；对由于主观原因而不认真学习、连续考核多次不合格者应调离容器操作岗位。

（4）对玩忽职守或违章操作致使容器事故发生、造成重大责任事故者，给予行政处分、经济处罚，并视情节追究其刑事责任。

压力容器使用单位除了建立上述有关制度外，还应建立设备维护保养、巡回检查、交接班等制度，并建立、完善各种运行、检查记录。

压力容器使用单位在制定上述制度时，除应符合有关法规、标准和要求外，还应结合本单位情况，做到具体化，经单位领导批准颁发后实施，并经常加强执行情况的监督检查。

8.2.2.2 压力容器的安全操作

（1）凡符合国家监察规程所讲的压力容器，必须报当地的锅炉压力容器安全监察机构登记、注册、发证后方可投运。

（2）压力容器必须按规定进行定期检验，保证容器在有效的检验期内使用，否则不得继续使用；压力容器操作人员有权拒绝操作不符合上述规定的、没有安全保障的压力容器。

（3）容器操作人员必须经培训和持当地锅炉压力容器安全监察机构考核合格后所颁发的操作证方可上岗操作；容器操作人员应严格遵守安全操作规程，做到平稳操作，严禁超温、超压、超负荷运行。

（4）要求容器操作人员加强容器运行期间的安全检查（包括工艺条件、容器状况及安全装置等），发现不正常情况立即采取相应措施进行调整或排除，以免恶化；当发现容器出现故障威胁安全运行时，应采取紧急措施（包括紧急停止容器运行），并及时向有关部门报告。

以上几点是压力容器安全操作的一般要求，对于不同工艺用途的容器，还须注意其特殊的操作要点。

8.2.2.3 压力容器的定期检验

1. 压力容器定期检验的目的

压力容器是一种广泛使用且具有爆炸危险的特种设备。它具有以下特点：

（1）容器使用温度、压力的波动或频繁加载、卸压，使器壁受到较大的交变应力，因此在结构不连续部位（如焊接缺陷部位等应力集中处）会引起疲劳裂纹。

（2）腐蚀介质使器壁减薄，造成受压时容器薄膜应力加大，或由于晶间腐蚀使材料的塑性、韧性变差。

（3）部分容器的器壁长期在高温下承受压力载荷的作用，材料会发生蠕变。

（4）用碳素钢、普通低合金钢等制造低温容器时，因这类钢材的韧性在低温下会大大降低，有脆性破裂的可能。

（5）由于容器的支座、管道等安装不当或受震动造成容器附加应力增大。

（6）压力容器停用时维护保养不当，器壁内、外部都将受到腐蚀，而且腐蚀速度又往往比使用时更快。

（7）压力容器由于结构不合理或制造原因存在着一些缺陷，这些缺陷有可能在使用中不断发展。

出于上述种种因素，即使是一台设计、制造质量符合规范的容器，在投入使用以后，随着时间的增长，也会不断产生这样或那样的缺陷。因此，必须对每台容器进行定期检验，以便通过检验及早发现缺陷，及时消除，确保压力容器安全运行，防止事故发生。

容器的定期检验分为外部检查、内、外部检验和耐压试验。

2. 压力容器定期检验前的准备工作

（1）使用单位应做的准备工作：

1）必须将容器内部介质排除干净，用盲板隔断所有液体、气体或蒸汽的来源，设置明显的隔离标志，并切断有关电源。

2）具有易燃、助燃、毒性或窒息性介质的，必须进行置换、中和、消毒、清洗，并取样分析，分析结果应达到有关规范、标准的规定。

人孔和检查孔打开后，必须注意清除所有可能滞留的易燃、有毒、有害气体。压力容器内部空间的气体含氧量应在18%～23%（体积比）之间。必要时，还应配备通风、安全救护等设施。

具有易燃介质的压力容器，严禁用空气置换。

3）能够转动的或其中有可动部件的压力容器，应锁住开关，固定牢靠。

4）需要进行检验的容器表面，特别是腐蚀部位和可能产生裂纹性缺陷的部位，应彻底清扫干净。

5）检验用灯具和工具的电源电压，应符合《安全电压》（GB 3805—1983）的规定。

6）内部检验时，应有专人监护，并有可靠的联络措施。

（2）检验单位应做的准备工作。

1）必须审查有关压力容器的资料：①设计单位资格，设计、安装（使用）说明书，设计图样等资料；②制造单位资格、制造日期、产品合格证、质量证明书、竣工图；③组装单位资格、安装日期、验收记录以及有关规范规定的竣工验收文件和资料等；④运行记录、开停车记录，以及有关运行参数、介质成分、载荷变化情况，运行中出现的异常情况等资料；⑤检验资料，历次检验报告、记录和有关资料；⑥有关修理或技术改造的文件，重大修理、技术改造方案，批准文件，施工记录，检验报告，竣工图等；⑦使用登记证件等。

2）制定压力容器检验方案：编制既符合《在用压力容器检验规程》、《压力容器安全技术监察规程》等有关规定，又切实可行的检验方案，同时确定检验项目，落实安全措施。

3）对检验设备、工量具的要求：检验用的设备仪器应经检查符合要求，检验用工量具应齐全。

3. 压力容器的外部检验

（1）外部检查。

1）外部检查是指专业人员在压力容器运行中的定期在线检查，每年至少1次。

2）外部检查应以宏观检查为主，必要时，可进行测厚、壁温检查和腐蚀介质含量测定等。

（2）外部检验的内容。

1）压力容器的本体、接口部位、焊接接头等是否存在裂纹、过热、变形、泄漏等。

2）外表面的腐蚀情况；保温层的破损、脱落、潮湿、跑冷情况；检漏孔、信号孔的漏液、漏气，疏通检漏等。

3）压力容器与相邻管道或构件的异常振动、响声、相互摩擦情况；安全附件完好情况。

4）支承或支座的损坏情况，基础的下沉、倾斜、开裂情况，紧固螺栓的完好情况。

5）排放(疏水、排污)装置的完好情况；运行的稳定情况。

4. 压力容器的内外部检验

内、外部检验是指专业检验人员在压力容器停机时的检验。

（1）内、外部检查期限。

1）安全状况等级为1~3级的，每隔6年至少1次；安全状况等级为3~4级的，每隔3年至少1次。

2）有下列情况之一的压力容器内、外部检验期限应予适当缩短：①介质对压力容器材料的腐蚀情况不明，介质对材料的腐蚀速率大于0.25mm/年，以及设计者所确定的腐蚀数据与实际不符的；②材料焊接性能差，在制造时曾多次返修的；③首次检验的；④使用条件恶劣的；⑤使用周期超过15年，经技术鉴定确认不能按正常检验周期使用的；⑥停止使用时间2年以上的；⑦事故隐患大的压力容器。

3）安全状况等级1~2级的压力容器有下列情况之一时，内、外部检验期限可适当延长：①非金属衬里完好的，但其检验周期不应越过9年；

②介质对材料腐蚀速率低于0.1mm/年的实测数据，或有可靠的耐腐蚀金属衬里的压力容器，并通过1~2次内、外部检验确认符合原要求的，但不应超过10~12年；③装有触媒的反应容器及装有充填物的大型压力容器，其定期检验周期根据设计图样和实际使用情况由使用单位和检验单位协商确定。

（2）内、外部检验内容。

1）结构检查：重点检查下列部位：筒体与封头的连接，方形孔、人孔、检查孔及其补强，角接，搭接，布置不合理的焊缝，封头（端盖），支座或支承，法兰，排污口。

2）几何尺寸的检查：包括以下检查项目：纵、环焊缝的对口错边量、棱角度等；焊缝余高，角焊缝的焊缝厚度和焊脚尺寸；同一断面上最大直径与最小直径；封头表现凹凸量，直边高度和纵向皱褶；不等厚板（锻）件对接接头未进行削薄过度的超差情况；布置不合理的焊缝；直立压力容器和球形压力容器支柱的铅垂度；绕带式压力容器相邻钢带间隙。

3）表面缺陷：压力容器的表面缺陷除了焊缝尺寸不符合要求外，还有表面裂纹、气孔、夹渣、咬边、焊瘤、弧坑、烧穿、未焊透、机械损伤、腐蚀、变形等。

4）壁厚测定：测厚的目的一是为强度计算提供最小剩余壁厚；二是可以发现母材中的可疑部位；三是根据剩余壁厚分析工况对压力容器的影响。因此，测厚选点必须有代表性；一般应选择下列部位：液位经常波动部位；易腐蚀、冲蚀部位；表面缺陷检查时发现的可疑部位；制造成形时的壁厚减薄部位和使用中产生的变形部位。

5）材质的检查：包括下列内容和要求：一般应查明主要受压元件材质的种类和牌号。主要受压元件材质是否劣化，可根据具体情况，采用化学成分分析、硬度测定、光谱分析或金相检验等予以确定。

6）焊缝埋藏缺陷检查：有下列情况之一时，一般应进行射线探伤或超声波探伤（抽查），必要时，还应相互复验：①制造中焊缝经过2次以上返修或使用过程中焊缝补焊过的部位；②检验时发现焊缝表面裂纹，认为需要进行焊缝埋藏缺陷检查的；③错边量和棱角度有严重超标的焊缝部位；④使用中出现焊缝泄漏的部位及其两端延长部位；⑤用户要求或检验员认为有必要的部位；已进行过此项检查，再次检验时，如无异常情况，一般可不再复查。

7）安全附件的检查。

8）紧固件检查：对高压螺栓应逐个清洗，检查其损伤和裂纹情况，必要时，应进行表面无损探伤。应重点检查螺纹及过渡部位有无环向裂纹。

5. 压力试验

压力容器的压力试验是指耐压试验(液压和气压试验)、致密性试验(气密性试验和煤油渗漏试验)。耐压试验是对容器的强度和密封性的综合检验，致密性试验是对容器的严密性加以验证。

(1) 耐压试验。有下列情况之一的压力容器内、外部检验合格后必须进行耐压试验：

1) 用焊接方法修理或更换主要受压元件的。

2) 改变使用条件且经强度校核超过原设计参数的。

3) 更换衬里在重新衬里前。

4) 停止使用2年更新使用的。

5) 新安装的或移装的。

6) 无法进行内部检验的。

7) 使用单位对压力容器的安全性能有怀疑的。

(2) 液压试验。

1) 试验介质：凡在试验时不会导致发生危险的液体，在低于其沸点的温度下，都可用作液压试验介质，一般多采用水。所用的水必须是洁净的。

2) 试验温度：碳素钢、16MnR和正火15MnVR制的压力容器进行液压试验时，液体温度不得低于5℃；其他低合金钢制的压力容器，液体温度不得低于15℃。其他材料制的压力容器液压试验温度按设计图样规定。

3) 试验压力：试验压力应符合设计图样要求，且不小于表8-5规定。

表8-5　压力试验的试验压力表

压力容器名称	压力等级	耐压试验压力/MPa $P_T=\eta P$		气密性试验压力/MPa
		液(水)压	气压	
钢制和有色金属制压力容器	低压	1.25P	1.15P	1.00P
	中压	1.25P	1.15P	1.00P
	高压	1.25P		1.00P
铸铁		2.00P		1.00P
搪玻璃		1.25P	1.00P	1.00P

注：1. 耐压试验如考虑设计壁温的钢制或有色金属压力容器的耐压试验压力时，其耐压试验压力计算应按《容规》规定进行。

2. 立式容器在卧置进行液压试验时，其试验压力应为立置时的试验压力再加设备液柱静压力。

4) 试验程序：压力容器液压试验程序见表8-6。对于夹套容器，应先进行内筒液压试验，合格后再组焊夹套，然后进行夹套内的液压试验。

表8-6　液压试验程序

顺序	压力值	保压时间/min	注意事项及检查要求	
1	缓慢升至试验压力	10～30（视容积大小）	容器壁温与液体温度接近时，先缓慢升至设计压力，确认无泄漏后开始升压	有无异常声响
2	缓慢升至设计压力	>30	检查压力应保持不变，不得连续加压，严禁带压紧固螺栓	
3	卸压		缓慢卸压	

5）评定合格标准：压力容器液压试验后，若无渗漏、无可见的变形和试验中无异常声响，即认为合格。

（3）气压试验。由于结构或支承原因，不能向压力容器内安全充灌液体，以及运行条件不允许残留试验液体的压力容器，可按设计图样规定采用气压试验。试压前，应全面复查有关资料，并有可靠的安全措施。

1）试验介质：气压试验所用的介质，应为干燥、洁净的空气、氮气或其他惰性气体。具有易燃介质的在用压力容器，必须进行彻底的清洗和置换，否则，严禁用空气作为试验介质。

2）试验温度：碳素钢和低合金钢制的压力容器试验用的气体温度不得低于15℃。其他材料制的压力容器，其试验气体温度应符合设计图样规定。

3）试验压力：试验压力应符合设计图样要求，且不小于表8-7的规定。

4）试验程序：气压试验程序见表8-7。

表8-7　气压试验程序表

顺序	试验压力值	保压时间/min	备　注
1	缓慢升压至规定试验压力的10%	5～10	对所有焊缝及连接部位进行初次检查，应无泄漏
2	缓慢升压至规定试验压力的50%，无异常后按10%的试验压力级逐级升压至试验压力	根据容积压大小保压10～30	不检查，人不准靠近
3	缓慢降压至设计压力	不小于30	压力不变，不得加压维持和紧固螺栓

5）评定合格标准：气压试验经肥皂液或其他检漏液检查无漏气、无可见变形即为合格。

（4）气密性试验。介质毒性为极度、高度危害或设计上不允许有微量泄漏的压力容器，必须进行气密性试验。气密性试验应在液压试验合格后进行。

对设计图样要求作气压试验的压力容器，是否需再做气密性试验，应根据设计图样的要求决定。

1）试验介质：气密性试验所用介质要求与气压试验相同。

2）试验温度：用碳素钢和低合金钢制的压力容器，其试验用气体温度不低于1℃，其他材料制的压力容器按设计图样规定。

3）试验压力：试验压力应符合设计图样要求，且不小于表8-7的规定。

4）试验程序：缓慢升压到试验压力的10%（不小于1个表压），经检查如无泄漏、无异常，然后按每级10%~20%升压，级间适当保压，检查无异常时，再升压至试验压力，一般保压10~30min，保压时进行检查。

5）评定合格标准：经检查，无泄漏即为合格。

（5）耐压试验有关注意事项。

1）压力试验前，压力容器各连接部位的紧固螺栓必须齐全，紧固妥当。

2）压力试验场地应有可靠的安全防护设施，试验单位的安全部门应进行现场监督。

3）气密试验时，容器的安全附件应安装齐全。

4）液压试验时，应将压力容器充满液体，滞留在容器内的气体必须排净，压力容器外表面应保持干燥。

5）新制造的压力容器液压试验完毕后，应将液体排净，并用压缩空气将其内部吹干。

6）内、外部检验应以宏观检查、壁厚测定为主，在用压力容器在无出厂资料或出厂资料不齐全的情况下，应通过检验补齐有关项目。

7）在压力容器的检验项目中还应包括安全附件的检验。

8）耐压试验不能代替无损探伤检验，对无原始资料的容器不能企图通过耐压试验方法来确定容器的最高工作压力。

6. *在用压力容器的检验方法*

在用压力容器一般常用检验方法的分类如图8-1所示。

（1）宏观检验。

1）目测检验：用肉眼直接观察压力容器表面情况，用肉眼检查有怀疑的地方，可用5~10倍放大镜进一步检查。

2）锤击检验：利用一把重0.5kg左右的专用手锤，轻轻敲击容器或部件的金属表面、根据锤击时所发出的声响和小锤的弹跳程度（凭手感觉）来判断金属部件是否存在缺陷。

3）量具检验：根据需要，使用各种不同的工具、仪器对容器的内、外表面直接进行测量，以检验存在缺陷及其严重程度。

（2）厚度检验。用超声波测厚仪进行壁厚测定，以便校核容器能满足强

- 在用压力容器一般常用检验方法
  - 宏观检验
    - 目测检验
    - 锤击检验
    - 量具检验
  - 厚度检验
  - 理化检验
    - 化学成分分析
    - 光谱分析
    - 硬度测定
    - 金相检验
  - 无损探伤检验
    - 表面探伤
      - 磁粉探伤
      - 渗透探伤
    - 内部探伤
      - 超声波探伤
      - 射线探伤
        - γ 射线
        - X 射线
  - 声发射检验
  - 应力测定
  - 压力试验
    - 耐压试验
      - 液压试验
      - 气压试验
    - 致密性试验
      - 气密性试验
      - 渗漏试验

图 8-1　在用压力容器一般常用检验方法的分类

度要求。

（3）理化检验。

1）化学成分分析：当受检容器材质不明或材质发生变化时，可通过化学成分分析以确定材质的各组成部分的含量，以便于进行焊补修理或满足其他需要。

2）光谱分析：这是利用每种元素在弧光区域环境中均有其特定波长谱线的原理，借助电弧发生器和看谱镜，在电弧作用下，观察金属发生的各种谱线及其强弱，进行化学元素的定性和半定量分析的方法。

3）硬度测定：使用硬度测定仪可以无损伤地近似得到被检容器材料的机械强度，同时能检查材质在经过多年使用后是否由于超温、腐蚀等因素而使材料性能发生变化。

硬度检验基本上可分为压入法和刻划法两大类。根据加载程度不同，压入法又分为静载压入法和动载压入法（弹性回跳法）；根据载荷、压头和表示方法，静载压入法又分为布氏硬度、洛氏硬度、维氏硬度、肖氏硬度和显微硬度等多种。

4）金相检验：用于检查容器经过多年运行后，壳体内壁材料的微观组织是否发生了变化，是否产生了不符合要求的微观缺陷。

（4）无损探伤检验。

1）表面探伤：用于检查容器内外表面，主要是焊缝部位表面和近表面的缺陷。常用的有渗透探伤和磁粉探伤。

2）内部探伤：①超声波探伤，此种方法对裂纹较敏感，但其判断缺陷的直观性差，且表面缺陷不易发现；②射线探伤，其原理是利用 X 射线或 γ 射线穿透焊缝及母材金属使照相胶片感光，直观地显示焊缝缺陷的大小、性质及数量。

（5）声发射检验。这是指利用仪器测试容器材料在承受载荷情况下，内部缺陷所发出的超声波以确定缺陷情况的方法。

（6）应力测定。对结构形式不合理，有可能带来过高的局部应力集中和弯曲应力，或在定期检验过程中发现容器由于冲刷腐蚀或局部腐蚀使容器产生明显的凹坑以及在检验中发现因温度不均匀或由于局部变形而产生的鼓包、凹陷等缺陷时，则有必要对容器进行应力测定，以便了解容器的应力分布情况和峰值应力数值，据此判断其使用安全性。

7. 检验结论

压力容器的检验单位，应由规定的锅炉压力容器安全监察机构进行资格审查认可，并取得相应项目范围的检验资格证书，方可从事相应级别的容器定期检验工作。检验员应按规定经培训考核取得检验员资格证书后方可从事允许范围内相应项目的检验工作。

在用压力容器经检验后，检验单位一般应在容器投入使用前，将检验报告送、寄使用单位。其检验结论至少应包括以下几个方面内容：

（1）容器安全状况等级。

（2）容器允许继续使用的参数（如压力、温度）；医用氧舱的检验结论意义分为“可以使用”、“经修理、改造后可以使用”、“判废”3 种。

（3）继续使用至下一个检验周期的时间。

（4）监控使用的限制性条件（含安全附件）。

（5）判废的依据。

（6）检验员及审核人员的签字和检验单位的印章等。

（7）其他（如检验单位法人地位、检验范围检验许可证号）。

8.2.2.4 压力容器的使用登记

（1）按照《压力容器使用登记管理规则》的规定，压力容器使用单位或有关人员应在压力容器投运前携带下列有关文件、资料向省（指超高压容器及液化气体罐车）、地市级（含有条件的县级）锅炉压力容器安全监察机构申报办理使用登记注册发证手续，医用氧舱由省辖地（市）级锅炉压力容器安全监察机构办理发证手续。①产品合格证；②产品质量证明书；③产品竣工图；④检验单位签发的《压力容器产品安全质量监督检验证书》；⑤进口的压力容器应有省级以上(含省级)锅炉压力容器安全监察机构审核盖章的《中华人民共和国锅炉压力容器安全性能监督检验报告》。

(2) 压力容器在使用前，应经压力容器登记机关核定安全状况等级，办理压力容器使用登记手续。凡未经办理登记、注册的压力容器一律不得投运。

(3) 凡需要办理压力容器过户变更(指压力容器的产权发生改变,即一个产权单位过户到另一个产权单位)、使用变更(指需改变压力容器使用条件,如介质、温度、压力、用途等)及安全状况等级变更(指容器经内外部检验或修复后,经检验单位重新核定的安全状况等级)的，应由使用单位凭专业检验单位的《压力容器检验报告》和《压力容器使用登记表》、《压力容器使用登记证》及改变使用条件的设计、批准文件到原发证机构办理有关变更手续。

(4) 凡需过户的容器，必须是已领取《压力容器使用登记证》的压力容器。过户前，原使用单位应持拟过户的《压力容器使用登记证》和《压力容器使用登记表》及过户报告向原使用登记机关办理注销手续，并将过户压力容器的检验报告、合格证、产品质量证明书、产品竣工、图样等资料一并移交给接收该容器的使用单位。新的使用单位应在容器投用前持上述资料到所在地的使用登记机关重新办理使用登记手续。

(5)《压力容器使用登记证》只在检验周期内有效，过期不检又未经原发证机关批准手续同意延期使用的，其使用证自行失效，并视为无证运行。

(6) 凡属非法制造的新投用压力容器及无使用证过户的压力容器，一律不得办理注册发证手续，并不得投入运行。

(7) 对经检验安全状况等级为5级的判废压力容器，不得办理注册发证手续，应及时进行修理或改作非承压设备使用。对损坏严重、难以保证安全运行又无修理价值的压力容器，使用单位应填写《设备报废申请书》，经单位负责人审批后到原使用登记机关办理报废注销手续、由原发证机关收回使用证。

凡已办理报废手续的压力容器，不得再作承压设备使用，更不得转让或转卖给其他单位作压力容器使用。

8.3 生产过程安全管理

在过程工业的安全管理工作中，要充分考虑到过程工业生产的特点，充分考虑到安全对过程工业生产的重要意义，充分考虑到过程工业事故发生的严重性。

8.3.1 过程安全管理的特点

安全生产是指按照社会化大生产的客观要求，科学地从事企业的生产活动。安全管理就是对保证企业的正常生产活动进行的计划、组织与控制。它是整个企业管理的基础部分，也是其重要组成部分。过程工业的安全管理具有下列特点。

1. 长期性

安全生产问题产生于生产活动过程之中，存在于生产活动的始终。一个企业只要进行生产活动，就会存在不安全因素，就要设法消除不安全因素，就必须做好安全管理工作。因此，安全管理是一项经常性的、艰苦细致的、长期的工作。

2. 科学性

安全生产有其自身的规律性，不依人们的主观意志为转移。例如，可燃气体遇到火源便会引起燃烧；有毒气体在空气中的浓度达到一定比例后进入体内便会引起急性中毒，或者由于经常吸入某些有毒气体在人体内部蓄积造成慢性中毒。各种安全法规、规程、标准、制度都是经验教训的总结。人们要在生产实践中尊重客观、尊重科学，从而积累经验；反之，如果违反科学，便会导致事故的发生，受到客观规律的惩罚。因此，只有尊重科学，学习和掌握有关安全生产的科学知识，逐步掌握事故发生的规律性，重视和加强安全管理，才能取得安全生产的主动权。

3. 系统性

安全生产问题随着科学技术的不断发展和工业生产规模的日益扩大而受到人们的广泛关注，安全管理形成了专业系统，既有自己的特点(特征)，又渗透融合于各项管理之中，反映出全面、全员和全过程的属性，充分体现出现代过程工业管理的系统特色。

过程工业安全管理从内容要求显现出系统管理的特点如下：

1）明确的目的性。安全管理系统的目的是保证生产活动全过程的安全以及参与生产活动过程中的人和物(包括设备、原材料等)的安全。

2）突出的全局性。安全管理系统涉及企业中各级领导干部和每个职工，涉及生产活动中的一切物质技术条件。因此，要实现企业的安全管理目标，需要各个职能部门、企业中的每一个层次以及各项专业管理部门分别承担和通力合作，才能够达到预期目的。由此可见安全管理系统是一个涉及面广，必须由各相关因素直接参与的管理模式，这种全局性的特点是为目的性服务的。

3）清晰的层次性。安全管理系统的纵向层次和横向功能之间的联系是非常清晰的，一个企业安全管理组织机构如图 8-2 所示。

该决策层次是厂长和分管各项业务的副厂长；车间、工段是管理和执行双重任务的层次，班组、岗位和个人是执行和操作层次，具有稳定的组织基础。

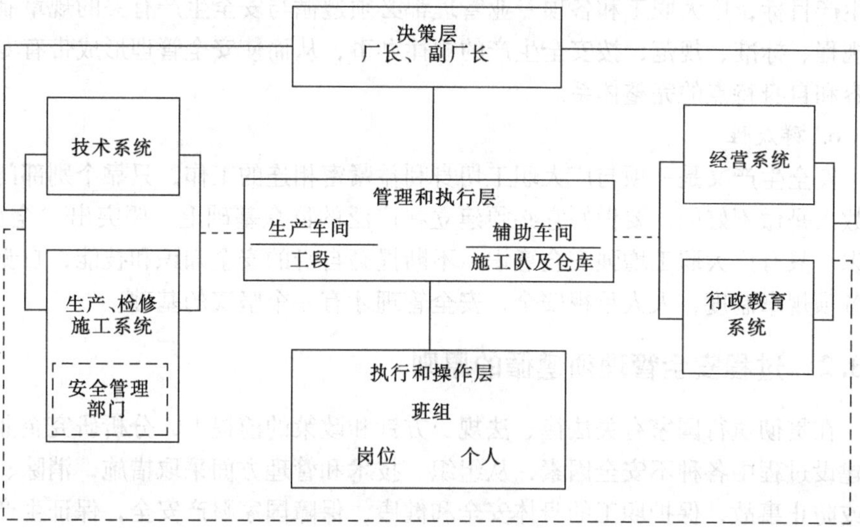

图 8-2　安全管理层次

另外，从安全管理内容来看，安全问题是伴随着过程生产问题的提出而产生，随着生产活动的进行而展开。如厂址选择、工程和工艺设计、新技术开发、新产品试制、生产过程、检修施工过程，设备及物料的储存运输，以及干部和工人的招收使用、干部和工人技术知识、安全意识、身体素质、纪律性等，每一个环节都与企业的安全生产有直接或间接的关系，从而形成安全生产对企业各职能部门和各项专业管理提出了客观要求，构成了安全管理的专业体系。

4. 预防性

由于安全管理的目的是保证安全生产，防止事故的发生。加之一旦发生事故就会造成极大的破坏和损失，其中绝大部分的事故损失和破坏是不可逆的。因此，安全管理尤其是过程工业的安全管理，重点就在于做好预防事故的工作，必须明确立足于防范事故的发生，树立预防在前的思想，把防止和避免事故的措施抓好，把工作做在前面，就可以杜绝事故的发生。否则，就要事倍功半，导致不应有的损失，造成企业工作的被动。所以，提高对安全管理预防性的认识，对于做好过程工业的安全管理工作是极为重要的。

5. 专业性

安全管理形成一项专业管理是由于过程工业生产对安全提出的特殊需要，以及安全技术发展到一定水平决定的。安全管理在今天已经不仅是简单的技术工作和一般性事务管理工作所能够满足的。一个现代工业企业若要长期实现安全生产目标，广大职工和各项专业管理都必须遵循与安全生产有关的规章制度和规程、标准、规范，按安全生产的规律办事，从而使安全管理形成带有专业内容和自身特点的完整体系。

6. 群众性

安全生产又是一项与广大职工切身利益紧密相连的工作，只靠个别部门和少数人是做不好的，要做好它必须建立在广泛的群众基础上，要突出“全员”意识。只有广大职工增强安全意识，不断提高自身的安全知识和技能，自觉遵守各项规章制度，人人重视安全，安全管理才有一个坚实的基础。

8.3.2 过程安全管理须遵循的原则

在贯彻执行国家有关法律、法规、方针和政策的前提下，分析研究企业生产建设过程中各种不安全因素，从组织、技术和管理方面采取措施，消除、控制或防止事故，保护职工的身体安全和健康，保障国家财产安全，保证生产建设的顺利发展。根据对正、反两方面经验的科学总结，要搞好企业的安全管理，必须遵循以下原则。

1. 安全第一，预防为主

安全第一，是指在经营决策、组织生产、计划与措施安排、科技成果采用、技术改造、新建扩建、改建项目等活动中，应该首先考虑到企业的生产安全问题。当生产和安全发生矛盾时，若安全没有保障，应该是生产服从安全；预防为主，是指安全管理的着重点，控制和消除一切不安全因素、预防在先，防患于未然。针对企业安全生产所涉及的一切方面、一切工作环节和不安全因素，预先系统地采取技术、组织和管理措施，加以解决，保证安全生产。

2. 安全生产，人人有责

企业生产依靠全体职工，各个部门都要结合自己的业务实现安全生产负责目标。安全生产贯穿于企业生产建设的全过程，安全生产必须实行全员、全面、全过程、全天候安全管理，调动职工的积极性，使安全管理建立在广泛的群众基础上，职工在自身的责任范围内，树立法制观念，自觉地执行安全制度，严格遵守劳动纪律，遵守工艺规范和操作(检修)规程，就能在最大范围内防止和控制各类事故发生，实现安全生产。

3. 安全生产需要各项专业管理保证

企业生产过程的安全涉及的工作范围很广，它不仅与技术管理和生产管理的许多职能部门紧密相关，很多问题还必须靠劳动、教育、行政、生活、思想政治工作等部门协同解决，还有一些比较复杂的技术问题，需要科研、设计和规划等环节综合协调解决。老企业进行技术改造时，必须在安全技术指标合格时方能投入试验和使用。一个企业安全生产的状况，既能直接反映出该企业安全生产责任在各职能部门的落实情况，也会反映出该企业的综合管理水平的高低。

4. 必须实行厂长(经理)负责制

实行厂长(经理)负责制，就是明确企业厂长(或经理)是安全生产的第一责任人，对本企业的安全生产工作负全面责任。在保证安全文明生产的过程中，他最有权威，可调动力量，提供条件来做好安全生产管理工作，有利于解决生产与安全的问题。

5. 重视科学技术，讲求经济效益

安全生产必须依靠科学技术，不断采用新技术、新工艺、新材料、新设备、新的管理方法和手段，促进安全技术和管理水平的不断提高。企业在进行新的科研项目、采用新的技术成果和开发新产品时，必须把安全技术、安全措施列为重要内容，坚持同步发展的方针。科学技术作为生产力，也包含着安全技术的开发和进步。安全技术和管理的成果是能直接产生经济效益的，它与企业实现的每部分效益都是分不开的，因为防止和避免了事故，就直接或间接地减少了经济损失，在某种意义上讲，也等于增加了生产产值。企业要取得好的经济效益和社会效益，都必须以安全为基础，以安全管理为重要的保证条件，才能全面实现企业经营管理的目标。

6. 实行科学管理

过程工业生产的科学管理，是指在掌握过程工业生产规律的前提下，运用现代企业经营管理方法，对生产的全过程进行计划、组织、控制，达到安全、经济、高效的生产。只靠人的体力和经验是不行的，必须靠科学技术，必须实行科学管理。要使安全管理范围达到科学管理要求，至少要做如下三方面工作。第一，必须建立一个以厂长(经理)为首的统一的指挥系统，对安全生产进行计划、组织和控制，保证生产的安全、稳定运行。第二，要做好管理的基础工作。即健全和贯彻各项制度，如工艺规程、操作规程、设备维护检修规程、安全技术规程以及安全生产责任制等；要加强信息管理，并做好原始记录的填写整理、加工分析工作，重视掌握生产中的违章、违纪情况，积累并定期分析异常状态和各种参数的数据资料，逐步摸索和掌握控制事故的规律，为从定性安全管理到定量安全管理打下基础。同时，还要注意收集国内外同类型生产企业的安全技术和管理的情报资料，从中吸取经验教训。第三，加强职工培训。关键是对职工进行系统地、正规地安全技术、生产操作和设备维护等方面知识的培训以及紧急情况下应变能力的培训教育。同时，要注意培养严格的工作作风和尊重科学的态度，不断提高全体职工队伍的安全素质。随着过程工业的发展，客观要求安全管理尽快采用现代管理理论、技术、手段和方法，以实现安全管理的现代化。

8.3.3 过程安全管理的主要内容

过程工业安全管理要实现客观所赋予的任务，就需要在遵循正确的指导原则下做许多工作。其主要内容大体分为如下4个方面。

1. 安全管理体制及基础工作

安全管理体制包括纵向的专业管理、横向的各职能部门(各专业)管理和与群众监督相结合的组织协调管理形式，以及企业安全生产责任制(单独制定或者明确写在工作责任制和岗位责任制中)。基础工作包括规章制度建设、标准化工作、生产前的安全评价和管理(如设计安全、技术开发安全等前期管理)，工人和干部的系统培训教育，安全技术措施制定和实施、定期或不定期地安全检查，管理方式、方法和手段的改进研究，有关安全情报资料的收集分析，以及安全生产暴露出的疑难问题的提出(提交科研部门的研究课题)等。

2. 生产(建设)过程中的动态安全管理

企业的生产、检修、施工等过程以及设备(包括转动和静止设备、建筑物、电气、仪表等)的安全保证问题，构成了企业动态安全管理的主要部分。安全生产过程中，最核心的是工艺安全和操作安全，这是过程工业安全管理的重点。检修过程安全，包括全厂停车大修，车间系统停车大修，单机大、中、小修以及应急抢修等不同情况的安全问题，必须列为安全管理的重要内容。经验表明，在检修和抢修情况下发生的死亡事故要占事故发生的1/3以上。施工过程安全，特别是企业的扩建、改造工程，往往是在不停产的情况下进行施工，同检修安全一样，都要列为安全管理的重要内容。设备安全，包括设备本身的安全可靠性和正确合理的使用，也要列入动态安全管理之中。

3. 信息、预测和监督

事故管理实质上起着信息收集、整理、分析和反馈的作用。安全分析和预测，是通过分析、发现和掌握安全生产的某些规律及趋势，作出预测、预报。监督、检查安全规章制度的执行情况，发现安全生产责任制执行中的问题，为加强动态安全管理提供依据。

4. 安全管理要逐步实现法制化、标准化、规范化、系统化

从历史上的经验教训看，必须处理好以下4个方面的问题。

(1) 法制化。安全管理实现法制化是贯彻、执行国家法律，也是工业生产根本利益的需要。为了保护生产劳动要素，即劳动力、原材料和工具设备的安全，必须依照法律、法令、规定和生产规章制度的要求管理安全生产。国家和政府的有关法律、法令，正是为了强制人们提高对安全生产科学性的认识，对违反科学、冒险蛮干和不关心职工生命安全和身体健康的现象加以制约的重要方式。

（2）标准化。标准化是一项综合性的基础工作，对保证安全生产、提高经济效益有着重要作用。安全标准是指与人身、设备、操作、生产环境和生产活动等安全方面有关的标准、规程、规范。过程工业标准化工作，是过程工业实现科学管理的基础。

（3）规范化。企业安全管理，除属于标准化内容的范围应按专门要求进行外，其他一切行为、活动均应依照规章制度进行。企业应根据国家及行业主管部门颁布的条例、规定及其细则的要求，制定出满足上述要求，并结合企业实际情况的各种规章制度，安全管理规范化以保证生产安全为目的，是企业活动的行为准则之一。

（4）系统化。企业安全管理是管理系统的一个子系统。安全管理系统化，是从安全管理的任务和内容的系统性特点提出来的。一些企业的安全管理工作，远未达到系统化的要求，使许多安全问题未列入安全管理之列，这主要是没有从系统管理，而是从生产单一产品的观点来处理安全生产，必然会出现局限性和后遗症。系统化的建立必须改变人们的传统观念，学习和掌握系统的理论知识，确立全员、全面、全过程、全方位的安全系统管理。

8.3.4 现代过程安全管理模式

现代过程安全管理是现代企业管理的一个重要组成部分，它遵循现代企业管理的基本原理和原则，并且具有现代企业管理的共同特征。

现代过程安全管理的一个重要特征，就是强调以人为中心的安全管理，把安全管理的重点放在激励职工的士气和发挥其能动作用方面。具体地说，就是为了人和人的管理。人是生产力诸要素中最活跃、起决定作用的因素。所谓为了人，就是把保障职工的生命安全当作安全工作的首要任务。所谓人的管理，就是充分调动每个职工的主观能动性和创造性，让职工人人主动参与安全管理。

现代过程安全管理的另一个重要特征，是强调系统的安全管理。这就要从企业的整体出发，把管理重点放在整体效应上，实行全员、全过程、全方位的安全管理，使企业达到最佳的安全状态。

1. 全员参加安全管理

过程工业实现安全生产必须坚持群众路线，切实做到专业管理与群众管理相结合，在充分发挥专业安全管理人员的骨干作用的同时，吸引全体职工参加安全管理，充分调动和发挥广大职工的安全生产积极性。安全生产责任制为全员参加安全管理提供了制度上的保证。近年来还推广了许多调动和组织广大职工参加安全管理的新形式，如安全目标管理等。

2. 全过程安全管理

系统安全的基本原则是，从一个新系统的规划、设计阶段起，就要开始安全工作，并且要一直贯穿于整个系统寿命期间内，直到报废为止。在过程工业生产建设活动的全过程中都要进行安全管理，识别、评价、控制可能出现的危险因素。

3. 全方位安全管理

任何有生产劳动的地方，都会存在不安全因素，都有发生伤亡事故的危险性。因此，在任何时候，从事任何工作，都要考虑安全问题，必须进行安全管理。安全管理不仅是专业安全管理部门的事情，党、政、工、团必须齐抓共管。

计算机及网络的普及和应用加速了安全管理信息的处理和流通，使安全管理由定性逐渐走向定量，使先进管理经验、方法迅速推广，信息化的管理成为现代安全管理的重要特征之一。开展安全信息管理已成为过程工业安全管理的主要工作内容之一。

8.3.4.1 安全目标管理

1. 安全管理目标的含义

一般地说，目标是指人们进行某项活动所要达到的预期结果。安全管理目标则是指人们进行安全管理活动所要达到的预期结果。从严格意义上说，安全管理目标与一般所说的目标在涵义上有所不同。一般所说的目标，往往只考虑要达到预期结果，而不去过多地考虑如何达到这一结果的问题。而安全管理目标则不但要考虑预期结果，而且要考虑如何达到这一预期结果。比如有个目标是过河，就一般含义来说，只要过了河，就算达到了预期结果。而就安全管理目标来说，则不仅要考虑过河，而且要考虑怎样过河和过河过程中的安全问题。因此准确地表达应是“安全地搭桥过河”“安全地乘船过河”或“安全地涉水过河”等。安全管理目标在选择这些过河方式时，主要考虑如何安全地、更好地过河的问题。所以，严格地说，安全管理目标是指人们在安全管理活动中，用合理科学的安全管理措施所要达到的预期结果。不难理解，安全管理目标这一概念，包括双重任务：一是安全预期结果；二是达到这一安全预期结果所应采取的安全管理措施。

2. 安全管理目标的特点

在分析安全管理目标内涵、外延的基础上，还要进一步分析安全管理目标的特点。认识和掌握这些特点，对于安全管理目标的正确制定和实现都有重要的意义。一般来说，安全管理目标的特点是：

（1）统一性与矛盾性。安全管理目标，特别是长期性、全局性的安全管理目标，往往是一个矛盾的统一体。从统一性来说，它往往是安全目标各项内容的统一，人们各种安全愿望的统一，各种制约因素的统一和各项安全管理措施的统一。没有这种统一，就不能形成一个安全目标整体，也不能引导各项安全管理措施发挥作用。但是，从安全管理目标的内部构成看，其构成内容、制约因素以及提出的各种要求和采取的各项管理措施又往往是矛盾的，以经济管理目标为例，制定这类目标往往既要考虑速度、又要考虑效益；既要考虑重点、又要考虑比例；既要考虑全局、又要考虑局部。从目标的整体性出发，必须要使上述几方面相互间达到高度的统一。但是，就上述每个因素来说，它们相互间也存在矛盾，在实际管理中还容易顾此失彼，甚至可能采取完全相悖的措施。正是由于这种矛盾性的存在，才要求企业在安全管理目标的制定和实现中，一定要从实际出发，统筹兼顾，适当安排，力争使各种相互矛盾的因素达到满意的统一。

（2）综合性与可分性。安全管理目标，特别是一些总体性的安全管理目标，要全面考虑各方面的制约因素，综合反映各层次的共同要求。同时，由于安全管理目标贯穿于安全管理活动的全过程，因此它要综合利用各项安全管理职能和管理方法，借助于它们的合力，达到安全目标的实现。这就是安全管理目标的综合性。与此同理，它又具有可分性。这种可分性不但表现在它可以划分为各种具体指标，而且还可划分为安全管理的各个职能部门、各个单位，甚至每个安全管理者和被管理者的分目标。但是，安全管理目标的综合性和可分性只是同一事物的表现形式，它们的分合只是整体与局部的变化，并不破坏它们的统一性、从属性和相关性。

（3）时间性和阶段性。任何安全管理目标都要有一定的时间限制。企业安全管理目标一定要说明在什么时间或时期内、采取什么管理措施、达到什么预想结果。对于一些安全管理目标，为了有计划、有重点、有步骤地实现，也可以根据时间和条件的可能，划分为阶段性安全生产目标。这种阶段性安全生产目标也是一种分目标，它不是按空间划分，而是按时间划分。

（4）明确性与伸缩性。任何安全管理目标都要力求文字表达简要明确，指标能定量的尽量定量化，否则就难以在实际中执行。但是，对此也不能作极端的理解和要求。有些影响因素复杂的安全管理目标，特别是中长期目标和总体性的目标，由于人们的认识和手段所限，有时在文字表达或数量化方面并不一定做到十分精确，应当允许有一定程度的伸缩性或弹性。对有些安全管理目标的制定，有时只描述一个基本方向，有时限定一个幅度，不但不失其明确性和科学性，而且使人感到更加实际，更加可行。

3. 安全管理目标的作用

企业安全管理目标是安全管理活动的出发点和归宿点，因此在安全管理中占有重要地位，能够发挥重要作用。其主要作用如下：

（1）凝聚作用。企业安全管理劳动是一种共同的劳动。共同劳动就必然要有共同的目标，否则人们就难以形成共同协作的意愿和团结奋斗的集体。目前，在西方企业管理中都把共同目标作为企业文化的首要内容，正是充分认识到了共同目标的这种凝聚作用。共同目标是人们共同价值观的反映，有了共同的价值观，人们才会思想统一，齐心合力，从而在激烈的市场竞争中无往而不胜。

（2）导向作用。由于安全管理目标不但规定预期结果，而且规定如何达到这一预期结果的措施。安全管理目标既对人们总的努力方向起导向作用，又对人们的具体安全管理活动起导向作用。在实际安全活动中，要使安全管理组织的各部门、各层次直至每个管理者和执行者既充分发挥自己的主观能动性，又不偏离大方向，要使各项管理职能、管理方法的运用既能充分发挥各自的功能，又能形成合力，发挥同向作用，就必须充分发挥安全管理目标的导向作用，否则会引起管理的混乱。

（3）激励作用。安全目标的激励作用主要表现在三个方面：一是在目标确定后，由于它能使人明确方向，看到前景，因而能起到鼓舞人心、振奋精神、激发斗志的作用；二是在目标执行过程中，由于目标的制定都具有一定的先进性和挑战性，在实际工作中必须通过努力才能达到，因而有利于激发人们的安全生产积极性和创造性；三是在目标实现以后，由于人们的愿望和追求得到了实现，看到了自己的预期结果和工作成绩，在心理上会产生满足感和自豪感，这样就会激励人们以更大的热情和信心去承担新的安全任务。

（4）评价作用。安全管理目标不仅是各项安全管理工作的依据，而且也是评价各项安全管理工作成绩大小、质量高低的尺度。对于安全管理工作成效大小的评价，要用安全管理目标的完成程度、安全管理目标的复杂难易程度和完成安全管理目标的努力程度这三方面的指标来衡量，指标值越大，安全管理工作的成绩就大。安全管理目标的这一评价作用，不仅适用于单位、部门工作成绩的衡量，而且也适用于个人成绩的衡量。

4. 安全管理目标的制定

安全管理目标的制定是安全管理的首要问题，它不但是安全管理过程开始的标志，而且决定整个安全管理过程的进行。

（1）安全管理目标的制定依据。制定安全管理目标，必须要有科学依据。不同安全管理目标的制定可能会有不同的具体依据，但就一般情况而论，主要有以下几个方面。

1）安全管理所应解决的问题。这是制定安全管理目标的直接依据。安全管理目标是安全管理所应解决问题的正面表述，只有问题明确并分析透彻，安全管理所要达到的预期结果才能明确，所采取的安全管理措施也会得当。例如，企业安全管理所要解决的主要问题是安全生产和消灭事故的问题，那么企业安全管理目标就必须要包括这一内容，并且要根据企业安全生产状况，提出解决安全与生产、安全与效益、安全与发展等管理措施。在一项安全管理中往往要解决许多问题，但必有一个主要问题。主要问题是安全管理目标制定的主要依据，在可能的情况下也要尽量兼顾其他问题。

2）事物自身的发展规律。自然界和人类社会中一切事物都有其自身的发展现律。企业安全管理目标的制定只能遵循这些客观规律，而不能违背这些客观规律。企业安全管理目标的制定要反映人们的愿望，但是这些愿望必须是基于对事物发展规律的反映，而不能是拔苗助长的妄想。安全管理目标的制定并非完全否定人的主观能动性，而只是强调人的主观能动性要建立在实事求是的基础上。

3）安全管理的内部条件所提供的可能性。安全管理的内部条件所提供的可能性，是安全管理目标制定的内在依据。所谓内部条件主要是指安全管理系统内所具备的人员（包括安全管理者和被管理者）的素质条件、物质条件、技术条件、信息条件、文化条件以及以往的安全管理经验等。在安全管理目标的制定中，要考虑各种内部条件的综合水平。对于这一水平的估计既不能过高，也不能过低。估计过高，可能使目标缺乏可行性；估计过低，可能使目标缺乏先进性。

4）安全管理的外部环境所提供的可行性。安全管理目标的制定，不仅要考虑安全管理系统内部条件所提供的可能性，而且还要考虑安全管理的外部环境所提供的可行性。安全管理的外部环境从范围角度来说，它是一个相对的概念，例如作为一个企业，市情、省情、国情都是它的环境；而作为一个国家，则主要是指国际环境，国情只是它的内部条件。但从内容上来划分，则主要包括以下几个方面：政治环境，主要是指国家的政治形势、政治体制及由此所制定的一系列方针、政策；法律环境，主要是指国家及地方的所有法律、条例、规定以及立法、司法特点；经济环境，主要是指国家的经济运行特点、各项经济政策规定、市场条件、社会生产力水平以及人民的消费水平和消费特点等；社会环境，主要是指社会的治安环境、人口数量质量、社会保障条件以及公共设施水平等；自然环境，主要是指自然资源和生态平衡情况。以上各类环境因素对安全管理目标的制定都有很大的制约作用，不全面考虑，安全目标的实现就会缺乏可行性。

（2）安全管理目标的制定原则。安全管理目标的制定，必须坚持正确的原则，这些原则主要如下：

1）科学预测原则。安全管理目标的确定，必须要以科学的预测为前提。因为只有进行科学的预测，才能准确地掌握安全管理系统内部和外部信息，才能预见事物的未来发展趋势，从而为安全管理目标的确定提供科学而可靠的依据。在安全管理目标的确定中进行科学预测，不但要进行定性预测，而且要进行定量预测，不但要运用现代预测手段，而且要进行深入实际地调查研究。只有这样，才能使预测的结果既全面又准确，既有定性分析又有定量分析，从而保证安全管理目标的制定既有科学性，又有可行性。

2）职工参与原则。安全管理目标的制定，不应只是企业领导者、安全管理者的事，还应当广泛发动职工共同参与安全管理目标的制定。发动职工参与目标的制定，不仅可以听取职工要求，集中职工智慧，从而增强安全管理目标的科学性，而且有利于安全管理目标的贯彻和执行。这就是在安全管理目标的制定中之所以要强调坚持职工参与民主决策的原因。

3）方案选优原则。安全管理目标的制定，必须坚持方案选优的原则。这一原则要求在安全管理目标的制定中，首先要制定每个选择方案，然后通过科学决策和可行性研究，从多个方案中选出一个满意的方案。所谓满意，主要有以下3个标准：第一，目标要有较高的效益性，其中包括有较高的安全效益、经济效益和社会效益；第二，目标要有先进性，有一定的创新，有一定的难度；第三，目标要有可行性，切合实际，通过努力能够实现。

4）信息反馈原则。在坚持上述原则的基础上所确定的安全管理目标，并不一定保证有足够的科学性、先进性和可行性，其原因主要有三方面：一是人们的认识总有一定局限性。有些认识在当时看来是科学的、合理的，事后有可能会发现仍有不科学、不合理之处。二是实践是检验真理的标准。安全管理目标制定的科学性、先进性和可行性如何，最终还是要在执行中来检验。三是情况在不断变化，条件在不断改变，原定的安全管理目标出现一些偏差，实属难免。由于以上原因，在安全管理目标的制定中，必须坚持安全信息反馈的原则，要在安全管理目标的制定和执行中不断收集反馈安全信息，及时纠正偏差。

（3）安全管理目标的实施。制定安全管理目标，目的在于实现。安全管理目标的实现，贯穿于安全管理的全过程，涉及方方面面的安全管理工作，但其中主要应解决以下几个问题。

1）制定周密的实施计划。安全管理目标虽然包括预期结果和管理措施的内容，但它毕竟只是一种纲领性的文件。要将这种纲领性文件付诸实施，使其变为企业各部门、各单位及每个人的实际行动，还必须进一步制定周密的实施计划。安全管理目标的实施计划应当包括以下内容：①根据管理目标本身的要求及目标实施中的主要矛盾，确定目标实施的战略重点。②根据目标实施的战略重点及每个时期可能提供的条件和达到的水平，确定目标实施的战略步骤。目标实施战略步骤的确定，实际上就是把总目标划分为阶段目标，从而使目标的实施时间更加具体化。③将安全管理目标从内容上分解为各种不同层次的分目标，并按各部门、各单位、各岗位直至每个职工承担的任务和责任进行层层落实，使整个安全管理系统成为一个既有分工、又有协作的目标责任系统，调动一切积极因素，为总目标的实现而共同奋斗。④制定合理的安全奖惩政策，采取有效的调控手段，保证安全生产管理目标的实施能够争先恐后，协调平衡地进行。

2）建立精简、高效的安全组织机构。建立精简、高效的安全组织机构是企业安全管理目标实现的组织保证。其内容主要包括：①根据安全管理目标实施所应担负的任务和职能来设置组织机构。凡是与安全目标实施任务关系密切的机构要予以加强，凡是与安全目标实施任务关系不大或根本无关的机构，要坚决予以精简或撤销。②把合适的人安排在合适的安全工作岗位上，使每个人都能为安全管理目标的实现尽其力、负其责，对自己所承担的安全工作有一种满足感和自豪感。③根据安全管理目标实施的复杂程度和周期长短来决定安全组织机构的规模和形式。安全管理目标比较单一，实施比较简单，一般可采用直线制组织形式。相反，可采用直线职能制。安全管理目标是临时突击性质的，实施又比较复杂，可采取矩阵制安全组织形式。④建立灵敏的安全信息系统，为安全管理目标的实施提供准确、及时、适用的安全信息。

3）实行安全目标管理。目标管理简称MBO，是一种比较科学的现代管理方法。这种方法由美国著名管理学家彼得·德鲁克首先提出，以后经过不断地发展和完善，目前已在世界许多国家的企业广泛推广应用。

安全目标管理的主要特点是，通过一些科学的方法，激励全体安全管理人员和工作人员积极参加本单位的安全目标制定，并在安全目标的实施中实行自我校制，自觉地完成在职工作所承担的安全目标任务，以保证安全总目标的实现。这是一种建立在职工安全生产能力充分开发基础上的以安全目标为中心的管理方法，很适合在安全管理目标制定和实现中采用。

仅以安全目标的实现来说，这种方法所采取的主要措施如下：

1）进行目标分解。其基本方法是：自上而下，将单位的总目标按单位内部的机构设置和组织层次依次分解，分解要求纵向到底，横向到边，即一直分解到每一个岗位和个人。单位安全总目标自上而下层层分解，自下而上层层保证，互相联系，上下贯通，形成一层接一层、一环套一环的安全目标体系。

2）制定相应对策。其基本方法是：按照层次，通过诊断分析，找出各部门实际情况与安全目标之间存在的差距。对这些差距进行归纳、整理、分类，找出实现企业安全目标必须解决的问题，即问题点。针对各个问题点，研究、制定对策，以便有的放矢地采取对策、缩小现状与目标之间的差距，保证目标的实现。

3）进行目标协商。在单位上下级之间，围绕安全总目标的分解，分目标的落实进行安全思想交流和意见商讨，称为目标协商。在目标协商中，在维护总目标基本内容的前提下，要尽量尊重各分目标执行者的意见。这样，既有利于目标的上下统一，又有利于调动各方面的安全工作积极性。

4）明确目标责任。在进行目标分解，并经目标协商得到落实以后，还要进一步根据每个部门、岗位和个人所担负的目标、任务，明确各自应承担的责任，即各自明确在目标的实现中自己应该干什么，怎么干，干到什么程度，达到什么要求等。因为只有这样，才能在安全目标实现中进行自我控制，充分发挥各自的主观能动性。

5）编制目标展开图。编制目标展开图，就是用图表方式，将单位安全总目标，分目标和目标对策、目标责任等主要内容综合编制在一起，并公布于众。这样做的好处如下：①能使全体职工一目了然地明确本单位的安全生产总目标和自己的分目标，从而起到振奋人心、加强团结的作用；②能使各岗位上的职工都能知道与自己有关的其他岗位在什么时间要做什么事情，因此便于取得联系，协调工作；③在掌握下级人员安全目标完成情况时，便于对众多安全目标项目从整体上进行调整和平衡；④把安全目标展开图张贴在显眼的地方，能起到互相提醒、互相促进、互相鼓舞的作用。

6）重视目标成果评价。目标成果评价是安全目标管理的最后阶段，也是下一个安全目标管理循环的开始。由于安全目标管理强调成果，重视评价，所以在实施目标的基础上，必须根据原定安全目标对实施结果进行客观评价。正确的评价有利于激励先进、教育后进，有利于总结经验、改进工作，有利于推动下一循环达到更高的目标。

安全目标成果评价要采取自我评价与领导评价相结合。首先由单位和职工进行自我评价，自觉地按安全目标要求检查实际安全工作成果，总结经验教训。其次，上级对下级以民主协商的方式进行指导，共同总结经验、找出差距、分析原因，提出改进方法。

安全目标成果评价主要从以下三个方面进行。

1）评价目标的完成程度。目标完成程度是指实际完成的目标值与计划值之比。它有两种表示方法：①用定量表示目标完成程度。可按目标的完成率分为若干等级进行评定。②用定性表示目标的完成程度。可按制定目标的预先规定的成果评定要点进行评定，同样划分为几个等级，对于有些只有定性表示的目标，如“改善安全服务条件，提高安全服务质量”之类的目标，可以结合民意测验进行评定。

2）评定目标的复杂难易程度。目标的难度是指由于目标任务本身的性质和客观条件、环境的变化、实现目标任务所付出的代价大小。其中有些在制定目标时已经考虑在内，但在目标实施过程中，由于情况和条件的变化，也可能同预计的成果发生一定的差距，因此要作出成果的公正评价。由于各项具体安全生产目标任务的难度不同，因而只看“完成程度”，不看“困难程度”就不能正确地衡量一个单位或个人的安全工作成绩。

3）评定完成目标的主观努力程度。这一条主要是评定个人在完成安全目标中，发挥主观能动性的情况。在实施安全目标过程中会遇到各种不利条件或有利条件，在这种情况下，目标责任者的主观努力程度是不同的。在有利的条件下，用较小的气力就可以完成目标；在不利的条件下，需要付出很大的努力才能完成目标。因此，为了正确评定成果，必须对主观努力程度进行评价。

上述三个方面是评价安全目标成果的三个重要因素，但三者的重要性是不一样的。由于安全成果是安全目标管理的出发点，所以目标完成程度占主要地位。三者的比重一般规定为5:3:2。随着安全管理层次的不同，其比重也会发生变化。上层安全管理部门主要是谋求提高安全管理成果，因而评定的重点应放在“完成程度”上。相反，基层安全工作人员主要是努力提高安全工作效率，从而评价重点应放在“努力程度”上。

在进行上述三要素评定中，可按表8-8进行综合成果评价。

表8-8　安全目标综合成果评价表

目标序号					目标内容				责任单位				责任者
目标完成程度					目标复杂程度			主观努力程度			修正值	综合评价	
目标值	实际值	达到程度	评价比重	比重分数	复杂程度	评价比重	比重分数	努力程度	评价比重	比重分数	±20%	成绩	等级
(1)	(2)	$(3)=\frac{(2)}{(1)}$	(4)	(5)=(3)×(4)	(6)	(7)	(8)=(6)×(7)	(9)	(10)	(11)=(9)×(10)	(12)	(13)=(3)×(6)×(9)±(12)	(14)

注：表中的修正值是指在实施安全目标过程中可能出现的各种情况。修正值一般以不超过三要素评定总分的±20%为宜。“+”号是指目标实施中出现不利条件。靠本人努力不能排除，使“完成程度”下降；“-”号是指本人没有努力，由于其他原因，促使条件好转，而使“完成程度”上升的情况。

综合评价成果计分法，可用下列公式：

综合评价＝目标完成程度×目标复杂程度×完成目标努力程度±修正值

也可用3个因素比重分数之和再加减修正值来表示，在上表中则为：

$$(13)=(5)+(8)+(11)\pm(12)$$

目标成果评定以后，要根据评定结果作出相应处理。如：根据评定成果，按原定责任制兑现安全奖惩政策；将安全评定情况整理记载归档，作为每个职工评先进、定等级、调工资、安排职务的依据等。

8.3.4.2 安全信息管理

企业安全信息是安全管理活动不可缺少的资源，安全管理信息系统是整个安全管理系统不可缺少的“神经系统”。当今世界，随着科学技术和社会化大生产的迅速发展，安全信息在安全管理中的地位越来越重要。对于安全信息及安全管理信息系统的研究，已成为现代安全管理学中的一个重要内容。

1. 安全管理信息的涵义和特征

（1）安全管理信息的涵义。安全管理信息是指在整个安全管理过程中，人们收集、加工和输入、输出的安全生产信息的总称。具体说，它包括两方面的内容：一是指为了达到安全管理的目的，形成安全管理行为而收集或加工的信息，主要表现为反映安全管理客体运行状态以及可能影响安全管理客体运行状态的各种原始信息和预测信息；二是指经过加工并在安全管理全过程中运用的，反映安全管理者管理行为的信息。本章所研究的主要是前一类的安全管理信息。

（2）安全管理信息的特征。由于安全管理信息是专门为安全管理目的和安全管理活动服务的，因此与其他信息相比，它有以下特征。

1）有用性。从一定意义上说，凡属信息都是有用的，只不过这种有用性对于不同的空间、时间，有一定的相对性。安全管理信息的有用性，是相对于安全管理目的和安全管理活动的需要而言的。它主要表现为对于安全管理中的科学决策、计划编制、组织实施和监督控制等的有用性。这种有用性，一要体现在时间上的及时，二要体现在数量上的适当，三要体现在质量上的准确和适用。否则，其有用性就会大大降低。

2）综合性。任何一项安全管理活动，都受多种因素的综合影响。这些因素有内部的，也有外部的；有经济的，也有政治的；有物质的，也有精神的；有现实的，也有历史的；有积极的，也有消极的。为此，安全管理必须要全面地收集安全信息并进行综合分析、加工，才能充分认识和考虑各种因素的影响程度，使安全决策、安全计划、安全控制等建立在科学研究的基础上，做到统筹兼顾、综合平衡。

3）经济性。企业安全管理是一种讲求效率和效益的活动。效率和效益的观念是安全管理的每一环节都应树立的观念。安全信息是安全管理的投入，这种投入既是十分必要的，但也应是尽量经济的。所谓经济性，就是要以尽量小的成本和代价来获取尽量多、尽量有价值的安全信息。这是安全管理本身的要求，也是人们在安全管理的每一环节所应坚持的原则。否则，在一般情况下，只强调安全信息对于安全管理的重要性，忽视其经济性，以为只要能获取安全信息，就可不惜一切代价，是不符合安全管理的基本要求的。

4）共享性。从一般意义上说，安全信息的共享性是指安全信息在输出的过程中，只能使输入一方信息量增加，而不会使输出一方的信息量减少，因此可以做到“资源共享”。从安全管理信息的角度来说，它的共享性主要表现为不同领域或不同层次的安全管理对于同一安全信息资源的共同使用。认识这一特征，对安全管理信息系统的建立和工作具有重要的意义。它可以在一定程度上避免某些可以共用的安全信息在收集、加工、传输、储存等方面的重复劳动。

2. 安全管理信息系统的基本构成和设计原则

安全管理信息靠安全管理信息系统收集、加工和提供，因此研究安全管理信息，必然要研究安全管理信息系统。

（1）安全管理信息系统的构成。管理信息系统，简称MIS，是专指以电子计算机网络为基础的自动化数据处理系统。但是从一般意义上来说，所谓管理信息系统实际是指那些专门为管理系统生产和提供有用信息以便使其正确地发挥管理职能、达到管理目的的系统。

根据以上对管理信息系统概念的理解，一个完整的企业安全管理信息系统主要由以下部分构成。

1）信息源。即根据安全管理系统的需要，解决应从哪里收集安全信息的问题。区分信息源可以有2个标准，一是根据地点不同，可分为内源和外源。内源是指安全管理系统内部的信息，外源则是指安全管理系统以外但与之有关的安全管理环境的信息。二是根据时间不同，可分为一次信息源和二次信息源。一次信息源是指从内源和外源收集的原始安全信息，二次信息源是指安全管理信息系统储存待用的安全信息。选择适当的信息源是安全管理信息系统及时、准确地为管理用户提供有用安全信息，进行有效服务的重要前提。

2）信息接收系统。即根据企业安全管理的需要和可能，解决以什么方式收集安全信息的问题。随着科学技术的发展，人们收集安全信息的方式多种多样，其中有直接的人工收集方式，也有采用无线电传感技术进行安全信息收集的方式。及时、真实、完整地收集原始安全信息，是保证安全管理信息系统其他环节工作质量的重要基础。因此，根据企业安全管理的需要，考虑技术和经济上的可能，选择适当的安全信息收集方式和相应的安全信息接收装置是设计安全管理信息系统的重要环节。

3）信息处理系统。是指包括信息加工、存储和输出装置，解决如何根据安全管理的需要，对安全信息进行加工、存储和输出到安全管理用户的系统。根据技术条件的不同，信息处理可采用多种方式。目前，安全信息加工和存储越来越多地运用电子计算机，特别是微型计算机。与此相适应，信息传输也越来越多采用现代化通信设备，如卫星通信和光纤通信等。

4）信息控制系统。为了保证安全管理信息系统不断为安全管理系统提供及时、准确、可靠的安全信息，安全管理信息系统要建立灵敏的信息控制系统，以不断取得反馈信息，纠正工作中的偏差，控制整个安全管理信息系统按照安全管理用户的需要提供有效的服务。根据安全管理信息系统规模的大小，安全信息控制系统可以设专门机构，也可由专人负责。

5）信息工作者。信息工作者是安全管理信息系统最重要的构成要素。在安全管理信息系统中，信息工作者的主要任务是负责对安全管理信息系统的设计和管理。在安全管理信息系统的每一个工作环节编制程序、操作设备，形成有效的人-机系统，对安全信息进行收集、加工、存储和输出。所以，在现代化安全管理信息系统中，信息管理者既要有懂安全管理的人员，也要有懂计算机和现代化通信技术的人员。应当指出，安全管理信息系统在技术上愈是现代化，信息管理者的作用就愈重要。为此，不断提高信息管理者的素质，是保证安全信息管理系统有效运转的关键。

综合上述各要素，安全管理信息系统的构成和运转情况如图8-3所示。

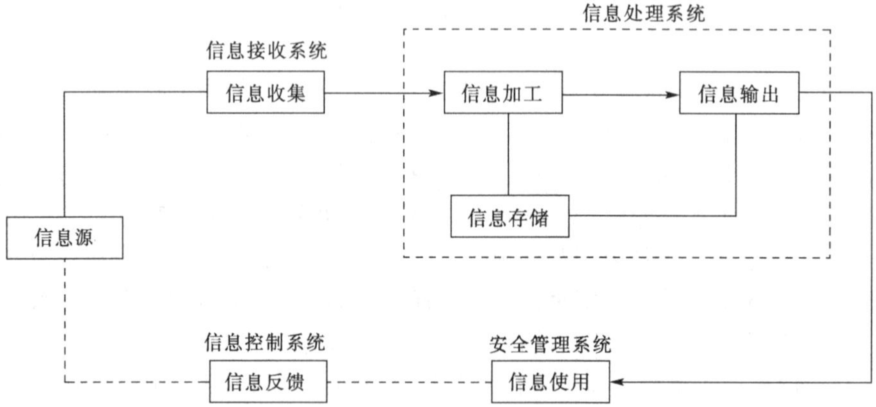

图8-3 安全管理信息系统的构成和运转情况

在实际安全生产中，安全管理信息系统主要是指那些专门为各种安全管理活动收集、加工、储存、提供信息的部门和机构。如统计部门、情报部门、咨询部门、预测部门、图书资料部门、计算中心等。上述各种部门的躯干居于大中城市，四肢伸向各个单位、各个企业，上下结合，纵横交错，共同形成一个国家或地区范围内的庞大的安全管理信息系统。

（2）安全管理信息系统的设计原则。任何有效的安全管理都必须由安全管理信息系统提供及时、准确、适量、经济的信息。为了达到这一目的，安全管理信息系统的设计必须遵循以下原则。

1）要有明确的目的性。安全管理信息系统是为安全管理系统提供信息服务的。因此它的设计必须要首先明确服务对象的性质、范围及其所需安全信息在数量、质量、时间等方面的要求。做到这一点，在安全管理系统设计前，就要详细调查安全管理用户的情况，标清所服务的对象经常需要哪些安全信息，这些信息应从哪里获取，以什么方式收集和传递，摸清这些情况，系统设计才能有明确的目的。

2）要坚持系统的完整性和统一性。所谓完整性，就是根据信息加工需要，必须具备的环节不能缺少，同时要保证各环节的相互联系和正常运转；所谓统一性，就是要求整个信息系统的工作要统一，要制度化。整个系统各个工作环节所加工和输送的信息在语法、语意和格式上要标准化、规范化。坚持安全管理信息系统设计的统一性，主要是为了各个环节工作的协调，同时便于与别的管理信息系统联系、合作，所加工的信息也便于各个管理系统使用。

3）要保证一定的可靠性。安全管理信息系统的可靠性，集中表现在所提供的信息的准确性、适用性和及时性。只有这样，才能赢得用户的信任并乐于采用。可靠性是安全管理信息系统的生命所在，为了保证安全管理信息系统的可靠性，必须要使整个系统有良好的素质，其中包括设备、人员、服务态度、工作作风等素质。同时还有必要在整个系统中配备一定的控制装置和监督人员。

4）要允许一定的相对独立性。允许安全管理信息系统有一定的相对独立性，主要目的是要保证信息的真实性和可靠性。为此，一些主要的安全管理信息系统应在组织上与安全管理系统分设，即使对于从属于安全管理系统的信息机构，也要从纪律、制度上，甚至通过立法来保证其行使职能的相对独立性，避免某些长官意志和过多的行政干预。

5）要注意一定的适应性和灵活性。在科学技术日新月异，社会和经济形势千变万化的情况下，现代安全管理要求有很强的适应性和灵活性。安全管理上的这种适应性和灵活性，主要靠及时获取安全信息来达到，这就要求安全管理信息系统也应具有一定的适应性和灵活性。只有这样才能在条件一旦变化时仍能及时提供可靠的、具有现实意义的安全信息，以便安全管理系统的决策、计划等能随时适应新的情况。忽视安全管理信息系统设计的适应性与灵活性的原则，实际上是对资源的浪费，有时还可能导致安全管理决策的失误。当然重视适应性、灵活性原则，并不排斥相对的稳定性，这就要在设备采用、人员配备、机构设置等方面正确处理好需要与可能、稳定与灵活、长远与眼前的关系。

6）要讲究经济性。在安全信息系统设计中，所谓经济性原则，就是不但要考虑所提供安全信息的准确性、适用性、及时性，而且要考虑获取、加工和输送这些安全信息的费用或成本。实际上就是要讲究安全管理信息系统的工作效率和经济效益。影响安全管理信息系统经济效益的因素是多方面的。为此，进行安全管理信息系统设计必须要进行经济技术分析，综合考虑各种影响因素，使设备上的先进件、技术上的可行性和经济上的合算性达到满意的结合。

安全管理信息系统设计的以上原则是一个矛盾统一体。从总的方面说，安全管理信息系统的设计过程就是要从如何满足各安全管理用户需要出发，不断使上述原则达到统一的过程。在这个过程中，根据需要与可能有所侧重，但完全忽略某一方面则是不行的。

8.4 职业安全健康管理体系

8.4.1 职业安全健康管理体系的提出

8.4.1.1 全球职业安全健康状况

随着科学技术的飞速发展，工业生产过程中面临的安全问题日益突出。据国际劳工组织(ILO)统计，全世界每年发生各类生产伤亡事故约为2.5亿起，平均每天68.5万起，每分钟475.6起，其中死于生产事故和职业疾病的人数约为110万人。另外，据ILO估计，到2020年全世界职业疾病的患病数量将翻一番。目前看来，全球职业健康安全状况明显呈恶化趋势。面对日益严重的全球职业健康安全问题，ILO呼吁：经济竞争的加剧和全球化的发展，不能以牺牲劳动者的职业健康安全利益为代价；现在已经到了维护劳动者人权、对生命质量提出更高要求的时候。

全球职业健康安全状况恶化的主要原因：一方面，随着生产的发展，由于市场竞争日益加剧，社会往往专注于发展生产，而有意或无意间忽视了劳动者的劳动条件和环境状况的改善，至少可以说，劳动者的劳动条件和环境状况的改善进展与生产的发展速度极不相称，由此而造成了不文明生产的现象；另一方面，由于许多新技术、新材料、新能源的广泛应用以及新产业的不断出现，生产过程中随之又产生和发现了许多前所未有的新的职业健康安全问题，例如，电磁辐射对人体的伤害是由于有关电磁波技术的广泛应用而大量出现的。尽管新的职业健康安全问题的出现是工业文明发展过程的必然产物，但是，社会对研究和解决新的职业健康安全问题的重视程度仍然不够，远远不及对生产发展的重视。

职业健康安全问题，一方面是由于生产技术条件落后所造成的，另一方面是由于管理不善所造成的。对于前者，可以通过技术手段解决因生产条件落后而造成的生产事故和职业疾病问题；对于后者，只能通过加强管理予以解决。

另外，人们多年来通过不断总结发现，绝大多数事故原本是可以通过实行合理有效的管理而避免的，而纯粹由于技术条件达不到而无法避免的事故只占很小一部分。大家认识到，只有加强职业健康安全管理，辅之以技术手段，才能最大限度地减少生产事故和职业疾病的发生。

8.4.1.2 职业健康安全管理体系的提出

职业健康安全管理体系最早由国际标准化组织(ISO)第207技术委员会(TC 207,环境管理技术委员会)于1994年5月在澳大利亚全会上提出的。起初，ISO/TC 207提出职业健康安全管理体系，是由于ISO/TC 207在推行环境管理体系(ISO 14000)的过程中涉及了许多相关的职业健康安全管理问题。为此，ISO/TC 207希望采用类似质量管理体系(ISO 9000)和环境管理体系(ISO 14000)的办法有效解决组织的职业健康安全问题，以便进一步强化组织的综合管理水平。

随后，ISO就开始进行有关职业健康安全管理体系的研究与讨论。为此，ISO专门成立了由中国、美国、英国、法国、德国、日本、澳大利亚、加拿大、瑞士、瑞典、国际劳工组织以及世界卫生组织的代表组成的特别工作组进行专门研究。

1997年，根据特别工作组的研究结果以及ISO成员大会的表决结果，ISO认为：制定职业健康安全管理体系国际标准的时机尚不成熟，待将来时机成熟后再制定职业健康安全管理体系国际标准。

8.4.2 职业安全健康管理体系的特点

1. *系统性*

职业安全健康管理体系的内容由方针、策划、实施与运行、检查与纠正措施和管理评审五大功能组成。每一功能模块又由若干要素构成。这些要素之间不是孤立的，而是相互联系的，要素间的相互依存、相互作用使所建立的体系完成特定功能。职业安全健康管理体系标准强调结构化、程序化、文件化的管理手段体现了其系统性，具体表现如下：

1）它强调组织机构方面的系统性——要求在组织的职业安全健康管理中，不仅要有从基层岗位到最高管理层之间的运作系统，同时还要有一个监控系统。组织的最高管理层依靠这两个系统，来确保职业安全健康管理体系的有效运行。

2）它要求组织实行程序化管理，从而实现对管理过程全面的系统控制。这与我国管理体制中过分依赖管理人员平时的主观能动性的传统管理方法有着根本区别。这样既可以避免管理行为的随意性，也可以避免部门之间、岗位之间推卸责任。

3）文件化的管理依据本身就是一个系统。按照《职业安全健康管理体系审核规范》的要求，组织不仅要制定和执行职业安全健康方针，还要有一系列的管理程序，以使该方针在管理活动中得到落实，保证管理、操作和维护按照已制定的手册、程序、作业文件进行，从而符合强制性规定和规则。这些方针、手册、程序和作业文件及其记录构成了一个层次分明、相互联系的文件系统。同时，体系标准又对这些文件提出了控制要求，从而使这一文件系统更加科学化、规范化。

4）《职业安全健康管理体系审核规范》的逻辑结构为编写职业安全健康管理手册提供了一个系统的结构基础。

2. 先进性

按规范建立的职业安全健康管理体系，是改善组织职业安全健康管理的一种先进、有效的管理手段。该体系把组织的职业安全健康工作当作一个系统来研究，确定影响职业安全健康所包含的要素，将管理过程和控制措施建立在科学的危害辨识、风险评价基础上。为了保障安全和健康，对每个要素规定了具体要求，并建立和保持一套以文件支持的程序，对于一个已建有管理体系的组织，必须严格按程序文件的规定执行，坚持“文件写到的要做到”的原则，才有可能确保体系的有效性。

3. 持续改进

OSHMS(职业安全健康管理体系)标准明确要求组织的最高管理者在组织所制定的职业安全健康方针中应包含对持续改进的承诺，对遵守有关法律、法规和其他要求的承诺，并制定切实可行的目标、指标和管理方案，配备相应的各种资源。这些内容是实施职业安全健康管理体系的依据，也是基本保证。同时，在 OSHMS 管理评审要素中又规定，组织的最高管理者应定期对职业安全健康管理体系进行评审，以确保体系的持续适用性、充分性和有效性，通过评审使体系日臻完善、改进，使组织的职业安全健康管理进入一个新水平。

按 PDCA(PDCA 循环,又称戴明环)运行模式所建立的职业安全健康管理体系，就是在职业安全健康方针的指导下，周而复始地进行体系所要求的“策划、实施与运行、检查与纠正措施和管理评审”活动。体系在运行过程中，也会随着科学技术水平的提高，职业安全健康法律、法规及各项技术标准的完善，组织管理者及全体员工的安全意识的提高，而不断自觉地加大职业安全健康工作的力度，强化体系的功能，达到持续改进的目的。

4. 预防性

危害辨识、风险评价与控制是职业安全健康管理体系的精髓所在，它充分体现了“安全第一，预防为主”的安全生产方针。实施有效的风险辨识、评价与控制，可实现对事故的预防和生产作业的全过程控制。对各种作业和生产过程实行评价，并在此基础上进行 OSHMS 策划，形成 OSHMS 作业文件，对各种预知的风险因素做到事前控制，实现预防为主的目的，并对各种潜在事故制定应急程序，力图使损失最小化。

组织要通过 OSHMS 标准的认证，就必须遵守法律、法规和其他要求。这样便可以把“三同时”和“职业安全健康预评价制度”作为组织建立和实施 OSHMS 的前提。因而通过实施 OSHMS 标准，将促进组织从过去被动地执行法律、法规的要求，转变为主动地遵守法律法规，并不断发现自身存在的职业安全健康问题，制定目标并不断改进。完全改变过去那种被动的管理模式，通过建立 OSHMS，使组织的职业安全健康工作真正有效地走上预防为主的轨道。

5. 全员参与、全过程控制

OSHMS 标准要求实施全过程控制。职业安全健康管理体系的建立，引进了系统和过程的概念，即把职业安全健康管理作为一项系统工程，以系统分析的理论和方法来解决职业安全健康问题。从分析可能造成事故的危险因素入手，根据不同情况采取相应的解决办法。在研究组织的活动、产品和服务对职业安全健康的影响时，通常把可能造成事故的危险因素分为两大类：一类是和组织管理有关的危险因素，它可通过建立管理体系，加强内部审核、管理评审和人的行为评价来解决；另一类是针对原材料、工艺过程、设备、设施、产品，研究整个生产过程的危险因素，通过采取管理和工程技术措施而得以消除或减少。为了有效地控制整个生产活动过程的危险因素，必须对生产的全过程进行控制，采用先进的技术、先进的工艺、先进的设备及全员参与，才能确保组织的职业安全健康状况得到改善。

8.4.3 实施职业安全健康管理体系标准的作用

OSHMS 标准的实施对中国的职业安全健康工作将产生积极的推动作用。主要体现在以下几个方面。

（1）推动职业安全健康法规和制度的贯彻执行，帮助避免法律责任，保障员工健康。

OSHMS 标准要求组织必须对遵守法律、法规作出承诺，并定期进行评审以判断其遵守的情况。另外，OSHMS 标准还要求组织有相应的制度来跟踪国家法律、法规的变化，以保证组织能持续有效地遵守各项法律、法规要求。因此，实施 OSHMS 标准能够促使组织主动地遵守各项 OSH（职业安全健康）法律、法规和制度。

（2）使组织的职业安全健康管理由被动行为变为主动行为，促进职业安全健康管理水平的提高，有利于建立企业安全文化，提高企业在职业安全健康方面的形象。

OSHMS 标准是市场经济体制下的产物，它将职业安全健康与组织的管理融为一体，运用市场机制，突破了职业安全健康管理的单一管理模式，将安全管理单纯靠强制性管理的政府行为，变为组织自愿参与的市场行为。使职业安全健康工作在组织中的地位，由被动消极地服从转变为积极主动地参与。许多组织自愿建立 OSH 管理体系，并通过认证，然后又要求其相关方进行体系的建立与认证，这样就形成了链式效应，依靠市场推动，使 OSHMS 标准全面推广。这种自发的职业安全健康管理有利于促进组织职业安全健康管理水平的提高。

（3）促进中国职业安全健康管理标准与国际接轨，有利于消除贸易壁垒，增强企业的市场竞争力，减轻外来的职业安全健康压力，减少赔偿成本，避免意外的财务负担。

目前，职业安全健康和环境问题逐渐成为国际社会日益敏感的话题。很多国家和国际组织把职业安全健康和贸易联系起来，并以此为借口设置障碍，形成贸易壁垒。

OSHMS 标准采用统一要求，它的普遍实施在一定程度上消除了贸易壁垒，将是未来国际市场竞争的必备条件之一。与 ISO 9000、ISO 14000 一样，OSHMS 标准的实施将对国际贸易产生深刻影响。

OSHMS 标准中重要的一条是组织应作出遵守法律、法规及其他要求的承诺。组织的生产活动全部达到国家法律、法规的要求，仅是满足了 OSHMS 标准的基本要求，随着国际市场一体化的进程加快，我国的职业安全健康管理标准也以国际劳工组织制定的导则为基础，从而实现与国际接轨。无论从市场竞争的角度，还是针对贸易壁垒的客观存在，实施 OSHMS 认证都将是组织发展的一个趋势和方向。

实施职业安全健康管理体系标准不仅能很好地改善我国职业安全健康状况，同时也为中国在国际贸易中树立良好的国际形象起到重要作用。

（4）有利于提高全民的安全意识。实施 OSHMS 标准，建立 OSH 管理体系，要求对本组织的员工进行系统的安全培训，使每个员工都参与组织的职业安全健康管理工作。同时，标准还要求被认证组织要对相关方施加影响，提高安全意识。所以，一个组织实施 OSHMS 标准就会以点带面影响一片，随着 OSHMS 标准的推广，将使全民的安全意识得到提高。

思考题

1. 危险化学品事故应急救援的基本任务是什么？
2. 危险化学品事故应急救援的基本形式有哪些？
3. 危险化学品事故应急救援预案的编制目的是什么？有哪些基本要求？编制过程是什

么？应包括哪些主要内容？

4. 锅炉在检验前应做哪些准备工作？

5. 锅炉的内部检验主要包括哪些主要内容？

6. 锅炉在水压试验前检验人员与锅炉使用单位应做的准备工作主要包括哪些？

7. 压力容器技术档案管理的主要内容是什么？

8. 压力容器定期检验的目的是什么？定期检验前的准备工作主要包括哪些？

9. 压力容器内、外部检验的主要内容是什么？

10. 在用压力容器常用的检验方法有哪些？

11. 过程安全管理的特点是什么？

12. 过程安全管理的主要内容是什么？

13. 安全管理目标的特点是什么？其制定原则是什么？

14. 安全管理信息的特征是什么？企业安全管理信息系统主要由哪些部分构成？其设计原则是什么？

15. 职业安全健康管理体系的特点是什么？有哪些作用？

参考文献

[1] 刘景良．化工安全技术[M]．北京：化学工业出版社，2003.

[2] 许文．化工安全工程概论[M]．北京：化学工业出版社，2002.

[3] 蔡凤英，谈宗山．化工安全工程[M]．北京：科学出版社，2001.

[4] 朱序璋．人机工程学[M]．西安：西安电子科技大学出版社，2001.

[5] 田兰，曲和鼎，蒋永明，等．化工安全技术[M]．北京：化学工业出版社，1984.

[6] 伍作鹏．消防燃烧学[M]．北京：中国建筑工业出版社，1994.

[7] 公安部政治部．消防燃烧学[M]．北京：中国人民公安大学出版社，1996.

[8] Daniel A Crowl，Joseph F Louvar．化工过程安全理论及应用[M]．2 版．蒋军成，潘旭海，译．北京：化学工业出版社，2006.

[9] 赵衡阳．气体和粉尘爆炸原理[M]．北京：北京理工大学出版社，1996.

[10] 李荫中．石油化工防火防爆手册[M]．北京：中国石化出版社，2003.

[11] 蒋军成，虞汉华．危险化学品安全技术与管理[M]．北京：化学工业出版社，2005.

[12] 刘相臣，张秉淑．化工装备事故分析与预防[M]．北京：化学工业出版社，2003.

[13] 魏新利，李惠萍，王自建．工业生产过程安全评价[M]．北京：化学工业出版社，2005.

[14] 吴宗之，高进东，魏利军．危险评价方法及其应用[M]．北京：冶金工业出版社，2001.

[15] 吴宗之，高进东，张兴凯．工业危险辨识与评价[M]．北京：气象出版社，2000.

[16] 冯肇瑞，杨有启．化工安全技术手册[M]．北京：化学工业出版社，1993.

[17] 刘诗飞，詹予忠．重大危险源辨识及危害后果分析[M]．北京：化学工业出版社，2004.

[18] 霍红．危险化学品储运与安全管理[M]．北京：化学工业出版社，2004.

[19] 国家安全生产监督管理局．危险化学品安全评价[M]．北京：中国石化出版社，2004.

[20] 周长江，王同义．危险化学品安全技术管理[M]．北京：中国石化出版社，2004.

[21] 刘茂．危险源的辨识及危险性分析[J]．石油化工安全技术，1996，12(2)：17-19.

[22] 郑贤斌，李自力．DOW 火灾爆炸指数评价法在油库中的应用[J]．油气储运，2003，22(5)：49-52.

[23] 何昕，白文元．浅谈危险化学品安全评价[J]．安全与环境工程，2005，12(1)：71-74.

[24] 戴光，李伟，张颖．过程设备安全管理与检测[M]．北京：化学工业出版社，2005.

[25] 陆廷康，陆荣根．特种设备安全技术[M]．上海：同济大学出版社，2003.

[26] 崔政斌，邱成，徐德蜀．企业安全管理新编[M]．北京：化学工业出版社，2004.

[27] 刘宏．职业安全管理[M]．北京：化学工业出版社，2004.

信息反馈表

尊敬的老师：

您好！感谢您对机械工业出版社的支持和厚爱！为了进一步提高我社教材的出版质量，更好地为我国高等教育发展服务，欢迎您对我社的教材多提宝贵的意见和建议。另外，如果您在教学中选用了《化工安全》(蒋军成主编)，欢迎您提出修改建议和意见。索取课件的授课教师，请填写下面的信息，发送邮件即可。

一、基本信息

姓名：________性别：_______职称：_______职务：____________________

邮编：__________地址：____

任教课程：_______________电话：______—________(H)__________(O)

电子邮件：_____________________________________手机：_______________

二、您对本书的意见和建议

（欢迎您指出本书的疏误之处）

三、您对我们的其他意见和建议

请与我们联系：

100037　北京百万庄大街22号

机械工业出版社·高等教育分社　冷彬　收

Tel：010—8837 9720(O)，6899 4030(Fax)

E-mail：myceladon@yeah.net

http://www.cmpedu.com(机械工业出版社·教材服务网)

http://www.cmpbook.com(机械工业出版社·门户网)

http://www.golden-book.com(中国科技金书网·机械工业出版社旗下网站)